艺境

中文版

CorelDRAW
图形创意设计与制作

全视频实战**228**例　　孙芳◎编著

U0232908

清华大学出版社

北京

内 容 提 要

本书是一本全方位、多角度讲解CorelDRAW进行矢量图形设计的案例式教材，注重案例的实用性和精美度。全书共设置228个精美实用案例，这些案例按照技术和行业应用统一进行划分，清晰有序，可以方便零基础的读者由浅入深地学习，从而循序渐进地提升CorelDRAW图形设计能力。

本书共分为14章，针对基础操作、基础绘图、填充与轮廓线、高级绘图、矢量图形特效、位图处理、文字等技术进行了细致的案例讲解和理论解析。本书第1章主要讲解软件入门操作，是最简单、最需要完全掌握的基础章节；第2~7章是按照技术划分的应用型案例操作，图形设计中的常用技术技巧在这些章节可以得到很好的学习；第8~14章是专门为读者设置的大型综合实例，使读者的实操能力得以提升。

本书不仅可以作为大中专院校和培训机构及其相关专业的学习教材，还可以作为图形设计爱好者的自学参考资料。

图书在版编目(CIP)数据

中文版CorelDRAW图形创意设计与制作全视频实例228例 / 孙芳编著. — 北京：清华大学出版社，2019（2024.9重印）
（艺境）

ISBN 978-7-302-50999-8

Ⅰ. ①中⋯　Ⅱ. ①孙⋯　Ⅲ. ①图形软件　Ⅳ. ①TP391.413

中国版本图书馆CIP数据核字（2018）第191914号

责任编辑：韩宜波
封面设计：杨玉兰
责任校对：王明明
责任印制：丛怀宇

出版发行：清华大学出版社
　　　　网　　　址：https://www.tup.com.cn，https://www.wqxuetang.com
　　　　地　　　址：北京清华大学学研大厦 A 座　　　　邮　　编：100084
　　　　社 总 机：010-83470000　　　　邮　　购：010-62786544
　　　　投稿与读者服务：010-62776969，c-service@tup.tsinghua.edu.cn
　　　　质 量 反 馈：010-62772015，zhiliang@tup.tsinghua.edu.cn
印 装 者：涿州汇美亿浓印刷有限公司
经　　销：全国新华书店
开　　本：210mm×260mm　　　印　　张：21.75　　　字　　数：690 千字
版　　次：2019 年 1 月第 1 版　　　印　　次：2024 年 9 月第 5 次印刷
定　　价：99.00 元

产品编号：072593-01

CorelDRAW是Corel公司出品的矢量图形制作工具软件。该软件给设计师提供了矢量动画、页面设计、网站制作、位图编辑和网页动画等多种功能。基于CorelDRAW在图形设计行业中的应用度之高，我们编写了本书，其中选择了图形设计中最为实用的228个案例，基本涵盖了图形设计需要应用到的CorelDRAW基础操作和常用技术。

与同类书籍介绍大量软件操作的编写方式相比，本书最大的特点是更加注重以案例为核心，按照技术+行业相结合划分，既讲解了基础入门操作和常用技术，又讲解了大型综合行业案例的制作。

本书共分为14章，具体安排如下。

第1章为CorelDRAW基础操作，介绍CorelDRAW的基本操作。

第2章为绘制简单图形，主要针对各种形状绘图工具进行绘图练习。

第3章为填充与轮廓线，主要针对不同的填充方式以及轮廓线的设置进行学习。

第4章为高级绘图，主要针对钢笔工具、手绘工具、刻刀工具、对齐与分布等矢量图形复杂编辑功能进行练习。

第5章为矢量图形特效，主要使用阴影工具、调和工具、变形工具、封套工具、立体化工具、透明度工具等制作矢量图形的特殊效果。

第6章为位图处理，主要针对位图颜色调整以及位图特殊效果等功能进行学习和练习。

第7章为文字的使用，主要讲解使用文字工具制作各种类型的文字。

第8～14章为综合案例，其中包括标志设计、卡片设计、海报设计、书籍画册、包装设计、网页设计、UI设计几大常用方向的实用设计案例。

本书特色如下。

内容丰富。除了安排228个精美案例外，还在书中设置了大量"要点速查"，以便读者参考学习理论参数。

章节合理。第1章主要讲解软件入门操作——超简单；第2~7章按照技术划分每个门类的高级案例操作——超实用；第8~14章主要是完整的大型项目案例——超精美。

实用性强。精选了228个实用的案例，实用性非常强大，可应对图形设计行业的不同设计工作。

流程方便。本书案例设置了操作思路、案例效果、操作步骤等模块，使读者在学习案例之前就可以非常清晰地了解如何进行学习。

　　本书采用CorelDRAW 2017版本进行编写，请各位读者使用该版本或相近版本进行练习。如果使用过低的版本，可能会造成源文件打开时发生个别内容无法正确显示的问题。

　　本书由孙芳编著，其他参与编写的人员还有齐琦、荆爽、林钰森、王萍、董辅川、杨宗香、孙晓军、李芳等。

　　由于编者水平有限，书中难免存在错误和不妥之处，敬请广大读者批评指正。

　　本书提供了案例的素材文件、源文件以及最终文件，扫一扫右侧的二维码，推送到自己的邮箱后下载获取。

编　者

第4章　高级绘图

第5章 矢量图形特效

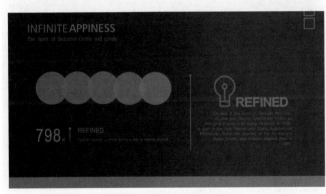

第6章 位图处理

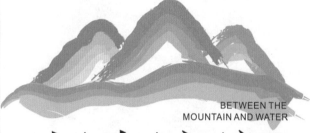

BETWEEN THE
MOUNTAIN AND WATER

山｜水｜之｜间

第8章　标志设计

第9章 卡片设计

第10章 海报设计

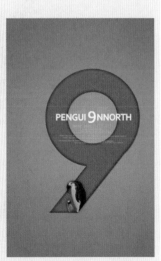

第11章 书籍画册

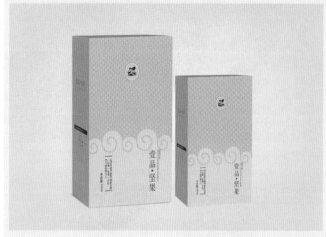

第14章　UI设计

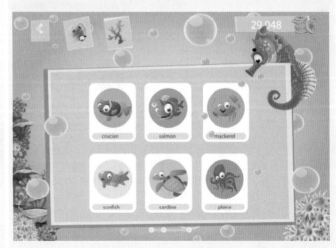

CorelDRAW基础操作

本章概述　本章主要学习CorelDRAW文档的基础操作，通过对新建、导入、导出、保存、打开文件以及调整画面显示比例等方法的学习，掌握文件的基本操作方法，为后面的制图操作奠定基础。

本章重点
◆ 熟练掌握新建、导入、导出、打开、保存等文档操作
◆ 掌握调整文档显示比例的方法

/ 佳 / 作 / 欣 / 赏 /

实例001 使用新建、导入、保存、导出制作简约版面

文件路径	第1章\使用新建、导入、保存、导出制作简约版面
难易指数	★★★★★
技术掌握	● 新建　　● 保存 ● 导入　　● 导出

扫码深度学习

操作思路

本案例讲解了制作一个作品的完整流程，同时讲解了新建、导入、保存和导出等基础操作。本案例虽然简单，但涉及的知识点很多；这些操作很基础，但是很重要。

案例效果

案例效果如图1-1所示。

图1-1

操作步骤

01 若要进行绘画，那么就需要准备画纸；当想要制作一个设计作品时，首先就需要在CorelDRAW中创建一个新的、尺寸适合的文档，此时就需要使用到"新建"命令。执行菜单"文件>新建"命令，或使用快捷键Ctrl+N，在弹出的"创建新文档"对话框中设置文档"大小"为A4，单击"横向"按钮，设置完成后单击"确定"按钮，如图1-2所示。创建一个空白新文档，如图1-3所示。

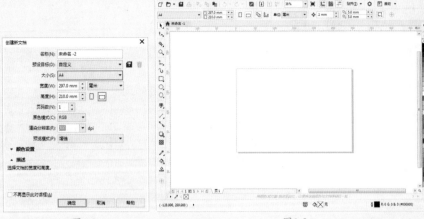

图1-2　　　　　　　　　　图1-3

02 执行菜单"文件>导入"命令，在弹出的"导入"对话框中选择要导入的背景素材"1.jpg"，然后单击"导入"按钮，如图1-4所示。在工作区中按住鼠标左键拖动，控制导入对象的大小，如图1-5所示。释放鼠标完成导入操作，如图1-6所示。

03 接着将鲜花素材"2.png"导入到文档中，如图1-7所示。

图1-4

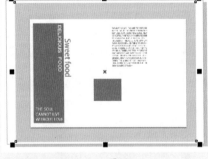

图1-5

图1-6　　　　　　　　　　图1-7

04 此时图像会有控制点，可以进行缩放、旋转的操作。首先将光标定位在右上角的控制点上，当光标变为形状时，按住Shift键的同时按住鼠标左键拖动进行等比例缩小，如图1-8所示。接着可以按住鼠标左键拖动将其移动到合适位置，如图1-9所示。

艺境 中文版CorelDRAW图形创意设计与制作全视频

实战228例

CorelDRAW

图1-8

图1-9

05 使用同样的方法，导入人物图像素材，并放置在合适位置，效果如图1-10所示。

图1-10

06 作品制作完成后就需要保存，执行菜单"文件>保存"命令，或者使用快捷键Ctrl+S，在弹出的"保存绘图"中选择合适的存储位置，然后在"文件名"列表框中输入合适的文档名称，单击"保存类型"选项按钮，在该下拉列表中选择CDR-CorelDRAW格式，这个格式是CorelDRAW默认的保存格式，该格式可以保存CorelDRAW的全部对象以及其他特殊内容，所以存储了这种格式的文档后，方便我们以后对文档进行进一步编辑。设置完成后，单击"保存"按钮，完成保存操作，如图1-11所示。

图1-11

提示 **"保存"功能的小技巧**

如果第一次进行保存，会弹出"保存绘图"对话框，从中可以设置文件保存的位置、名称、格式等属性，如果不关闭文档，继续进行新的操作，然后执行菜单"文件>保存"命令，可以保留文档所做的更改，替换上一次保存的文档进行保存，并且此时不会弹出"保存绘图"对话框。

07 默认情况下，CDR格式的文档是无法进行预览的，通常会导出为一份JPG格式的文件用于预览。执行菜单"文件>导出"命令，在弹出的"导出"对话框中设置"保存类型"为"JPG-JPEG位图"，然后单击"导出"按钮，如图1-12所示。

图1-12

提示 **常用的图像格式**

在比较常见的图像格式中，.png格式是一种可以存储透明像素的图像格式。.gif格式是一种可以带有动画效果的图像格式，也是通常所说的制作"动图"时所用的格式。.tif格式由于其具有可以保存分层信息，且图片质量无压缩的优势，常用于保存打印的文档。

08 如果一个设计作品制作完成后需要进行打印输出，可以执行菜单"文件>打印"命令，在弹出的"打印"对话框中进行设置，设置完成后单击"打印"按钮，进行打印，如图1-13所示。

图1-13

技术速查：创建新文档

执行菜单"文件>新建"命令，接着在弹出的"创建新文档"对话框中设置合适的参数，如图1-14所示。

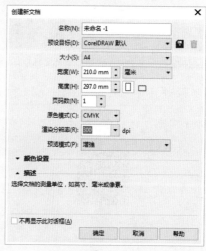

图1-14

"创建新文档"对话框中各选项说明如下。

➤ **名称**：用于设置当前文档的文件名称。

➤ **预设目标**：可以在该下拉列表中选择CorelDRAW内置的预设类型，

如Web、CorelDRAW默认、默认CMYK、默认RGB等。

- 大小：在该下拉列表中可以选择常用页面尺寸，如A4、A3等。
- 宽度/高度：设置文档的宽度以及高度数值，在宽度数值后方的下拉列表中可以进行单位设置，单击高度数值后的两个按钮可以设置页面的方向为横向或纵向。
- 页码数：设置新建文档包含的页数。
- 原色模式：在该下拉列表中可以选择文档的原色模式，默认的颜色模式会影响一些效果中颜色的混合方式，如填充、混合和透明。
- 渲染分辨率：设置在文档中将会出现的栅格化部分（位图部分）的分辨率，如透明、阴影等。在该下拉列表中包含有一些常用的分辨率。
- 预览模式：在该下拉列表中可以选择在CorelDRAW中预览到的效果模式。
- 颜色设置：展开卷展栏后可以进行"RGB预置文件""CMYK预置文件""灰度预置文件""匹配类型"的设置。
- 描述：展开卷展栏后，将光标移动到某个选项上时，此处会显示该选项的描述。

实例002　打开已有的文档

文件路径	第1章\打开已有的文档
难易指数	★★★★★
技术掌握	● "打开"命令 ● 多选文档

🔍扫码深度学习

操作思路

当需要处理一个已有的文档，或者要继续做之前没有做完的工作时，就需要在CorelDRAW中打开已有的文档。

案例效果

案例效果如图1-15所示。

图1-15

操作步骤

01 执行菜单"文件>打开"命令，在弹出的"打开绘图"对话框中先定位到需要打开的文档所在位置，然后选择需要打开的文件，接着单击"打开"按钮，如图1-16所示。随即选中的文件就会在CorelDRAW中打开，如图1-17所示。

图1-16

图1-17

02 使用快捷键Ctrl+O也可以弹出"打开绘图"对话框。

03 如果要同时打开多个文档，可以在对话框中按住Ctrl键加选要打开的文档，然后单击"打开"按钮。

技术速查：撤销与重做

在出现错误操作时，可以通过"撤销"与"重做"进行修改。执行菜单"编辑>撤销"命令（快捷键Ctrl+Z），可以撤销错误操作，将其还原到上一步操作状态。如果错误地撤销了某一个操作后，可以执行菜单"编辑>重做"命令（快捷键Ctrl+Shift+Z），撤销的步骤将会被恢复。

在工具栏中可以看到"撤销"和"重做"按钮，单击该按钮也可以快速进行撤销。单击"撤销"按钮右侧的下三角按钮，即可在弹出的下拉列表中选择需要撤销到的步骤，如图1-18所示。

图1-18

实例003　调整文档显示比例与显示区域

文件路径	第1章\调整文档显示比例与显示区域
难易指数	★★★★★
技术掌握	● 缩放工具 ● 平移工具

🔍扫码深度学习

操作思路

当我们需要将画面中的某个区域放大显示时，就需要使用🔍（缩放工具）。当显示比例过大后，就会出现无法全部显示画面内容的情况，这时就需要使用✋（平移工具）平移画面中的内容，方便在窗口中查看。

案例效果

案例效果如图1-19所示。

图1-19

操作步骤

01 在CorelDRAW中将素材文件打开，如图1-20所示。

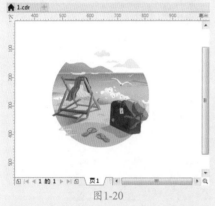

图1-20

02 选择工具箱中的 ⊕（缩放工具），然后将光标移动至画面中，光标变为一个中心带有加号的放大镜 ⊕，如图1-21所示。然后在画面中单击即可放大图像，如图1-22所示。如果要缩放显示比例，可以按住Shift键，光标会变为中心带有减号的"缩小" ⊖，单击要缩小的区域的中心，如图1-23所示。每单击一次，视图便放大或缩小到上一个预设百分比。

图1-21

图1-22

图1-23

提示 快速调整文档显示比例的方法

若要快速放大文档的显示比例，可以按住Shift键向前滚动鼠标；若要快速缩小文档显示比例，可以按住Shift键向后滚动鼠标。

03 当显示比例放大到一定程度后，窗口将无法全部显示画面，如果要查看被隐藏的区域，此时就需要平移画布。选择工具箱中的 ✋（平移工具）或者按住空格键，当光标变为 ✋后，按住鼠标左键拖动即可进行画布的平移，如图1-24所示。移动到相应位置后释放鼠标，如图1-25所示。

图1-24

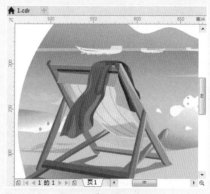

图1-25

提示 设置多个文档的排列形式

在很多时候需要打开多个文档，这时设置合适的多文档显示方式就很重要了。在"窗口"下拉菜单中可以选择一个合适的排列方式，如图1-26所示。

图1-26

实例004 对齐与分布制作规整版面

文件路径	第1章 \ 对齐与分布制作规整版面
难易指数	⭐⭐⭐⭐⭐
技术掌握	● 对齐与分布 ● 复制对象 ● 移动对象

🔍 扫码深度学习

操作思路

本案例主要使用到对齐功能与分

布功能，将复制出的对象能够有序地分布在画面中。

案例效果

案例效果如图1-27所示。

图1-27

操作步骤

01 新建一个文档，然后导入素材，如图1-28所示。选择该素材，执行菜单"编辑>复制"命令，或者使用快捷键Ctrl+C进行复制，接着执行菜单"编辑>粘贴"命令，或者使用快捷键Ctrl+V进行粘贴。将复制的图像适当移动到合适位置，如图1-29所示。继续复制两个对象，如图1-30所示。

图1-28

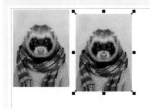

图1-29

图1-30

02 接着需要进行对齐操作。选中需要对齐的多个对象，单击属性栏中的"对齐与分布"按钮，在打开的"对齐与分布"面板中单击"垂直居中对齐"按钮，设置"对齐对象到"为"活动对象"，设置"将对象分布到"为"选定的范围"，如图1-31所示。

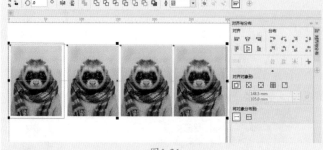

图1-31

03 此时对象虽然对齐，但是每个对象之间的距离不是相等的。可以在选中对象后，继续在"对齐与分布"面板中设置合适的对齐方式，例如，在这里单击"水平分散排列中心"按钮，如图1-32所示。

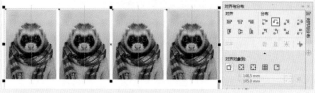

图1-32

04 接着在加选4个对象的状态下，复制一份，并向下移动。向下移动时可以按住Shift键，这样可以保证移动的方向是垂直的，效果如图1-33所示。

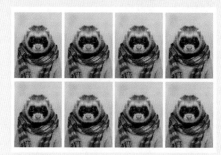

图1-33

提示

复制、粘贴的另一种方式

选中一个图像，按住鼠标左键向右移动的同时按住Shift键，移动到合适位置后，右击进行水平复制。多次使用快捷键Ctrl+R可以复制多个图像。

艺境 中文版CorelDRAW图形创意设计与制作全视频

实战228例

CorelDRAW

第2章

绘制简单图形

本章概述　CorelDRAW提供了能够绘制基础图形的绘图工具，例如，能够绘制出长方形或正方形的矩形工具，能够绘制椭圆形和正圆的椭圆工具，还有绘制星形的星形工具，这些工具使用方法非常简单，并且使用起来也非常相似。

本章重点

◆ 熟练掌握矩形工具、椭圆工具、多边形工具的使用方法
◆ 能够绘制矩形、圆角矩形、圆形、多边形等常见图形

/ 佳 / 作 / 欣 / 赏 /

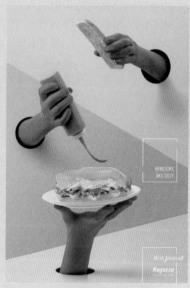

2.1 使用矩形工具制作美食版面

文件路径	第2章\使用矩形工具制作美食版面
难易指数	★★★★★
技术掌握	● 矩形工具 ● 文本工具

扫码深度学习

操作思路

本案例讲解如何使用矩形工具制作好看的美食版面。首先绘制几个单色的矩形摆放在画面合适的位置，然后导入合适大小的图片素材，接着为画面添加文字，制作一幅干净整洁的美食海报。

案例效果

案例效果如图2-1所示。

图2-1

实例005 使用矩形工具制作版面图形

操作步骤

01 执行菜单"文件>新建"命令，在弹出的"创建新文档"对话框中设置文档"大小"为A4，单击"纵向"按钮，设置完成后单击"确定"按钮，如图2-2所示。创建一个空白新文档，如图2-3所示。

图2-2

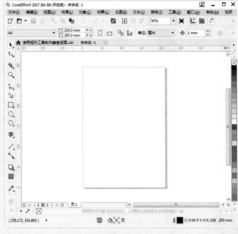

图2-3

02 制作页面背景。选择工具箱中的矩形工具，在工作区中的左上角按住鼠标左键向画面的右下角拖动，绘制一个与画布等大的矩形，如图2-4所示。选中该矩形，左键单击右侧调色板中的白色按钮，为矩形填充白色，接着在调色板的上方右键单击⊠按钮，去掉轮廓，如图2-5所示。

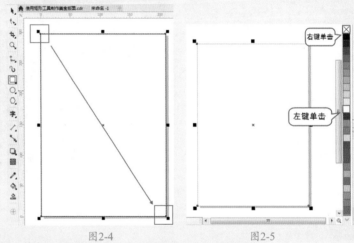

图2-4   图2-5

03 接着制作黄色的矩形。选择工具箱中的矩形工具，在画板左侧绘制一个矩形，如图2-6所示。选中该矩形，展开调色板，然后单击黄色按钮，为该矩形填充黄色，接着在调色板的上方右键单击⊠按钮，去掉轮廓，如图2-7所示。

04 继续使用同样的方法，再绘制两个一宽一窄且"填色"为亮黄色的矩形，接着在调色板的上方右键单击⊠按钮，去掉轮廓，如图2-8所示。

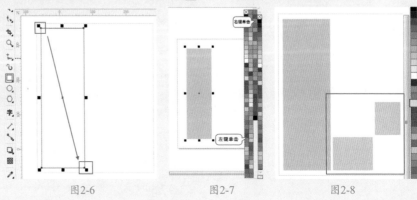

图2-6   图2-7   图2-8

实例006　添加图片以及文字

操作步骤

01 执行菜单"文件>导入"命令，在弹出的"导入"对话框中单击选择要导入的水果素材"1.jpg"，单击"导入"按钮，如图2-9所示。接着在画面中按住鼠标左键向右下角拖动导入对象并控制其大小，如图2-10所示。

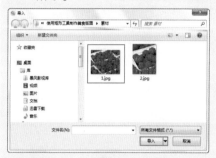

图2-9

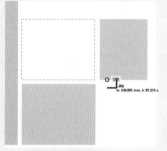

图2-10

02 释放鼠标左键完成导入操作，如图2-11所示。如果要调整图片的大小，可以单击图片，然后将光标移动至右上角的控制点上方，按住鼠标左键拖动调整图片的大小，效果如图2-12所示。

03 接下来使用同样的方法，导入另一个水果素材"2.jpg"，调整至合适的大小，如图2-13所示。

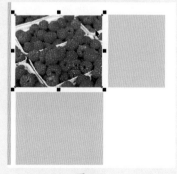

图2-11

图2-12

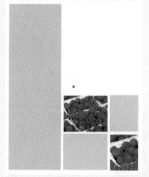

图2-13

04 选择工具箱中的文本工具，在画面中单击鼠标左键，建立文字输入的起始点，如图2-14所示。在属性栏中设置合适的字体、字体大小，然后在画面中输入相应的文字，并在右侧调色板中将文字"填色"选择为白色，如图2-15所示。

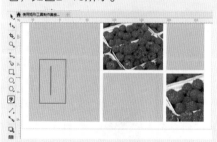

图2-14

图2-15

05 接下来选择文字，再单击文字的中心位置，待文字控制点都变为可旋转的控制点时，将光标移到至右上角的控制点上方，然后按住Ctrl键的

同时，按住鼠标左键拖动将其进行旋转，如图2-16所示。接着将旋转后的文字移动到合适的位置，如图2-17所示。

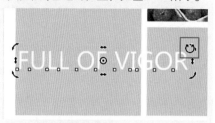

图2-16

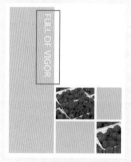

图2-17

06 继续使用同样的方法，制作出画面中其他文字，为其设置合适的字体、字体大小，画面完成效果如图2-18所示。

图2-18

要点速查：选择对象

在编辑对象之前都是需要先将其选中的，在CorelDRAW中提供了两种用于选择的工具，分别是▶（选择工具）和◌（手绘选择工具），如图2-19所示。

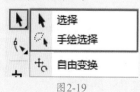

图2-19

（1）选择工具箱中的选择工具，将光标移动至需要选择的对象上方，单击鼠标左键即可将其选中。此时选中的对象周围会出现8个黑色正方形控制点。

（2）如果想要加选画面中的其他对象，可以按住 Shift 键并单击要选择的对象。

（3）还可以通过"框选"的方式选中多个对象。使用选择工具在需要选取的对象周围按住鼠标左键并拖动光标，绘制出一个选框的区域，选框范围内的对象将被选中。

（4）选择工具箱中的手绘选择工具，然后在画面中按住鼠标左键并拖动，即可随意绘制需要选择对象的范围，范围以内的内容则被选中。

（5）想要选择全部对象，可以执行"编辑>全选"命令，在子菜单中可以看到4种可供选择的类型，执行其中某项命令即可选中文档中全部该类型的对象。也可以使用快捷键Ctrl+A选择文档中所有未锁定以及未隐藏的对象。

要点速查：对象的基本操作

- 复制与粘贴：选中对象，执行菜单"编辑>复制"命令（快捷键为Ctrl+C），虽然画面没有产生任何变化，但是所选对象已经被复制到剪贴板中以备调用。复制完成后执行菜单"编辑>粘贴"命令（快捷键为Ctrl+V），即可在原位置粘贴出一个相同的对象，将复制的对象移动到其他位置。

- 剪切与粘贴：选择一个对象，执行菜单"编辑>剪切"命令（快捷键为Ctrl+X），将所选对象剪切到剪切板中，被剪切的对象从画面中消失。接着执行菜单"编辑>粘贴"命令，刚刚"剪切"的对象将粘贴到原来的位置，但是排列顺序会发生变化，粘贴出的对象位于画面的最顶端。

- 移动复制对象：选中对象，然后按住鼠标左键将其移动，移动到相应位置后单击鼠标左键，即可在当前位置复制出一个对象。

- 删除：选中要删除的对象，执行菜单"编辑>删除"命令，或按Delete键，即可将所选对象删除。

2.2 使用矩形工具制作简洁几何感海报

文件路径	第 2 章 \ 使用矩形工具制作简洁几何感海报
难易指数	★★★★★
技术掌握	● 矩形工具 ● 文本工具

扫码深度学习

操作思路

本案例讲解如何使用矩形工具制作简洁几何感海报。首先绘制与画板等大矩形；再绘制一个矩形，将其旋转并放置到刚才的矩形中作为背景；然后制作一个黑色的框，将图片导入到画面中。添加相应的文字，效果完成。

案例效果

案例效果如图2-20所示。

图2-20

实例007 使用矩形工具制作图形边框

操作步骤

01 执行菜单"文件>新建"命令，在弹出的"创建新文档"对话框

中设置文档"大小"为A4，单击"纵向"按钮，设置完成后单击"确定"按钮，如图2-21所示。创建一个空白新文档，如图2-22所示。

图2-21

图2-22

02 选择工具箱中的矩形工具，在工作区中的左上角按住鼠标左键向画面的右下角拖动，绘制一个与画布等大的矩形，如图2-23所示。选中该矩形，左键单击右侧调色板中的白色按钮为矩形填充白色，接着在调色板的上方右键单击⊠按钮，去掉轮廓，如图2-24所示。

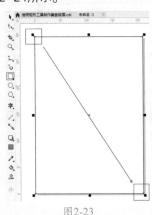

图2-23

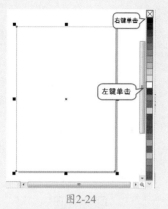

图2-24

03 在画面中使用同样的方法再绘制一个矩形，将其填充为淡黄色，如图2-25所示。接着选择淡黄色的矩形，再单击一下矩形的中心位置，待矩形控制点都变为可旋转的控制点时，将光标移动到右上角的控制点上方，按住鼠标左键拖动将其进行旋转至合适的角度，如图2-26所示。

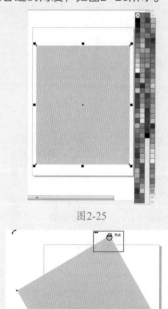

图2-25

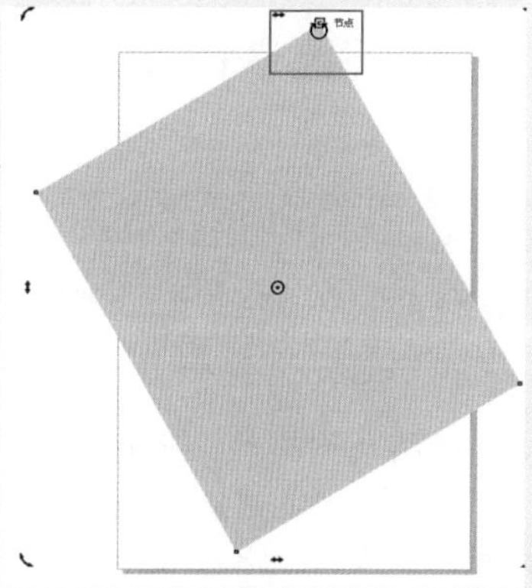

图2-26

04 选中淡黄矩形，右键单击矩形，接着在弹出的快捷菜单中选择"PowerClip内部"命令，如图2-27所示。待鼠标变为向右的箭头时，将光标放置到刚才绘制的白色矩形上方

单击一下白色矩形，将淡黄矩形放置到白色矩形内部，从而得到想要的图形，如图2-28所示。

图2-27

图2-28

05 继续使用同样的方法绘制矩形，设置"填色"为无、"轮廓"为黑色，然后在属性栏中设置"轮廓宽度"为5.0mm，效果如图2-29所示。

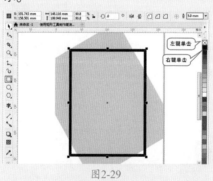

图2-29

实例008　制作主体图像

操作步骤

01 执行菜单"文件>导入"命令，在弹出的"导入"对话框中单击选择要导入的人物素材"1.jpg"，然后单击"导入"按钮，如图2-30所示。接着在画面中按住鼠标左键向右下角拖动导入对象并控制其大小，如图2-31所示。效果如图2-32所示。

图2-30

图2-31　　　　　图2-32

02 接着制作断开外框的效果。继续使用制作矩形的方法，在黑色框的上方绘制一个淡黄的矩形，摆放在合适的位置，如图2-33所示。使用同样的方法，绘制下方同样颜色的矩形，如图2-34所示。

图2-33

图2-34

03 接着选择工具箱中的文本工具，在上方淡黄矩形中单击鼠标左键，建立文字输入的起始点，在属性栏中设置合适的字体、字体大小，然后输入相应的文字，并在右侧调色板中将文字"填色"选择为黑色，如图2-35所示。

图2-35

04 继续使用同样的方法，输入其他的文字，调整字体、字体大小，如图2-36所示。最终完成效果如图2-37所示。

图2-36

图2-37

📖 要点速查：矩形工具的使用方法

选择工具箱中的□（矩形工具），在画面中按住鼠标左键并向右下角进行拖动，释放鼠标即可得到一个矩形。按住Ctrl键并绘制可以得到一个正方形，如图2-38所示。

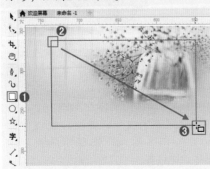

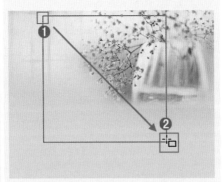

图2-38

使用矩形工具绘制矩形后，还可以在属性栏中设置其转角形态。在这里提供了□（圆角）、□（扇形角）和□（倒棱角）3种。在属性栏中设置一定的"转角半径"可以改变角的大小。选择矩形工具后，在属性栏中单击选择一种合适类型的角，在这里单击"圆角"按钮□，然后设置"角半径数"值为5.0mm，然后在画面中按住鼠标左键拖动进行绘制。绘制完成后，在选中状态下，还可对其效果进行更改，如图2-39所示。

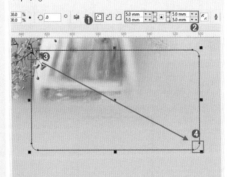

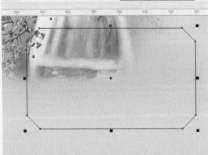

图2-39

💡 操作思路

本案例讲解如何使用圆角矩形制作滚动图。首先使用矩形工具制作背景；接着制作后方的矩形，更改其透明度；然后制作前方的圆角矩形，导入合适大小的素材，输入文字；最后给画面添加小的装饰。

🖱 案例效果

案例效果如图2-40所示。

图2-40

实例009 制作滚动图的背景效果

🎙 操作步骤

01 执行菜单"文件>新建"命令，在弹出的"创建新文档"对话框中设置"宽度"为330.0mm、"高度"为247.0mm，单击"横向"按钮，设置完成后单击"确定"按钮，如图2-41所示。创建一个空白新文档，如图2-42所示。

02 选择工具箱中的矩形工具，在画面中绘制一个与画板等大的矩形。选中该矩形，展开调色板，然后使用鼠标左键单击砖红色为该矩形填充颜色，右键单击⊠按钮，去掉轮廓色，如图2-43所示。

图2-41

图2-42

图2-43

03 使用同样的方法，在砖红色矩形上方绘制一个灰蓝色的矩形，如图2-44所示。选中灰蓝色矩形，选择工具箱中的透明度工具，在属性栏中单击"均匀透明度"按钮，设置"透明度"为40，效果如图2-45所示。

04 使用同样的方法，在灰蓝色矩形上方再绘制一个稍大的灰蓝色的矩形，如图2-46所示。选中该矩形，在属性栏中单击"圆角"按钮，设置"转角半径"为8.181mm，设置完成后按Enter键。圆角矩形效果如图2-47所示。然后选中灰蓝色圆角矩形，选

择工具箱中的透明度工具，在属性栏中单击"均匀透明度"按钮，设置"透明度"为40，效果如图2-48所示。

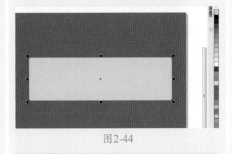

图2-44

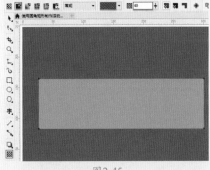

图2-45

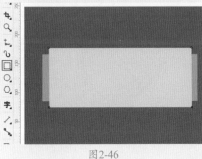

图2-46

图2-47

图2-48

🎙️操作步骤

01 使用同样的方法，在圆角矩形上方继续绘制一个白色的圆角矩形，如图2-49所示。

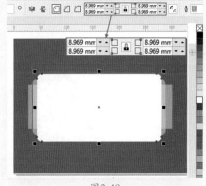

图2-49

02 执行菜单"文件>导入"命令，在弹出的"导入"对话框中单击选择要导入的人物素材"1.png"，然后单击"导入"按钮，如图2-50所示。在画面中按住鼠标左键向右下角拖动导入对象并控制其大小，如图2-51所示。调整其位置，效果如图2-52所示。

图2-50

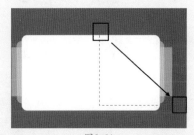

图2-51

03 选择工具箱中的文本工具，在白色圆角矩形上方按住鼠标左键从左上角向右下角拖动创建文本框，如图2-53所示。在属性栏中设置合适的字体、字体大小，然后在文本框中输入适当的文字，如图2-54所示。

艺境∥第2章　绘制简单图形∥

实战228例

CorelDRAW

图2-52

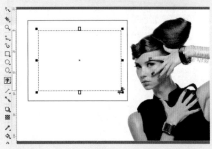

图2-53

图2-54

04 继续在下方输入其他文字，效果如图2-55所示。

图2-55

05 选择工具箱中的星形工具，在属性栏中设置"边数"为5、"锐度"为53，然后在文字的下方按住Ctrl键的同时按住鼠标左键拖动绘制一个正星形。选中正星形，在调色板中使用鼠标左键单击橙色，为正星形填充橙色，右键单击☒按钮，去掉轮廓色，如图2-56所示。选择工具箱中的阴影工具，在正星形的中心位置按住

鼠标左键向右拖动，制作阴影效果。在正星形上方按住鼠标左键拖动调整控制杆的位置，调整投影的渐变效果，如图2-57所示。在属性栏中设置"阴影的不透明度"为100、"阴影羽化"为20、"阴影颜色"为灰色，效果如图2-58所示。

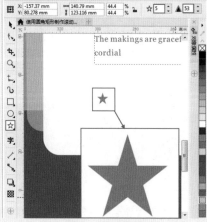

图2-56

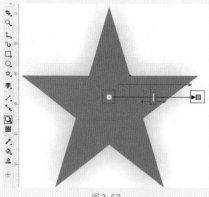

图2-57

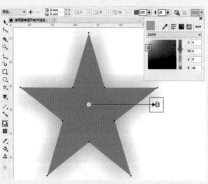

图2-58

06 接着选中正星形，按住Ctrl键的同时按住鼠标右键向右拖动至合适的位置，释放鼠标右键，在弹出的快捷菜单中选择"复制"命令，复制一份正星形，如图2-59所示。效果如图2-60所示。

图2-59

图2-60

07 继续使用快捷键Ctrl+R复制多个正星形，效果如图2-61所示。

图2-61

08 选择工具箱中的椭圆形工具，在画面的下方按住Ctrl键并按住鼠标左键向右拖动绘制一个正圆。选中该正圆，在调色板中左键单击白色，为圆形填充白色，右键单击☒按钮，去掉轮廓色，如图2-62所示。选中正圆，按住Ctrl键的同时按住鼠标右键向右拖动至合适的位置，释放鼠标右键，在弹出的快捷菜单中选择"复制"命令，复制一份正圆，如图2-63所示。使用快捷键Ctrl+R复制其他正圆，如图2-64所示。

09 将正圆更改透明度，制作出滚动的效果。选中第一个正圆，选择工具箱中的透明度工具，在属性栏中单击"均匀透明度"按钮，设置"透明度"为20，效果如图2-65所示。接着使用同样的方法，将第二个正圆设置"透明度"为40，第三个正圆设置"透明度"为60，效果如图2-66所示。最终完成效果如图2-67所示。

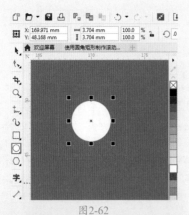

图2-62

图2-63

图2-64

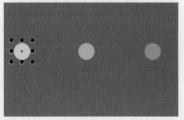

图2-65

图2-66

图2-67

技术速查：对象的基本变换

（1）在使用选择工具的状态下就能够完成大部分的变换操作。在使用选择工具将对象选中之后，将光标移动到对象中心点×上。按住鼠标左键并拖动，释放鼠标后即可移动对象，如图2-68所示。按键盘上的上下左右方向键，可以使对象按预设的微调距离移动。

图2-68

（2）将光标定位到四角控制点处按住鼠标左键并进行拖动，可以进行等比例缩放。如果按住四边中间位置的控制点并进行拖动，可以单独调整宽度及长度，此时对象的缩放将无法保持等比例，如图2-69所示。

（3）如果要旋转图形，可以双击该对象，控制点变为弧形双箭头形状，按住某一弧形双箭头并进行移动即可旋转对象，如图2-70所示。

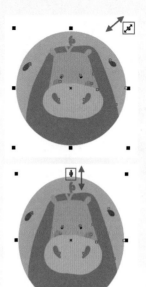

图2-69

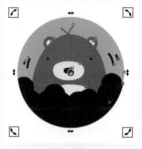

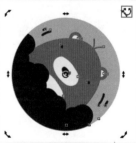

图2-70

（4）当对象处于旋转状态下，对象四边处的控制点变为倾斜控制点时，按住鼠标左键并进行拖动，对象将产生一定的倾斜效果，如图2-71所示。

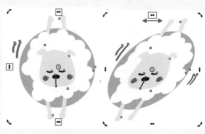

图2-71

（5）"镜像"可以将对象进行水平或垂直的对称性操作。选定对象，在属性栏中单击"水平镜像"按钮回可以将对象进行水平镜像，单击"垂直镜像"按钮回，可以将对象进行垂直镜像，如图2-72所示。

图2-72

2.4 使用椭圆工具制作圆形标志

文件路径	第2章\使用椭圆工具制作圆形标志
难易指数	★★★★★
技术掌握	● 椭圆形工具 ● 矩形工具

扫码深度学习

操作思路

本案例讲解如何使用椭圆工具制作圆形标志。首先绘制出一个带有渐变颜色的矩形作为背景；然后绘制3个大小不一的正圆形，将其摆放至合适的位置；最后导入图片素材放置到画面的中间并调整其合适的大小。

案例效果

案例效果如图2-73所示。

图2-73

实例011 制作矩形背景

操作步骤

01 执行菜单"文件>新建"命令，在弹出的"创建新文档"对话框中设置"宽度"为269.0mm，"高度"为267.0mm，单击"纵向"按钮，设置完成后单击"确定"按钮，即可创建一个空白新文档，如图2-74所示。

图2-74

02 选择工具箱中的矩形工具，在画面中按住鼠标左键拖动绘制一个与画板等大的矩形，如图2-75所示。选中该矩形，选择工具箱中的交互式填充工具，在属性栏中单击"渐变填充"按钮，设置"渐变类型"为"椭圆形渐变填充"，接着单击右侧节点，在画面中显示的浮动工具栏中设置节点颜色为橘黄色，设置中心节点颜色为白色。最后右键单击调色板顶部的回按钮，去掉轮廓色，如图2-76所示。

图2-75

图2-76

实例012 制作标志主体

操作步骤

01 选择工具箱中的椭圆形工具，在画面的中间按住Ctrl键的同时按住鼠标左键拖动绘制一个正圆，如图2-77所示。选中该正圆，选择工具箱中的交互式填充工具，在属性栏中单击"均匀填充"按钮，设置"填充色"为深红色。然后在调色板中右键单击回按钮，去掉轮廓色，如图2-78所示。

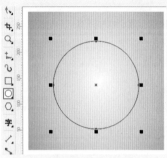

图2-77

图2-78

02 继续使用同样的方法，在深红色正圆的上方绘制一个稍小的白色正圆，按键盘上的箭头键适当调整其位置，如图2-79所示。继续使用同样的方法，在白色正圆上方合适位置绘制一个稍小的红色正圆，效果如图2-80所示。

图2-79   图2-80

03 执行菜单"文件>导入"命令，在弹出的"导入"对话框中单击选择要导入的素材"1.png"，然后单

艺境 中文版CorelDRAW图形创意设计与制作全视频

实战228例

CorelDRAW

击"导入"按钮,如图2-81所示。接着在画面中按住鼠标左键向右下角拖动导入对象并控制其大小,如图2-82所示。调整其位置,完成效果如图2-83所示。

图2-81

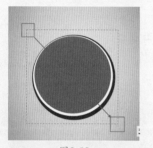

图2-82

图2-83

📚 **要点速查:绘制饼形和弧线**

在属性栏中单击"饼形"按钮⌔,在画面中拖动即可绘制饼形形状,如图2-84所示。单击"弧线"按钮⌒,然后进行拖动可以绘制弧线,如图2-85所示。

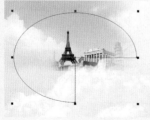

图2-84

图2-85

➤ ⊙ 起始和结束角度:通过设置新的起始和结束角度来移动椭圆形的起点和终点。

➤ ⊙ 更改方向:在顺时针和逆时针之间切换弧形或饼图的方向。

2.5 时尚播放器

文件路径	第2章\时尚播放器
难易指数	★★★★★
技术掌握	● 文本工具 ● 矩形工具 ● 椭圆形工具

🔍 扫码深度学习

💡 **操作思路**

本案例讲解如何制作时尚播放器。首先使用矩形工具制作背景图案,再使用钢笔工具绘制出上下两个三角形及彩色多边形的条纹;接着绘制不同大小的带有透明度的正圆形,放置在画面合适的位置上,并导入素材图片;然后使用文本工具输入合适的文字,制作不同的按钮放置在素材的下方,完成效果。

🖱 **案例效果**

案例效果如图2-86所示。

图2-86

实例013 制作背景部分

🎙 **操作步骤**

01 执行菜单"文件>新建"命令,在弹出的"创建新文档"对话框中设置"宽度"为298.0mm、"高度"为168.0mm,单击"横向"按钮,设置完成后单击"确定"按钮,即可创建一个空白新文档,如图2-87所示。

图2-87

02 选择工具箱中的矩形工具,在画面中绘制一个与画板等大的矩形,如图2-88所示。选中该矩形,展开右侧调色板,然后左键单击紫色为该矩形填充颜色,右键单击⊠按钮,去掉轮廓色,如图2-89所示。

图2-88

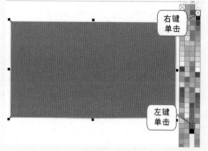

图2-89

03 选择工具箱中的钢笔工具,在画面的左上角绘制一个三角形,如图2-90所示。选中该三角形,展开右侧调色板,然后左键单击浅紫色为该矩形填充颜色,右键单击⊠按钮,去掉轮廓色。效果如图2-91所示。

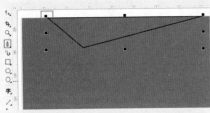

图2-90

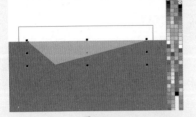

图2-91

图2-92

接着选中三角形，按住Ctrl键的同时按住鼠标右键向下拖动，释放鼠标右键，在弹出的快捷键中选择"复制"命令，复制一份三角形，如图2-92所示。选中复制出来的三角形，单击属性栏中的"垂直镜像"按钮，此时效果如图2-93所示。然后单击属性栏中的"水平镜像"按钮，将该三角形移动至画面的右下方，效果如图2-94所示。

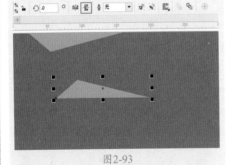

图2-93

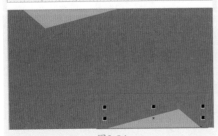

图2-94

实例014　条形装饰与圆形装饰

操作步骤

01 继续选择工具箱中的钢笔工具，在画面中绘制一个多边形，如图2-95所示。选中该多边形，在调色板中右键单击⊠按钮，去掉轮廓色。左键单击蓝色按钮为多边形填充蓝色，如图2-96所示。

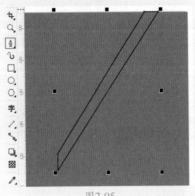

图2-95

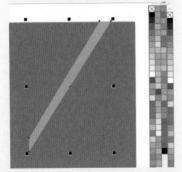

图2-96

02 使用同样的方法，制作出其他的多边形，并摆放至合适的位置，效果如图2-97所示。

图2-97

03 选择工具箱中的椭圆形工具，在画面的左侧按住Ctrl键并按住鼠标左键拖动绘制一个正圆形，接着展开右侧调色板，然后左键单击白色按钮为圆形填充颜色，右键单击⊠按钮，去掉轮廓色，如图2-98所示。选中白色正圆形，选择工具箱中的透明

度工具，在属性栏中单击"均匀透明度"按钮，设置"透明度"为70，效果如图2-99所示。

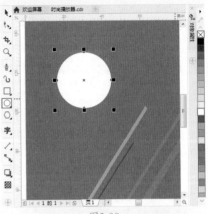

图2-98

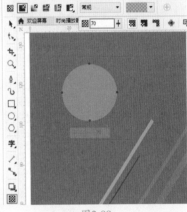

图2-99

04 使用同样的方法，在画面中绘制其他的正圆形，并调整至合适的位置，如图2-100所示。背景部分制作完成，效果如图2-101所示。

图2-100

图2-101

实例015 制作时尚播放器的主体部分

操作步骤

01 选择工具箱中的矩形工具,在画面中绘制一个矩形,展开右侧调色板,左键单击灰色按钮为矩形填充灰色,右键单击⊠按钮,去掉轮廓色,如图2-102所示。

图2-102

02 执行菜单"文件>导入"命令,在弹出的"导入"菜单中单击选择要导入的素材"1.jpg",然后单击"导入"按钮,如图2-103所示。接着在画面中按住鼠标左键向右下角拖动导入对象并控制其大小,如图2-104所示。调整其位置,效果如图2-105所示。

图2-103

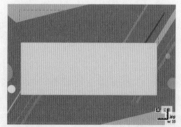

图2-104

图2-105

03 接着将导入的素材移动到工作区以外的地方待用。继续使用工具箱中的矩形工具在灰色矩形上方绘制一个稍小的白色矩形,如图2-106所示。

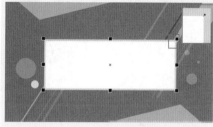

图2-106

04 使用鼠标右键单击刚刚导入的素材图片,在弹出的快捷菜单中选择"PowerClip内部"命令,如图2-107所示。当光标变成黑色粗箭头时,单击刚刚绘制的白色矩形,即可实现位图的剪贴效果,如图2-108所示。

图2-107

图2-108

05 如果需要调整,可以在矩形下方的悬浮栏中单击"编辑PowerClip"按钮,如图2-109所示。调整素材位置完成后,单击"停止编辑内容"按钮,如图2-110所示。此时画面效果如图2-111所示。

图2-109

图2-110

图2-111

实例016 添加文字元素

操作步骤

01 添加文字效果。选择工具箱中的文本工具,在上方三角形中单击鼠标左键,建立文字输入的起始点,在属性栏中设置合适的字体、字体大小,然后在画面中输入相应的文字,并在右侧调色板中左键单击白色按钮,更改文字颜色,如图2-112所示。在使用文本工具的状态下,在第一个字母后方单击插入光标,然后按住鼠标左键向前拖动,使第一个字母被选中,在属性栏中更改"字号"为36pt,如图2-113所示。

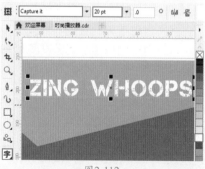

图2-112

02 双击该文字进入到旋转状态,然后按住鼠标左键拖动控制点将其进行旋转,使之与三角形一边平行,效果如图2-114所示。

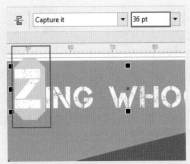

图2-113

图2-114

03 继续使用同样的方法，输入其他文字，调整字体、字体大小，摆放在合适的位置上，如图2-115所示。

图2-115

实例017　制作播放器控件

操作步骤

01 制作素材下方的按钮。继续使用工具箱中的椭圆形工具在素材的左下方绘制一个无轮廓的10%黑色正圆，如图2-116所示。然后选择工具箱中的矩形工具，在浅蓝色正圆的上方绘制一个无轮廓的紫色矩形，如图2-117所示。

02 选择工具箱中的钢笔工具，在矩形的左侧绘制一个三角形，如图2-118所示。选中该三角形，左键单击右侧调色板中的紫色按钮为其添加颜色，接着在调色板的上方右键单击⊠按钮，去掉轮廓色，如图2-119所示。

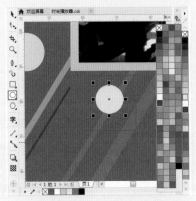

图2-116

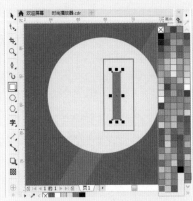

图2-117

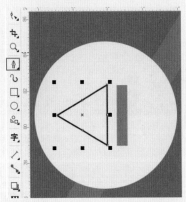

图2-118

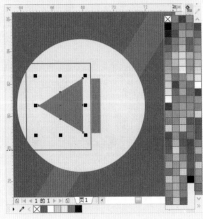

图2-119

03 继续使用同样的方法，在素材的下方绘制出其他按钮，效果如图2-120所示。

图2-120

04 选择工具箱中的矩形工具，在按钮的右侧绘制一个无轮廓的狭长白色矩形，如图2-121所示。使用同样的方法，在狭长矩形的上方绘制一个小的无轮廓白色矩形，如图2-122所示。最终完成效果如图2-123所示。

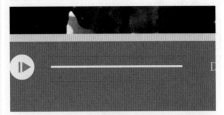

图2-121

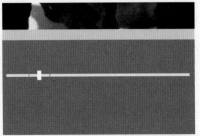

图2-122

图2-123

技术速查：星形工具

☆（星形工具）可以绘制不同边数、不同锐度的星形。选择工具箱中的星形工具，在属性栏中设置合适的"点数或边数"以及"锐度"，然后在绘制区按住鼠标左键并拖动，确定星形的大小后释放鼠标左键，如图2-124所示。

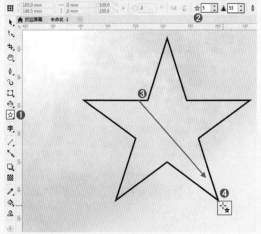

图2-124

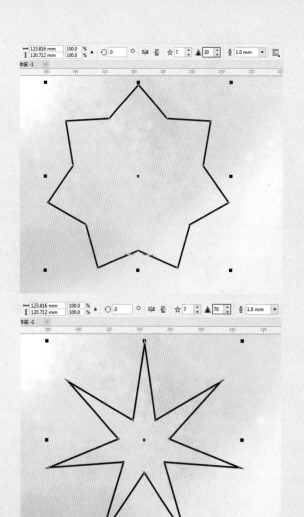

图2-125

> ☆5 点数或边数：属性栏中设置星形的"点数或边数"，数值越大星形的角越多。
> ▲53 锐度：设置星形上每个角的"锐度"，数值越大每个角也就越尖，如图2-125所示。

第**3**章

填充与轮廓线

本章概述　在绘制图形时离不开"填充"与"轮廓线"。图形的"填充"能够以纯色、渐变和图案3种形式进行表现。使用交互式填充工具可以进行多种填充方式的设置。而针对轮廓线的设置则需要在"轮廓笔"对话框中进行。

本章重点
◆ 掌握交互式填充工具的使用方法
◆ 掌握渐变填充的设置方法
◆ 掌握设置轮廓线属性的方法

/ 佳 / 作 / 欣 / 赏 /

3.1 使用单色填充制作商务杂志

文件路径	第3章\使用单色填充制作商务杂志
难易指数	★★★★★
技术掌握	● 矩形工具 ● 文本工具 ● 透明度工具

扫码深度学习

操作思路

本案例主要讲解如何使用单色填充制作杂志中的各部分区域。首先制作一个带有渐变颜色的矩形作为背景图；接着制作一个带有投影的白色矩形放置在画面中间位置，并导入风景素材后在画面中输入文字；最后导入两个穿西装的人物丰富画面效果。

案例效果

案例效果如图3-1所示。

图3-1

实例018　制作商务杂志中的背景效果

操作步骤

01 执行菜单"文件>新建"命令，在弹出的"创建新文档"对话框中设置"宽度"为277.0mm、"高度"为205.0mm，单击"横向"按钮，设置完成后单击"确定"按钮，如图3-2所示。创建一个空白新文档，如图3-3所示。

图3-2

图3-3

02 选择工具箱中的矩形工具，在画面中按住鼠标左键拖动，绘制一个与画板等大的矩形，如图3-4所示。选中该矩形，选择工具箱中的交互式填充工具，在属性栏中单击"渐变填充"按钮，设置"渐变类型"为"椭圆形渐变填充"，接着在画面中单击右侧的节点，在显示的浮动工具栏中设置节点颜色为灰色，设置另外一个节点颜色为浅灰色。最后右键单击调色板顶部的⊠按钮，去掉轮廓色，如图3-5所示。

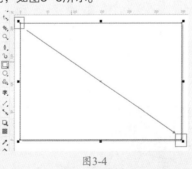

图3-4

03 继续使用同样的方法，在画面中间绘制一个矩形，如图3-6所示。选中刚刚绘制出的矩形，展开右侧调色板，左键单击白色按钮为该矩形填充白色，接着在调色板的上方右键单击⊠按钮，去掉轮廓色，如图3-7所示。

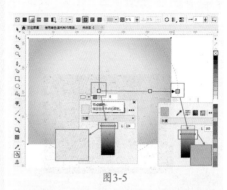

图3-5

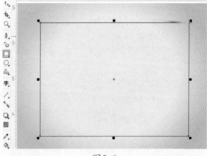

图3-6

图3-7

04 选中白色矩形，使用快捷键Ctrl+C进行复制，然后使用快捷键Ctrl+V将其粘贴，选中上方矩形，左键单击黑色按钮为该矩形填充黑色，接着在调色板的上方右键单击⊠按钮，去掉轮廓色。更改其"填色"为黑色，如图3-8所示。选中黑色矩形，然后选择工具箱中的透明度工具，在属性栏中单击"均匀透明度"按钮，设置"透明度"为50，效果如图3-9所示。接着选中灰色矩形，单击鼠标右键，在弹出的快捷菜单中执行"顺序>向后一层"命令，此时灰色矩形自动移至白色矩形的后方，然后多次使用键盘上的向右箭头和向下箭头将灰色矩形移出一点作为白色矩形的阴影，如图3-10所示。

05 接着执行菜单"文件>导入"命令，在弹出的"导入"对话框中单击选择要导入的风景素材

"1.png"，然后单击"导入"按钮，如图3-11所示。调整导入对象的大小，效果如图3-12所示。

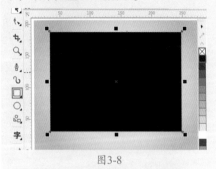

图3-8

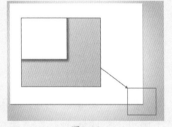

图3-9

图3-10

图3-11

图3-12

🎤操作步骤

01 使用矩形工具在素材上方制作一个无轮廓的深蓝色矩形，如图3-13所示。

图3-13

02 选择工具箱中的文本工具，在深蓝色矩形上方单击鼠标左键，建立文字输入的起始点，在属性栏中设置合适的字体、字体大小，然后在画面中输入相应的文字，并在右侧调色板中将文字"填色"选择为白色，如图3-14所示。双击该文字进入旋转状态，然后按住Ctrl键的同时按住鼠标左键拖动控制点将其进行旋转，接着将旋转后的文字移动到合适的位置，如图3-15所示。

图3-14

图3-15

03 制作段落文字。继续使用文本工具在文字的左侧按住鼠标左键

并从左上角向右下角拖动创建出文本框，如图3-16所示。在属性栏中设置合适的字体、字体大小，然后在文本框中输入相应的文字，并在右侧调色板中将文字"填色"选择为白色，如图3-17所示。

图3-16

图3-17

04 使用同样的方法，在画面中输入其他适当的文字，如图3-18所示。

图3-18

05 执行菜单"文件>导入"命令，在弹出的"导入"对话框中单击选择要导入的人物素材"2.png"，单击"导入"按钮。在工作区中按住鼠标左键拖动，控制导入对象的大小。释放鼠标完成导入操作，如图3-19所示。

图3-19

艺境 中文版CorelDRAW图形创意设计与制作全视频 实战228例 CorelDRAW

继续导入其他人物素材"3.png"到画面中合适位置。最终完成效果如图3-20所示。

图3-20

📖 技术速查：使用调色板

最直接的纯色均匀填充方法就是使用调色板进行填充，默认情况下调色板位于窗口的右侧，如图3-21所示。在调色板中集合了多种常用的颜色，而且在CorelDRAW中提供了多个预设的调色板。执行"窗口>调色板"命令，在子菜单中可以选择其他的调色板，如图3-22所示。

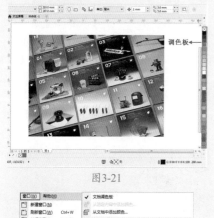
图3-21

图3-22

（1）选中要填色的对象，在调色板中想要填充的颜色色块处单击鼠标左键，给对象填充颜色。

（2）选中需要添加轮廓色的对象，在调色板中右键单击调色板中颜

色色块，即能为选中的对象设置轮廓色。轮廓色填充完成，可以在属性栏中对其"轮廓宽度"和"线条样式"等属性进行更改，如图3-23所示。

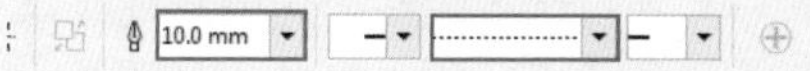

图3-23

（3）选中一个对象，使用鼠标左键单击调色板上方的⊠按钮，即可去除当前对象的填充颜色。使用鼠标右键单击⊠按钮，即可去除当前对象的轮廓线。

3.2 使用渐变填充制作海报

文件路径	第3章\使用渐变填充制作海报
难易指数	⭐⭐⭐⭐⭐
技术掌握	● 交互式填充工具 ● 矩形工具 ● 钢笔工具

🔍 扫码深度学习

💡 操作思路

本案例讲解了如何使用渐变填充制作海报。首先使用矩形工具制作一个玫红色渐变系的矩形作为背景并为其下方变形；接着制作青色系的渐变立体边框效果，并为画面添加文字摆放在合适的位置；最后导入人物素材。

🖱 案例效果

案例效果如图3-24所示。

图3-24

🎙 操作步骤

01 执行菜单"文件>新建"命令，创建一个空白新文档，如图3-25所示。

图3-25

02 选择工具箱中的矩形工具，在画面的上方绘制一个矩形，如图3-26所示。选中该矩形，选择工具箱中的交互式填充工具，在属性栏中单击"渐变填充"按钮，设置"渐变类型"为"椭圆渐变填充"，接着在图形上方按住鼠标左键拖动调整控制杆的位置，然后单击左侧的节点，在显示的浮动工具栏中设置节点颜色为粉色，设置第二个节点颜色同为粉色，第三个节点颜色为深粉色。最后右键单击调色板顶部的⊠按钮，去掉轮廓色，如图3-27所示。

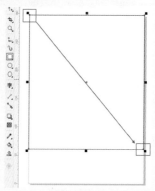
图3-26

03 选中矩形，接着选择工具箱中的涂抹工具，在矩形的右下方按住鼠标左键向左上方拖动至合适的位置，如图3-28所示。继续使用鼠标左键在矩形左下方拖动调整矩形形状，效果如图3-29所示。

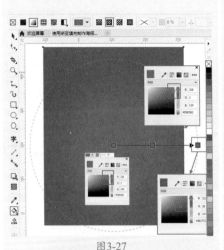

图3-27

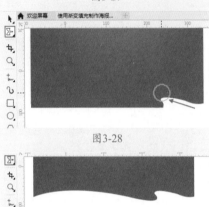

图3-28

图3-29

实例021 制作海报中的主体图形

🎤操作步骤

01 选择工具箱中的钢笔工具，在粉色多边形的上方绘制一个不规则图形，如图3-30所示。选中不规则图形，使用快捷键Ctrl+C将其复制，接着使用快捷键Ctrl+V进行粘贴，然后将鼠标放在图形右上方控制点上，按住Shift键的同时按住鼠标左键向左下角拖动，将复制出来的图形向中心等比缩小，效果如图3-31所示。

02 接着按住Shift键的同时单击里面图形和外面图形，将两图形进行加选，然后在属性栏中单击"移除前面对象"按钮，此时图形变成一个空心的外框，如图3-32所示。选中此外框图形，选择工具箱中的"交互式填

充工具"，在属性栏中单击"渐变填充"按钮，选择"线性渐变填充"，接着到画面中按住控制点向四周拖动调整渐变控制杆的位置和方向，然后单击上方的节点，在显示的浮动工具栏中设置节点颜色为青色，设置另一个节点颜色为深青色。最后右键单击调色板顶部的⊠按钮，去掉轮廓色，如图3-33所示。

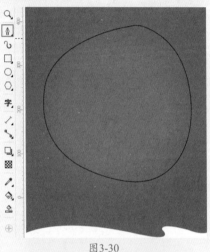

图3-30

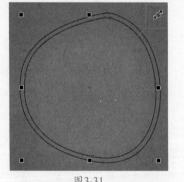

图3-31

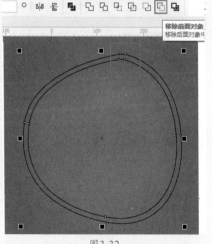

图3-32

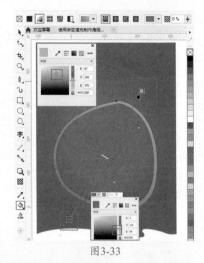

图3-33

03 使用同样的方法，在青色外框上方绘制一个外框，如图3-34所示。

04 继续使用同样的方法，绘制最上方的外框，如图3-35所示。通过使用工具箱中的形状工具，拖动控制点和控制箭头对其轮廓进行调整，使其呈现出扭曲的效果，如图3-36所示。选中此外框图形，选择工具箱中的交互式填充工具，在属性栏中单击"渐变填充"按钮，设置"渐变类型"为"线性渐变填充"，接着到画面中按住控制点向四周拖动调整渐变控制杆的位置和方向，然后单击上方的节点，在显示的浮动工具栏中设置节点颜色为青色，设置另一个节点颜色为深青色。最后右键单击调色板顶部的⊠按钮，去掉轮廓色，如图3-37所示。

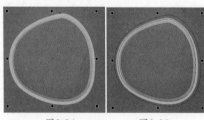

图3-34　　　　图3-35

05 执行菜单"文件>导入"命令，在弹出的"导入"对话框中单击选择要导入的风景素材"1.jpg"，然后单击"导入"按钮，在工作区中按住鼠标左键拖动，控制导入对象的大小。释放鼠标完成导入操作，如图3-38所示。接着将素材移动到画板以外的位置，使用工具箱中的钢笔工具沿着青色框的内部绘制一个黄色的不规则图形，如图3-39所示。

艺境 中文版CorelDRAW图形创意设计与制作全视频

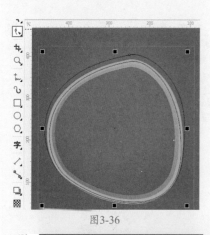

图3-36

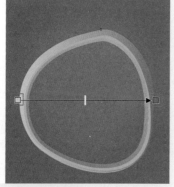

图3-37

图3-38

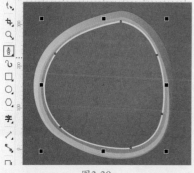

图3-39

06 右键单击风景素材，接着在弹出的快捷菜单中执行"PowerClip内部"命令，当光标变成黑色粗箭头时，单击刚刚绘制的图形，即可实现位图的剪贴效果，如图3-40所示。

图3-40

实例022 制作海报中的文字与人像

🎙 操作步骤

01 接下来为画面添加文字。选择工具箱中的文本工具，在画面的右上方单击鼠标左键，建立文字输入的起始点，在属性栏中设置合适的字体、字体大小，然后在画面中输入相应的文字，并在右侧调色板中将文字"填色"选择为黄绿色，如图3-41所示。在使用文本工具的状态下，在第一个字母后面单击插入光标，然后按住鼠标左键向前拖动，使第一个字母被选中，然后在属性栏中更改字体大小为198pt，如图3-42所示。

图3-41

图3-42

02 使用同样的方法，绘制其他文字，然后将文字摆放到合适的位置，如图3-43所示。

图3-43

03 使用同样的方法，继续在画面的下方输入合适的文字，如图3-44所示。

图3-44

04 使用同样的方法，导入人物素材"2.png"，在工作区中按住鼠标左键拖动，控制导入对象的大小。释放鼠标完成导入操作。最终完成效果如图3-45所示。

图3-45

📖 技术速查：交互式填充工具

（交互式填充工具）可以为矢量对象设置纯色、渐变、图案等多种

CorelDRAW

形式的填充。选择工具箱中的交互式填充工具，在属性栏中可以看到多种类型的填充方式：⊠（无填充）、■（均匀填充）、▨（渐变填充）、▦（向量图样填充）、▨（位图图样填充）、▯（双色图样填充）等。

选中矢量对象，然后单击属性栏中任意一种填充方式。除■（均匀填充）以外的其他方式都可以进行"交互式"的调整，如图3-46所示。例如，选择▦（向量图样填充），选择一种合适的图案，对象上就会显示出图案控制杆。通过调整控制点可以对图样的大小、位置、形态等属性进行调整，如图3-47所示。

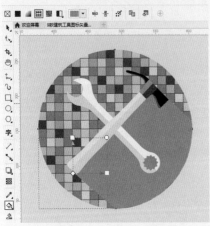

图3-46

图3-47

图3-47（续）

使用不同的填充方式，在属性栏中都会有不同的设置选项。但是其中几个参数选项是任何填充方式下都存在的设置。首先来了解一下这些选项，如图3-48所示。

图3-48

➤ ▭▾填充挑选器：从个人的或公共库中选择填充。

➤ ▥复制填充：将文档中其他对象的填充应用到选定对象。

➤ ▨编辑填充：单击该按钮可以弹出"编辑填充"对话框。在该对话框中可以对填充的属性进行编辑。

选中带有填充的对象，选择工具箱中的◇（交互式填充工具），在属性栏中单击"无填充"按钮⊠，即可清除填充图案，如图3-49所示。

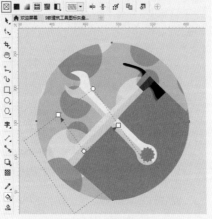

图3-49

文件路径	第 3 章 \ 使用渐变填充制作切割感文字
难易指数	★★★★★
技术掌握	● 文字工具 ● 交互式填充工具 ● 椭圆形工具

扫码深度学习

操作思路

本案例讲解了如何使用渐变填充制作切割感文字。首先使用文本工具输入合适的文字，再将文字变形；然后使用矩形工具和椭圆工具制作出一个半圆，给其添加渐变颜色并摆放在合适的位置。

案例效果

案例效果如图3-50所示。

图3-50

实例023　制作文字变形效果

操作步骤

01 执行菜单"文件>新建"命令，在弹出的"创建新文档"对话框中设置文档"大小"为A4，单击"纵向"按钮，设置完成后单击"确定"按钮，如图3-51所示。创建一个空白新文档，如图3-52所示。

图3-51

图3-52

02 选择工具箱中的文本工具，在画面中单击鼠标左键建立文字输入的起始点，在属性栏中设置合适的字体、字体大小，然后在画面中输入相应的文字，如图3-53所示。接着选中文字，选择工具箱中的形状工具，按住文字右下方的控制点向左侧拖动，将文字的字间距缩小到合适的大小，如图3-54所示。

图3-53

图3-54

03 选择工具箱中的选择工具，按住文字上方中间的控制点并向上拖动，将文字拉长至合适的大小，如图3-55所示。在文字的上方右键单击，在弹出的快捷菜单中执行"转换为曲线"命令，如图3-56所示。此时文字效果如图3-57所示。

图3-55

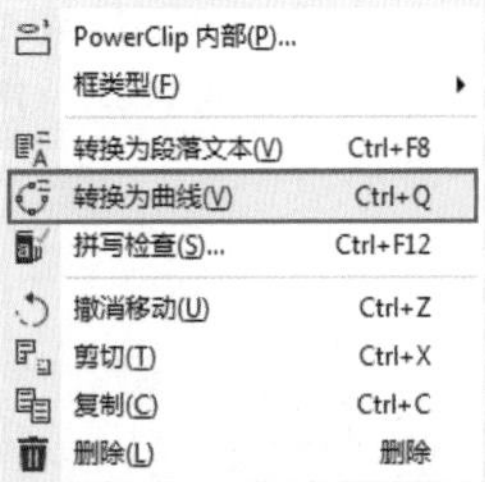

	PowerClip 内部(P)...	
框类型(F)	
转换为段落文本(V)	Ctrl+F8
转换为曲线(V)	Ctrl+Q
拼写检查(S)...	Ctrl+F12
撤消移动(U)	Ctrl+Z
剪切(T)	Ctrl+X
复制(C)	Ctrl+C
删除(L)	删除

图3-56

图3-57

04 选中文字，选择工具箱中的涂抹工具，在属性栏中单击"尖状涂抹"按钮，设置"笔尖半径"为15.0mm、"压力"为96，然后在字母H上选择合适的位置，按住鼠标左键向右拖动至合适的位置，如图3-58所示。接着使用同样的方法，将该组文字变形，效果如图3-59所示。注意，每横排变形都在同一水平线上，并在右侧调色板中左键单击绿色，将文字变为绿色，如图3-60所示。

05 使用同样的方法，制作第二组文字，如图3-61所示。

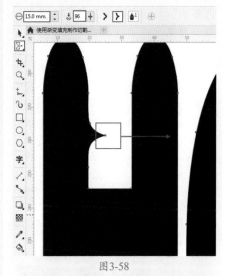

图3-58

图3-59

图3-60

图3-61

06 制作下方的小字母。选择工具箱中的文本工具，在字母T的右侧单击鼠标左键建立文字输入的起始点，在属性栏中设置合适的字体、字体大小，单击"将文本更改为垂直方向"按钮，然后输入相应的文字，如图3-62所示。在右侧调色板中将文字"填色"选择为绿色，如图3-63所示。继续使用同样的方法，制作出其他文字，如图3-64所示。

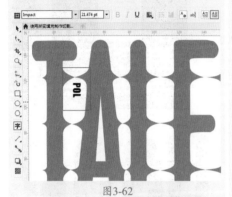

图3-62

图3-63

图3-64

实例024　制作文字切分效果

🎤操作步骤

01 接下来制作文字切分的效果。选择工具箱中的矩形工具，在第一组文字的上方绘制一个矩形，如图3-65所示。然后选择工具箱中的椭圆形工具在矩形的下方绘制一个椭圆形，椭圆和矩形交汇处为字母尖状位置，如图3-66所示。

图3-65

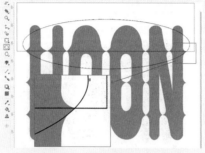

图3-66

02 按住Shift键分别单击矩形和椭圆形将其进行加选，然后单击属性栏中的"移除后面的对象"按钮，效果如图3-67所示。

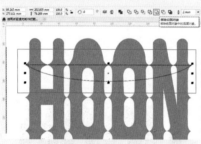

图3-67

03 选中该半圆形，选择工具箱中的交互式填充工具，在属性栏中单击"渐变填充"按钮，设置"渐变类型"为"线性渐变填充"，接着在图形上方按住鼠标左键拖动调整控制杆的位置，然后将两个节点的颜色设置为黑色，将底部节点的透明设置为100%，如图3-68所示。

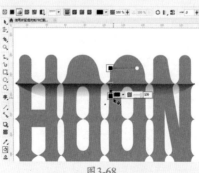

图3-68

04 接着按住鼠标左键向下移动时，移动到合适位置后按鼠标右键进行复制，如图3-69所示。再次使用快捷键Ctrl+R复制其他半圆形，效果如图3-70所示。

图3-69

图3-70

05 接着使用同样的方法，为下方文字制作切割感效果。最终完成效果如图3-71所示。

图3-71

📖 技术速查：渐变填充选项

选择工具箱中的交互式填充工具，选择渐变填充方式，其属性栏如图3-72所示。

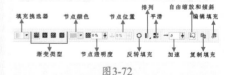

图3-72

各个属性说明如下。

- ▸ ⬛·填充挑选器：单击该按钮，在下拉面板中从个人或公共库中选择一种已有的渐变填充。
- ▸ ⬛⬛⬛⬛渐变类型：在这里可以设置渐变的类型，即⬛（线性渐变填充）、⬛（椭圆形渐变填充）、（圆锥形渐变填充）和⬛（矩形渐变填充）4种不同的渐变填充效果。
- ▸ ⬛·节点颜色：在使用交互式填充工具填充渐变时，对象上会出现交互式填充控制器，选中控制器上的节点，在属性栏的此处可以更改节点颜色。
- ▸ ⬛0%⬛节点透明度：设置选中节点的不透明度。
- ▸ ⬛22%⬛节点位置：设置中间节点相对于第一个和最后一个节点的位置。
- ▸ ⬶翻转填充：单击该按钮，将互换渐变填充颜色的节点。
- ▸ ⬛排列：设置渐变的排列方式，可以选择⬛（默认渐变填充）、⬛（重复和镜像）和⬛"重复"。
- ▸ ⬛平滑：在渐变填充节点间创建更加平滑的颜色过渡。
- ▸ →⬛+加速：设置渐变填充从一个颜色调和到另一个颜色的速度。
- ▸ ⬛自由缩放和倾斜：启用此选项可以填充不按比例倾斜或延展的渐变。
- ▸ ⬛复制填充：将文档中其他对象的填充应用到选定对象。
- ▸ ⬛编辑填充：单击该按钮，可以打开"编辑填充"对话框，从而编辑填充属性。

3.4 使用图案填充制作音乐网页

文件路径	第3章\使用图案填充制作音乐网页
难易指数	★★★★★
技术掌握	● 椭圆形工具 ● 交互式填充工具 ● 文本工具

📌操作思路

本案例讲解了如何使用图案填充制作音乐网页。首先为画面中制作一个深蓝色的背景，将导入的图片制作成圆形，放置在合适的位置；接着多次使用椭圆形工具制作出图形模块，并设置合适的填充方式，摆放在合适的位置。

🖱案例效果

案例效果如图3-73所示。

图3-73

实例025　制作网页背景

🎤操作步骤

01 执行菜单"文件>新建"命令，创建一个空白新文档，如图3-74所示。

图3-74

02 选择工具箱中的矩形工具，在画面中绘制一个与画板等大的矩形，接着展开右侧调色板，然后左键单击深蓝色按钮为该矩形填充深蓝色，接着在调色板的上方右键单击⊠按钮，去掉轮廓色，如图3-75所示。

图3-75

03 接着使用同样的方法，在画面的下方绘制一个黑色矩形，如图3-76所示。选中该矩形，选择工具箱中的透明度工具，在属性栏中单击"均匀透明度"按钮，设置"透明度"为20，如图3-77所示。

图3-76

图3-77

04 执行菜单"文件>导入"命令，在弹出的"导入"对话框中单击选择要导入的人群素材"1.jpg"，然后单击"导入"按钮，在工作区中按住鼠标左键拖动，控制导入对象的大小。释放鼠标完成导入操作，如图3-78所示。选择工具箱中的椭圆形工具，在人群素材的上方按住Ctrl键并按住鼠标左键拖动绘制出一个正圆形，如图3-79所示。

图3-78

图3-79

05 选中人群素材，执行菜单"对象>PowerClip>置于图文框内部"命令。当光标变成黑色粗箭头时，单击刚刚绘制的正圆形，即可实现位图的剪贴效果，如图3-80所示。使用同样的方法，制作出其他的图案，然后调整其大小和位置，如图3-81所示。

图3-80

图3-81

实例026　制作网页标志与导航

操作步骤

01 使用工具箱中的矩形工具在画面的上方绘制出一个黑色的矩形，如图3-82所示。选择工具箱中的透明度工具，在属性栏中单击"均匀透明度"按钮，设置"透明度"为20，如图3-83所示。

图3-82

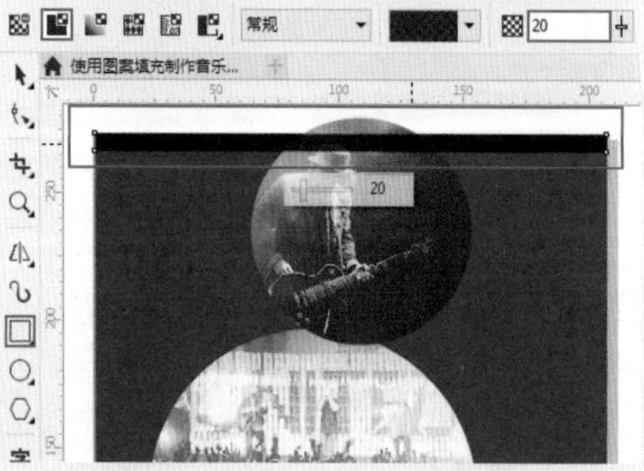

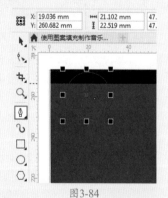

图3-83

02 选择工具箱中的钢笔工具，在画面的左上角绘制出一个图形，如图3-84所示。然后选中该图形，展开右侧调色板，左键单击白色按钮为该图形填充白色，接着在调色板的上方右键单击⊠按钮，去掉轮廓色，如图3-85所示。

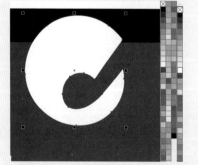

图3-84

图3-85

03 选中该图形，选择工具箱中的透明度工具，在属性栏中单击"均

图3-86

图3-87

04 选择工具箱中的文本工具，在箭头上方单击鼠标左键，建立文字输入的起始点，在属性栏中设置合适的字体、字体大小，然后在画面中输入相应的文字，如图3-88所示。接着使用同样的方法，在画面上方输入其他白色文字，如图3-89所示。

图3-88

图3-89

艺境　中文版CorelDRAW图形创意设计与制作全视频　实战228例

实例027　制作带有图案的图形模块

操作步骤

01 选择工具箱中的椭圆形工具，在画面的右上方按住Ctrl键的同时按住鼠标左键拖动绘制出一个正圆形，如图3-90所示。选中该正圆形，左键单击右侧调色板中的玫红色按钮为圆形填充玫红色，接着在右侧调色板的上方右键单击⊠按钮，去掉轮廓色，如图3-91所示。

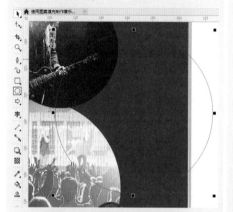

图3-90

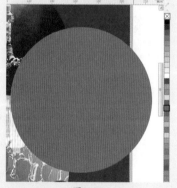

图3-91

02 继续使用同样的方法，在玫红色正圆形上面绘制一个稍小的深粉色正圆形，如图3-92所示。接着同样在深粉色正圆形的上面再绘制一个正圆形，如图3-93所示。

图3-92　　　　图3-93

03 选中最后绘制的正圆形，选择工具箱中的交互式填充工具，在属性栏单击"双色图样填充"按钮，分别设置合适的"第一种填充色或图样"和"背景颜色"。在正圆形上方按住鼠标左键拖动调整控制杆的位置，然后在右侧调色板的上方右键单击⊠按钮，去掉轮廓，如图3-94所示。选择工具箱中的透明度工具，在属性栏中单击"均匀透明度"按钮，设置"透明度"为87，效果如图3-95所示。

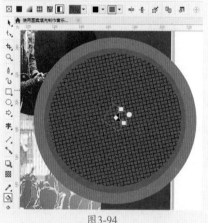

图3-94

图3-95

04 在正圆形的上面绘制一个玫红色的矩形，如图3-96所示。选中该矩形，在属性栏中单击"圆角"按钮，设置"转角半径"为16.6mm，效果如图3-97所示。

05 选择工具箱中的文本工具，在画面中单击鼠标左键，建立文字输入的起始点，在属性栏中设置合适的字体、字体大小，然后输入相应的文字，如图3-98所示。使用同样的方

法，将绿色图形模块和蓝色图形模块绘制出来，并摆放在合适的位置，如图3-99所示。

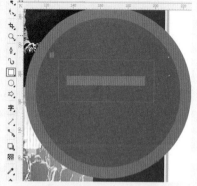

图3-96

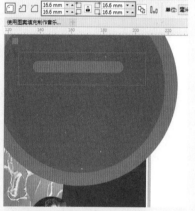

图3-97

图3-98

图3-99

操作步骤

01 选择工具箱中的椭圆形工具，在绿色图形模块的上方按住Ctrl键的同时按住鼠标左键向下拖动绘制出一个正圆形。选择工具箱中的交互式填充工具，在属性栏中单击"均匀填充"按钮，设置"填充色"为浅绿色。然后在右侧调色板的上方右键单击⊠按钮，去掉轮廓色，如图3-100所示。选中该正圆形，选择工具箱中的透明度工具，在属性栏中单击"均匀透明度"按钮，设置"透明度"为20，效果如图3-101所示。

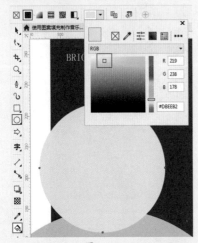

图3-100

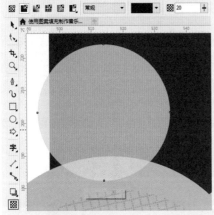

图3-101

02 继续使用同样的方法，在绿色正圆形的上面绘制一个"透明度"为10的绿色正圆形，如图3-102所示。选择工具箱中的文本工具，在绿色正圆形上单击鼠标左键，建立文字输入的起始点，在属性栏中设置合适

的字体、字体大小，然后输入相应的文字，如图3-103所示。

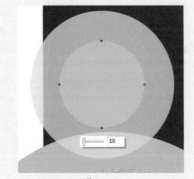

图3-102

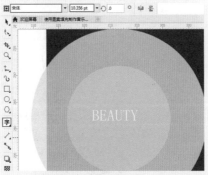

图3-103

03 继续使用同样的方法，绘制其旁边的蓝色和粉色图案，摆放在合适的位置，如图3-104所示。

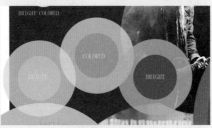

图3-104

04 接着使用同样的方法，绘制画面中其他圆形图案和文字，摆放在合适的位置，如图3-105所示。

图3-105

05 使用快捷键Ctrl+A将画面中的所有图形与文字全选，使用快捷键Ctrl+G组合对象。然后在画面中绘制一个与画板等大的矩形，如图3-106所示。选中组合的图形，执行"对象>PowerClip>置于图文框内部"命令。当光标变成黑色粗箭头时，单击刚刚绘制的矩形。最终完成效果如图3-107所示。

图3-106

图3-107

📚 要点速查：对象管理

- 调整对象堆叠顺序：当文档中存在多个对象时，对象的上下堆叠顺序将影响画面的显示效果。执行菜单"对象>顺序"命令，在弹出的子菜单中选择相应命令即可完成堆叠顺序的调整。

- 锁定对象与解除锁定："锁定"命令可以将对象固定，使其不能进行编辑。选择需要锁定的对象，默认情况下显示的控制点为黑色的方块。接着执行菜单"对象>锁定对象"命令，或在选定的图像上右键单击，在弹出的快捷菜单中执行"锁定对象"命令。被锁定的对象会在图像四周出现8个锁形图标，表示当前图像处于锁定的、不可编辑状态。在锁定的对象上右键单击，在弹出的快捷菜单中执行"解锁对象"命令，可以将对象的锁定状态解除，使其能够被编辑。执行菜单"对象>对所有对象解锁"命令，可以快速解锁文档中被锁定的多个对象。

> 群组与取消群组："群组"是指将多个对象临时组合成一个整体。组合后的对象保持其原始属性，但是可以进行同时的移动、缩放等操作。选中需要群组的多个对象，执行菜单"对象>群组"命令（快捷键为Ctrl+G），还可以右键单击，在弹出的快捷菜单中执行"组合对象"命令。如果想要取消群组，可以选中需要取消群组的对象，执行菜单"对象>取消群组"命令。

3.5 利用网状填充工具制作抽象图形海报

文件路径	第3章\利用网状填充工具制作抽象图形海报
难易指数	★★★★★
技术掌握	● 网状填充工具 ● 文本工具 ● 矩形工具

扫码深度学习

操作思路

本案例讲解了如何利用网状填充工具制作抽象图形海报。首先制作一个蓝色的背景，输入合适的文字和线条；然后使用钢笔工具绘制出鸟类的形状，使用网状填充工具为其添加合适的颜色；接着绘制画面中的其他不规则图形。

案例效果

案例效果如图3-108所示。

图3-108

实例029 制作抽象图形海报中的背景部分

操作步骤

01 执行菜单"文件>新建"命令，在弹出的"创建新文档"对话框中设置文档"大小"为A4，单击"纵向"按钮，设置完成后单击"确定"按钮，如图3-109所示。创建一个空白新文档，如图3-110所示。

图3-109

图3-110

02 选择工具箱中的矩形工具，在画面中绘制一个与画板等大的矩形，如图3-111所示。选中该矩形，选择工具箱中的交互式填充工具，在属性栏中单击"均匀填充"按钮，设置"填充色"为蓝色。然后在右侧调色板的上方右键单击⊠按钮，去掉轮廓色，如图3-112所示。

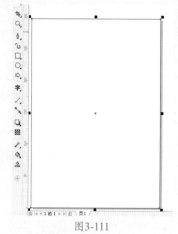

图3-111

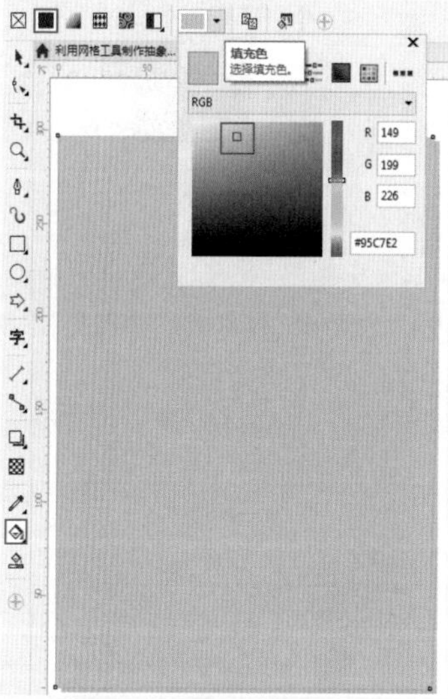

图3-112

03 选择工具箱中的椭圆形工具，在画面的中间按住Ctrl键的同时按住鼠标左键拖动绘制出一个正圆形，如图3-113所示。选中该正圆形，选择工具箱中的交互式填充工具，在属性栏中单击"均匀填充"按钮，设置"填充色"为浅蓝色。然后在右侧调色板的上方右键单击⊠按钮，去掉轮廓色，如图3-114所示。

04 选中该正圆形，选择工具箱中的吸引工具，在属性栏中设置"笔尖半径"为35.0mm、"速度"为30，接着沿正圆形的左上方轮廓按住鼠标左键向左下方拖动，多次使用此操作，直到形状合适为止，效果如图3-115所示。继续使用同样的方法，绘制出下方的浅蓝色图形，如图3-116所示。

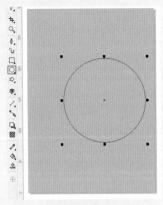

图3-113

图3-114

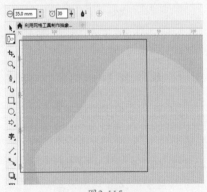

图3-115

图3-116

实例030　制作抽象图形海报中的文字信息

操作步骤

01 接下来制作画面中的文字。选择工具箱中的文本工具，在浅蓝色图形的上方单击鼠标左键，建立文字输入的起始点，在属性栏中设置合适的字体、字体大小，然后在画面中输入相应的文字，并在右侧调色板中将文字"填色"选择为紫色，如图3-117所示。接着使用同样的方法，输入画面中其他的文字，摆放在合适的位置，如图3-118所示。

图3-117

图3-118

02 接着制作画面中的线条。选择工具箱中的钢笔工具，在属性栏中设置"轮廓宽度"为0.2mm，然后在画面中按住鼠标左键拖动绘制一个斜线，将其颜色更改为紫色，如图3-119所示。接着使用同样的方法，绘制出其他的线条，更改合适的"轮廓宽度"及颜色，并摆放至合适的位置，如图3-120所示。

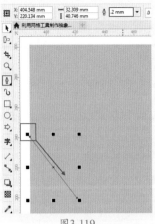

图3-119

图3-120

实例031　制作抽象图形海报中的标志部分

操作步骤

01 接下来制作左上角的标志。使用工具箱中的矩形工具在画面的左上方绘制一个小的紫色矩形，如图3-121所示。选中该矩形，然后在属性栏中单击"同时编辑所有角"按钮，设置右边两个"转角半径"为6.0mm，效果如图3-122所示。

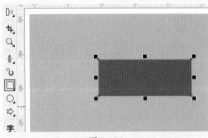

图3-121

02 接着选中紫色图形，按住鼠标左键向下移动时，移动到合适位置后按鼠标右键进行复制，如图3-123所示。

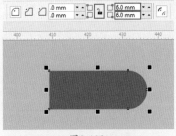

图3-122

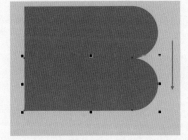

图3-123

03 按住Shift键分别单击两个紫色图形将其进行加选，然后单击属性栏中的"合并"按钮，将两个图形合并在一起，如图3-124所示。接着在这个图形的上面绘制一个正圆形，如图3-125所示。然后单击属性栏中的"移除前面的对象"按钮，效果如图3-126所示。

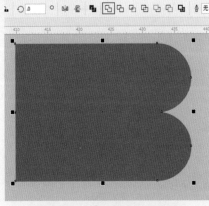

图3-124

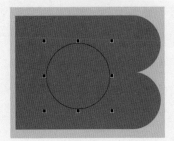

图3-125

04 接着在其下方输入合适的文字，如图3-127所示。

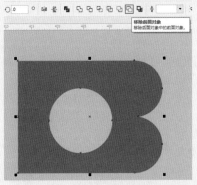

图3-126

图3-127

实例032　制作抽象图形海报中的抽象图形

操作步骤

01 接下来制作抽象的鸟。选择工具箱中的钢笔工具，在画面中合适的位置绘制一个鸟的形状，如图3-128所示。接着选中鸟形状，选择工具箱中的网状填充工具，鸟形状上方出现网格，如图3-129所示。接着在属性栏中设置"网格大小"分别为7和8，如图3-130所示。

图3-128

02 选中其中一个点，展开右侧调色板，然后左键单击黑色按钮为其添加黑色，如图3-131所示。使用同样的方法，为整只鸟填充颜色，接着在调色板的上方右键单击⊠按钮，去掉轮廓色，效果如图3-132所示。

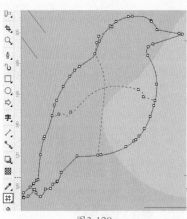

图3-129

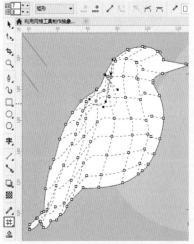

图3-130

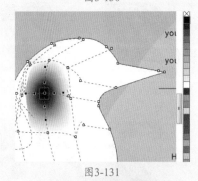

图3-131

图3-132

03 接着使用工具箱中的矩形工具在鸟尾上方位置绘制一个"轮

廓宽度"为0.2mm的灰色矩形，如图3-133所示。选中矩形将其旋转至合适的角度，如图3-134所示。

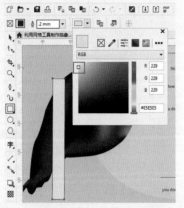

图3-133

04 选中矩形，按住鼠标左键向右下方移动时按住Shift键，移动到合适位置后按鼠标右键进行复制，如图3-135所示。使用同样的方法，制作出其他矩形，如图3-136所示。

05 选择工具箱中的钢笔工具，在矩形组的右上方绘制一个鸟翅膀形状，如图3-137所示。接着选中鸟翅膀形状，选择工具箱中的网状填充工具，使用绘制抽象鸟同样的方法，绘制鸟翅膀的图案。

图3-134　　　　图3-135

图3-136　　　　图3-137

06 接着使用同样的方法，将画面中其他的图案绘制完成。最终完成效果如图3-138所示。

图3-138

技术速查：网状填充工具

莊（网状填充工具）是一种多点填色工具，常用于渐变工具无法实现的复杂的网状填充效果。网状填充工具的工作特点是能对网点填充不同的颜色，并可以定义颜色的扭曲方向，而且这些色彩之间会产生晕染过渡效果。

选择矢量对象，选择工具箱中的网状填充工具，在属性栏中设置网格数量为2×2，图形上出现带有节点的2×2网状结构。然后将光标移动到节点上，单击鼠标左键即可选中该节点，如图3-139所示。接着单击属性栏中的"网状填充颜色"按钮■，在下拉面板中选择合适的颜色。此时该节点上出现了所选颜色，节点周围的颜色也呈现出逐渐过渡的效果，如图3-140所示。若要添加网点，可以直接在相应位置双击，即可添加节点。选中节点，按住鼠标左键拖曳可以调整节点的位置。若要删除节点，可以先选中节点，然后按Delete键进行删除。

图3-139

图3-140

3.6 设置轮廓线制作水果海报

文件路径	第3章\设置轮廓线制作水果海报
难易指数	★★★★★
技术掌握	● 文本工具 ● 矩形工具 ● 基本形状工具 ● 钢笔工具

扫码深度学习

操作思路

本案例讲解了如何设置轮廓线制作水果海报。首先将画面中的橙色边框制作出来；然后制作主体文字和副标题；最后将准备好的素材导入到画面中，将其制作成三角形的图案，分别放置在画面的下方。

案例效果

案例效果如图3-141所示。

图3-141

实例033 制作水果海报中的主题文字

操作步骤

01 执行菜单"文件>新建"命令，在弹出的"创建新文档"对话框中设置文档"大小"为A4，单击"纵向"按钮，设置完成后单击"确定"按钮，如图3-142所示。创建一个空白新文档，如图3-143所示。

图3-142　　　　　　　　　　　图3-143

02 选择工具箱中的矩形工具，在画面中绘制一个与画板等大的矩形，如图3-144所示。选中该矩形，双击位于界面底部的状态栏中的"轮廓笔"按钮，在弹出的"轮廓笔"对话框中设置"颜色"为橙色、轮廓"宽度"为12.0pt，单击"确定"按钮，如图3-145所示。效果如图3-146所示。

03 选择工具箱中的矩形工具，在画面的上方按住Ctrl键的同时按住鼠标左键拖动绘制出一个正方形，如图3-147所示。选中该正方形，双击位于界面底部的状态栏中的"轮廓笔"按钮，在弹出的"轮廓笔"对话框中设置"颜色"为橙色、"宽度"为11.0pt，设置一个合适的虚线"样式"，单击"确定"按钮，如图3-148所示。效果如图3-149所示。

图3-144

图3-145　　　　　　　　　图3-146

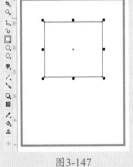　　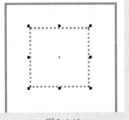

图3-147　　　　图3-148　　　　图3-149

04 接下来将此正方形旋转。选中正方形，在属性栏中设置"旋转角度"为315.0°，效果如图3-150所示。

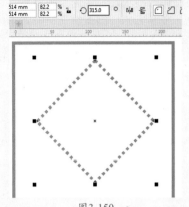

图3-150

05 接着使用同样的方法，在正方形的上方再绘制一个矩形，如图3-151所示。选中该矩形，然后在右侧调色板的上方左键单击白色按钮给其添加白色，右键单击⊠按钮，去掉轮廓，如图3-152所示。

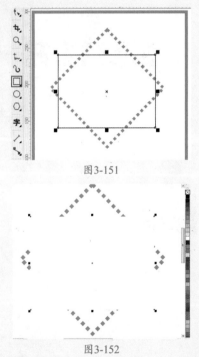

图3-151

图3-152

06 继续使用同样的方法，在合适的位置绘制一个无轮廓的橙色矩形，如图3-153所示。

07 为画面添加文字效果。首先添加主标题，选择工具箱中的文本工具，在上方白色矩形上面单击鼠标左键，建立文字输入的起始点，在属性栏中设置合适的字体、字体大小，然后在画面中输入相应的文字，如图3-154所示。选中文字，双击位于界面底部的状态栏中的"填充色"按钮，在弹出的"编辑填充"对话框中设置"填充模式"为"均匀填充"，选择深红色，单击"确定"按钮，如图3-155所示。效果如图3-156所示。

图3-153

图3-154

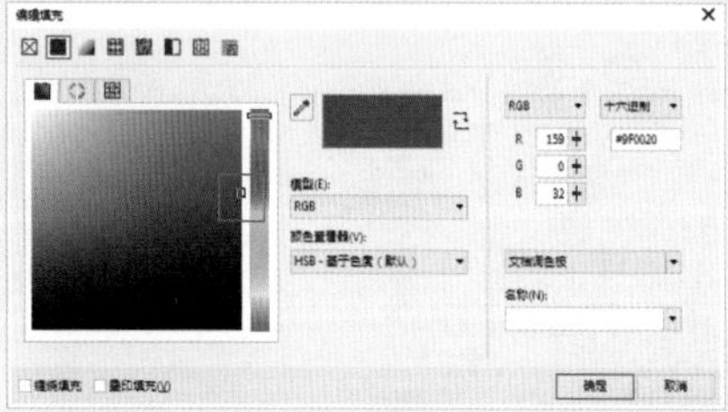

图3-155

图3-156

08 继续使用同样的方法，在画面中合适位置输入适当的文字，效果如图3-157所示。

图3-157

09 接着选择工具箱中的基本形状工具，然后到属性栏中设置"完美形状"为三角形，在画面的左上方按住Ctrl键的同时按住鼠标左键拖动绘制出一个正三角形，如图3-158所示。接着双击位于界面底部的状态栏中的"填充色"按钮，在弹出的"编辑填充"对话框中设置"填充模式"为"均匀填充"，选择橙色，单击"确定"按钮，如图3-159所示。选中三角形，在属性栏中设置"旋转角度"为270.0°，然后将其移动到合适的位置，如图3-160所示。

图3-158

图3-159

图3-160

10 继续使用同样的方法，在文字下方制作另一个三角形，如图3-161所示。

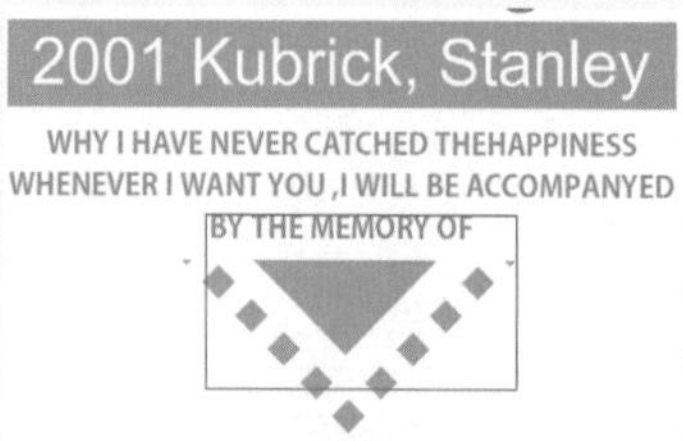

图3-161

实例034 制作水果海报中的装饰图案

操作步骤

01 使用同样的方法，继续使用钢笔工具在画面中合适的位置分别绘制出两个三角形，如图3-162所示。

图3-162

02 接着执行菜单"文件>导入"命令，在弹出的"导入"对话框中单击选择要导入的素材"1.jpg"，然后单击"导入"按钮。在工作区中按住鼠标左键拖动，控制导入对象的大小。释放鼠标完成导入操作，如图3-163所示。

图3-163

03 右键单击素材，在弹出的快捷菜单中执行"PowerClip内部"命令，当光标变成黑色粗箭头时，单击刚刚绘制的左侧三角形，即可实现位图的剪贴效果，如图3-164所示。在三角形下方的悬浮栏中单击"编辑

PowerClip"按钮，然后调整素材，调整完成后单击"停止编辑内容"按钮，此时画面效果如图3-165所示。

图3-164

图3-165

04 使用同样的方法，制作另一个三角形的图案，如图3-166所示。选择工具箱中的钢笔工具，在左下方的三角形边缘位置绘制一条斜线，如图3-167所示。选择工具箱中的文本工具，将光标移动到斜线上方，此时光标变成↓形状时，单击斜线，建立文字输入起始点，在属性栏中设置合适的字体、字体大小，然后输入相应的文字，如图3-168所示。

图3-166

图3-167

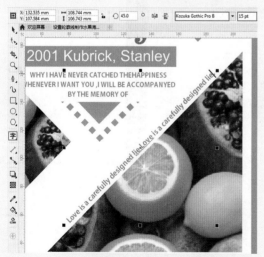
图3-168

05 继续使用文本工具在画面下方输入其他合适的文字，如图3-169所示。最终完成效果如图3-170所示。

图3-169

图3-170

技术速查：设置轮廓属性

选中需要编辑的对象，双击窗口右下角的"轮廓笔"按钮，弹出"轮廓笔"对话框，如图3-171所示。

图3-171

"轮廓笔"对话框中各选项说明如下。

➢ 颜色：单击"颜色"下三角按钮，选择一种颜色作为轮廓线的颜色。

➢ 宽厚：设置路径的粗细程度。

➢ 样式：单击"样式"下三角按钮，在这里可以设置轮廓线是连续的线或是带有不同大小空隙的虚线。

➢ 角：设置路径转角处的形态。

➢ 斜接限制：用于设置以锐角相交的两条线何时从点化（斜接）接合点向方格化（斜角修饰）接合点切换的值。

➢ 线条端头：设置路径上起点和终点的外观。

➢ 位置：设置轮廓线位于路径的相对位置，有┐（外部轮廓）、┐（居中）或┐（内部）。

➢ "箭头"选项组：在该选项组中可以设置线条起始点与结束点的箭头样式。

➢ "书法"选项组：在该选项组中可以通过"展开""角度"的设置以及"笔尖形状"的选择模拟曲线的书法效果。

3.7 设置虚线轮廓线制作摄影画册

文件路径	第3章\设置虚线轮廓线制作摄影画册
难易指数	⭐⭐⭐⭐⭐
技术掌握	● 圆角设置 ● 轮廓线设置

扫码深度学习

操作思路

本案例讲解了如何设置虚线轮廓线制作摄影画册。首先给画面制作一个黑色的背景，接着制作画册的白色纸张。先制作左侧页面，导入合适的素材摆放在画面中；然后多次使用矩形工具和钢笔工具制作虚线的效果后，输入文字；最后使用同样的方法制作右侧页面。

案例效果

案例效果如图3-172所示。

图3-172

实例035　制作画册左页背景

操作步骤

01 执行菜单"文件>新建"命令，新建一个"宽度"为438.0mm，"高度"为315.0mm的空白文档，如图3-173所示。

图3-173

02 选择工具箱中的矩形工具，在画面中绘制一个与画板等大的矩形，如图3-174所示。选中该矩形，展开右侧调色板，然后左键单击黑色按钮为该矩形填充黑色，接着在调色板的上方右键单击区按钮，去掉轮廓，如图3-175所示。

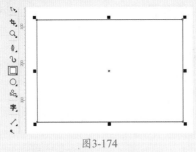

图3-174

图3-175

03 继续使用矩形工具在黑色矩形上面绘制一个白色无轮廓的矩形，如图3-176所示。

图3-176

04 继续使用同样的方法，在白色的矩形左侧绘制一个矩形，如图3-177所示。选中该矩形，选择工具箱中的交互式填充工具，在属性栏中单击"渐变填充"按钮，设置"渐变类型"为"线性渐变填充"，接着在图形上方按住鼠标左键拖动调整控制杆的位置，然后将左边节点的颜色设置为白色，将右边节点颜色设置为黑色，如图3-178所示。选中矩形，选择工具箱中的透明度工具，在属性栏中选择"渐变透明度"，单击"线性渐变透明度"按钮，设置"合并模式"为"乘"。接着在图形上面按住鼠标左键拖动调整控制杆的位置，然后将左边节点的颜色设置为黑色，将右边节点颜色设置为灰色，效果如图3-179所示。

图3-177

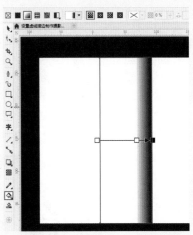

图3-178

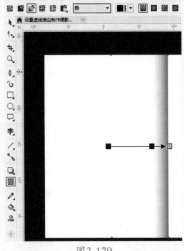

图3-179

05 执行菜单"文件>导入"命令，在弹出的"导入"对话框中单击选择要导入的高楼素材"1.jpg"，然后单击"导入"按钮，导入对象并控制其大小，如图3-180所示。使用同样的方法，导入图片素材"2.jpg"，放置到合适的位置，如图3-181所示。

图3-180

图3-181

实例036　制作画册左页图形与文字

操作步骤

01 选择工具箱中的矩形工具，在画面左上方绘制一个矩形，如图3-182所示。选中该矩形，在属性栏中单击"同时编辑所有角"按钮，更改右下角"转角半径"为4.8mm，效果如图3-183所示。

图3-182

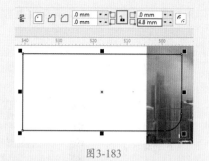

图3-183

02 使用工具箱中的钢笔工具在矩形的下方绘制一个三角形，如图3-184所示。接着按住Shift键分别单击矩形和三角形，将其进行加选。然后单击属性栏中的"合并"按钮，效果如图3-185所示。选择工具箱中的交互式填充工具，接着在属性栏中单击"均匀填充"按钮，设置"填充色"为青色。然后在右侧调色板的上方右键单击⊠按钮，去掉轮廓，如图3-186所示。

图3-184

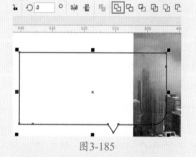

图3-185

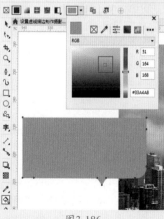

图3-186

03 选中制作出的青色对话框，使用快捷键Ctrl+C将其复制，接着使用快捷键Ctrl+V进行粘贴，将刚刚复制出的对话框图形选中，在右侧调色板中左键单击⊠按钮，右键单击黑色按钮，如图3-187所示。选中对话框图形，按住Shift键的同时鼠标左键按住右上角的控制点向右上方拖动，将其等比例放大一圈，如图3-188所示。

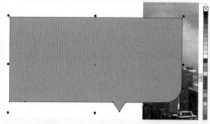

图3-187

图3-188

04 选中放大后的对话框图形，双击位于界面底部的状态栏中的"轮廓笔"按钮，在弹出的"轮廓笔"对话框中设置"颜色"为青色，"宽度"为0.353mm，设置合适的虚线"样式"，单击"确定"按钮，如图3-189所示。此时对话框效果如图3-190所示。

05 制作对话框图形中的文字。选择工具箱中的文本工具，在对话框图形下方单击鼠标左键，建立文字输入的起始点，在属性栏中设置合适的字体、字体大小，然后在画面中输入相应的文字，并在右侧调色板中将文字"填色"选择为白色，如图3-191所示。使用同样的方法，输入对话框图形中的其他文字，如图3-192所示。

CorelDRAW

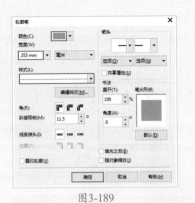

图3-189

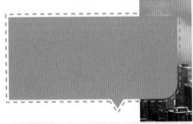

图3-190

图3-191

FASHION CHIC

The best times to visit are of spring and autumn, especially around March to April or October to November.

FASHION CHIC

图3-192

06 继续使用同样的方法，绘制画面中的其他对话框及文字，效果如图3-193所示。

07 使用工具箱中的钢笔工具在淡蓝色对话框图形的正下方按住鼠标左键拖动绘制一条竖线，如图3-194所示。选择竖线，双击位于界面底部的状态栏中的"轮廓笔"按钮，在弹出的"轮廓笔"对话框中设置"颜色"为灰色、"宽度"为0.176mm，设置合适的虚线"样式"，单击"确

定"按钮，如图3-195所示。效果如图3-196所示。

08 继续使用同样的方法，绘制其他虚线段，摆放在合适的位置，如图3-197所示。

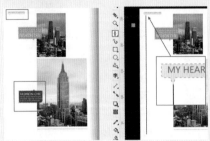

图3-193　　　　图3-194

图3-195

图3-196　　　　图3-197

09 制作左边的页码。使用工具箱中的椭圆形工具在左边虚线的中间位置按住Ctrl键绘制一个正圆形，如图3-198所示。接着使用工具箱中的钢笔工具在圆形的左侧绘制一个三角形，如图3-199所示。

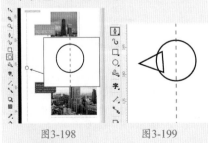

图3-198　　　　图3-199

10 按住Shift键分别单击圆形和三角形，将其进行加选。然后单击属

性栏中的"合并"按钮，效果如图3-200所示。选中页码图案，展开右侧调色板，左键单击灰色按钮为该形状填充灰色，接着在调色板的上方右键单击区按钮，去掉轮廓，如图3-201所示。

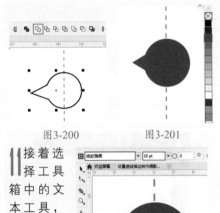

图3-200　　　　图3-201

11 接着选择工具箱中的文本工具，在页码图案上面单击鼠标左键，建立文字输入的起始点，在属性栏中设置合适的字体、字体大小，然后在画面中输入相应的文字，并在右侧调色板中将文字"填色"选择为白色，如图3-202所示。

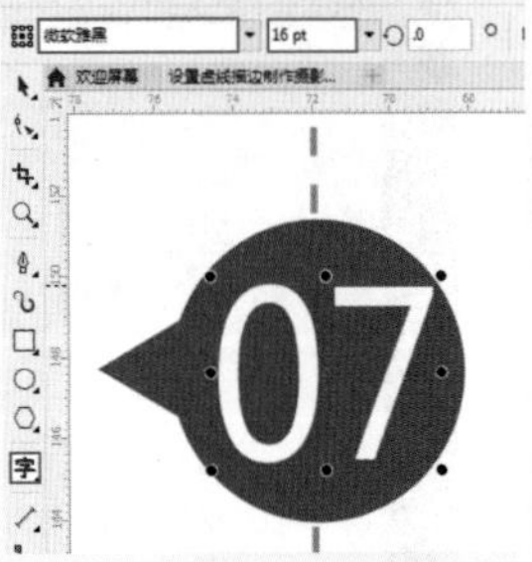

图3-202

12 继续使用同样的方法，在画面中合适的位置输入合适的文字，将其填色改为灰色，如图3-203所示。双击该文字，此时文字控制点变为双箭头控制点，使用鼠标左键按住文字中间的控制点并向左拖动，将文字倾斜，如图3-204所示。

图3-203

图3-204

13 在选中文字的状态下，将其旋转并移动到合适的位置，如图3-205所

艺境　中文版CorelDRAW图形创意设计与制作全视频　实战228例　CorelDRAW

示。左侧页面制作完成效果如图3-206所示。

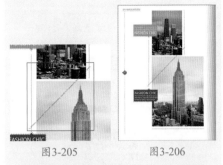

图3-205　　　　图3-206

实例037　制作画册右页

操作步骤

01 制作右侧页面。选中左侧页面中带有渐变的矩形，使用快捷键Ctrl+C将其复制，接着使用快捷键Ctrl+V进行粘贴，然后单击属性栏中的"水平镜像"按钮将矩形翻转，并将矩形移动到合适的位置，如图3-207所示。执行菜单"文件>导入"命令，在弹出的"导入"对话框中单击选择要导入的夜景素材"3.jpg"，然后单击"导入"按钮，导入对象并控制其大小，效果如图3-208所示。

图3-207　　　　图3-208

02 选择工具箱中的矩形工具，在画面左上方绘制一个矩形，如图3-209所示。选中该矩形，在属性栏中单击"同时编辑所有角"按钮，更改右下角"转角半径"为4.8mm，效果如图3-210所示。选择工具箱中的交互式填充工具，

图3-209

接着在属性栏中单击"均匀填充"按钮，设置"填充色"为青色。然后在右侧调色板的上方右键单击☒按钮，去掉轮廓色，如图3-211所示。

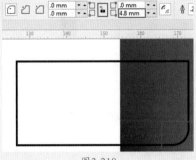

图3-210

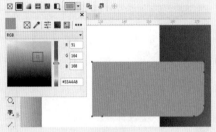

图3-211

03 选中制作出的青色对话框，使用快捷键Ctrl+C将其复制，接着使用快捷键Ctrl+V进行粘贴，将刚刚复制出的对话框图形选中，在右侧调色板中左键单击☒按钮，右键单击黑色按钮，如图3-212所示。选中对话框图形，按住Shift键的同时使用鼠标左键按住右上角的控制点向右上方拖动，将其等比例放大一圈，如图3-213所示。

图3-212

图3-213

04 选中放大后的对话框图形，双击位于界面底部状态栏中的"轮廓笔"按钮，在弹出的"轮廓笔"对话框中设置"颜色"为青色、"宽度"为0.353mm，设置合适的虚线"样式"，单击"确定"按钮，如图3-214所示。效果如图3-215所示。

图3-214

图3-215

05 将左侧页面青色对话框上面的文字选中，复制一份，放置在青色图形的上面，调整位置，如图3-216所示。

图3-216

06 按住Shift键加选左侧页面中的淡蓝色对话框图形以及上方长条虚线、页码，将它们复制并单击属性栏中的"水平镜像"按钮将其翻转，接着移动到合适的位置后修改页码数字为"08"，将蓝色对话框图形上面的文字复制一份放置到右侧页面蓝色对话框图形的上面，如图3-217所示。

CorelDRAW

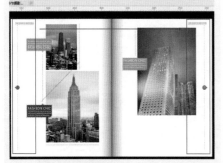

图3-217

07 继续使用同样的方法，绘制出右侧页面中的虚线，摆放在合适的位置，如图3-218所示。选择工具箱中的文本工具，在高楼素材的上面按住鼠标左键并从左上角向右下角拖动创建出文本框，如图3-219所示。然后在属性栏中设置合适的字体、字体大小，在文本框中输入白色文字，如图3-220所示。

图3-218

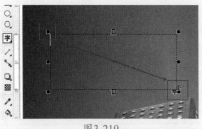

图3-219

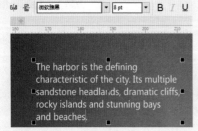

图3-220

08 然后使用刚才输入文字的方法，继续输入画面中其他文字，摆放

在合适的位置，如图3-221所示。

图3-221

09 最终完成效果如图3-222所示。

图3-222

📖 技术速查：颜色滴管工具

✐（颜色滴管工具）是用于拾取画面中指定对象的颜色，并快速填充到另一个对象中的工具。使用该工具可以方便为画面中的矢量图形赋予某种特定的颜色。

选择工具箱中的颜色滴管工具，此时光标变为滴管形状✐，在想要拾取的颜色上左键单击进行拾取颜色。接着将光标移动至需要填充的图形上，单击鼠标左键即可为对象填充拾取的颜色，如图3-223所示。若将光标移动至图形对象边缘，光标变为 形状后，单击即可将轮廓色设置为该颜色，如图3-224所示。

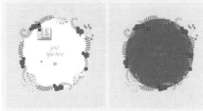

图3-223　　　　图3-224

3.8 儿童主题户外广告

文件路径	第3章\儿童主题户外广告
难易指数	★★★★★
技术掌握	● 矩形工具 ● 椭圆形工具 ● 钢笔工具

扫码深度学习

💡 操作思路

本案例首先输入画面中的主题文字，将其颜色改为彩色，继续向画面中输入其他文字。制作下方五彩的图标，接着将画面中左上方的标志及图形、文字制作出来。制作右侧的图案，使用钢笔工具绘制一个图形，将导入到画面中的素材放置到刚刚绘制的图形中，然后继续绘制其他图形，摆放在合适的位置。

🖱 案例效果

案例效果如图3-225所示。

图3-225

实例038　制作左侧文字信息

🎙 操作步骤

01 执行菜单"文件>新建"命令，新建一个"宽度"为296.0mm、"高度"为148.0mm的空白文档，如图3-226所示。

02 选择工具箱中的矩形工具，在画面中绘制一个与画板等大的矩形，如图3-227所示。选中该矩形，选择工具箱中的交互式填充工具，在属性栏中单击"渐变填充"按钮，

艺境　中文版CorelDRAW图形创意设计与制作全视频　实战228例　CorelDRAW

设置"渐变类型"为"线性渐变填充",接着在图形上面按住鼠标左键拖动调整控制杆的位置,然后将两个节点的颜色分别设置为蓝色和白色,如图3-228所示。

图3-226

图3-227

图3-228

03 选择工具箱中的文本工具,在画面的左上方单击鼠标左键,建立文字输入的起始点,在属性栏中设置合适的字体、字体大小,然后在画面中输入相应的文字,如图3-229所示。在使用文本工具的状态下,在第一个单词后面单击插入光标,然后按住鼠标左键向前拖动,使第一个单词被选中,选择工具箱中的交互式填充工具在属性栏单击"均匀填充"按钮,设置"填充色"为橘色,如图3-230所示。使用同样的方法,将后两个单词改变颜色,效果如图3-231所示。

04 继续使用同样的方法,输入副标题,如图3-232所示。

图3-229

图3-230

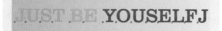

图3-231

图3-232

05 在使用文本工具的状态下,在白色文字的下方按住鼠标左键从左上角向右下角拖动创建出文本框,如图3-233所示。然后在文本框中输入合适的蓝色文字,如图3-234所示。

06 选择工具箱中的椭圆形工具,在段落文字左上方按住Ctrl键的同时按住鼠标左键拖动绘制出一个正圆形,如图3-235所示。选中该正圆形,选择工具箱中的交互式填充工具,接着在属性栏单击"均匀填充"按钮,设置"填充色"为深红色。然后在右侧调色板的上方右键单击⊠按

钮,去掉轮廓,如图3-236所示。

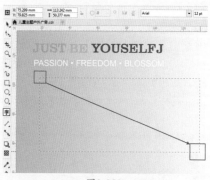

图3-233

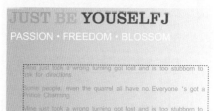

图3-234

图3-235

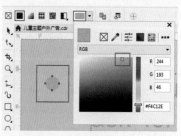

图3-236

07 使用同样的方法,继续绘制下方的正圆形,为其添加颜色,如图3-237所示。

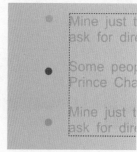

图3-237

08 选择工具箱中的矩形工具，在段落文字下方绘制一个矩形，如图3-238所示。选中该矩形，在属性栏中单击"圆角"按钮，设置"转角半径"为2.0mm，设置完成后按Enter键，效果如图3-239所示。

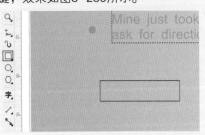

图3-238

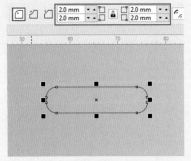

图3-239

09 选中该圆角矩形，选择工具箱中的交互式填充工具，接着在属性栏中单击"均匀填充"按钮，设置"填充色"为玫红色。然后在右侧调色板的上方右键单击区按钮，去掉轮廓色，如图3-240所示。选中圆角矩形，按住Ctrl键的同时按住鼠标右键向右拖动到合适的位置释放鼠标右键，在弹出的快捷菜单中执行"复制"命令，复制出一份圆角矩形，如图3-241所示。

10 多次使用快捷键Ctrl+R重复上一次动作，再复制出两个圆角矩形，如图3-242所示。然后将后三个圆角矩形的颜色更改为合适的颜色，效果如图3-243所示。

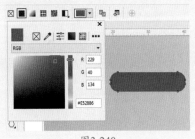

图3-240

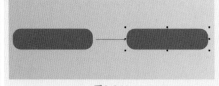

图3-241

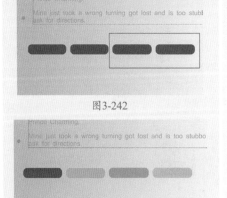

图3-242

图3-243

11 接着选择工具箱中的文本工具，在玫红色圆角矩形上方单击鼠标左键，建立文字输入的起始点，在属性栏中设置合适的字体、字体大小，然后在画面中输入相应的文字，并在右侧调色板中将文字"填色"选择为白色，如图3-244所示。继续使用输入文字的方法，将画面下方和圆角矩形上方的文字制作出来，如图3-245所示。

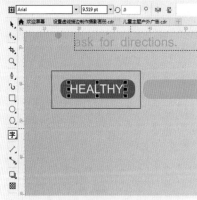

图3-244

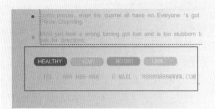

图3-245

实例039　制作广告中的标志

操作步骤

01 制作画面左上角的标识、文字及图形。在画面的左上角合适的位置绘制一个矩形，如图3-246所示。选择工具箱中的钢笔工具，在矩形下方绘制一个与矩形重叠的四边形，如图3-247所示。

图3-246

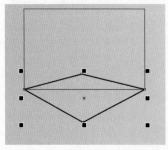

图3-247

02 按住Shift键分别单击矩形和四边形进行加选，在属性栏中单击"合并"按钮，将两个图形合并到一起，如图3-248所示。选中刚制作的图形，选择工具箱中的交互式填充工具，在属性栏中单击"渐变填充"按钮，设置"渐变类型"为"线性渐变填充"，接着在图形上方按住鼠标左键拖动调整控制杆的位置，然后编辑一个蓝色系的渐变颜色，如图3-249所示。

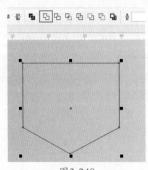

图3-248

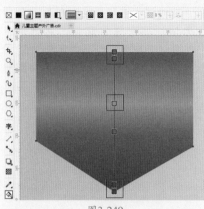

图3-249

03 选中蓝色渐变图形，使用快捷键Ctrl+C将其复制，接着使用快捷键Ctrl+V进行粘贴，然后按住Shift键的同时将其等比例缩小，在右侧调色板中左键单击⊠按钮，去掉填充色，右键单击白色按钮为图形添加白色的轮廓色，在属性栏中设置"轮廓宽度"为"细线"，如图3-250所示。

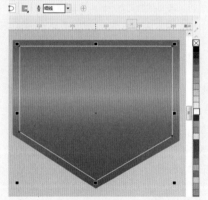

图3-250

04 选择工具箱中的星形工具，在属性栏中设置"边数"为5、"锐度"为53、"轮廓宽度"为"无"，在蓝色渐变图形的上面合适的位置绘制一个星形，在右侧调色板中左键单击白色按钮为其填充白色，如图3-251所示。继续使用同样的方法，在该星形上面绘制一个较大的白色星形图案，效果如图3-252所示。

05 选中较小的星形，将其复制一份摆放在蓝色渐变图形右下方合适位置，调整其大小，如图3-253所示。选中复制出的星形，按住鼠标左键向右移动时按住Shift键，移动到合适位置后按鼠标右键进行复制，如图3-254所示。

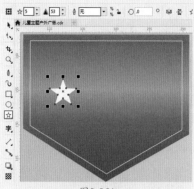

图3-251

图3-252

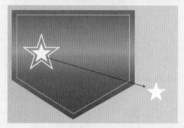

图3-253

图3-254

06 多次使用快捷键Ctrl+R重复上一次动作，再复制出3个星形，如图3-255所示。然后将5个星形的颜色更改为合适的颜色，如图3-256所示。

图3-255

图3-256

07 接着选择工具箱中的文本工具，在星形组的上方单击鼠标左键，建立文字输入的起始点，在属性栏中设置合适的字体、字体大小，然后在画面中输入相应的文字，并在右侧调色板中将文字"填色"选择为蓝色，如图3-257所示。接着使用输入文字的方法，在画面的左上方输入合适的文字，如图3-258所示。左侧文字信息制作完成，效果如图3-259所示。

图3-257

图3-258

图3-259

实例040　制作右侧图形

操作步骤

01 选择工具箱中的钢笔工具，在画面的右侧绘制一个图形，如图3-260所示。执行菜单"文件>导入"命令，在弹出的"导入"对话框中单击选择要导入的人物素材"1.jpg"，然后单击"导入"按钮，导入对象并控制其大小，如图3-261所示。

图3-260

图3-261

02 右键单击人物素材图片，在弹出的快捷菜单中执行"PowerClip内部"命令，当光标变成黑色粗箭头时，单击刚刚绘制的图形，即可实现位图的剪贴效果，如图3-262所示。然后调整内部素材位置，右键单击该图形，在弹出的快捷菜单中执行"编辑PowerClip"命令，调整完成后，将图形的轮廓色去掉。此时画面效果如图3-263所示。

图3-262

图3-263

03 继续使用钢笔工具在人物素材下方合适位置绘制一个不规则图形。选中该图形，在调色板中左键单击深蓝色按钮为其填充深蓝色，右键单击⊠按钮，去掉轮廓色，如图3-264所示。选中深蓝色图形，选择工具箱中的交互式填充工具），在属性栏中单击"渐变填充"按钮，设置"渐变类型"为"线性渐变填充"，接着在图形上按住鼠标左键拖动调整控制杆的位置，然后编辑一个蓝色系的渐变颜色，如图3-265所示。使用同样的方法，在人物素材其他位置制作不同颜色的图形，效果如图3-266所示。

图3-264

图3-265

图3-266

04 使用工具箱中的椭圆形工具在人物素材下方位置按住Ctrl键的同时按住鼠标左键拖动绘制出一个正圆形，如图3-267所示。选中该正圆形，在右侧调色板中左键单击蓝色按钮为该正圆形填充蓝色，右键单击⊠按钮，去掉轮廓色，如图3-268所示。使用同样的方法，在蓝色正圆形的上面再绘制一个稍小的深蓝色正圆形，如图3-269所示。

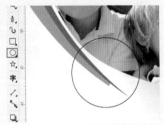

图3-267

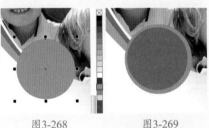

图3-268　　图3-269

05 继续使用钢笔工具在正圆下方绘制两个不同蓝色的图形，如图3-270所示。接着选择工具箱中的文本工具，在蓝色正圆形的上面选择鼠标左键，建立文字输入的起始点，在属性栏中设置合适的字体、字体大小，然后在画面中输入相应的文字，并在右侧调色板中将文字"填色"选择为白色，如图3-271所示。使用同样的方法，继续在蓝色正圆形的上面输入合适的文字，如图3-272所示。

图3-270

图3-271

图3-272

06 最终完成效果如图3-273所示。

图3-273

技术速查：属性滴管工具

（属性滴管工具）可以吸取对象的属性（包括填充、轮廓、渐变、效果、封套、混合等属性），然后赋予到其他对象上。常用于快速为具有相同属性的对象快速赋予效果时，以及制作包含大量相同效果对象的画面。将光标移动至需要拾取属性的图形上，单击鼠标左键进行属性取样，然后将光标移动至其他图形上单击鼠标左键即可为该图形赋予相应的属性。

在工具箱中的颜色滴管工具组中选择属性滴管工具，其属性栏如图3-274所示。

属性 ▼ 变换 ▼ 效果 ▼

图3-274

➢ 选择对象属性：从文档窗口中对对象属性，如轮廓、填充和效果等进行取样。
➢ 应用颜色：将所选的对象属性应用到另一个对象上。
➢ 属性：在下拉列表中勾选要取样的对象属性，有"轮廓""填充"和"文本"3个选项进行选择。
➢ 变换：在下拉列表中勾选要取样的对象变换，有"大小""选择"和"位置"3个选项进行选择。
➢ 效果：在下拉列表中勾选要取样的对象效果。

第 **4** 章

高级绘图

 本章概述　在本章中主要针对钢笔工具、绘图工具、刻刀工具等可以绘制复杂图形的工具进行练习。通过这些工具的使用结合前面学习的基本绘图工具以及填充与轮廓色设置的功能，基本可以完成绝大多数简单设计作品的制作。

 本章重点
◆ 熟练掌握钢笔工具的使用方法
◆ 掌握对齐与分布的使用方法

/ 佳 / 作 / 欣 / 赏 /

4.1 矢量感人像海报

文件路径	第4章 \ 矢量感人像海报
难易指数	★★★★★
技术掌握	● 多边形工具 ● 文本工具 ● 钢笔工具

🔍扫码深度学习

操作思路

本案例首先使用多边形工具在画面中绘制三角形，复制并更改三角形颜色。然后使用文本工具输入文字，输入完成后将文字进行旋转。最后使用钢笔工具沿着文字的边缘绘制图形。

案例效果

案例效果如图4-1所示。

图4-1

实例041　制作三角装饰图形

操作步骤

01 执行菜单"文件>新建"命令，创建一个新文档。执行菜单"文件>导入"命令，在弹出的"导入"对话框中单击选择要导入的人物素材"1.png"，然后单击"导入"按钮，如图4-2所示。接着在画面中适当的位置按住鼠标左键并拖动，控制导入对象的大小，释放鼠标完成导入操作，效果如图4-3所示。

图4-2

图4-3

02 选择工具箱中的多边形工具，在属性栏中设置"边数"为3，设置完成后在画面的左上方按住Ctrl键并按住鼠标左键拖动，绘制一个正三角形，如图4-4所示。选中该正三角形，双击位于界面底部状态栏中的"填充色"按钮，在弹出的"编辑填充"对话框中单击"均匀填充"按钮，设置颜色为浅粉色，设置完成后单击"确定"按钮，如图4-5所示。

图4-4

图4-5

03 接着在调色板中右键单击⊠按钮，去掉轮廓色。此时正三角形效果如图4-6所示。在该三角形被选中的状态下再次单击正三角形，当正三角形四周的定界框变为带有弧度的双箭头时按住Ctrl键并按住鼠标左键拖动，将其旋转90°，效果如图4-7所示。

04 选中该正三角形，按住鼠标左键向下拖动的同时按住Shift键，然后按住鼠标右键将三角形进行平移复制，效果如图4-8所示。使用同样的方法，在画面中制作其他三角形，设置不同的颜色并旋转至合适的角度，效果如图4-9所示。

图4-6

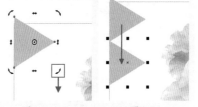

图4-7　　　　图4-8

图4-9

实例042　制作文字与多边形

操作步骤

01 选择工具箱中的文本工具，在画面的左上方单击鼠标左键插入光标，建立文字输入的起始点，在属性栏中设置合适的字体、字体大小，设置完成后输入相应的文字。选中该文字，在调色板中左键单击一个稍浅的黑色按钮，设置文字的填充颜色，如图4-10所示。双击该文字，当文字四周的定界框变为带有弧度的双箭头时，按住鼠标左键将其拖动，旋转至合适的角度，效果如图4-11所示。

图4-10

图4-11

02 在使用文本工具的状态下，在文字的上方按住鼠标左键并拖动，选中文字"FAS"。在调色板中左键单击洋红色按钮，为选中的文字更改颜色，效果如图4-12所示。

图4-12

03 选择工具箱中的钢笔工具，沿着文字的边缘绘制一个四边形，如

图4-13所示。选中该四边形，在调色板中右键单击⊠按钮，去掉轮廓色，左键单击白色按钮，为四边形填充颜色，效果如图4-14所示。

图4-13

图4-14

04 右键单击该四边形，在弹出的快捷菜单中执行"顺序>置于此对象后"命令，当光标变为黑色粗箭头时，将光标移动到文字上，单击鼠标左键选中文字，将四边形置于文字后方，效果如图4-15所示。

图4-15

05 使用同样的方法，在画面的左下方输入文字，然后调整其合适的角度并沿着文字的边缘为其填充白色的多边形背景，如图4-16所示。

图4-16

06 使用快捷键Ctrl+A将画面中的所有文字与图形全选，使用快捷键Ctrl+G进行组合对象。接着选择工具箱中的矩形工具，在画面中绘制一个与画板等大的矩形，选中画板之外的图形，执行菜单"对象>PowerClip>置于图文框内部"命令，当光标变成黑色粗箭头时，单击刚刚绘制的矩形，即可实现图形的剪贴效果，如图4-17所示。接着在调色板中右键单击⊠按钮，去掉轮廓色。最终完成效果如图4-18所示。

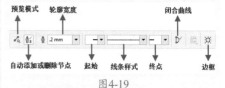

图4-17 　　　　　图4-18

▣ 技术速查：钢笔工具

🖋（钢笔工具）也是一款功能强大的绘图工具。使用钢笔工具配合形状工具可以制作出复杂而精准的矢量图形。选择工具箱中的钢笔工具，会显示其属性栏，如图4-19所示。在画面中单击可以创建尖角的点以及直线，而按住鼠标左键并拖动即可得到圆角的点以及弧线，如图4-20和图4-21所示。

图4-19

各按钮的说明如下。

中文版CorelDRAW图形创意设计与制作全视频　　实战228例

图4-20 　　　　　　图4-21

- 起始、线条样式和终止：在下栏列表中进行选择可以改变线条的样式。
- 轮廓宽度：可以通过在下拉列表中进行选择，也可以自行输入合适的数值。
- 预览模式：激活该按钮，在绘图页面中单击创建一个节点，移动鼠标后可以预览到即将形成的路径。
- 自动添加或删除节点：激活该按钮，将光标移动到路径上，光标会自动切换为添加节点或删除节点的形式。如果取消该选项，将光标移动到路径上则可以创建新路径。

4.2 使用绘图工具制作多彩版式

文件路径	第4章\使用绘图工具制作多彩版式
难易指数	★★★★★
技术掌握	● 矩形工具 ● 椭圆工具 ● 多边形工具 ● 轮廓笔的设置

🔍扫码深度学习

操作思路

　　本案例首先通过使用矩形工具、椭圆工具和多边形工具在画面中绘制不同形状、不同颜色的图形。然后将人物素材导入到文档中并将其多余的部分隐藏，从而制作出多彩版式。

案例效果

　　案例效果如图4-22所示。

图4-22

实例043　制作倾斜的圆角矩形图案

操作步骤

01 执行菜单"文件>新建"命令，创建一个新文档。选择工具箱中的矩形工具，在画面的左上方按住鼠标左键并拖动至右下方，绘制一个与画板等大的矩形，如图4-23所示。在该矩形被选中的状态下，双击位于界面底部状态栏中的"填充色"按钮，在弹出的"编辑填充"对话框中单击"均匀填充"按钮，接着设置颜色为青色，如图4-24所示。

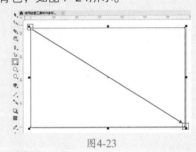

图4-23

图4-24

02 接着在调色板中右键单击⊠按钮，去掉轮廓色，此时画面效果如图4-25所示。

图4-25

03 继续使用工具箱中的矩形工具，在画面中按住鼠标左键并拖动绘制一个矩形，为其填充绿色并去掉轮廓色，如图4-26所示。选择工具箱中的形状工具，在绿色矩形左上角的控制点处按住鼠标左键向右拖动调整矩形的转角半径，效果如图4-27所示。

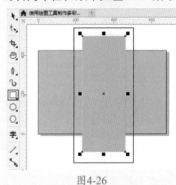

图4-26

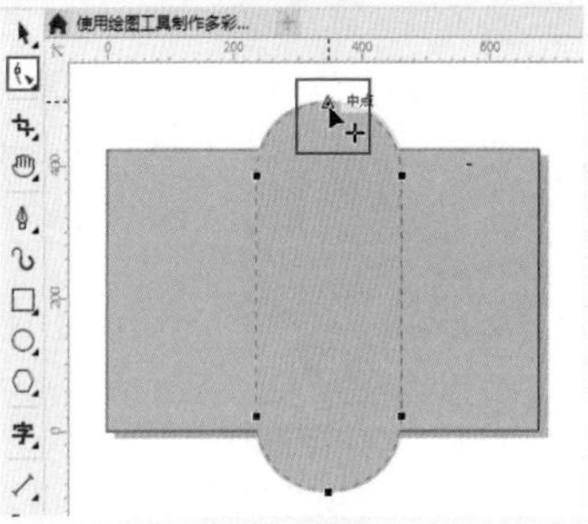

图4-27

04 选择工具箱中的选择工具，在该图形被选中的状态下再次单击该图形，当该图形四周的控制点变为弧形双箭头时按住鼠标左键拖动，将其旋转并移动到合适的位置，效果如图4-28所示。使用同样的方法，在画面中绘制多个圆角矩形，设置不同的颜色并进行旋转，效果如图4-29所示。

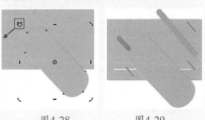

图4-28　　　　图4-29

实例044　制作圆形阵列图形

操作步骤

01 选择工具箱中的椭圆形工具，在画面的左侧按住Ctrl键并按住鼠标左键拖动绘制一个正圆形，如图4-30所示。选中该正圆形，在调色板中左键单击白色按钮，为圆形填充颜色，接着右键单击⊠按钮，去掉轮廓色，效果如图4-31所示。

图4-30

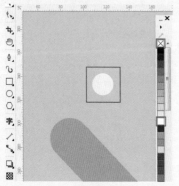
图4-31

02 选择工具箱中的选择工具，选中该正圆形，按住鼠标左键向右拖动的同时按住Shift键，移动到合适位置后按鼠标右键进行复制，如图4-32所示。接着使用快捷键Ctrl+R将正圆形再复制一份，如图4-33所示。

图4-32

图4-33

03 按住Shift键加选这3个正圆形，按住Shift键的同时按住鼠标左键向下拖动，移动到合适位置后按鼠标右键将图形组进行平移复制，效果如图4-34所示。接着多次按快捷键Ctrl+R继续将其进行移动并复制，效果如图4-35所示。

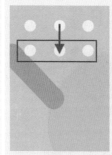
图4-34

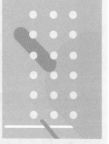
图4-35

04 再次选择工具箱中的椭圆形工具，在画面的右下方按住Ctrl键并按住鼠标左键拖动绘制一个正圆形，如图4-36所示。选中该正圆形，双击位于界面底部状态栏中的"轮廓笔"按钮，在弹出的"轮廓笔"对话框中设置"颜色"为绿色，"宽度"为24.0pt，设置完成后单击"确定"按钮，如图4-37所示。此时效果如图4-38所示。

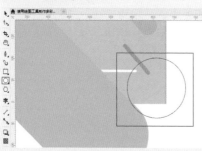
图4-36

图4-37

图4-38

操作步骤

01 选择工具箱中的多边形工具，在属性栏中设置"边数"为3，设置完成后在画面中适当的位置按住Ctrl键并按住鼠标左键拖动绘制一个正三角形，如图4-39所示。

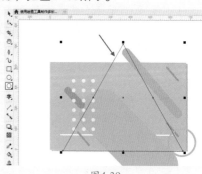
图4-39

02 在该三角形被选中的状态下双击位于界面底部状态栏中的"填充色"按钮，在弹出的"编辑填充"对话框中单击"均匀填充"按钮，设置颜色为铬黄色，设置完成后单击"确定"按钮，如图4-40所示。效果如图4-41所示。

图4-40

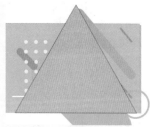
图4-41

03 在该三角形被选中的状态下双击位于界面底部状态栏中的"轮廓笔"按钮，在弹出的"轮廓笔"对话框中设置"颜色"为黄色、"宽度"为200.0pt、"角"为圆角，设置完成后单击"确定"按钮，如图4-42所示。效果如图4-43所示。

图4-42

图4-43

04 选择工具箱中的选择工具，在三角形上单击鼠标左键，当三角形四周的控制点变为带有弧度的双箭头时，按住鼠标左键拖动，将其进行旋转至合适角度，效果如图4-44所示。

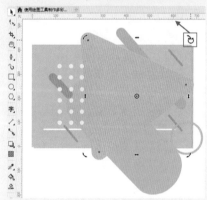

图4-44

实例046 为版面添加人物

操作步骤

01 执行菜单"文件>导入"命令，在弹出的"导入"对话框中单击选择要导入的素材"1.png"，然后单击"导入"按钮，如图4-45所示。接着在画面中适当的位置按住鼠标左键并拖动，控制导入对象的大小，释放鼠标完成导入操作，效果如图4-46所示。

02 选择工具箱中的钢笔工具，在画面中适当的位置绘制一个闭合的

路径，效果如图4-47所示。接着选择工具箱中的选择工具，将该路径移动到画板以外，方便之后操作。选中人物素材并右键单击，在弹出的快捷菜单中执行"PowerClip内部"命令，当光标变为黑色粗箭头时单击闭合路径，效果如图4-48所示。

图4-45

图4-46

图4-47

图4-48

03 将人物素材移动到合适的位置并在调色板中右键单击⊠按钮，去掉轮廓色，如图4-49所示。

04 使用快捷键Ctrl+A将画面中的所有图形全选，使用快捷键Ctrl+G进行组合对象。接着选择工具箱中的矩形工

具，在画面中绘制一个与画板等大的矩形，选中刚刚制作的版式组，执行菜单"对象>PowerClip>置于图文框内部"命令。当光标变成黑色粗箭头时，单击刚刚绘制的矩形，即可实现图形的剪贴效果，如图4-50所示。接着在调色板中右键单击⊠按钮，去掉轮廓色。最终完成效果如图4-51所示。

图4-49

图4-50

图4-51

4.3 使用手绘工具制作手绘感背景

文件路径	第4章\使用手绘工具制作手绘感背景
难易指数	⭐⭐⭐⭐⭐
技术掌握	● 手绘工具 ● 椭圆形工具

扫码深度学习

操作思路

本案例讲解了如何使用手绘工具制作手绘背景。首先通过使用手绘工具在画面中绘制不规则的曲线作为背景；接着使用椭圆形工具在画面中绘制多个正圆形；最后将素材导入到画面中。

案例效果

案例效果如图4-52所示。

图4-52

实例047 使用手绘工具制作手绘感背景

操作步骤

01 执行菜单"文件>新建"命令，创建一个方形的新文档。选择工具箱中的矩形工具，在画面的左上角按住鼠标左键并拖动至右下角，绘制一个与画板等大的矩形，如图4-53所示。选中该矩形，双击位于界面底部状态栏中的"填充色"按钮，在弹出的"编辑填充"对话框中单击"均匀填充"按钮，设置合适的颜色，然后单击"确定"按钮，如图4-54所示。

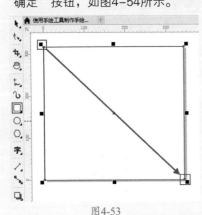

图4-53

02 接着在调色板中右键单击⊠按钮，去掉轮廓色，效果如图4-55所示。

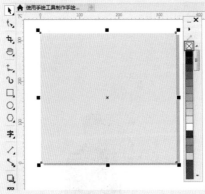

图4-54

图4-55

03 选择工具箱中的手绘工具，在画面中按住鼠标左键并拖动，绘制一个不规则的曲线。在属性栏中设置"轮廓宽度"为20.0pt，效果如图4-56所示。

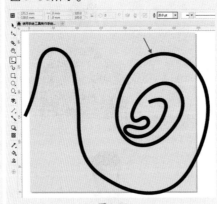

图4-56

04 在曲线被选中的状态下，双击界面底部状态栏中的"轮廓笔"按钮，在弹出的"轮廓笔"对话框中设置颜色为浅粉色，设置完成后单击"确定"按钮，如图4-57所示。此时画面效果如图4-58所示。

05 接着使用同样的方法，在画面中继续绘制曲线，效果如图4-59所示。

图4-57

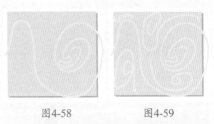

图4-58　　　图4-59

实例048 制作不规则分布的圆点

操作步骤

01 选择工具箱中的椭圆形工具，在画面中按住Ctrl键并按住鼠标左键拖动，绘制一个正圆形。选中该正圆形，在调色板中右键单击⊠按钮，去掉轮廓色，然后左键单击鲑红色按钮，为正圆形填充颜色，如图4-60所示。选中绘制好的圆点，按住鼠标左键向其他位置拖动，拖动到适合位置时按鼠标右键完成复制。使用同样的方法，在画面中继续复制出其他圆形。然后针对部分圆形进行适当的缩放，得到不同大小的正圆形，效果如图4-61所示。

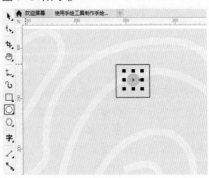

图4-60

58

图4-61

02 执行菜单"文件>导入"命令，在弹出的"导入"对话框中单击选择要导入的素材"1.cdr"，然后单击"导入"按钮，如图4-62所示。在画面中心的位置按住鼠标左键并拖动，控制导入对象的大小，释放鼠标完成导入操作，如图4-63所示。

图4-62

图4-63

03 使用快捷键Ctrl+A将画面中的所有图形全选，使用快捷键Ctrl+G进行组合对象。接着选择工具箱中的矩形工具，在画面中绘制一个与画板等大的矩形。选中刚刚制作的图形组，执行菜单"对象>PowerClip>置于图文框内部"命令，当光标变成黑色粗箭头时，单击刚刚绘制的矩形，即可实现图形的剪贴效果。接着在调色板中右键单击⊠按钮，去掉轮廓色。最终完成效果如图4-64所示。

图4-64

📑 技术速查：手绘工具

➕（手绘工具）可以用于绘制任意的曲线、直线以及折线。手绘工具位于工具箱中的线形绘图工具组中，如图4-65所示。选择工具箱中工具组的手绘工具，在画面中按住鼠标左键并拖动，释放鼠标后即可绘制出与鼠标移动路径相同的矢量线条，如图4-66所示。

图4-65

图4-66

（1）如果在使用手绘工具时在起点处单击，此时光标会变为✢形状，然后光标移动到下一个位置时，再次单击，两点之间会连接成一条直线路径。

（2）如果在使用手绘工具时在起点处单击，然后光标移动到第二个点处双击。接着继续拖动光标即可绘制出折线。

（3）单击起点光标变为✢形状，按住Ctrl键并移动光标，可以绘制出15°增减的直线。

文件路径	第4章\使用刻刀工具制作切分感背景海报
难易指数	★★★★★
技术掌握	● 矩形工具 ● 刻刀工具 ● 文本工具

🔍扫码深度学习

💡 操作思路

本案例讲解了如何使用刻刀工具制作切分感背景海报。首先通过使用矩形工具在画面中绘制不同颜色的矩形；接着使用刻刀工具将矩形进行分割；然后使用选择工具将切割出的图形分别放置在画面中；接着使用文本工具在画面中输入文字；最后使用椭圆形工具和钢笔工具在画面中绘制图形。

🖱 案例效果

案例效果如图4-67所示。

图4-67

实例049 制作切分图形

🎤 操作步骤

01 执行菜单"文件>新建"命令，创建一个新文档。双击工具箱中的矩形工具，创建一个与画板等大的矩形。在该矩形被选中的状态下，双击位于界面底部状态栏中的"填充色"

按钮，在弹出的"编辑填充"对话框中单击"均匀填充"按钮，设置颜色为灰色，然后单击"确定"按钮，如图4-68所示。接着在调色板中右键单击⊠按钮，去掉轮廓色，如图4-69所示。

图4-68

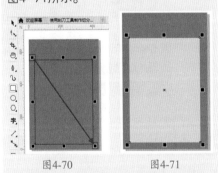

图4-69

02 继续使用矩形工具在画面中适当的位置按住鼠标左键并拖动绘制一个矩形，如图4-70所示。在该矩形被选中的状态下，双击位于界面底部状态栏中的"填充色"按钮，在弹出的"编辑填充"对话框中单击"均匀填充"按钮，设置颜色为绿灰色，然后单击"确定"按钮。接着在调色板中右键单击⊠按钮，去掉轮廓色，如图4-71所示。

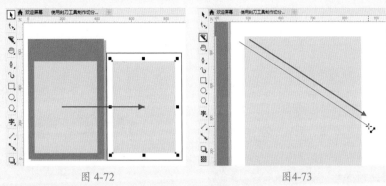

图4-72   图4-73

图4-70   图4-71

03 选中该矩形，按住鼠标左键向右拖动时按住Shift键，移动到合适位置后按鼠标右键将其复制，如图4-72所示。选择工具箱中的刻刀工具，在画板外的矩形上按住鼠标左键拖动将其分割，如图4-73所示。

04 使用同样的方法，继续在矩形上进行分割，如图4-74所示。分割完成后，框选此处的图形，单击鼠标右键，在弹出的快捷菜单中执行"取消组合对象"命令，接着将每个图形填充合适的颜色，并将轮廓色去掉，效果如图4-75所示。

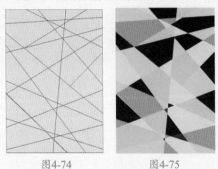

图4-74   图4-75

实例050   制作辅助图形

操作步骤

01 再次使用工具箱中的矩形工具在画面中绘制一个较小的矩形。在调色板中右键单击⊠按钮，去掉轮廓色。左键单击深青色按钮为矩形填充深青色，如图4-76所示。接着选中画板之外被分割的图形中的一块，将其移动至深青色矩形上，如图4-77所示。继续将画板之外的其他图形移至深青色矩形上，效果如图4-78所示。

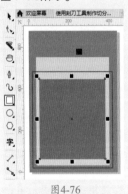

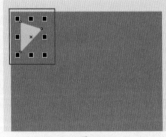

图4-76   图4-77   图4-78

02 选择工具箱中的文本工具，在画面的左侧单击鼠标左键插入光标，建立文字输入的起始点，在属性栏中设置合适的字体、字体大小，设置完成后，在画面中输入相应的文字。在文字被选中的状态下，在画面右侧的调色板中左键单击白色按钮，设置文字的颜色，如图4-79所示。继续使用同样的方法，在画面中合适位置输入其他文字，并设置其不同的字体、字体大小和不同的颜色，效果如图4-80所示。

图4-79

图4-80

03 选择工具箱中的椭圆形工具，在文字的右上方按住Ctrl键并按住鼠标左键拖动绘制一个正圆形，接着去掉正圆形的轮廓色并设置填充色为白色，如图4-81所示。选择工具箱中的钢笔工具，在白色正圆形的左下方绘制一个三角形，如图4-82所示。

图4-81

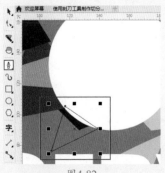

图4-82

04 在三角形被选中的状态下，使用鼠标左键在调色板中单击白色按钮将三角形填充为白色，然后右键单击⊠按钮，去掉轮廓色，效果如图4-83所示。

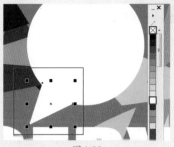

图4-83

05 选择工具箱中的选择工具，按住Shift键加选正圆形和三角形，单击鼠标右键，在弹出的快捷菜单中执行"组合对象"命令。接着在该图形被选中的状态下，单击鼠标右键，在弹出的快捷菜单中执行"排列>向后一层"命令，将其向后移动。多次执行该命令将其移动到文字的后方，效果如图4-84所示。最终完成效果如图4-85所示。

图4-84

图4-85

技术速查：刻刀工具

（刻刀工具）用于将矢量对象拆分为多个独立对象。在裁剪工具组中选择刻刀工具，其属性栏如图4-86所示。接着在属性栏中选择一种切割

模式，然后将光标移动至路径上，按住鼠标左键拖动到另一处路径上，释放鼠标左键即可将该图形分为了两个部分，将其中一个部分选中后即可移动。

切割方法

图4-86

各按钮的说明如下。

➢ ✐ 2点线模式：沿直线切割对象。

➢ ⊹ 手绘模式：沿手绘曲线切割对象。

➢ ✐ 贝塞尔模式：沿贝塞尔曲线切割对象。

➢ ◻ 剪切时自动闭合：闭合分割对象形成的路径。

➢ ⌒50➕ 手绘模式：在创建手绘曲线时调整其平滑度。

➢ 剪切跨度：选择是沿着宽度为0的线拆分对象，在新对象之间创建间隙还是使用新对象重叠。

➢ ▯.0 mm➕ 宽度：设置新对象之间的间隙或重叠。

➢ 轮廓宽度：选择在拆分对象时要将轮廓转换为曲线还是保留轮廓，或是让应用程序选择最好地保留轮廓外观的选项。

4.5 使用刻刀工具制作图形化版面

文件路径	第4章\使用刻刀工具制作图形化版面
难易指数	⭐⭐⭐⭐⭐
技术掌握	● 多边形工具 ● 刻刀工具 ● 钢笔工具 ● 文本工具

🔍 扫码深度学习

💡 操作思路

本案例通过使用矩形工具、多

实战228例

CorelDRAW

边形工具和钢笔工具在画面中绘制图形；然后使用刻刀工具将图形进行分割；接着使用文本工具在画面中输入文字；最后将素材置入到文档中，从而制作出图形化版面设计。

案例效果

案例效果如图4-87所示。

图4-87

实例051　制作图形化版面中的切分三角图形

操作步骤

01 新建一个"宽度"和"高度"均为361.0mm的新文档。双击工具箱中的矩形工具，创建一个与画板等大的矩形，如图4-88所示。在该矩形被选中的状态下，双击位于界面底部状态栏中的"填充色"按钮，在弹出的"编辑填充"对话框中单击"均匀填充"按钮，设置颜色为浅蓝色，然后单击"确定"按钮，如图4-89所示。接着在调色板中右键单击⊠按钮，去掉轮廓色，效果如图4-90所示。

图4-88

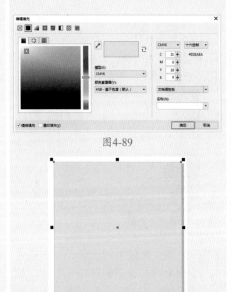

图4-89

图4-90

02 选择工具箱中的多边形工具，在属性栏中设置"边数"为3，设置完成后在画面中按住鼠标左键拖动绘制一个三角形，如图4-91所示。在该三角形被选中的状态下，在调色板中设置其填充色为青色并去掉轮廓色，如图4-92所示。

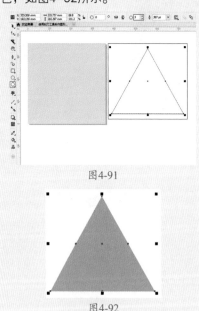

图4-91

图4-92

03 在该三角形被选中的状态下，使用工具箱中的刻刀工具在三角形的左下角按住Shift键并按住鼠标左键拖动，将三角形进行切割，如图4-93所示。接着使用同样的方法，以相同的角度继续切割三角形，效果如图4-94所示。

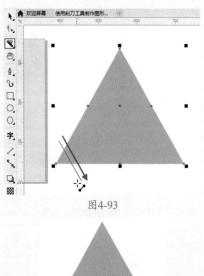

图4-93

图4-94

04 选中该图形并单击鼠标右键，在弹出的快捷菜单中执行"取消组合对象"命令，接着选中右侧的图形，然后将其进行移动，如图4-95所示。继续调整图形位置，使其中间有一定的间隙，并适当缩放每块图形的大小，效果如图4-96所示。

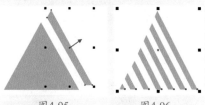

图4-95　　　　图4-96

05 选择工具箱中的选择工具，按住Shift键加选青色的图形，然后单击鼠标右键，在弹出的快捷菜单中执行"组合对象"命令，将其编组。接着将图形组移动到画面中合适的位置，效果如图4-97所示。复制该图形，旋转并移动到右上角，更改其填充颜色为粉色，如图4-98所示。

图4-97

艺境　中文版CorelDRAW图形创意设计与制作全视频

实战228例

CorelDRAW

图4-98

实例052 制作图形化版面中的其他图形与元素

📖 操作步骤

01 再次使用钢笔工具在画面中绘制其他三角形并填充为黄色，如图4-99所示。

图4-99

02 选择工具箱中的钢笔工具，在画面的左侧绘制一个直角三角形，如图4-100所示。在该三角形被选中的状态下，在调色板中右键单击⊠按钮，去掉轮廓色。左键单击洋红色，为三角形填充颜色，效果如图4-101所示。

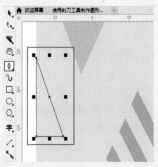

图4-100

图4-101

03 制作飘带效果。继续使用钢笔工具在画面的右侧绘制一个闭合路径，如图4-102所示。接着使用同样的方法，继续在画面中绘制其他两个闭合路径，效果如图4-103和图4-104所示。

图4-102

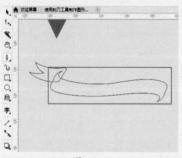

图4-103

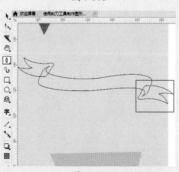

图4-104

04 选择工具箱中的选择工具，按住Shift键加选3个闭合路径。然后单击鼠标右键，在弹出的快捷菜单中

执行"组合对象"命令。然后在该图形组被选中的状态下，在调色板中右键单击⊠按钮，去掉轮廓色，然后左键单击粉色按钮，为图

图4-105

形填充粉色，效果如图4-105所示。在该图形被选中的状态下，按住鼠标左键向左下方拖动，移动到合适位置后单击鼠标右键将图形进行复制，如图4-106所示。

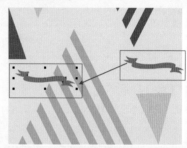

图4-106

05 选择工具箱中的选择工具，将光标定位到画面左侧的飘带图形右侧中间控制点处，然后按住鼠标左键拖动，将其不等比拉长，效果如图4-107所示。在该图形被选中的状态下，多次执行菜单"对象排列>向后一层"命令，将其移动到青色图形的后面，效果如图4-108所示。

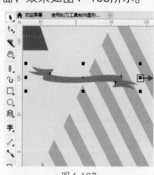

图4-107

图4-108

06 选择工具箱中的文本工具，在画面的左上方单击鼠标左键插入光标，建立文字输入的起始点，在属性栏中设置合适的字体、字体大小，设置完成后在画面中输入相应的文字，接着在调色板中左键单击青色按钮，设置文字的颜色，效果如图4-109所示。

图4-109

07 执行菜单"文件>导入"命令，在弹出的"导入"对话框中单击选择要导入的素材"1.png"，然后单击"导入"按钮，如图4-110所示。接着在画面中心的位置按住鼠标左键并拖动，控制导入对象的大小，释放鼠标完成导入操作，效果如图4-111所示。

图4-110

图4-111

08 执行菜单"文件>打开"命令，在弹出的"打开绘图"对话框中单击选择素材"2.cdr"，然后单击"打开"按钮，如图4-112所示。在打开的素材中选中糖果素材，使用快

捷键Ctrl+C将其复制，返回到刚刚操作的文档中，使用快捷键Ctrl+V将其进行粘贴，并将其移动到合适位置，效果如图4-113所示。

图4-112

图4-113

09 使用快捷键Ctrl+A将画面中的所有图形全选，使用快捷键Ctrl+G进行组合对象。接着选择工具箱中的矩形工具，在画面中绘制一个与画板等大的矩形。选中刚刚制作的版面组，执行菜单"对象>PowerClip>置于图文框内部"命令，当光标变成黑色粗箭头时，单击刚刚绘制的矩形，即可实现图形的剪贴效果。接着在调色板中右键单击⊠按钮，去掉轮廓色。最终完成效果如图4-114所示。

图4-114

4.6 单色网页设计

文件路径	第4章\单色网页设计
难易指数	★★★★★
技术掌握	● 矩形工具 ● 文本工具 ● 2点线工具

扫码深度学习

操作思路

本案例首先通过将素材置入到文档中，然后使用矩形工具在画面中适当的位置绘制矩形。接着使用文本工具在适当的位置输入文字，从而制作出单色网页设计。

案例效果

案例效果如图4-115所示。

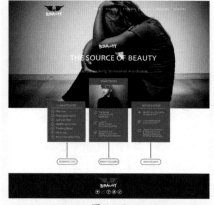

图4-115

实例053 制作网页主体图形

操作步骤

01 创建一个新文档。接着双击工具箱中的矩形工具，在画面中绘制一个与画板等大的矩形，在调色板中右键单击⊠按钮，去掉轮廓色，然后左键单击白色按钮为矩形填充白色，如图4-116所示。

02 执行菜单"文件>导入"命令，在弹出的"导入"对话框中单击选择要导入的素材"1.jpg",然后单击"导入"按钮,如图4-117所示。接着在画面的上方按住鼠标左键并拖动,控制置入对象的大小,释放鼠标完成导入操作,如图4-118所示。

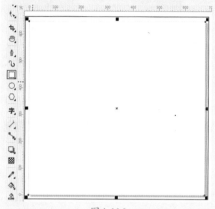

图4-116

图4-117

图4-118

03 选择工具箱中的矩形工具,在素材"1.jpg"上按住鼠标左键并拖动,绘制一个矩形,如图4-119所示。选择工具箱中的选择工具,选中素材"1.jpg",然后单击鼠标右键,在弹出的快捷菜单中执行"PowerClip内部"命令,当光标变为黑色粗箭头时,单击刚刚绘制的矩形,将图形置于图文框内部。接着在调色板中右键单击⊠按钮,去掉轮廓色,如图4-120所示。

图4-119

图4-120

04 继续使用矩形工具在画板的底部按住鼠标左键并拖动,绘制一个矩形,如图4-121所示。在该矩形被选中的状态下,左键在调色板中单击黑色按钮,设置矩形的填充颜色,然后右键单击⊠按钮,去掉轮廓色,效果如图4-122所示。

图4-121

图4-122

05 执行菜单"文件>打开"命令。在弹出的"打开绘图"对话框中单击选择素材"2.cdr",接着单击"打开"按钮,如图4-123所示。接着选中翅膀素材,按快捷键Ctrl+C将其进行复制,如图4-124所示。

图4-123

图4-124

06 接着返回到刚刚操作的文档中,按快捷键Ctrl+V将其粘贴到画面中,然后将其移动至画面的左上角,如图4-125所示。

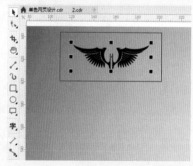

图4-125

07 选择工具箱中的文本工具,在素材下方单击鼠标左键插入光标,建立文字输入的起始点,在属性栏中选择合适的字体、字体大小,在画面中输入相应的文字。在文字被选中的状态下,在画面右侧的调色板中左键单击白色按钮,设置文字的颜色,如图4-126所示。继续使用同样的方法，在画面中输入其他文字，效果如图4-127所示。

图4-126

图4-127

08 选择工具箱中的两点线工具，在适当的位置按住Shift键并按住鼠标左键拖动绘制一个直线段，接着在画面右侧的调色板中单击白色按钮，设置直线颜色，效果如图4-128所示。继续使用同样的方法，在适当的位置绘制其他直线段，效果如图4-129所示。

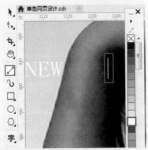
图4-128

图4-129

09 再次使用文本工具在适当的位置输入其他文字，效果如图4-130所示。

图4-130

实例054　制作网页中部模块

🎤操作步骤

01 选择工具箱中的矩形工具，在画面的中心位置按住鼠标左键并拖动，绘制一个矩形，如图4-131所示。在该矩形被选中的状态下，双击位于界面底部状态栏中的"填充色"按钮，在弹出的"编辑填充"对话框中单击"均匀填充"按钮，设置颜色为红色，然后单击"确定"按钮，如图4-132所示。接着在调色板中右键单击⊠按钮，去掉轮廓色，效果如图4-133所示。

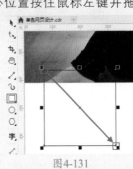
图4-131

图4-132

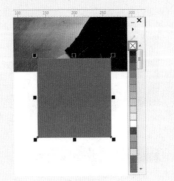
图4-133

02 使用同样的方法，再次在画面的中心位置绘制两个矩形，效果如图4-134所示。

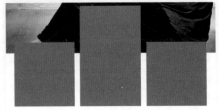
图4-134

03 选择工具箱中的文本工具，在第一个红色的矩形上输入白色文字，效果如图4-135所示。选择工具箱中的两点线工具，在文字的间隔处按住Shift键并按住鼠标左键拖动，绘制一个直线段，在属性栏中设置"轮廓宽度"为2.0pt，在调色板中左键单击白色按钮，设置文字的颜色，效果如图4-136所示。

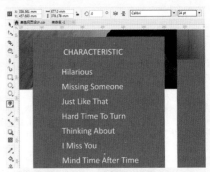
图4-135

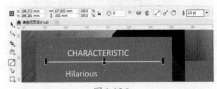
图4-136

04 继续在打开的素材"2.cdr"中选择图标素材，使用快捷键Ctrl+C将其复制，接着返回到刚刚操作的文档中，使用快捷键Ctrl+V将其粘贴到画面中，并摆放在合适位置，效果如图4-137所示。在选中该图标的状态下，在调色板中左键单击白色按钮，更改图标颜色，效果如图4-138所示。

图4-137　　　　　图4-138

05 在选中该图标的状态下，按住鼠标左键向下拖动时按住Shift键，移动到合适位置后单击鼠标右键将图标进行垂直复制，如图4-139所示。多次使用快捷键Ctrl+R复制出多个图标，效果如图4-140所示。

图4-139　　　　　图4-140

06 使用同样的方法，在其他两个红色矩形的上面输入适当的文字，并添加符号和绘制直线段，效果如图4-141所示。执行菜单"文件>导入"命令，将素材"3.jpg"导入到文档中，并将其放置在合适的位置，如图4-142所示。

图4-141

图4-142

07 选择工具箱中的矩形工具，在第二个红色矩形上面绘制一个矩形，如图4-143所示。选中

刚刚导入的素材，执行菜单"对象>PowerClip>置于图文框内部"命令，当光标变成黑色粗箭头时，单击刚刚绘制的矩形，即可实现位图的剪贴效果，如图4-144所示。

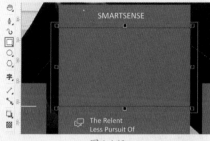

图4-143

图4-144

08 选择工具箱中的两点线工具，在红色矩形的下方按住Shift键并按住鼠标左键拖动，绘制一个直线段，在属性栏中设置"轮廓宽度"为1.0pt，然后在调色板中左键单击80%黑色按钮，效果如图4-145所示。

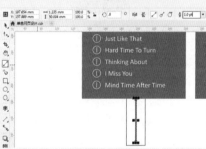

图4-145

09 选择工具箱中的矩形工具，在直线段的下方按住鼠标左键并拖动，绘制一个矩形。选中该矩形，在属性栏中单击"圆角"按钮，设置"转角半径"为10.0mm、"轮廓宽度"为2.5pt，如图4-146所示。接着双击位于界面底部状态栏中的"轮廓笔"按钮，在弹出的"轮廓笔"对话框中设置颜色为红色，设置完成后单击"确定"按钮，如图4-147所示。效果如图4-148所示。

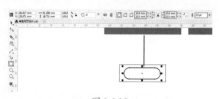

图4-146

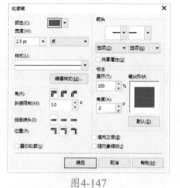

图4-147

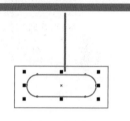

图4-148

10 按住Shift键加选直线段和圆角矩形，单击鼠标右键，在弹出的快捷菜单中执行"组合对象"命令。然后按住鼠标左键向右拖动的同时按住Shift键，拖动到合适位置后单击鼠标右键将其进行平移并复制，如图4-149所示。使用快捷键Ctrl+R再次复制一组图形组，效果如图4-150所示。

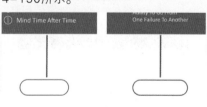

图4-149

图4-150

11 使用文本工具在圆角矩形内部输入相应的文字，如图4-151所示。

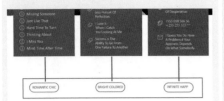

图4-151

12 将左上方的网页标志图形和文字加选复制一份放置在画面底部的黑色矩形上方，并将翅膀图形的填充色更改为红色，如图4-152所示。接着将打开的素材"2.cdr"中的图标复制到本文档中，摆放到画面下方位置，并更改其中一个图标的颜色。最终完成效果如图4-153所示。

图4-152

图4-153

📖 技术速查：2点线工具

↗（2点线工具）可以绘制任意角度的直线段、垂直于图形的垂直线以及与图形相切的切线段。选择工具箱中的2点线工具，在属性栏中可以看到这3种模式 ↗ ↗ ↗，单击即可进行切换，如图4-154所示。

图4-154

（1）选择工具箱中的 ↗（2点线工具），确定绘制模式为"两点线工具"。然后在画面中按住鼠标左键拖动，释放鼠标即可绘制一条线段。

（2）接着在选项栏中单击"垂直2点线"按钮 ↗，此时光标变为 ↗ 形状。然后将光标移动至以有的直线上，按住鼠标左键拖动进行绘制，可以得到垂直于原有线段的一条直线。

（3）在属性栏上单击"相切的2点线"按钮 ↗，此时光标变为 ↗ 形状。接着将光标移动到对象边缘处按住鼠标左键拖动，释放鼠标后即可绘制一条与对象相切的线段。

4.7 清爽活动宣传版面

文件路径	第4章\清爽活动宣传版面
难易指数	⭐⭐⭐⭐⭐
技术掌握	● 矩形工具 ● 钢笔工具 ● 文本工具

🔍 扫码深度学习

💡 操作思路

本案例讲解了如何制作清爽活动宣传版面。首先通过使用矩形工具制作版面的基本图形；然后使用钢笔工具在画面的上方绘制一个三角形；最后使用文本工具在画面中适当的位置添加文字。

🖱 案例效果

案例效果如图4-155所示。

图4-155

实例055 制作基本图形

😊 操作步骤

01 创建一个新文档。选择工具箱中的矩形工具，在画面的左上角按住鼠标左键并拖动绘制一个矩形，如图4-156所示。在该矩形被选中的状态下，双击位于界面底部状态栏中的"填充色"按钮，在弹出的"编辑填充"对话框中单击"均匀填充"按钮，设置颜色为深青色，设置完成后单击"确定"按钮，如图4-157所示。

图4-156

图4-157

02 此时矩形效果如图4-158所示。接着在调色板中右键单击 ⊠ 按钮，去掉轮廓色，效果如图4-159所示。

图4-158

图4-159

03 使用同样的方法，在画面中绘制其他不同颜色的矩形，效果如图4-160所示。

图4-160

04 选择工具箱中的钢笔工具，在画面的上方绘制一个三角形，如图4-161所示。在该三角形被选中的状态下，设置其填充色为深青色并去掉轮廓色，效果如图4-162所示。

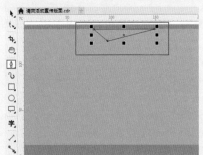

图4-161

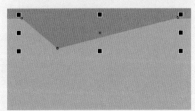

图4-162

05 选择工具箱中的文本工具，在三角形上单击鼠标左键插入光标，建立文字输入的起始点。在属性栏中设置合适的字体、字体大小，设置完成后输入相应的白色文字，如图4-163所示。在选择文本工具的状态下，在文字的前方单击插入光标，然后按住鼠标左键向后拖动，使第一个字母Z被选中，然后在属性栏中更改字体大小为20pt，效果如图4-164所示。

06 使用工具箱中的选择工具选中文字，当文字四周的定界框变为带有弧度的双箭头时按住鼠标左键并拖动控制点，将文字旋转，效果如图4-165所示。

图4-163

图4-164

图4-165

实例056 制作主体模块

🎤操作步骤

01 再次使用文本工具在画面的中心位置输入文字，效果如图4-166所示。

图4-166

02 再次使用矩形工具在画面中绘制两个矩形，如图4-167所示。选择工具箱中的选择工具，按住Shift键加选这两个矩形，按住鼠标左键向右拖动的同时按住Shift键，

然后单击鼠标右键将图形平移并复制，效果如图4-168所示。

图4-167

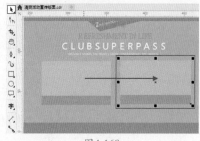

图4-168

03 选择工具箱中的钢笔工具，在刚刚绘制的矩形上绘制一个不规则的多边形。绘制完成后在调色板中设置该图形的"填充色"为橘黄色并去掉轮廓色，效果如图4-169所示。使用同样的方法，继续在矩形内部绘制其他颜色的图形，效果如图4-170所示。

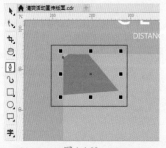

图4-169

图4-170

04 选择工具箱中的矩形工具，在画面的中心位置绘制一个矩形。绘制完成后，在调色板中设置该矩形的

"填充色"为白色并去掉轮廓色，效果如图4-171所示。选择工具箱中的选择工具，在白色的矩形上按住鼠标左键向右移动的同时按住Shift键，然后单击鼠标右键将图形平移并复制，效果如图4-172所示。

图4-171

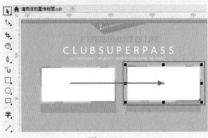
图4-172

05 执行菜单"文件>导入"命令，在弹出的"导入"对话框中单击选择素材"1.jpg"，然后单击"导入"按钮，如图4-173所示。接着在左侧白色矩形上按住鼠标左键并拖动，控制置入对象的大小，释放鼠标完成导入操作，效果如图4-174所示。

图4-173

图4-174

06 选择工具箱中的矩形工具，在素材的右侧按住鼠标左键并拖动绘制一个与白色矩形大小相同的矩形，如图4-175所示。使用工具箱中的选择工具选中素材"1.jpg"，单击鼠标右键，在弹出的快捷菜单中执行"PowerClip内部"命令，当光标变为黑色粗箭头时单击右侧的矩形边框，效果如图4-176所示。

图4-175

图4-176

07 使用工具箱中的选择工具将其移动到画面的左侧，并在右侧的调色板中去掉轮廓色，效果如图4-177所示。接着在画面中适当的位置再次使用文本工具输入相应的文字，效果如图4-178所示。

图4-177

图4-178

08 选择工具箱中的矩形工具，在右侧白色矩形的底部绘制一个矩形，在调色板中设置"填充色"为黑色并去掉轮廓色，效果如图4-179所示。

图4-179

09 选择工具箱中的钢笔工具，在文字的左侧矩形的右下方绘制一条路径。接着在属性栏中设置"轮廓宽度"为3.0pt，效果如图4-180所示。使用工具箱中的选择工具选中该图形，在图形上方按住鼠标左键向右移动的同时按住Shift键，然后单击鼠标右键将图形平移并复制，效果如图4-181所示。

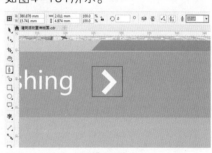
图4-180

图4-181

10 选择工具箱中的矩形工具，在右下方文字的上面绘制一个矩形，设置矩形的"填充色"为灰绿色并去掉轮廓色，效果如图4-182所示。在该矩形被选中的状态下，单击鼠标右键，在弹出的快捷菜单中执行"顺序>向后一层"命令，将其向后移动，接着多次执行该

中文版CorelDRAW图形创意设计与制作全视频 实战228例 CorelDRAW

命令将其移动到文字的后方。最终完成效果如图4-183所示。

图4-182

图4-183

文件路径	第4章\使用对齐与分布制作网页广告
难易指数	★★★★★
技术掌握	● 矩形工具 ● 对齐与分布 ● 文本工具

扫码深度学习

操作思路

本案例首先通过使用矩形工具在画面中绘制黑色的背景和多个长条状的矩形；然后通过对齐与分布的设置使绿色的矩形整齐地排列在画面当中；最后使用文本工具在画面中输入文字。

案例效果

案例效果如图4-184所示。

图4-184

实例057 制作网页广告中的条纹背景

操作步骤

01 创建一个方形的新文档。双击工具箱中的矩形工具，创建一个与画板等大的矩形，如图4-185所示。在该矩形被选中的状态下，在画面右侧的调色板中左键单击黑色按钮为其设置填充色，然后右键单击⊠按钮，去掉轮廓色，效果如图4-186所示。

图4-185

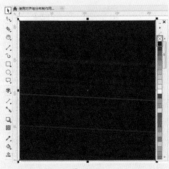

图4-186

02 继续使用工具箱中的矩形工具在画面的左上方按住鼠标左键并拖动绘制一个矩形。然后双击位于界面底部的"填充色"按钮，在弹出"编

辑填充"对话框中单击"均匀填充"按钮，设置颜色为绿色，设置完成后单击"确定"按钮，如图4-187所示。此时矩形效果如图4-188所示。

图4-187

图4-188

03 使用工具箱中的选择工具选中该矩形，按住鼠标左键向下拖动，然后单击鼠标右键将其复制，效果如图4-189所示。接着使用同样的方法，将矩形多次复制，效果如图4-190所示。

图4-189　　　　图4-190

04 选择工具箱中的选择工具，按住Shift键加选所有绿色的矩形，然后执行菜单"窗口>泊坞窗>对齐与分布"命令，在弹出的面板中设置"对齐"为"水平居中对齐"、"分布"为"垂直分散排列中心"、"对齐对象到"为"页面边缘"，效果如图4-191所示。使用工具箱中的选择工具加选画面中所有的矩形，在图形上按住鼠标左键向右拖动至画板外的合适位置后单击鼠标右键将其复制，如图4-192所示。

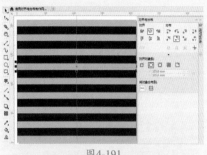

图4-191

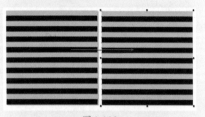

图4-192

05 使用工具箱中的选择工具分别选中每一个绿色的矩形，将颜色改为红色，效果如图4-193所示。加选画板以外的所有矩形，然后单击鼠标右键执行"组合对象"命令。接着在矩形组被选中的状态下，将光标定位到定界框的四角处，当光标变为双箭头时按住Shift键并按住鼠标左键拖动，将其等比放大。再次单击该矩形组，当矩形组四周的控制点变为带有弧度的双箭头时按住Ctrl键并按住鼠标左键拖动，将其旋转，效果如图4-194所示。

图4-193　　　　图4-194

06 选择工具箱中的矩形工具，在画板外矩形的内部按住Ctrl键并按住鼠标左键拖动绘制一个正方形，如图4-195所示。使用工具箱中的选择工具选中红黑色的矩形组，然后单击鼠标右键，在弹出的快捷菜单中执行"PowerClip内部"命令，当光标变为黑色粗箭头时在刚刚绘制的正方形内部单

图4-195

击鼠标左键，效果如图4-196所示。

07 使用选择工具将红黑色的矩形组移动到画面的中心位置，如图4-197所示。

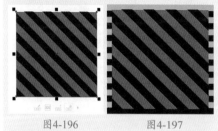

图4-196　　　　　图4-197

操作步骤

01 选择工具箱中的矩形工具，在画面的中心位置按住Ctrl键并按住鼠标左键拖动绘制一个矩形。接着在调色板中左键单击白色按钮，设置矩形的填充色，然后右键单击黑色按钮，设置矩形的轮廓色。在属性栏中设置"轮廓宽度"为2.5mm，效果如图4-198所示。使用同样的方法，在其上面再次绘制一个较小的矩形，效果如图4-199所示。

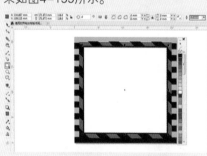

图4-198

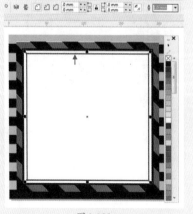

图4-199

02 选择工具箱中的文本工具，在矩形内部单击鼠标左键插入光标，建立文字输入的起始点，接着在属性栏中选择合适的字体、字体大小，设置完成后输入文字，如图4-200所示。使用同样的方法，继续在画面中输入其他不同字体、字体大小的文字，效果如图4-201所示。

03 再次使用工具箱中的矩形工具，在画面中绘制黑色矩形，绘制完成后加选画面左侧的所有文字和矩形，将所有元素水平居中对齐，效果如图4-202所示。

图4-200

图4-201　　　　　图4-202

04 执行菜单"文件>导入"命令，在弹出的"导入"对话框中单击选择素材"1.png"，然后单击"导入"按钮，如图4-203所示。接着在右侧白色矩形的上面按住鼠标左键并拖动，控制置入对象的大小，释放鼠标完成导入操作。最终完成效果如图4-204所示。

图4-203

图4-204

4.9 使用移除前面制作镂空海报

文件路径	第4章\使用移除前面制作镂空海报
难易指数	★★★★★
技术掌握	● 矩形工具 ● 文本工具 ● 移除前面对象 ● 透明度工具

扫码深度学习

操作思路

本案例首先通过将素材导入到文档中并将多余的部分隐藏；然后使用矩形工具在画面中绘制一个与画板等大的矩形；接着使用文本工具在画面中输入文字；然后加选文字和矩形；最后执行"移除前面对象"命令使画面呈现出镂空的效果。

案例效果

案例效果如图4-205所示。

图4-205

实例059 处理人物图像部分

01 执行菜单"文件>新建"命令，创建一个新文档。执行菜单"文件>导入"命令，在弹出的"导入"对话框中单击选中素材"1.jpg"，然后单击"导入"按钮，如图4-206所示。接着在画面的左上角按住鼠标左键并拖动至右下角，控制置入对象的大小，释放鼠标完成置入操作，效果如图4-207所示。

图4-206

图4-207

02 双击工具箱中的矩形工具，创建一个与画板等大的矩形，然后使用工具箱中的选择工具选中该矩形并将其移动到画板以外，效果如图4-208所示。使用选择工具选中素材"1.jpg"，然后单击鼠标右键，在弹出的快捷菜单中执行"PowerClip内部"命令，当光标变为黑色粗箭头时在矩形内单击鼠标左键，将素材置入到图文框内部，效果如图4-209所示。

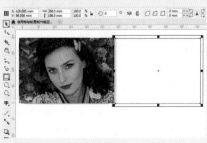

图4-208

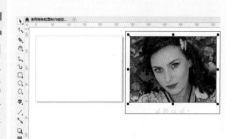

图4-209

03 将素材"1.jpg"移动到画板内，在画面右侧的调色板中右键单击⊠按钮，去掉轮廓色，效果如图4-210所示。双击工具箱中的矩形工具，快速绘制出一个与画板等大的矩形，如图4-211所示。

图4-210

图4-211

04 选中该矩形，右键单击调色板中的⊠按钮，去掉轮廓色，左键单击深褐色按钮，设置其填色为深褐色，如图4-212所示。接着选中该矩形，选择工具箱中的透明度工具，在属性栏中单击"均匀透明度"按钮，设置"合并模式"为"颜色"，设置"透明度"为50，此时效果如图4-213所示。

图4-212

图4-213

实例060　制作镂空效果

01 选择工具箱中的矩形工具，在画面的左上角按住鼠标左键并拖动，绘制一个与画板等大的矩形。然后双击位于画面底部状态栏中的"填充色"按钮，在弹出的"编辑填充"对话框中单击"均匀填充"按钮，设置颜色为紫色，设置完成后单击"确定"按钮，如图4-214所示。效果如图4-215所示。

图4-214

图4-215

02 右键单击调色板中的☒按钮，去掉轮廓色。在该矩形被选中的状态下，选择工具箱中的透明度工具，在属性栏中单击"均匀透明度"按钮，设置"透明度"为33，此时效果如图4-216所示。

图4-216

03 选择工具箱中的文本工具，在画面中单击鼠标左键建立文字输入的起始点，接着在属性栏中设置合适的字体、字体大小，设置完成后输入相应的文字，如图4-217所示。选择工具箱中的选择工具，按住Shift键加选文字和

紫色的矩形，然后执行菜单"对象>造型>移除前面对象"命令，此时画面效果如图4-218所示。

04 再次使用文本工具在画面的下方输入其他白色文字。最终完成效果如图4-219所示。

图4-217

图4-218

图4-219

🕮 技术速查：对象的造型

对象的"造型"功能可以理解为将多个矢量图形进行融合、交叉或改造，从而形成一个新的对象的过程。造型功能包括"合并""修剪""相交""简化""移除后面对象""移除前面对象"和"边界"。

选择需要造型的多个图形，在属性栏中即可出现造型命令的按钮，单击某个按钮即可进行相应的造型，如图4-220所示。

图4-220

各按钮的说明如下。

➢ ⬚（合并）（在"造型"泊坞窗中称为"焊接"）可以将两个或多个对象结合在一起成为一个独立对象。加选需要"合并"的对象，然后单击属性栏中的"合并"按钮，此时多个对象被合并为一个对象。

➢ ⬚（修剪）可以使用一个对象的形状剪切另一个形状的一部分，修剪完成后目标对象保留其填充和轮廓属性。选择需要修剪的两个对象，单击属性栏中的"修剪"按钮，移走顶部对象后，可以看到重叠区域被删除了。

➢ ⬚（相交）可以将对象的重叠区域创建为一个新的独立对象。选择两个对象，单击属性栏中的"相交"按钮，

艺境　中文版CorelDRAW图形创意设计与制作全视频　实战228例　CorelDRAW

两个图形相交的区域进行保留，移动图像后可看见相交后的效果。

➤ ⊞使用（简化）可以去除对象间重叠的区域。选择两个对象，单击属性栏中的"简化"按钮，移动图像后可看见相交后的效果。

➤ ⊡（移除后面对象）可以利用下层对象的形状，减去上层对象中的部分。选择两个重叠对象，单击属性栏中的"移除后面对象"按钮，此时下层对象消失了，同时上

层对象中下层对象形状范围内的部分也被删除了。

➤ ⊡（移除前面对象）可以利用上层对象的形状，减去下层对象中的部分。选择两个重叠对象，单击属性栏中的"移除前面对象"按钮，此时上层对象消失了，同时下层对象中上层对象形状范围内的部分也被删除了。

➤ ⊡（边界）能够以一个或多个对象的整体外形创建矢量对象。选择多个对象，单击属性栏中的"边界"按钮，可以看到图像周围出现一个与对象外轮廓形状相同的图形。

第 **5** 章

矢量图形特效

本章概述　在CorelDRAW工具箱中包含一系列可以对矢量对象进行特殊效果制作的工具，例如可以制作投影效果的阴影工具，可以制作变形效果的封套工具，可以制作矢量图形过渡调和的调和工具等。其中部分工具也可以针对位图对象进行操作。本章主要针对这些工具进行练习。

本章重点
◆ 掌握阴影工具的使用方法
◆ 掌握透明度工具的使用方法
◆ 掌握封套工具的使用方法

/ 佳 / 作 / 欣 / 赏 /

5.1 使用阴影工具制作产品展示页面

文件路径	第5章\使用阴影工具制作产品展示页面
难易指数	★★★★★
技术掌握	● 矩形工具 ● 阴影工具 ● 文本工具

扫码深度学习

操作思路

本案例首先通过使用矩形工具在画面中绘制图形；然后通过阴影工具制作立体效果；接着将素材导入到文档中并将多余的部分隐藏；最后通过文本工具在画面中输入文字。

案例效果

案例效果如图5-1所示。

图5-1

实例061 制作展示页面背景

操作步骤

01 创建一个新文档。双击工具箱中的矩形工具，创建一个与画板等大的矩形。在该矩形被选中的状态下，双击位于界面底部状态栏中的"填充色"按钮，在弹出的"编辑填充"对话框中单击"均匀填充"按钮，设置颜色为洋红色，设置完成后单击"确定"按钮，如图5-2所示。接着在调色板中右键单击⊠按钮，去掉轮廓色，效果如图5-3所示。

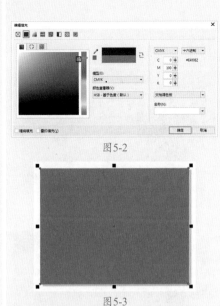

图5-2

图5-3

02 选择工具箱中的矩形工具，在画面的中心位置按住鼠标左键并拖动绘制一个矩形，如图5-4所示。在右侧的调色板中左键单击白色按钮，设置矩形的填充色，右键单击⊠按钮，去掉轮廓色，效果如图5-5所示。

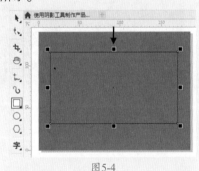

图5-4

图5-5

03 在该矩形被选中的状态下，选择工具箱中的阴影工具，在白色的矩形中间位置按住鼠标左键向下拖动，接着在属性栏中设置"阴影的不透明度"为100、"阴影羽化"为50、"阴影颜色"为灰色、"合并

模式"为"底纹化"，效果如图5-6所示。

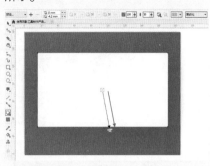

图5-6

04 执行菜单"文件>导入"命令，在弹出的"导入"对话框中单击选择汽车素材"1.jpg"，然后单击"导入"按钮，如图5-7所示。接着在画面中适当的位置按住鼠标左键并拖动，控制导入对象的大小，释放鼠标完成导入操作，如图5-8所示。

图5-7

图5-8

05 再次使用工具箱中的矩形工具，在汽车素材的上面按住鼠标左键并拖动绘制一个矩形，如图5-9所示。选中汽车素材，执行菜单"对象>PowerClip>置于图文框内部"命令，当光标变成黑色粗箭头时，单击刚刚绘制的矩形，即可实现位图的剪贴效果，如图5-10所示。

06 接着在调色板中右键单击⊠按钮，去掉轮廓色，效果如图5-11所示。

图5-9

图5-10

图5-11

实例062　制作文字与图形部分

🎙 操作步骤

01 选择工具箱中的文本工具，在汽车素材的上方单击鼠标左键插入光标，建立文字输入的起始点，然后在属性栏中设置合适的字体、字体大小，单击"粗体"按钮，设置完成后输入相应的文字。接着在右侧的调色板中左键单击白色按钮，为文字设置颜色，效果如图5-12所示。接着使用同样的方法，继续在画面中输入其他文字，如图5-13所示。

02 选择工具箱中的矩形工具，在刚刚输入的文字下方按住鼠标左键拖动，绘制一个矩形，如图5-14所示。选中该矩形，在属性栏中单击"圆角"按钮，设置"转角半径"为10.0mm，如图5-15所示。

图5-12

图5-13

图5-14

图5-15

03 在该圆角矩形被选中的状态下，在右侧的调色板中左键单击70%黑色按钮，右键单击⊠按钮，去掉轮廓色，效果如图5-16所示。选择工具箱中的阴影工具，在圆角矩形的中间位置按住鼠标左键向下拖动，接着在属性栏中设置"阴影的不透明度"为75、"阴影羽化"为20、"阴影颜色"为灰色、"合并模式"为"减少"，效果如图5-17所示。

图5-16

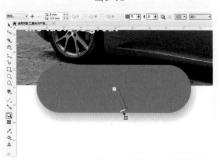

图5-17

04 再次使用文本工具在画面中适当的位置输入其他文字。最终完成效果如图5-18所示。

图5-18

技术速查：阴影工具的使用

使用工具箱中的 🔲（阴影工具）可以为矢量图形、文本对象、位图对象和群组对象创建阴影效果。选择一个对象，选择工具箱中的阴影工具。将鼠标指针移至图形对象上，按住左键并向其他位置拖动，如图5-19所示。释放鼠标左键即可看到添加的阴影效果，如图5-20所示。在添加完阴影后画面中会显示阴影控制杆，通过这个控制杆可以对阴影的位置、颜色等属性进行更改。同时还可以配合属性栏对阴影的其他属性进行调整，如图5-21所示。

图 5-19   图 5-20

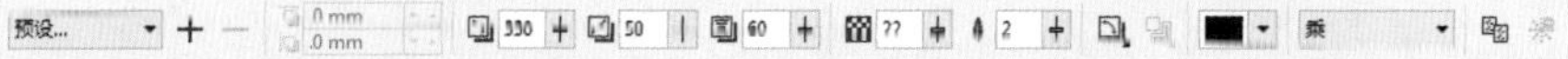

图 5-21

各按钮的说明如下。

➤ 预设：在属性栏的"预设"下拉列表中包含多种内置的阴影效果。选择一个图形对象，然后单击"预设"下三角按钮，选择某个样式，即可为对象应用相应的阴影效果。

➤ 186 阴影角度：输入数值，可以设置阴影的方向。

➤ 50 阴影延展：调整阴影边缘的延展长度。

➤ 0 阴影淡出：调整阴影边缘的淡出程度。数值越大，远处阴影的渐隐效果越明显。

➤ 50 阴影的不透明度：用于设置调整阴影的不透明度。数值越大，阴影越不透明。

➤ 15 阴影羽化：调整阴影边缘的锐化和柔化。数值越大，阴影越柔和。

➤ 羽化方向：向阴影内部、外部或同时向内部和外部柔化阴影边缘。在CoreIDRAW中提供了"高斯式模糊""向内""中间""向外"和"平均"5种羽化方法。

➤ 羽化边缘：设置边缘的羽化类型，可以在下拉列表中选择"线性""方形的""反白方形"和"平面"。

➤ ■ 阴影颜色：在下拉列表中单击选择一种颜色，可以直接改变阴影的颜色。

➤ 透明度操作：单击"透明度操作"下三角按钮，在弹出的下拉列表中单击并选择合适的选项来调整颜色混合效果。

5.2 制作旅行广告

文件路径	第 5 章 \ 制作旅行广告
难易指数	⭐⭐⭐⭐⭐
技术掌握	● 透明度工具 ● 阴影工具 ● 添加透视

扫码深度学习

操作思路

本案例首先通过钢笔工具将背景绘制出来；然后使用椭圆形工具在画面的中心位置绘制正圆形，通过设置正圆形的不透明度来展现出内发光的效果；接着使用钢笔工具在正圆形的上方绘制图形；最后使用文本工具在正圆形上输入文字，从而制作出旅行广告设计。

案例效果

案例效果如图5-22所示。

图 5-22

实例063 制作放射状背景

操作步骤

01 执行菜单"文件>新建"命令，创建一个A4大小的文档，方向为横向。双击工具箱中的矩形工具，创建一个与画板等大的矩形。在该矩形被选中的状态下，双击位于界面底部状态栏中的"填充色"按钮，在弹出的"编辑填充"对话框中单击"均匀填充"按钮，设置颜色为蓝色，设置完成后单击"确定"按钮，如图5-23所示。接着在调色板中右键单击⊠按钮，去掉轮廓色，效果如图5-24所示。

图 5-23

图 5-24

02 选择工具箱中的钢笔工具，在画面的左下方绘制一个不规则图形，如图5-25所示。选中该图形，在调色板中右键单击⊠按钮，去掉轮廓色。左键单击淡蓝色按钮，为图形填充颜色按钮，如图5-26所示。

03 使用同样的方法，继续在画面中绘制其他淡蓝色图形，效果如图5-27所示。

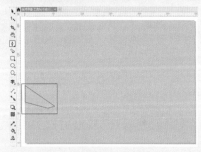

图5-25

图5-26　　　　图5-27

实例064　制作沙滩与海面

🎤操作步骤

01 继续使用钢笔工具在画面下方绘制一个不规则图形，如图5-28所示。在调色板中右键单击⊠按钮，去掉轮廓色。左键单击黄色按钮，为图形填充颜色，如图5-29所示。

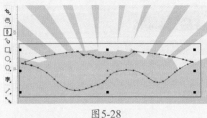

图5-28

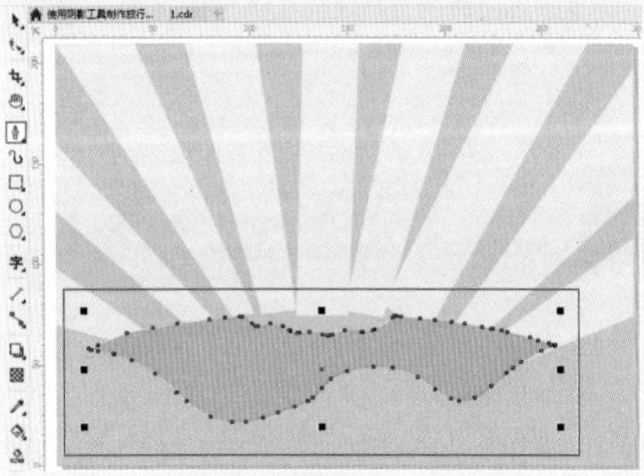

图5-29

---

02 使用同样的方法，继续在其下方绘制不同颜色的不规则图形，效果如图5-30所示。

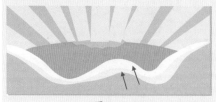

图5-30

03 继续使用钢笔工具在画面中绘制一个云朵的形状，在调色板中右键单击⊠按钮，去掉轮廓色。左键单击白色按钮，为其填充颜色，如图5-31所示。选中云朵图形，按住鼠标左键拖动到适当的位置后单击鼠标右键将其复制，效果如图5-32所示。接着使用同样的方法，再次将其复制出两份，并将其摆放在合适的位置，效果如图5-33所示。

图5-31

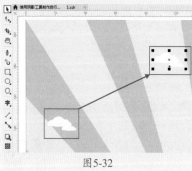

图5-32

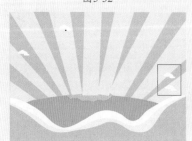

图5-33

实例065　制作主图部分

🎤操作步骤

01 选择工具箱中的椭圆形工具，在画面的中心位置按住Ctrl键并按住鼠标左键拖动绘制一个正圆形。选中该正圆形，在属性栏中设置"轮廓宽度"为5.0pt，如图5-34所示。接着双击位于状态栏底部的"填充色"按钮，在弹出的"编辑填充"对话框中单击"均匀填充"按钮，设置颜色为铬黄色，然后单击"确定"按钮，如图5-35所示。接着在右侧的调色板中右键单击白色按钮，为正圆形设置轮廓色，效果如图5-36所示。

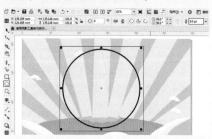

图5-34

图5-35

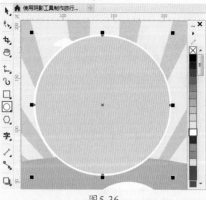

图5-36

02 继续使用椭圆形工具绘制一个与铬黄色正圆形等大的正圆形。然后在右侧的调色板中左键单击白色按钮，为其设置填充色。右键单击⊠按钮，去掉轮廓色，效果如图5-37所

80

示。在白色正圆形被选中的状态下，选择工具箱中的透明度工具，在属性栏中单击"渐变透明度"按钮，接着单击"椭圆形渐变透明度"按钮，效果如图5-38所示。

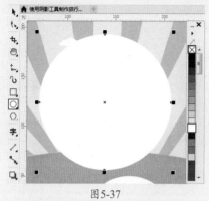

图5-37

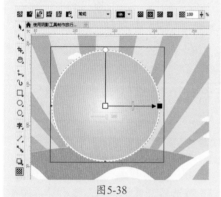

图5-38

03 单击正圆形中心点位置的节点，设置该节点的透明度为100，接着单击右侧的控制点，设置透明度为0，效果如图5-39所示。在控制杆的右侧双击鼠标左键，添加节点，设置该节点的透明度为100，效果如图5-40所示。

图5-39　　　　　图5-40

04 制作椰子树。选择工具箱中的钢笔工具，在画面中绘制一个树冠的样式，接着设置其填充色为绿色并去掉轮廓色，效果如图5-41所示。接着使用同样的方法，绘制一个树干的样式，设置填充色为深棕色并去掉轮廓色，效果如图5-42所示。

图5-41

图5-42

05 在树干被选中的状态下，选择工具箱中的选择工具，然后单击鼠标右键执行"顺序>后移一层"命令。将树干移动到树冠下方，如图5-43所示。按住Shift键加选树冠和树干，然后单击鼠标右键执行"组合对象"命令，将其进行编组。在图形组的上方按住鼠标左键向下拖动至适当的位置后，单击鼠标右键将其进行复制，如图5-44所示。

图5-43 　　　　　图5-44

06 将光标定位到画面下方的椰子树的左上方控制点处，当光标变为双箭头时按住鼠标左键向内拖动，将其进行适当的缩放，效果如图5-45所示。继续使用同样的方法，复制多个椰子树，然后将其进行适当的缩放并摆放在合适的位置，效果如图5-46所示。

图5-45

图5-46

实例066　制作主题文字

操作步骤

01 选择工具箱中的钢笔工具，在正圆形的上方绘制一个不规则图形。选中该图形，在调色板中右键单击区按钮，去掉轮廓色。左键单击红色按钮，为图形填充颜色，如图5-47所示。继续使用同样的方法，在画面中绘制其他红色图形，效果如图5-48所示。

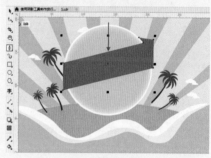

图5-47

图5-48

02 选择工具箱中的文本工具，在红色图形上单击鼠标左键插入光标，建立文字输入的起始点，在属性栏中设置合适的字体、字体大小，设置完成后输入相应的文字。在右侧的调色板中右键单击红色按钮，设置轮廓色。左键单击白色按钮，为文字填充颜色，如图5-49所示。

图5-49

03 在文字被选中的状态下，选择工具箱中的阴影工具，在文字的中间位置按住鼠标左键向右拖动，为文字添加阴影效果，接着在属性栏中设置"阴影的不透明度"为50、"阴影羽化"为15、"阴影颜色"为黑色，效果如图5-50所示。

图5-50

04 在文字被选中的状态下，再次单击该文字，此时文字的控制点变为弧形双箭头控制点，通过拖动左上角的双箭头控制点将其向左下方拖动进行旋转，效果如图5-51所示。接着使用文本工具在该文字下方输入其他文字，然后为其添加阴影效果并旋转至合适的角度，效果如图5-52所示。

图5-51

05 使用同样的方法，在红色图形的下方绘制绿色的图形并在其上面输入不同颜色的文字，效果如图5-53所示。

图5-52

图5-53

实例067 制作气泡文字

操作步骤

01 选择工具箱中的标注形状工具，在属性栏中单击"完美形状"按钮，在弹出的下拉面板中单击选择合适的标注图形。然后在画面中按住鼠标左键拖动绘制一个标注图形，如图5-54所示。选择工具箱中的形状工具，使用鼠标左键单击选中该形状左下方的节点并改变该节点的位置，效果如图5-55所示。

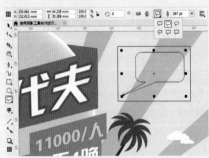

图5-54

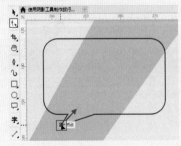

图5-55

02 在该图形被选中的状态下，在右侧的调色板中左键单击白色按钮，设置图形的填充色。右键单击⊠按钮，去掉轮廓色，效果如图5-56所示。接着使用文本工具在该图形上输入适当的蓝色文字，效果如图5-57所示。

图5-56

图5-57

03 选择工具箱中的选择工具，按住Shift键加选白色的图形和文字，然后单击鼠标右键执行"组合对象"命令，将其进行编组。在该组被选中的状态下，执行菜单"效果>添加透视"命令，效果如图5-58所示。选择形状工具，单击选中图形左上方的控制点，然后按住鼠标左键向右上方拖动，效果如图5-59所示。

04 使用同样的方法，拖动左下方的控制点，将其添加透视效果，如图5-60所示。

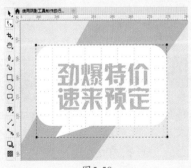

图5-58

艺境 中文版CorelDRAW图形创意设计与制作全视频

实战228例

CorelDRAW

图5-59

图5-60

05 执行菜单"文件>打开"命令，在弹出的"打开绘图"对话框中单击选择素材"1.cdr"，然后单击"打开"按钮，如图5-61所示。选中打开的素材，使用快捷键Ctrl+C将其复制。然后返回到刚刚操作的文档中使用快捷键Ctrl+V将其进行粘贴，并将其移动到合适位置。最终完成效果如图5-62所示。

图5-61

图5-62

5.3 使用调和工具制作连续的图形

文件路径	第5章\使用调和工具制作连续的图形
难易指数	★★★★★
技术掌握	● 交互式填充工具 ● 钢笔工具 ● 文本工具 ● 调和工具

扫码深度学习

操作思路

本案例首先通过使用矩形工具在画面中绘制矩形；然后使用交互式填充工具为矩形设置渐变；接着使用文本工具在画面中输入文字；最后使用椭圆形工具在画面中绘制正圆形，并使用调和工具在两个正圆形之间填充多个正圆形。

案例效果

案例效果如图5-63所示。

图5-63

实例068 制作背景和文字

操作步骤

01 执行菜单"文件>新建"命令，创建一个A4大小的文档，方向为纵向。选择工具箱中的矩形工具，在画面的左上角按住鼠标左键并拖动绘制一个矩形，如图5-64所示。选中该矩形，选择工具箱中的交互式填充工具，在属性栏中单击"渐变填充"按钮，设置"渐变类型"为"椭圆形渐变填充"，然后编辑一个蓝色系渐变颜色，如图5-65所示。在右侧的调色板中右键单击⊠按钮，去掉轮廓色，效果如图5-66所示。

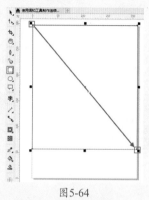

图5-64

图5-65

图5-66

02 选择工具箱中的矩形工具，在画面的下方绘制一个矩形，如图5-67所示。在该矩形被选中的状态下，双击位于界面底部状态栏中的"填充色"按钮，在弹出的"编辑填充"对话框中单击"均匀填充"按钮，设置颜色为铬黄色，设置完成后单击"确定"按钮，如图5-68所示。接着在右侧的调色板中右键单击⊠按钮，去掉轮廓色，效果如图5-69所示。

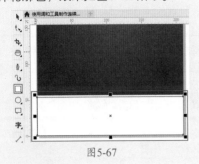

图5-67

图5-68

图5-69

03 选择工具箱中的钢笔工具，在画面的左上方绘制一个四边形，在右侧的调色板中左键单击白色按钮，设置图形的填充色。右键单击⊠按钮，去掉轮廓色，如图5-70所示。

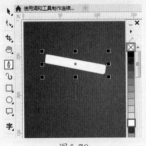

图5-70

04 选择工具箱中的文本工具，在白色四边形的上面单击鼠标左键插入光标，建立文字输入的起始点，接着在属性栏中设置合适的字体、字体大小，设置完成后输入文字。在右侧的调色板中右键单击橘色按钮，设置文字的颜色，如图5-71所示。选择工具箱中的选择工具，在文字被选中的

状态下，在文字上单击鼠标左键，当文字的控制点变为弧形双箭头时，将光标定位到文字左上角的控制点上，然后按住鼠标左键进行拖动将文字进行旋转，效果如图5-72所示。

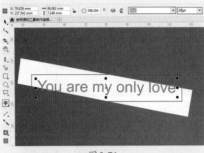

图5-71

图5-72

05 接着使用同样的方法，在刚刚输入的文字下方适当的位置绘制不同颜色的矩形并在其上面添加相应的文字，效果如图5-73所示。再次使用文本工具在画面中适当的位置输入不同字体、字体大小的白色文字，效果如图5-74所示。

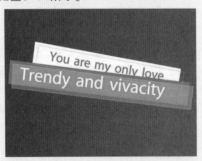

图5-73

图5-74

实例069　制作连续的图形

操作步骤

01 选择工具箱中的椭圆形工具，在画面的左上方按住Ctrl键并按住鼠标左键拖动绘制一个正圆形，接着在右侧的调色板中左键单击白色按钮，为正圆形设置填充色。右键单击⊠按钮，去掉轮廓色，效果如图5-75所示。选中该正圆形，按住鼠标左键向右移动的同时按住Shift键，移动到合适位置后按鼠标右键进行水平复制，效果如图5-76所示。

图5-75

图5-76

02 选择工具箱中的调和工具，在左侧正圆形上按住鼠标左键，拖动至右侧的正圆形上，释放鼠标左键。接着在属性栏中设置"调和对象"为20，效果如图5-77所示。选中一排正圆形，然后按住鼠标左键向下拖动的同时按住Shift键，移动到合适位置后按鼠标右键进行垂直移动复制，效果如图5-78所示。

03 使用同样的方法，复制多个正圆组，并将其摆放在画面下方合适位置，效果如图5-79所示。选中第四排正圆形组，单击鼠标右键执行"取消组合对象"命令。选择工具箱中的

选择工具，按住Shift键加选最后5个正圆形，然后按Delete键将其删除，效果如图5-80所示。

图5-77

图5-78

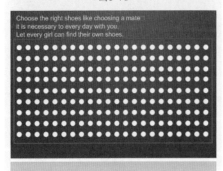

图5-79

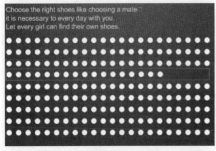

图5-80

04 选择工具箱中的文本工具，在刚刚正圆形删除的位置单击鼠标左键，建立文字输入的起始点，在属性栏中设置合适的字体、字体大小，然后输入相应的白色文字。最终完成效果如图5-81所示。

图5-81

技术速查：调和工具的使用

"调和"效果只应用于矢量图形，它是通过在两个或两个以上的图形之间建立一系列的中间图形，从而制作出富有渐变调和的丰富效果。"调和"需要在两个或多个矢量对象之间进行的，所以画面中需要有至少两个矢量对象，如图5-82所示。选择工具箱中的 （调和工具），在其中一个对象上按住鼠标左键，然后移向另一个对象，如图5-83所示。释放鼠标左键即可创建调和效果，此时两个对象之间出现多个过渡的图形，如图5-84所示。

图5-82   图5-83   图5-84

选择工具箱中的调和工具，在属性栏中可以看到该工具的参数选项，如图5-85所示。

图5-85

各按钮的说明如下。

➤ 调和步长：调整调和中的步长数。单击该按钮后，可以通过设置特定的步长数。

➤ 调和间距：在调和已附加到路径时，设置与路径匹配的调和中对象之间的距离。间距越大，中间产生的图形之间距离越远。

➤ 调和方向：在"调和方向"数值框中可以设定中间生成对象在调和过程中的旋转角度，使起始对象和重点对象的中间位置形成一种弧形旋转调和效果。

➤ 环绕调和：将环绕效果应用到调和。

➤ 路径属性：单击该按钮，在下拉列表中可以将调和移动到新路径上、设置路径的显示隐藏或将调和从路径中分离出来。想要沿路径进行调和，首先需要创建好路径和调和完成的对象，使用调和工具选择调和和对象，单击属性栏中的"路径属性"按钮，在弹出的下拉菜单中选择"新路径"命令。然后将光标移动到路径处光标变为曲柄箭头 时单击，此时调和对象沿路径排布。

➤ 调和方式：该选项是用来改变调和对象的光谱色彩。 为"直接调和"，为"顺时针调和"，为"逆时针调和"。

> 对象和颜色加速：在弹出的下拉面板中拖动滑块能够调整图形位置和颜色的变化，单击解锁按钮，取消锁定的状态，可分别调节"对象"和"颜色"的参数。

> 调整加速大小：调整调和中对象大小更改的速率。

> 更多调和选项：单击该按钮，在弹出的下拉列表中可以拆分、融合调和，旋转调和中的对象以及映射节点。

> 起始和结束属性：选择调和开始和结束对象。

5.4 使用变形工具制作标签

文件路径	第5章\使用变形工具制作标签
难易指数	★★★★★
技术掌握	● 椭圆形工具 ● 变形工具 ● 文本工具

扫码深度学习

操作思路

本案例首先通过使用椭圆形工具在画面的中心位置绘制正圆形，然后使用变形工具将其多次变形；最后在图形上使用文本工具输入相应的文字。

案例效果

案例效果如图5-86所示。

图5-86

实例070 制作标签图形

操作步骤

01 执行菜单"文件>新建"命令，创建一个A4大小的文档，方向为横向。选择工具箱中的椭圆形工具，在画面的中心位置按住Ctrl键并按住鼠标左键拖动绘制一个正圆形，如图5-87所示。选中该正圆，双击位于界面底部状态栏中的"填充色"按钮，在弹出的"编辑填充"对话框中单击"均匀填充"按钮，设置颜色为青色，设置完成后单击"确定"按钮，如图5-88所示。接着在调色板中右键单击⊠按钮，去掉轮廓色，效果如图5-89所示。

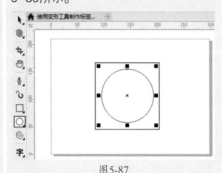

图5-87

图5-88

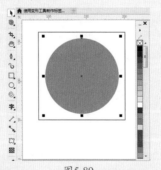

图5-89

02 选择工具箱中的变形工具，在属性栏中单击"拉链变形"按钮，接着在正圆形上按住鼠标左键向下拖动将其变形，如图5-90所示。释放鼠标左键后的效果如图5-91所示。

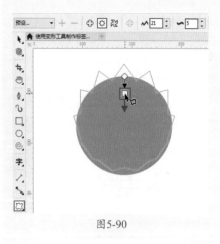

图5-90

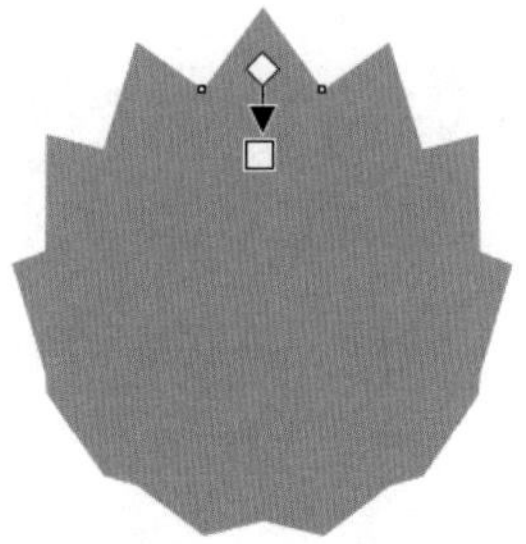

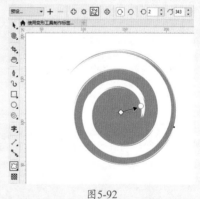

图5-91

03 在使用变形工具的状态下，在属性栏中单击"扭曲变形"按钮，接着在图形上按住鼠标左键沿顺时针进行拖动将其变形，效果如图5-92所示。

图5-92

实例071 制作标签文字

操作步骤

01 选择工具箱中的文本工具，在刚刚制作的图形上单击鼠标左键插入光标，建立文字输入的起始点。在属性栏中设置合适的字体、字体大小，设置完成后输入相应的文字。在右侧的调色板中左键单击10%黑色按钮，为文字设置颜色，效果如图5-93所示。继续使用同样的方法，在画面中合适位置输入适当大小的文字，效果如图5-94所示。

图5-93

图5-94

02 选择工具箱中的矩形工具，在主标题文字下方按住鼠标左键拖动绘制矩形，接着在右侧的调色板中左键单击10%黑色按钮，为矩形设置填充色。右键单击⊠按钮，去掉轮廓色，如图5-95所示。选中该矩形，按住鼠标左键向右移动的同时按住Shift键，移动到合适位置后按鼠标右键进行水平复制，如图5-96所示。

图5-95

图5-96

03 选择工具箱中的星形工具，在属性栏中设置"点数"为8，设置完成后在适当的位置按住Ctrl键并按住鼠标左键拖动绘制一个正八角星形，然后在右侧的调色板中左键单击10%黑按钮，为星形设置填充色。右键单击⊠按钮，去掉轮廓色，效果如图5-97所示。

图5-97

04 选择工具箱中的选择工具，选中青色的图形，按住鼠标左键向右上方拖动，移动到合适位置后单击鼠标右键将其复制。在该图形被选中的状态下，将光标定位到图形的控制点上按住鼠标左键并拖动，将其缩小并放置在合适的位置，如图5-98所示。

图5-98

05 选择工具箱中的文本工具，在复制出的图形上单击鼠标左键，建立文字输入的起始点，在属性栏中设置合适的字体、字体大小，然后输入相应的文字。在右侧的调色板中左键单击10%黑色按钮，为文字设置颜色，如图5-99所示。最终完成效果如图5-100所示。

图5-99

图5-100

技术速查：形状编辑工具

形状工具组中包括多种可用于矢量对象形态编辑的工具，▱（平滑工具）、▱（涂抹工具）、◎（转动工具）、▱（吸引工具）、▱（排斥工具）、▱（沾染工具）、▱（粗糙工具），这几个工具都可以通过简单的操作对矢量图形进行形态的编辑，选择相应的工具，在属性栏中可以进行笔尖大小、速度等参数的设置。

➤ ▱（平滑工具）就是用于将边缘粗糙的矢量对象边缘变得更加平滑。选择一个矢量图形，接着选择工具箱中的平滑工具，在属性栏中设置合适的参数，然后在图形边缘处涂抹，随着涂抹粗糙的轮廓变得平滑。

➤ ▱（涂抹工具）可以沿对象轮廓拖动工具来更改其边缘。选择工具箱中的涂抹工具，在属性栏中可以对涂抹工具的半径、压力、笔压、平滑涂抹和尖状涂抹进行设置，然后在对象边缘按住鼠标左键并拖动，释放鼠标后对象会产生变形效果。

➤ ◎（转动工具）可以在矢量对象的轮廓线上添加顺时针/逆时针的旋转效果。选择相应图形，接着选择工具箱中的转动工具，在属性栏中对半径、速度和旋转方向进行设置，设置完成后将光标移动至选中图形的上方按住鼠标左键，随即图形会发生旋转效果。按住鼠标的时间越长，对象产生的变形效果越强烈。

➤ ▱（吸引工具）通过吸引并移动节点的位置改变对象形态。选择工具箱中的吸引工具，在属性栏中可以对笔尖大小、速度进行设置。设置完毕后将圆形光标覆盖在要调整对象的节点上按住鼠标左键，图形随即会发生变化。按住鼠标的时间越长，节点越靠近光标。

➤ 🔲（排斥工具）通过排斥节点的位置，使节点远离光标所处位置的方式改变对象形态。选择工具箱中的排斥工具，在属性栏中可以对笔尖大小、速度进行设置。设置完毕后将圆形光标覆盖在要调整对象的节点上按住鼠标左键，此时图形就会发生变化。按住鼠标的时间越长，节点越远离光标。

➤ 🔲（沾染工具）可以在原图形的基础上添加或删减区域。选择一个图形，继续选择沾染工具，将光标移动到图形边缘处，接着按住鼠标左键将光标移动到图形的外部，则添加图形区域；若按住鼠标左键将光标向图形内部拖动，则减少图形区域。

➤ 🔲（粗糙工具）可以使平滑的矢量线条变得粗糙。选择一个图形，接着选择粗糙工具，在属性栏中可以对笔尖、压力等参数进行设置，然后在对象边缘按住鼠标左键并拖动，随着拖动图形平滑的边缘变得粗糙。

5.5 使用封套工具制作水果标志

文件路径	第5章\使用封套工具制作水果标志
难易指数	★★★★★
技术掌握	● 椭圆形工具 ● 封套工具 ● 文本工具

🔍扫码深度学习

💡操作思路

本案例首先使用椭圆形工具在画面中绘制一个椭圆形；然后通过封套工具将椭圆形进行变形；接着使用钢笔工具和手绘工具绘制草莓的叶子；最后使用文本工具在画面中适当的位置输入文字。

🖱案例效果

案例效果如图5-101所示。

图5-101

实例072 制作草莓形状

🎤操作步骤

01 创建一个"宽度"为210.0mm、"高度"为210.0mm的新文档。然后选择工具箱中的椭圆形工具，在画面的中心位置绘制一个椭圆形。在属性栏中设置"轮廓宽度"为0.5mm，如图5-102所示。在该椭圆形被选中的状态下，双击位于界面底部状态栏中的"填充色"按钮，在弹出的"编辑填充"对话框中单击"均匀填充"按钮，设置颜色为粉红色，设置完成后单击"确定"按钮，如图5-103所示。此时画面效果如图5-104所示。

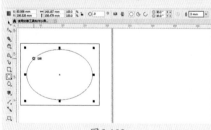

图5-102

图5-103

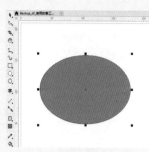

图5-104

02 选择工具箱中的封套工具，在定界框左上角的控制点处按住鼠标左键并拖动，改变椭圆形的形状，如图5-105所示。使用同样的方法，继续拖动图形上的控制点，将椭圆变形，效果如图5-106所示。

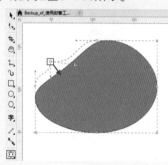

图5-105

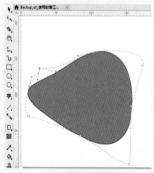

图5-106

03 选择工具箱中的选择工具，在图形上单击鼠标左键，当四周的控制点变为弧形双箭头控制点时，将光标定位到定界框的右上角处，然后按住鼠标左键拖动，将图形进行旋转，效果如图5-107所示。

04 选择工具箱中的钢笔工具，在画面的左上方绘制一个不规则图形，在属性栏中设置"轮廓宽度"为0.5mm，如图5-108所示。选中该图形，在右侧的调色板中左键单击绿色按钮，为图形填充颜色按钮，如图5-109所示。

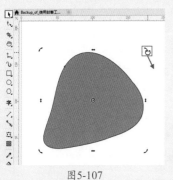

图5-107

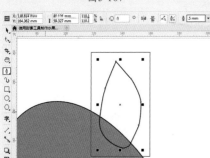

图5-108

05 使用同样的方法，再次绘制一个绿色叶子图形，如图5-110所示。选择工具箱中的选择工具，按住Shift键加选两个叶子图形，然后单击鼠标右键执行"排列>向后一层"命令，将其移动到粉红色草莓图形的下方，效果如图5-111所示。

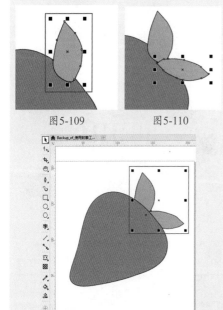

图5-109   图5-110

图5-111

06 选择工具箱中的手绘工具，在叶子图形上按住鼠标左键拖动绘制一条线段，接着在属性栏中设置"轮

廓宽度"为0.5mm，如图5-112所示。使用同样的方法，继续在画面中绘制相应的曲线制作叶脉，效果如图5-113所示。

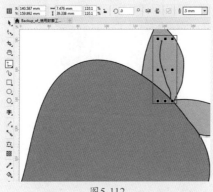

图5-112

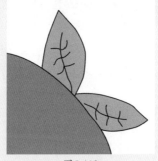

图5-113

07 再次使用工具箱中的椭圆形工具，在粉色图形内绘制大小不同的圆形和椭圆形，效果如图5-114所示。

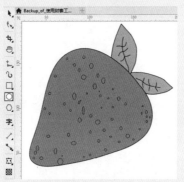

图5-114

实例073　制作标志文字

操作步骤

01 选择工具箱中的文本工具，在画板外单击鼠标左键插入光标，建立文字输入的起始点，在属性栏中设置合适的字体、字体大小，设置完成

后输入文字，如图5-115所示。在文字被选中的状态下，使用"拆分美术字"快捷键Ctrl+K将文字拆分，然后单击选中字母F，将其移动到草莓的内部。在文字被选中的状态下，选择工具箱中的选择工具，再次单击，然后将其旋转至合适的角度，效果如图5-116所示。

图5-115

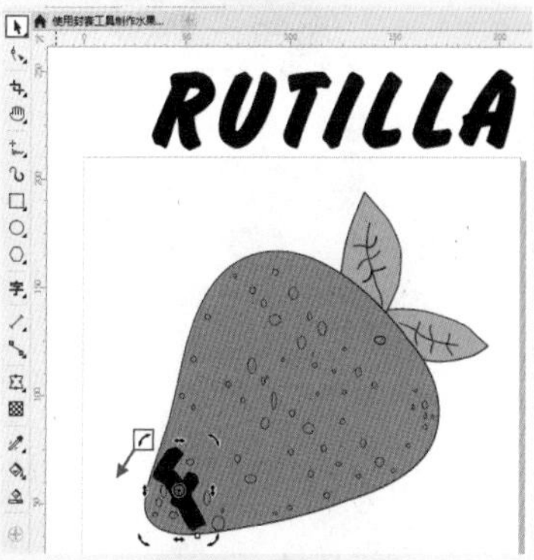

图5-116

02 使用同样的方法，将其他文字放置在草莓的内部，将其进行旋转并调整合适的大小，效果如图5-117所示。

图5-117

03 选择工具箱中的钢笔工具，在草莓的外部绘制一条曲线，如图5-118所示。选择工具箱中的文本工具，在曲线上单击鼠标右键插入光标，建立文字输入的起始点，接着在属性栏中选择合适的字体、字体大小，设置完成后创建路径文字，效果如图5-119所示。

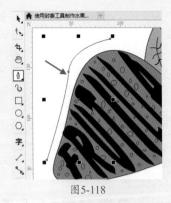
图5-118

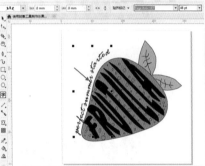
图5-119

04 此时水果标志设计制作完成，最终效果如图5-120所示。

图5-120

技术速查：封套工具的使用

（封套工具）是将需要变形的对象置入一个"外框"（封套）中，通过编辑封套外框的形状来影响对象的效果，使其依照封套外框的形状产生变形。

选择工具箱中的封套工具，然后单击选择需要添加封套效果的图形对象，此时将会为所选的对象添加一个由节点控制的矩形封套，如图5-121所示。然后拖动节点即可进行变形，如图5-122所示。

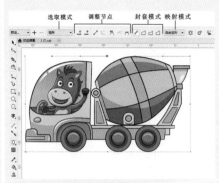
图5-121

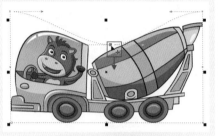
图5-122

- ➤ 预设：在CorelDRAW中提供了6种预设封套形状。选择图形对象，接着选择工具箱中的封套工具，然后单击属性栏中的"预设"按钮，在弹出的下拉列表中可以选择相应的预设选项。
- ➤ 选取模式：有"矩形"和"手绘"两种选取模式。
- ➤ 调整节点：通过添加、删除、调整节点改变封套轮廓。
- ➤ ✏非强制模式：创建任意形式的封套，允许用户改变节点的属性以及添加和删除节点。
- ➤ ☐直线模式：基于直线创建封套，为对象添加透视点。
- ➤ ☐单弧模式：创建一边带弧形的封套，使对象为凹面结构或凸面结构外观。
- ➤ ☐双弧模式：创建一边或多边带 S 型的封套。
- ➤ 映射模式：选择封套中对象的映射模式，有"水平""原始""自由变形"和"垂直"4种方式。"水平"延展对象以适合封套的基本尺度，然后水平压缩对象以合适封套的性质；"原始"将对象选择框手柄映射到封套的节点处，其他节点沿对象选择框的边缘线性映射；"自由变形"将对象选择框的

手柄映射到封套的角节点；"垂直"延展对象以适合封套的基本尺度，然后垂直压缩对象以适合封套的形状。

5.6 使用立体化工具制作夏日主题海报

文件路径	第5章\使用立体化工具制作夏日主题海报
难易指数	★★★★★
技术掌握	● 椭圆形工具 ● 文本工具 ● 立体化工具

🔍 扫码深度学习

操作思路

本案例首先通过使用矩形工具绘制一个与画板等大的矩形；然后使用椭圆形工具在画面的中心位置绘制正圆形和圆环；接着使用文本工具在画面的中心位置输入文字；最后使用"立体化工具"制作出文字的立体效果。

案例效果

案例效果如图5-123所示。

图5-123

实例074　制作海报的背景部分

操作步骤

01 执行菜单"文件>新建"命令，创建一个"宽度"为296.0mm、"高度"为156.0mm的文档。双击工具箱中的矩形工具，创建一个与画板等大的矩形，如图5-124所示。

艺境 中文版CorelDRAW图形创意设计与制作全视频 实战228例 CorelDRAW

图5-124

02 选中该矩形，双击位于界面底部状态栏中的"填充色"按钮，在弹出的"编辑填充"对话框中单击"均匀填充"按钮，设置颜色为淡青色，设置完成后单击"确定"按钮，如图5-125所示。接着在右侧的调色板中右键单击⊠按钮，去掉轮廓色，效果如图5-126所示。

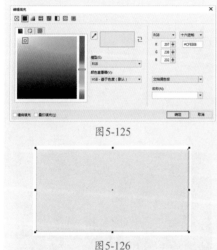

图5-125

图5-126

03 选择工具箱中的椭圆形工具，在画面的中心位置按住Ctrl键并按住鼠标左键拖动绘制一个正圆形，如图5-127所示。选中该正圆形，在右侧的调色板中右键单击⊠按钮，去掉轮廓色。左键单击红色按钮，为正圆填充颜色，如图5-128所示。

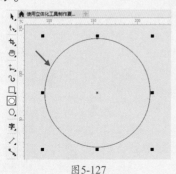

图5-127

04 选中该正圆形，使用快捷键Ctrl+C将其复制，接着使用快捷键Ctrl+V将其粘贴，此时两个正圆形处于重叠的状态，位于两圆形上方的正圆形为复制出来的正圆形。在粘贴复制出来的正圆形被选中的状态下，在右侧的调色板中单击⊠按钮，去掉填充色，然后双击位于状态栏中的"轮廓笔"按钮，在弹出的"轮廓笔"对话框中设置颜色为红色、"轮廓宽度"为4.0mm，设置完成后单击"确定"按钮，如图5-129所示。选择工具箱中的"选择工具"，将光标定位到正圆形右上方的控制点，按住Shift键并按住鼠标左键拖动，将其等比例放大，如图5-130所示。

图5-128

图5-129

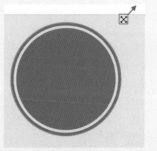

图5-130

实例075 制作海报中的文字部分

🎙 操作步骤

01 选择工具箱中的文本工具，在正圆形上单击鼠标左键插入光标，

建立文字输入的起始点，在属性栏中设置合适的字体、字体大小，设置文本对齐方式为"居中"，然后输入文字。在右侧的调色板中左键单击白色按钮，为文字设置填充色。右键单击黑色按钮，设置文字的轮廓色，效果如图5-131所示。

图5-131

02 选择工具箱中的立体化工具，在文字的上方按住鼠标左键向左下方拖动，创建文字的立体效果，如图5-132所示。接着在属性栏中单击"立体化颜色"按钮，在弹出的下拉面板中单击"使用纯色"按钮，设置颜色为黑色，此时文字效果如图5-133所示。

图5-132

图5-133

03 继续使用文本工具在主标题下方适当的位置输入其他不同颜色的文字，效果如图5-134所示。

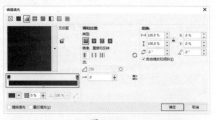

图5-134

04 执行菜单"文件>导入"命令,在弹出的"导入"对话框中单击选择素材"1.png",然后单击"导入"按钮,如图5-135所示。在画面的左上角按住鼠标左键并拖动,控制导入对象的大小,释放鼠标完成导入操作。最终完成效果如图5-136所示。

图5-135

图5-136

艺境 中文版CorelDRAW图形创意设计与制作全视频

实战228例

5.7 使用透明度工具制作半透明圆形

文件路径	第5章\使用透明度工具制作半透明圆形
难易指数	★★★★★
技术掌握	● 矩形工具 ● 椭圆形工具 ● 透明度工具 ● 文本工具

🔍扫码深度学习

💡**操作思路**

本案例首先通过使用矩形工具在画面中绘制矩形并为其填充渐变;接着使用椭圆形工具在画面的左侧绘制正圆形;然后使用透明度工具设置矩形的透明度;最后使用文本工具在画面中输入文字。

🖱**案例效果**

案例效果如图5-137所示。

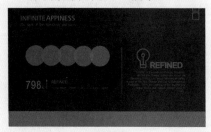

图5-137

实例076 制作半透明度图形

🎙**操作步骤**

01 执行菜单"文件>新建"命令,创建一个新文档。选择工具箱中的矩形工具,在画面的左上角按住鼠标左键并拖动绘制一个矩形,如图5-138所示。

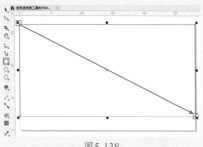

图5-138

02 在矩形被选中的状态下,双击位于底部状态栏中的"填充色"按钮,在弹出的"编辑填充"对话框中单击选择"渐变填充",编辑一个紫色系的渐变颜色,设置"类型"为"线性渐变填充",单击"确定"按钮,如图5-139所示。此时效果如图5-140所示。

03 再次使用矩形工具在画面的下方绘制矩形,并为其填充紫色到洋红色的渐变颜色,如图5-141所示。接着在右侧的调色板中右键单击☒按

图5-139

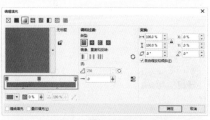

图5-140

图5-141

图5-142

04 选择工具箱中的椭圆形工具,在画面的左侧按住Ctrl键并按住鼠标左键拖动绘制一个正圆形。在该正圆形被选中的状态下,双击位于界面底部状态栏中的"填充色"按钮,在弹出的"编辑填充"对话框中单击"均匀填充"按钮,设置颜色为紫色,设置完成后单击"确定"按钮,如图5-143所示。接着右键单击右侧调色板中的☒按钮,去掉轮廓色,效果如图5-144所示。

05 选择工具箱中的透明度工具,在属性栏中单击"均匀透明度"按钮,设置"透明度"为20,接着单击"全部"按钮,此时效果如图5-145

CorelDRAW

所示。使用同样的方法，在画面中绘制多个正圆形，并设置不同的颜色，"透明度"均为20，效果如图5-146所示。

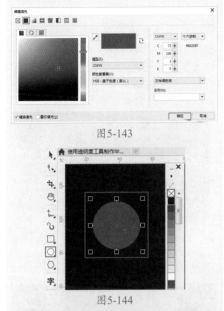

图5-143

图5-144

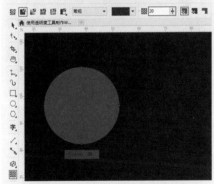

图5-145

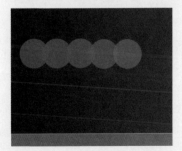

图5-146

实例077 制作半透明圆形中的文字部分

🎙️操作步骤

01 选择工具箱中的文本工具，在左侧的第一个正圆形上单击鼠标

左键插入光标，建立文字输入的起始点，接着在属性栏中设置合适的字体、字体大小，设置完成后输入相应的文字。在右侧的调色板中左键单击土黄色按钮，为文字设置颜色，如图5-147所示。接着使用同样的方法，继续在其他正圆形上输入相应的文字，效果如图5-148所示。

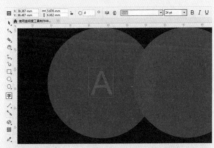

图5-147

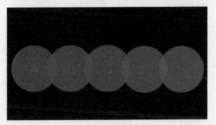

图5-148

02 继续使用文本工具在正圆的上、下方输入其他文字，效果如图5-149所示。

图5-149

03 再次使用文本工具在图形的下方按住鼠标左键拖动，绘制一个文本框，接着在属性栏中设置合适的字体、字体大小，设置文本对齐方式为"右对齐"。设置完成后在文本框内输入相应的文字，在右侧的调色板中左键单击土黄色按钮，为文字设置颜色，如图5-150所示。继续使用文本工具在画面中适当位置输入不同颜色的文字，效果如图5-151所示。

图5-150

图5-151

实例078 制作辅助图形

🎙️操作步骤

01 选择工具箱中的椭圆形工具，在左下方文字的间隔处按住鼠标左键并拖动绘制一个正圆形，绘制完成后，在调色板中右键单击⊠按钮，去掉轮廓色。左键单击土黄色按钮，为正圆填充颜色，如图5-152所示。选择工具箱中的矩形工具，并在该正圆形的下方按住鼠标左键拖动绘制一个矩形，设置该矩形的颜色为土黄色，效果如图5-153所示。

图5-152

图5-153

02 选择工具箱中的选择工具，按住Shift键加选刚刚绘制的正圆形和矩形，然后按住鼠标左键将其拖动到右侧合适位置后，单击鼠标右键将其复制，如图5-154所示。选中矩形，然后将光标定位到矩形下方的控制点，按住鼠标左键向下拖动，将其拉长，效果如图5-155所示。

图5-154　　　　图5-155

03 选择工具箱中的椭圆形工具，在画面的右侧绘制一个正圆形，在属性栏中设置"轮廓宽度"为1.5mm。选中该正圆形，在右侧的调色板中右键单击⊠按钮，去掉轮廓色。左键单击土黄色按钮，为正圆形的填充颜色，如图5-156所示。

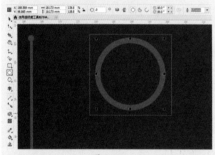

图5-156

04 选择工具箱中的矩形工具，在正圆形的下方绘制一个矩形。选中该矩形，在属性栏中单击"圆角"按钮，设置"转角半径"为1.0mm、"轮廓宽度"为1.5mm。在右侧的调色板中设置其填充色为无、轮廓色为土黄色，效果如图5-157所示。

图5-157

05 选择工具箱中的选择工具，按住Shift键加选正圆形和圆角矩形，在属性栏中单击"合并"按钮，此时效果如图5-158所示。接着再次使用椭圆工具和矩形工具在图形内绘制一组土黄色图形，效果如图5-159所示。

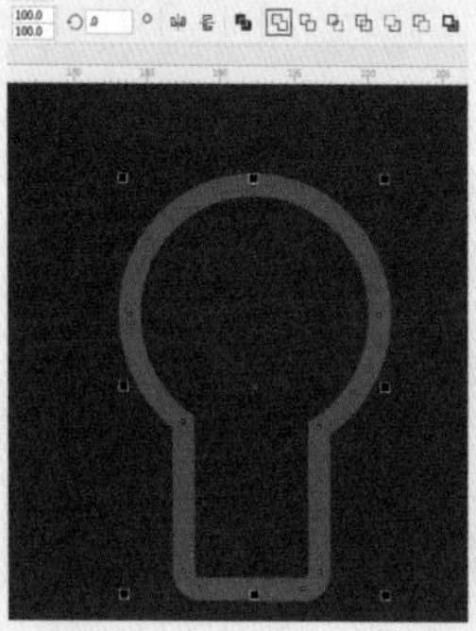

图5-158　　　　图5-159

06 选择工具箱中的矩形工具，在画面的右上方按住Ctrl键并按住鼠标左键拖动绘制正方形。在属性栏中设置"轮廓宽度"为0.75mm。接着在右侧的调色板中右键单击粉色按钮，设置轮廓色。左键单击⊠按钮，去掉正方形的填充颜色，如图5-160所示。选中该正方形，按住鼠标左键向上移动的同时按住Shift键，移动到合适位置后按鼠标右键进行复制，如图5-161所示。

图5-160

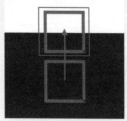

图5-161

07 使用快捷键Ctrl+A将画面中的所有文字与图形全选，使用快捷键Ctrl+G进行组合对象。然后将该

图形移出画板外，方便之后操作。接着选择工具箱中的矩形工具，在画面中绘制一个与画板等大的矩形，选中画板外的图形，执行菜单"对象>PowerClip>置于图文框内部"命令，当光标变成黑色粗箭头时，单击刚刚绘制的矩形，即可实现图形的剪贴效果，如图5-162所示。接着在右侧的调色板中右键单击⊠按钮，去掉轮廓色。最终完成效果如图5-163所示。

图5-162

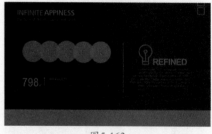

图5-163

技术速查：透明度工具的使用

使用▧（透明度工具）可以为矢量图形或位图对象设置半透明的效果。通过对上层图形透明度的设定来显示下层图形。首先选中一个对象，选择工具箱中的透明度工具，在属性栏中可以选择透明度的6种类型：▣（均匀透明度），▨（渐变透明度）、▨（向量图样透明度）、▨（位图图样透明度）、▨（双色图样透明度）和▨（底纹填充）。在合并模式下拉列表中可以选择矢量图形与下层对象颜色调和的方式，如图5-164所示。

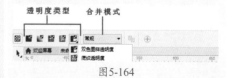

图5-164

01 选择一个对象，选择工具箱中的透明度工具，在属性栏中单击"均匀透明度"按钮 ，然后可以在"透明度" 50 中设置数值，数值越大，对象越透明。

➤ 透明度挑选器：选择一个预设透明度。

➤ （全部）：单击"全部"按钮可以设置整个对象的透明度。

➤ 填充：单击"填充"按钮只设置填充部分的透明度。

➤ 轮廓：单击"轮廓"按钮只设置轮廓部分的透明度。

02 （渐变透明度）可以为对象赋予带有渐变感的透明度效果。选中对象，单击属性栏中的 （渐变透明度）按钮，在属性栏中包括4种渐变模式： （线性渐变透明度）、 （椭圆形渐变透明度）、 （锥形渐变透明度）和 （矩形渐变透明度），默认的渐变模式为"线性渐变透明度"。

03 （向量图样透明度）可以按照图样的黑白关系创建透明效果，图样中黑色的部分为透明，白色部分为不透明，灰色区域按照明度产生透明效果。

➤ 前景透明度：设置图样中白色区域的透明度。

➤ 背景透明度：设置图样中黑色区域的透明度。

➤ 水平镜像平铺：将图样进行水平方向的对称镜像。

➤ 垂直镜像平铺：将图样进行垂直方向的对称镜像。

04 （位图图样透明度）可以利用计算机中的位图图像参与透明度的制作。对象的透明度仍然由位图图像上的黑白关系来控制。

05 （双色图样透明度）是以所选图样的黑白关系控制对象透明度，黑色区域为透明，白色区域为不透明。选中对象，单击属性栏中的"双色图样透明度"按钮，接着单击"透明度挑选器"下三角按钮，在其中选择一个图样，此时对象会按照图样的黑白关系产生相应的透明效果。调整控制杆可以调整图样的大小和位置。

06 长按"双色图样透明度"按钮，即可在隐藏菜单中找到"底纹透明度"按钮。单击该按钮，然后在"底纹库"下拉列表中选择合适的底纹库，接着单击"透明度挑选器"下三角按钮，在弹出的下拉面板中选择一种合适的底纹即可完成设置。

5.8 使用透明度工具制作促销海报

文件路径	第5章\使用透明度工具制作促销海报
难易指数	★★★★★
技术掌握	● 文本工具 ● 透明度工具 ● 椭圆形工具 ● 两点线工具 ● 矩形工具

扫码深度学习

操作思路

本案例首先通过文本工具在画面中输入文字；接着使用透明度工具设置文字的透明度；然后使用椭圆形工具在画面的右上方绘制正圆形；最后使用两点线工具和矩形工具在画面中绘制直线段和矩形。

案例效果

案例效果如图5-165所示。

图5-165

实例079 制作半透明主体文字

操作步骤

01 执行菜单"文件>新建"命令，创建一个A4大小的文档，方向为纵向。选择工具箱中的文本工具，在画面的左侧单击鼠标左键插入光标，建立文字输入的起始点，接着在属性栏中设置合适的字体、字体大小，设置完成后输入相应的文字，如图5-166所示。

图5-166

02 在文字被选中的状态下，双击位于界面底部状态栏中的"填充色"按钮，在弹出的"编辑填充"对话框中单击"均匀填充"按钮，设置颜色为蓝色，设置完成后单击"确定"按钮，如图5-167所示。此时效果如图5-168所示。

图5-167

图5-168

03 继续使用文本工具在该文字下方输入其他不同颜色的文字并调整

其顺序，效果如图5-169所示。选择工具箱中的透明度工具，选中字母S，接着在属性栏中单击"均匀透明度"按钮，设置"透明度"为40，效果如图5-170所示。

04 接着使用同样的方法，改变其他文字的透明度，效果如图5-171所示。

图5-169   图5-170   图5-171

实例080　制作辅助文字及图形

🎙**操作步骤**

01 选择工具箱中的椭圆形工具，在画面的右上方按住Ctrl键并按住鼠标左键拖动绘制一个正圆形，如图5-172所示。选中该正圆形，在右侧的调色板中右键单击⊠按钮，去掉轮廓色。左键单击蓝灰色按钮，为正圆形填充颜色，效果如图5-173所示。

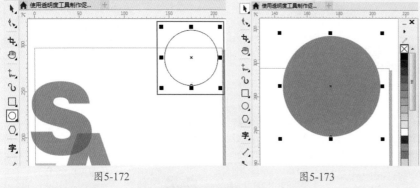

图5-172   图5-173

02 选中该正圆形，选择工具箱中的透明度工具，在属性栏中单击"均匀透明度"按钮，设置"透明度"为10，效果如图5-174所示。继续使用文本工具在画面中合适的位置输入相应的文字，效果如图5-175所示。

图5-174   图5-175

03 选择工具箱中的两点线工具在文字的间隔处按住Shift键并按住鼠标左键拖动绘制一条直线段，如图5-176所示。选中该线段，按住鼠标左键向下拖动的同时按住Shift键，然后按鼠标右键进行复制，效果如图5-177所示。

图5-176

图5-177

04 选择工具箱中的矩形工具，在画面下方按住鼠标左键拖动绘制一个矩形。选中该矩形，在右侧的调色板中左键单击黑色按钮，设置矩形的填充色。在该矩形被选中的状态下，单击鼠标右键执行"顺序>向后一层"命令，将该矩形移动到文字的下面，如图5-178所示。

图5-178

05 使用快捷键Ctrl+A将画面中所有文字和图形全选，使用快捷键Ctrl+G进行组合对象。接着选择工具箱中的矩形工具，创建一个与画板等大的矩形。选中组合对象，执行菜单"对象>PowerClip>置于图文框内部"

艺境　中文版CorelDRAW图形创意设计与制作全视频

实战228例

命令，当光标变成黑色粗箭头时，单击刚刚绘制的矩形，即可实现图形的剪贴效果，如图5-179所示。接着在右侧的调色板中右键单击⊠按钮，去掉轮廓色。最终完成效果如图5-180所示。

图5-179　　　　图5-180

5.9 使用透明度工具制作暗调广告

文件路径	第5章\使用透明度工具制作暗调广告
难易指数	★★★★★
技术掌握	● 钢笔工具 ● 文本工具 ● 透明度工具

🔍扫码深度学习

💡操作思路

本案例首先通过使用钢笔工具在画面的中心位置绘制立体的图形组；然后使用透明度工具改变素材的效果；最后使用文本工具在适当的位置输入文字。

🖱案例效果

案例效果如图5-181所示。

图5-181

实例081　制作广告中的立体图形

🎙操作步骤

01 执行菜单"文件>新建"命令，创建一个"宽度"为277.0mm、"高度"为156.0mm的新文档。双击工具箱中的矩形工具，创建一个与画板等大的矩形。接着在右侧的调色板中左键单击黑色按钮，设置矩形的填充色，如图5-182所示。

图5-182

02 选择工具箱中的钢笔工具，在画面的中心位置绘制一个不规则图形，然后在右侧的调色板中左键单击20%黑色按钮，为其设置填充色。右键单击⊠按钮，去掉轮廓色，如图5-183所示。

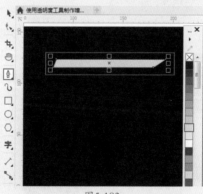

图5-183

03 在使用钢笔工具的状态下，在刚刚绘制的图形下方再次绘制一个不规则图形，接着双击位于界面底部状态栏中的"填充色"按钮，在弹出的"编辑填充"对话框中单击"均匀填充"按钮，设置颜色为深灰色，设置完成后单击"确定"按钮，如图5-184所示。此时效果如图5-185所示。

04 使用同样的方法，继续在画面中绘制其他颜色的不规则图形。使其呈现出倒三角的立体形状，效果如图5-186所示。

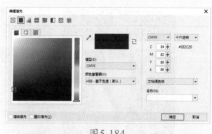

图5-184

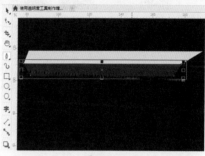

图5-185

图5-186

05 执行菜单"文件>导入"命令，在弹出的"导入"对话框中单击选择人物素材"1.png"，然后单击"导入"按钮，如图5-187所示。接着在画面中适当的位置按住鼠标左键并拖动，控制导入对象的大小，释放鼠标完成导入操作，效果如图5-188所示。

图5-187

06 在人物素材被选中的状态下，多次执行菜单"对象排列>向后一层"命令，将其多次向后移动，效果如图5-189所示。

图5-188

图5-189

实例082 制作广告中的暗调元素

🎙️ **操作步骤**

01 执行菜单"文件>导入"命令,将鞋子素材"2.png"导入到文档中,如图5-190所示。双击鞋子素材,此时素材的控制点变为双箭头控制点,通过拖动右上角的双箭头控制点将其向左拖动进行旋转,效果如图5-191所示。

图5-190

图5-191

02 在鞋子素材被选中的状态下,选择工具箱中的透明度工具,在属性栏中单击"均匀透明度"按钮,设置"合并模式"为"亮度",此时效果如图5-292所示。接着使用同样的方法,将其余的素材导入到文档中,并设置其"合并模式"为"亮度",效果如图5-193所示。

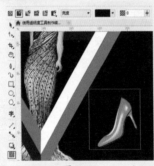
图5-192

图5-193

03 选择工具箱中的文本工具,在画面的中心位置单击鼠标左键插入光标,建立文字输入的起始点,接着在属性栏中设置合适的字体、字体大小,设置完成后输入相应

的文字。接着在右侧的调色板中左键单击白色按钮,设置文字颜色,效果如图5-194所示。接着使用同样的方法,在其下方输入文字,效果如图5-195所示。

图5-194

图5-195

04 选择工具箱中的矩形工具,在画面的下方按住Ctrl键并按住鼠标左键拖动绘制一个正方形,在属性栏中设置"轮廓宽度"为0.5mm。然后在右侧的调色板中右键单击白色按钮,设置矩形的"轮廓色",如图5-196所示。接着在属性栏中设置"旋转角度"为45.0°,效果如图5-197所示。

图5-196

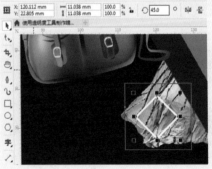
图5-197

05 在使用选择工具的状态下，在该矩形上单击鼠标左键向右拖动的同时按住Shift键，移动到合适位置后单击鼠标右键将该矩形进行平移复制，如图5-198所示。使用快捷键Ctrl+R再次复制两个正方形，效果如图5-199所示。

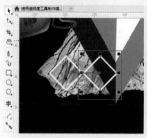 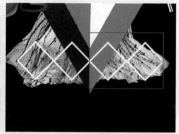

图5-198　　　　　　　　图5-199

06 继续使用"文本工具"在矩形内部添加适当的文字。最终完成效果如图5-200所示。

图5-200

5.10 使用透明度工具制作二次曝光效果

文件路径	第5章\使用透明度工具制作二次曝光效果
难易指数	★★★★★
技术掌握	● 透明度工具 ● PowerClip 内部 ● 钢笔工具 ● 文本工具

（扫码深度学习）

操作思路

本案例首先通过矩形工具制作背景；然后将素材导入到文档中，使用透明度工具为素材设置不同的合并模式，接着执行："PowerClip内部"命令将素材置于图文框内部；最后使用文本工具在画面的下方输入文字。

案例效果

案例效果如图5-201所示。

图5-201

实例083　制作后方的二次曝光效果

操作步骤

01 执行菜单"文件>新建"命令，创建一个A4大小的新文档，方向为纵向。双击工具箱中的矩形工具，创建一个与画板等大的矩形。在该矩形被选中的状态下，双击位于界面底部状态栏中的"填充色"按钮，在弹出的"编辑填充"对话框中单击"均匀填充"按钮，设置颜色为亮灰色，设置完成后单击"确定"按钮，如图5-202所示。接着在右侧的调色板中右键单击⊠按钮，去掉轮廓色，效果如图5-203所示。

图5-202　　　　　　　　图5-203

02 执行菜单"文件>导入"命令，在弹出的"导入"对话框中单击选择人物素材"1.png"，然后单击"导入"按钮，如图5-204所示。在画面中适当的位置按住鼠标左键并拖动，控制导入对象的大小，释放鼠标完成导入操作，效果如图5-205所示。

图5-204　　　　　　　　图5-205

03 再次执行菜单"文件>导入"命令，将风景素材"2.jpg"导入到文档中，并放置在画板外，如图5-206所示。选中风景素材"2.jpg"，执行菜单"位图>模式>灰度（8位）"命令，将素材变为灰色调，效果如图5-207所示。

图5-206

图5-207

04 在素材被选中的状态下，选择工具箱中的透明度工具，在属性栏中设置"合并模式"为"差异"，效果如图5-208所示。

图5-208

05 选择工具箱中的钢笔工具，沿着人物的轮廓绘制一个闭合路径，如图5-209所示。选择工具箱中的选择工具，选中画板外的风景素材"2.jpg"，单击鼠标右键执行"PowerClip内部"命令，当光标变为黑色粗箭头时在闭合路径上单击鼠标左键，将素材置入图文框中。接着右键单击区按钮，去掉轮廓色，效果如图5-210所示。

图5-209

图5-210

06 在素材"2.jpg"被选中的状态下，在属性栏中单击"水平镜像"按钮，将其水平翻转，效果如图5-211所示。双击风景素材，此时图形的控制点变为双箭头控制点，通过拖动右上角的双箭头控制点将其向左拖动进行旋

转，效果如图5-212所示。

图5-211

图5-212

实例084　制作前方的剪影效果

🎤 操作步骤

01 将素材"2.jpg"再次导入到文档中，放置在合适的位置并执行菜单"位图>模式>灰度（8位）"命令，效果如图5-213所示。选择工具箱中的钢笔工具，在画面下方的素材上绘制一个闭合路径，如图5-214所示。

图5-213

图5-214

02 选择后面的风景素材，单击鼠标右键执行"PowerClip内部"命令，当光标变为黑色粗箭头时，在闭合路径上单击鼠标左键，将素材置入图文框中。接着右键单击区按钮，去掉轮廓色，如图5-215所示。使用同样的方法，再次将素材置于图文框内部，设置"合并模式"为"如果更亮"，效果如图5-216所示。

图5-215

图5-216

03 执行菜单"文件>导入"命令，将素材"3.jpg'"导入到文档中，如图5-217所示。使用同样的方法，将素材置于图文框内部，效果如图5-218所示。

图5-217

图5 218

04 选择工具箱中的文本工具，在画面的右下方单击鼠标左键插入光标，建立文字输入的起始点，接着在属性栏中选择合适的字体、字体大小，设置完成后输入相应的文字，效果如图5-219所示。继续使用同样的方法，在画面的下方输入其他文字。最终完成效果如图5-220所示。

图5-219

图5-220

5.11 使用透明度工具制作简约画册内页

文件路径	第5章\使用透明度工具制作简约画册内页	
难易指数	★★★★★	
技术掌握	● 矩形工具 ● 文本工具 ● 钢笔工具 ● 透明度工具 ● 两点线工具	扫码深度学习

操作思路

本案例首先通过使用矩形工具在画面中绘制多个矩形；然后将素材导入到文档中并使用文本工具在适当的位置输入文字；接着使用钢笔工具在画面中绘制三角形，通过透明度工具改变三角形的透明度；最后使用两点线工具在画面中绘制直线段。

案例效果

案例效果如图5-221所示。

图5-221

实例085 制作版面中的图形图像元素

操作步骤

01 执行菜单"文件>新建"命令，创建一个"宽度"为285.0mm，"高度"为181.0mm的新文档。双击工具箱中的矩形工具，创建一个与画板等大的矩形。在该矩形被选中的状态下，双击位于界面底部状态栏中的"填充色"按钮，在弹出的"编辑填充"对话框中单击"均匀填充"按钮，设置颜色为灰色，设置完成后单击"确定"按钮，如图5-222所示。接着在右侧的调色板中右键单击⊠按钮，去掉轮廓色，效果如图5-223所示。

02 继续使用矩形工具在画面中绘制两个不同颜色的矩形，效果如图5-224所示。

图5-222

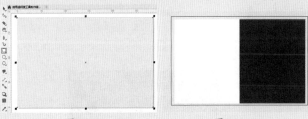
图5-223　　　　　　　图5-224

03 执行菜单"文件>导入"命令，在弹出的"导入"对话框中单击选择人像素材"1.jpg"，然后单击"导入"按钮，如图5-225所示。在画面中适当的位置按住鼠标左键并拖动，控制导入对象的大小，释放鼠标完成导入操作，效果如图5-226所示。

图5-225

图5-226

04 选择工具箱中的矩形工具，在人像素材的上面按住Ctrl键并按住鼠标左键拖动绘制一个正方形，如图5-227所示。选择工具箱中的选择工具，在素材上单击鼠标右键执行"PowerClip内部"命令，当光标变为黑色粗箭头时在矩形内单击鼠标左键，将素材置于图文框内部，接着在右侧的调色板中右键单击⊠按钮，去掉轮廓色，效果如图5-228所示。

图5-227   图5-228

05 选择工具箱中的矩形工具，在画面的右侧按住鼠标左键并拖动绘制一个矩形。在右侧的调色板中右键单击⊠按钮，去掉轮廓色。左键单击红色按钮，为矩形填充颜色，如图5-229所示。

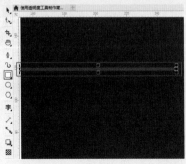

图5-229

06 选择工具箱中的钢笔工具，在画面的左侧绘制三角形。在右侧的调色板中右键单击⊠按钮，去掉轮廓色。左键单击红色按钮，为三角形填充颜色，如图5-230所示。选中刚刚绘制的三角形，选择工具箱中的透明度工具，在属性栏中单击"均匀透明度"按钮，设置"透明度"为40，效果如图5-231所示。

图5-230   图5-231

07 选择工具箱中的两点线工具，在画面中适当的位置按住鼠标左键并拖动，绘制一条直线段。在属性栏中设置"轮廓宽度"为0.35mm。接着在右侧的调色板中右键单击40%黑色按钮，设置线段的轮廓色，效果如图5-232所示。

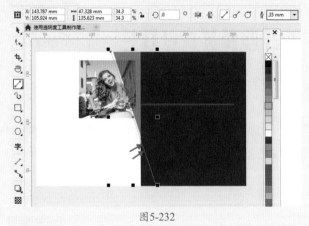

图5-232

实例086　制作画册中的文字

操作步骤

01 选择工具箱中的文本工具，在素材的左侧按住鼠标左键并拖动绘制一个文本框，如图5-233所示。在属性栏中设置合适的字体、字体大小，设置完成后在文本框中输入相应的文字，在右侧的调色板中设置文字的颜色为蓝灰色，效果如图5-234所示。

02 在使用文本工具的状态下，在该段文字的下方单击鼠标左键插入光标，建立文字输入的起始点，接着在属性栏中设置合适的字体、字体大小，设置完成后输

入文字，在调色板中设置合适的文字颜色，效果如图5-235所示。选择工具箱中的选择工具，双击左上角的文字，此时文字的控制点变为弧形双箭头控制点，通过拖动右下角的双箭头控制点将其向左拖动进行旋转，然后将其摆放到版面的左上角，效果如图5-236所示。

图5-233　　　　　图5-234

图5-235

图5-236

03 接着使用同样的方法，继续在左侧页面中添加一行文字与一个段落文字，如图5-237所示。接着转载右侧页面横线下输入稍大一些的标题文字，在其下方添加一个段落文字，设置文本对齐方式为右对齐。最终完成效果如图5-238所示。

图5-237

图5-238

5.12 使用透明度工具制作绚丽文字展板

文件路径	第5章\使用透明度工具制作绚丽文字展板
难易指数	★★★★★
技术掌握	● 矩形工具 ● 透明度工具 ● 文本工具 ● 钢笔工具

扫码深度学习

操作思路

本案例首先通过使用矩形工具在画面中绘制正方形；然后通过透明度工具更改正方形的"合并模式"与"透明度"；接着使用文本工具在正方形上方输入文字，并使用钢笔工具在矩形内绘制多边形；最后使用多边形工具在画面中绘制三角形。

案例效果

案例效果如图5-239所示。

图5-239

实例087　制作展板主体模块

操作步骤

01 执行菜单"文件>新建"命令，创建一个新文档。执行菜单"文件>导入"命令，在弹出的"导入"对话框中单击选中背景素材"1.jpg"，然后单击"导入"按钮，如图5-240所示。在画面的左上角按住鼠标左键并拖动至右下角，控制导入对象的大小，释放鼠标完成导入操作，效果如图5-241所示。

图5-240

图5-241

02 接着将星星素材"2.png"导入到文档中，控制导入对象的大小并放置在画面中适当的位置，效果如图5-242所示。

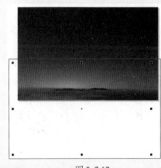

图5-242

03 选择工具箱中的矩形工具，在画面的右侧按住Ctrl键并按住鼠标左键拖动绘制一个正方形。在该正方形被选中的状态下，双击位于界面底部状态栏中的"填充色"按钮，在弹出的"编辑填充"对话框中单击"均匀填充"按钮，设置颜色为紫灰色，然后单击"确定"按钮，如图5-243所示。接着在右侧的调色板中右键单击⊠按钮，去掉轮廓色，效果如图5-244所示。

图5-243

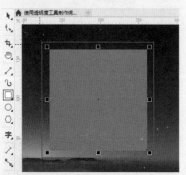

图5-244

04 选择工具箱中的透明度工具选中该正方形，然后在属性栏中单击"均匀透明度"按钮，设置"合并模式"为"添加"，"透明度"为50，如图5-245所示。选中该正方形，在属性栏中设置"旋转角度"为45.0°，效果如图5-246所示。

05 选择工具箱中的文本工具，在正方形上面单击鼠标左键插入光标，建立文字输入的起始点，接着在属性栏中选择合适的字体、字体大小，设置完成后输入相应的文字。并在右侧的调色板中设置文字颜色为粉色，效果如图5-247所示。接着使用文本工具在该文字下方输入其他不同颜色的文字，效果如图5-248所示。

06 选择工具箱中的钢笔工具，在最下方的文字上绘制一个闭合路径，如图5-249所示。在该图形被选中的状态下，在右侧的调色板中右键单击⊠按钮，去掉轮廓色。左键单击橘黄色按钮，为图形填充颜色，如图5-250所示。

图5-245

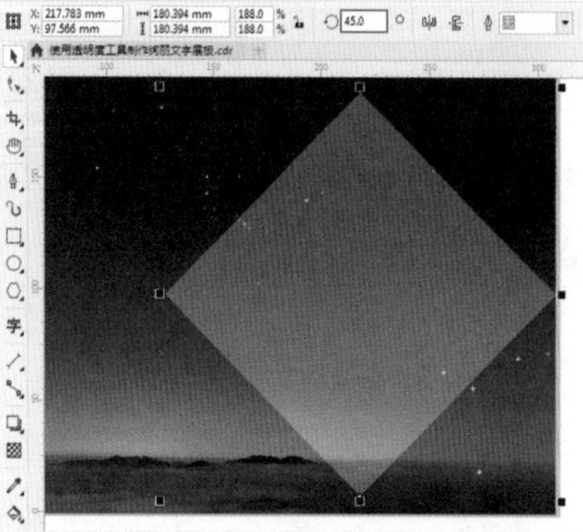

图5-246

图5-247

图5-248

图5-249

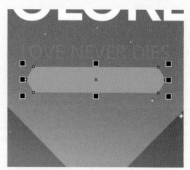

图5-250

07 选择工具箱中的选择工具，选中该图形，单击鼠标右键执行"顺序>向后一层"命令，将其移动到文字的后方，如图5-251所示。

图5-251

08 继续使用同样的方法，在画面的左侧绘制一个稍小的正方形，调整合适的参数并在正方形的上面输入相应的文字、绘制闭合路径，效果如图5-252所示。

图5-252

实例088 制作半透明三角形装饰元素

操作步骤

01 选择工具箱中的多边形工具，在属性栏中设置"边数"为3，设置完成后在画面的右上方按住鼠标左键从下至上拖动绘制一个倒三角形。在右侧的调色板中右键单击⊠按钮，去掉轮廓色。左键单击紫黑色按钮，为三角形填充颜色，如图5-253所示。

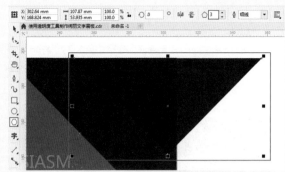

图5-253

02 选择工具箱中的透明度工具,选中该三角形,在属性栏中单击"均匀透明度"按钮,设置"合并模式"为"乘"、"透明度"为80,效果如图5-254所示。接着使用同样的方法,继续在画面中绘制多个三角形,并调整合适的大小和角度以及设置适当的透明度,效果如图5-255所示。

图5-254

图5-255

03 选择工具箱中的文本工具,在画面左下方适当的位置输入相应的文字,效果如图5-256所示。

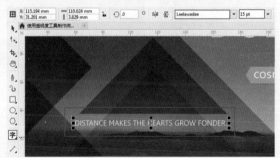

图5-256

04 使用快捷键Ctrl+A将画面中所有文字和图形全选,使用快捷键Ctrl+G进行组合对象,接着选择工具箱中的矩形工具,创建一个与画板等大的矩形。选中组合对象,执行菜单"对象>PowerClip>置于图文框内部"命令,当光标变成黑色粗箭头时,单击刚刚绘制的矩形,即可实现图形的剪贴效果,如图5-257所示。接着在右侧的调色板中右键单击⊠按钮,去掉轮廓色。最终完成效果如图5-258所示。

图5-257

图5-258

5.13 设置合并模式制作神秘感海报

文件路径	第5章\设置合并模式制作神秘感海报
难易指数	★★★★★
技术掌握	● 椭圆形工具 ● 文本工具 ● 透明度工具 ● 两点线工具

扫码深度学习

操作思路

本案例首先通过使用钢笔工具在素材上绘制一个闭合路径,将素材置于图文框内部;接着使用矩形工具在画面中绘制矩形,并使用椭圆形工具在画面中绘制正圆形并通过透明度工具设置正圆形的"合并模式";然后使用两点线工具在画面中绘制直线段;最后使用文本工具在画面中适当的文字输入文字。

案例效果

案例效果如图5-259所示。

图5-259

实例089 制作主体人物部分

操作步骤

01 执行菜单"文件>新建"命令,创建一个A4大小的新文档,方向为纵向。执行菜单"文件>导入"命令,在弹出的"导入"对话框中单击选择背景素材"1.jpg",

然后单击"导入"按钮，如图5-260所示。在画面的左上方按住鼠标左键并拖动，控制置入对象的大小，释放鼠标完成导入操作，如图5-261所示。选择工具箱中的选择工具，在下方中间位置的控制点处按住鼠标左键向下拖动，将其拉长，效果如图5-262所示。

图5-260

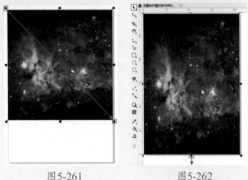

图5-261　　　　　图5-262

02 再次执行菜单"文件>导入"命令，将人物素材"2.jpg"导入到文档中，如图5-263所示。接着选择工具箱中的钢笔工具，在素材上绘制一个闭合路径，如图5-264所示。

图5-263　　　　　图5-264

03 选中人物素材，执行菜单"对象>PowerClip>置于图文框内部"命令；当光标变成黑色粗箭头时，单击刚刚绘制的闭合路径，即可实现位图的剪贴效果，如图5-265所示。接着在右侧的调色板中右键单击⊠按钮，去掉轮廓色，效果如图5-266所示。

04 选择工具箱中的矩形工具，在画面中按住Ctrl键并按住鼠标左键拖动，在画面中绘制正方形，接着在属性栏中设置"轮廓宽度"为4.0mm。然后在右侧的调色板中右键单击白色按钮，设置正方形的轮廓色，如图5-267

所示。选中该正方形，在属性栏中设置"旋转角度"为45.0°，效果如图5-268所示。

05 在白色正方形上单击鼠标右键执行"顺序>向后一层"命令，将其移动到人物素材的下面，效果如图5-269所示。再次选择工具箱中的矩形工具，在适当的位置绘制一个白色的矩形，效果如图5-270所示。

图5-265　　　　　图5-266

图5-267

图5-268　　　　　图5-269

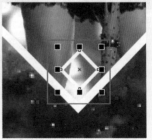

图5-270

艺览 中文版CorelDRAW图形创意设计与制作全视频　实战228例　CorelDRAW

实例090　制作半透明圆形文字

操作步骤

01 选择工具箱中的椭圆形工具,在画面的左上角按住Ctrl键并按住鼠标左键拖动绘制一个正圆形,在属性栏中设置"轮廓宽度"为2.0mm。双击位于界面底部状态栏中的"填充色"按钮,在弹出的"编辑填充"对话框中单击"均匀填充"按钮,设置颜色为紫红色,设置完成后单击"确定"按钮,如图5-271所示。接着在右侧的调色板中右键单击白色按钮,设置该正圆形的轮廓色,如图5-272所示。

图5-271

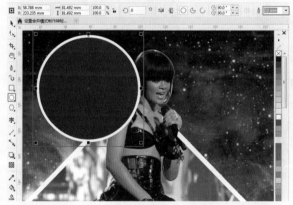

图5-272

02 选中该正圆形,选择工具箱中的透明度工具,在属性栏中设置"合并模式"为"亮度",如图5-273所示。选择工具箱中的选择工具选中该正圆形,然后按住鼠标左键向右下方拖动至合适的位置,单击鼠标右键将其复制,效果如图5-274所示。

图5-273

图5-274

03 选择复制的正圆形,将光标定位到正圆形四周的控制点处,然后按住Shift键并按住鼠标左键向内拖动,将其以中心等比缩小,效果如图5-275所示。

图5-275

04 选择工具箱中的文本工具,在左上方正圆形内部单击鼠标左键插入光标,建立文字输入的起始点,在属性栏中设置合适的字体、字体大小,设置完成后输入文字。接着在右侧的调色板中左键单击白色按钮,设置文字的填充色,效果如图5-276所示。在文字被选中的状态下,选择工具箱中的选择工具,将其旋转,效果如图5-277所示。

图5-276

图5-277

实例091　制作辅助文字

操作步骤

01 使用同样的方法,继续在画面中输入文字,效果如图5-278所示。

02 选择工具箱中的椭圆形工具,在画面的上方按住Ctrl键并按住鼠标左键拖动绘制一个正圆形,接着在右侧的调色板中左键单击白色按钮,设置图形的填充色。右键单击⊠按钮,去掉轮廓色,如图5-279所示。选择工具箱中的选择工具,选中该正圆形,按住鼠标左键向

CorelDRAW

右拖动的同时按住Shift键，将其移动到适当的位置，将其平移复制，效果如图5-280所示。

图5-278

图5-279

图5-280

03 选择工具箱中的两点线工具，在画面中按住鼠标左键拖动，绘制一个直线段，接着在右侧的调色板中右键单击白色按钮，设置直线段的轮廓色，如图5-281所示。

图5-281

04 选择工具箱中的矩形工具，在画面下方适当的位置按住鼠标左键并拖动，绘制一个矩形，然后在右侧的调色板中右键单击白色按钮，设置矩形的"轮廓色"，如图5-282所示。选择工具箱中的选择工具，将该矩形平移并复制两份。然后将复制的矩形摆放在合适的位置。最终完成效果如图5-283所示。

图5-282

图5-283

文件路径	第5章\社交软件用户信息界面
难易指数	★★★★★
技术掌握	● 矩形工具 ● 文本工具 ● 透明度工具 ● 钢笔工具

扫码深度学习

操作思路

本案例首先通过使用矩形工具在画面中绘制矩形和圆角矩形；接着使用椭圆形工具在画面中心位置绘制正圆形；然后使用文本工具在适当的位置输入文字；最后使用钢笔工具在画面的底部绘制折线。

案例效果

案例效果如图5-284所示。

图5-284

实例092 制作用户信息背景图

操作步骤

01 执行菜单"文件>新建"命令，创建一个新文档。双击工具箱中的矩形工具，创建一个与画板等大的矩形。在该矩形被选中的状态下，双击位于界面底部状态栏中的"填充色"按钮，在弹出的"编辑填充"对话框中单击"均匀填充"按钮，设置颜色为深蓝色，设置完成后单击"确定"按钮，如图5-285所示。接着在右侧的调色板中右键单击⊠按钮，去掉轮廓色，效果如图5-286所示。

02 执行菜单"文件>导入"命令，在弹出的"导入"对话框中单击选择风景素材"1.jpg"，然后单击"导入"按钮，如图5-287所示。接着在画面中适当的位置按住鼠标左键并拖动，控制置入对象的大小，释放鼠标完成导入操作，效果如图5-288所示。

图5-285

图5-286

图5-287

图5-288

03 选择工具箱中的矩形工具，在风景素材的左上角按住鼠标左键拖动，绘制一个与素材等大的矩形。在属性栏中单击"同时编辑所有角"按钮，设置左上角和右上角的"转角半径"为6.0mm，如图5-289所示。选

择工具箱中的选择工具，选中风景素材，单击鼠标右键执行"PowerClip内部"命令，当光标变为黑色粗箭头时在矩形内单击鼠标左键，将素材置入图文框内部。接着右键单击⊠按钮，去掉轮廓色，效果如图5-290所示。

图5-289

图5-290

04 使用同样的方法，在素材"1.jpg"上再次绘制一个矩形与素材等大，改变左上角和右上角的"转角半径"为6.0mm，在右侧的调色板中右键单击⊠按钮，去掉轮廓色。左键单击黄绿色按钮，为矩形填充颜色，如图5-291所示。选中黄色的矩形，接着选择工具箱中的透明度工具，在属性栏中单击"均匀透明度"按钮，设置"透明度"为43，单击"全部"按钮，效果如图5-292所示。

图5-291

图5-292

实例093　制作用户信息区域

🎙️ 操作步骤

01 使用同样的方法，在画面下方绘制一个矩形，在右侧的调色板中右键单击⊠按钮，去掉轮廓色。左键单击深绿色按钮，为矩形填充颜色。接着在属性栏中设置左下角和右下角的"转角半径"为6.0mm，效果如图5-293所示。选择工具箱中的椭圆形工具，在画面中适当的位置按住Ctrl键并按住鼠标左键拖动绘制一个正圆形，绘制完成后设置该正圆形的"填充色"为深绿色，如图5-294所示。

图5-293

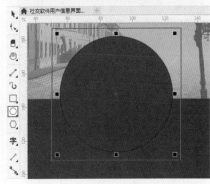

图5-294

02 继续使用同样的方法，在该圆内侧绘制一个稍小的正圆形，如图5-295所示。执行菜单"文件>导入"命令，将人像素材"2.jpg"导入到文档中，如图5-296所示。

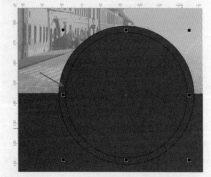

图5-295

图5-296

03 选中人像素材，单击鼠标右键执行"PowerClip内部"命令，将素材置入到图文框内部，如图5-297所示。

图5-297

04 选择工具箱中的文本工具，在画面中适当的位置单击鼠标左键插入光标，建立文字输入的起始点，在属性栏中设置合适的字体、字体大小，设置完成后输入文字。然后设置文字的颜色为浅蓝色，如图5-298所示。使用同样的方法，在该文字下方继续输入其他的文字，效果如图5-299所示。

图5-298

图5-299

实例094　制作按钮

操作步骤

01 选择工具箱中的矩形工具，在画面中适当的位置按住鼠标左键并拖动绘制一个矩形。设置该矩形的4个角的"转角半径"为6.0mm。在该圆角矩形被选中的状态下，双击位于界面底部状态栏中的"填充色"按钮，在弹出的"编辑填充"对话框中单击"渐变填充"按钮，接着编辑一个青色系的渐变颜色，设置完成后单击"确定"按钮，如图5-300所示。在右侧的调色板中右键单击区按钮，去掉轮廓色，效果如图5-301所示。

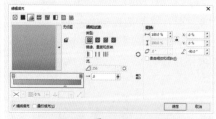

图5-300

图5-301

02 选中该圆角矩形，按住鼠标左键向上拖动至合适的位置后单击鼠标右键将其复制，如图5-302所示。选择复制的圆角矩形，将光标定位到右侧中心位置的控制点处，按住鼠标左键向内拖动，改变圆角矩形的长度，如图5-303所示。

图5-302

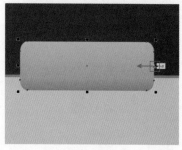

图5-303

03 将该圆角矩形复制一份放置在画面的右上角，效果如图5-304所示。选择工具箱中的选择工具，按住Shift键加选两个圆角矩形，多次执行菜单"对象>顺序>向后一层"命令，将其移动到风景素材的后方，效果如图5-305所示。

图5-304

图5-305

艺览 中文版CorelDRAW图形创意设计与制作全视频

实战228例

CorelDRAW

04 使用同样的方法，在画面的底部绘制两个圆角矩形，如图5-306所示。选择工具箱中的文本工具，在该圆角矩形上方单击鼠标左键，建立文字输入的起始点，在属性栏中设置合适的字体、字体大小，然后输入相应的文字，如图5-307所示。

图5-306

图5-307

05 使用同样的方法，在画面的底部绘制两个轮廓宽度均为0.6mm的圆角矩形，并在其上方输入相应的文字，如图5-308所示。最终完成效果如图5-309所示。

图5-308

图5-309

5.15 中式版面

文件路径	第5章\中式版面
难易指数	★★★★★
技术掌握	● 椭圆形工具 ● 文本工具 ● 钢笔工具

扫码深度学习

操作思路

本案例首先将素材置入到文档中；接着使用椭圆形工具在画面的中心位置绘制一个正圆形，并将素材置入到图文框内部；然后使用文本工具在画面中输入文字，最后使用钢笔工具在文字的上方绘制一个闭合路径。

案例效果

案例效果如图5-310所示。

图5-310

实例095　制作圆形图片版面

操作步骤

01 执行菜单"文件>新建"命令，创建一个"宽度"为193.0mm、"高度"为193.0mm的新文档。执行菜单"文件>导入"命令，在弹出的"导入"对话框中单击选择素材"1.jpg"，然后单击"导入"按钮，如图5-311所示。在画面的左上方按住鼠标左键并拖动，控制置入对象的大小，释放鼠标完成导入操作，如图5-312所示。选择工具箱中的

选择工具，在下方中间位置的控制点处按住鼠标左键向下拖动，将其拉长，效果如图5-313所示。

图5-311

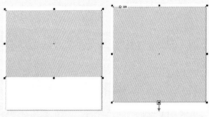

图5-312　　　　图5-313

02 再次执行菜单"文件>导入"命令，将素材"2.jpg"导入到文档中，如图5-314所示。选择工具箱中的椭圆形工具，在画面的中心位置按住Ctrl键并按住鼠标左键拖动绘制一个正圆形，如图5-315所示。

图5-314

图5-315

03 选择工具箱中的选择工具，选中素材"2.jpg"，接着单击鼠标右键执行"PowerClip内部"命令，当光标变为黑色粗箭头时，在正圆形内部单击鼠标左键，将素材置于图文框内部。然后在右侧的调色板中右键单击

☒按钮，去掉轮廓色，如图5-316所示。

图5-316

实例096 添加文字与装饰元素

🎙️操作步骤

04 选择工具箱中的文本工具，在画面中适当的位置单击鼠标左键插入光标，建立文字输入的起始点，在属性栏中设置合适的字体、字体大小，单击"将文本更改为垂直方向"按钮，设置完成后在画面中输入相应的文字，如图5-317所示。使用同样的方法，继续在画面中输入其他文字，效果如图5-318所示。

图5-317

图5-318

05 选择工具箱中的钢笔工具，在画面的下方绘制一个闭合路径，如图5-319所示。

06 在该图形被选中的状态下，双击位于界面底部状态栏中的"填充色"按钮，在弹出的"编辑填充"对话框中单击"均匀填充"按钮，设置颜色为深红色，设置完成后单击"确定"按钮，如图5-320所示。接着在调色板中右键单击☒按钮，去掉轮廓色，效果如图5-321所示。

07 在该图形被选中的状态下，单击鼠标右键执行"顺序>向后一层"命令，将其移动到文字的后方。最终完成效果如图5-322所示。

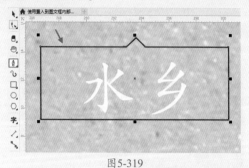

图5-319

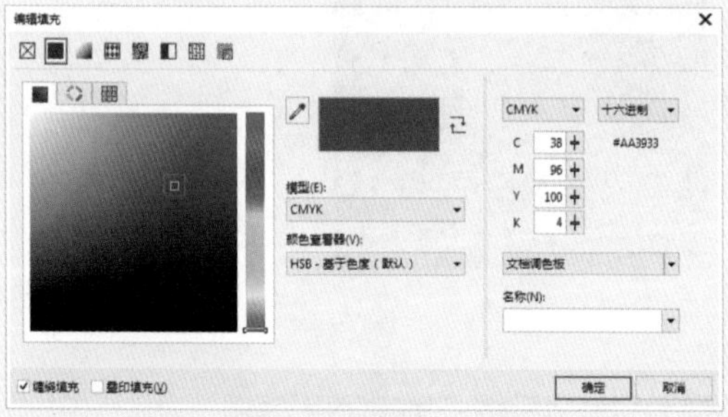

图5-320

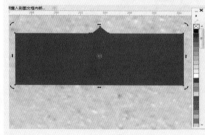

图5-321 　　　　　图5-322

技术速查：PowerClip

PowerClip是将一个矢量对象作为"图框/容器"，其他内容（可以是矢量对象或位图对象）可以置入到图框中，而置入的对象只显示图框形状范围内的区域。首先要确定PowerClip的"内容"和"图文框"，接着选择"内容"对象，执行菜单"对象>PowerClip>置于图文框内部"命令，然后将光标移动到"图文框"内部，如图5-323所示。单击鼠标左键即可将内容置于图文框的内部，如图5-324所示。

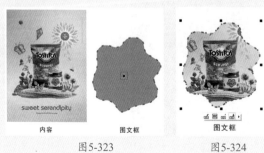

内容　　　图文框　　　　　图文框

图5-323　　　　　图5-324

艺境 中文版CorelDRAW图形创意设计与制作全视频

实战228例

CorelDRAW

01 执行菜单"对象>PowerClip>提取内容"命令，随即内容被提取出来。

02 选择PowerClip对象，执行菜单"对象>PowerClip>编辑内容"命令，或者单击浮动工具栏中的"编辑内容"按钮 🖼️，进入内容编辑状态。若要退出编辑状态，可以单击浮动工具栏中的"停止编辑内容"按钮 🖼️ 或执行菜单"对象>PowerClip>结束编辑"命令，退出编辑状态。

03 执行菜单"对象>PowerClip>内容居中"命令、"对象>PowerClip>按比例调整内容"命令、"对象>PowerClip>按比例填充框"命令、"对象>PowerClip>延展内容以填充框"命令，可以调整内容在图文框中的位置和填充效果。

04 单击浮动工具栏中的"选择PowerClip内容"按钮 🖼️，即可选中PowerClip内容，然后可以进行移动、删除等编辑操作，如图5-325所示。

选择 PowerClip 内容

图 5-325

5.16 淡雅蓝色画册内页

文件路径	第5章\淡雅蓝色画册内页
难易指数	⭐⭐⭐⭐⭐
技术掌握	● 钢笔工具 ● 置于图文框内部 ● 文本工具

🔍 扫码深度学习

操作思路

本案例首先通过使用钢笔工具在画面中绘制四边形；接着将素材导入到文档中，并置于图文框内部；最后使用文本工具在画面中输入文字。

案例效果

案例效果如图5-326所示。

图 5-326

实例097 制作画册图形与图像部分

操作步骤

01 执行菜单"文件>新建"命令，创建一个"宽度"为554.0mm、"高度"为382.0mm的新文档。双击工具箱中的矩形工具，创建一个与画板等大的矩形，接着在右侧的调色板中左键单击30%黑色按钮，为矩形设置填充色，右键单击⊠按钮，去掉轮廓色，效果如图5-327所示。再次使用矩形工具在画面的中心位置按住鼠标左键并拖动绘制一个较小的矩形。在该矩形被选中的状态下，左键单击白色按钮，设置矩形的填充色，并右键单击⊠按钮，去掉轮廓色，效果如图5-328所示。

图 5-327

图 5-328

02 选择工具箱中的钢笔工具，在画面的左侧绘制一个四边形，选中该四边形，双击位于界面底部状态栏中的"填充色"按钮，在弹出的"编辑填充"对话框中单击"均匀填充"按钮，设置颜色为蓝色，设置完成后单击"确定"按钮，如图5-329所示。接着在右侧的调色板中右键单击⊠按钮，去掉轮廓色，效果如图5-330所示。

图 5-329

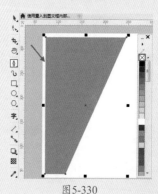

图 5-330

03 继续使用钢笔工具在蓝色图形的右侧绘制一个闭合路径，如图5-331所示。

图5-331

04 执行菜单"文件>导入"命令，在弹出的"导入"对话框中单击选择风景素材"1.jpg"，然后单击"导入"按钮，如图5-332所示。在画板外按住鼠标左键并拖动，控制置入对象的大小，释放鼠标完成导入操作，如图5-333所示。

图5-332

图5-333

05 选中风景素材，执行菜单"对象>PowerClip>置于图文框内部"命令，当光标变成黑色粗箭头时，单击刚刚绘制的闭合路径，即可实现位图的剪贴效果。在右侧的调色板中右键单击⊠按钮，去掉轮廓色，如图5-334所示。

06 再次使用钢笔工具在画面的上方绘制一个四边形，如图5-335所示。在该四边形被选中的状态下，在右侧的调色板中右键单击⊠按钮，去

掉轮廓色。左键单击蓝色按钮，为四边形填充颜色按钮，效果如图5-336所示。

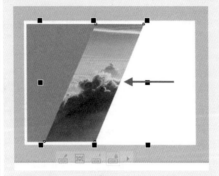

图5-334

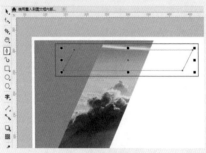

图5-335

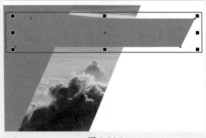

图5-336

07 选中该四边形，选择工具箱中的透明度工具，在属性栏中设置"透明度的类型"为"渐变透明度"、"渐变模式"为"线性渐变透明度"，单击"全部"按钮，接着在四边形上拖动控制杆调整"渐变透明度"的效果，如图5-337所示。

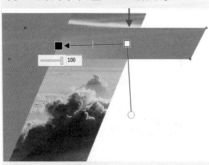

图5-337

实例098　添加版面中的文字

操作步骤

01 选择工具箱中的文本工具，在画面的左侧单击鼠标左键插入光标，建立文字输入的起始点，接着在属性栏中设置合适的字体、字体大小，设置完成后输入相应的文字。在右侧的调色板中左键单击深蓝色按钮，为文字设置颜色，如图5-338所示。使用同样的方法，继续在画面中输入其他文字，效果如图5-339所示。

图5-338

图5-339

02 继续使用文本工具在画面的右侧按住鼠标左键并拖动，绘制文本框，如图5-340所示。在属性栏中选择合适的字体、字体大小，设置完成后在文本框中输入文字，并在右侧的调色板中设置文字的颜色为60%黑色，如图5-341所示。

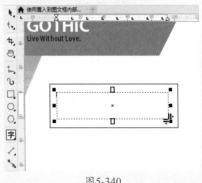

图5-340

艺境 中文版CorelDRAW图形创意设计与制作全视频

实战228例

CorelDRAW

图5-341

03 接着使用同样的方法，继续在画面的右侧输入其他段落文字。最终完成效果如图5-342所示。

图5-342

5.17 抽象数字海报

文件路径	第5章\抽象数字海报
难易指数	★★★★★
技术掌握	● 钢笔工具 ● PowerClip 内部 ● 文本工具

扫码深度学习

💡**操作思路**

　　本案例首先通过使用钢笔工具在画面中绘制闭合路径；然后将素材导入到文档中，通过"PowerClip内部"命令将素材置于图文框内部；最后使用文本工具在画面中适当的位置输入文字。

🖱**案例效果**

　　案例效果如图5-343所示。

实例099 制作海报中的数字样式

🎙**操作步骤**

01 执行菜单"文件>新建"命令，创建一个A4大小，方向为纵向。选择工具箱中"钢笔工具"，在画面中适当的位置绘制一个闭合路径，如图5-344所示。接着使用同样的方法，继续在画面中绘制闭合路径，使其呈现出数字2的立体形态，效果如图5-345所示。

图5-343

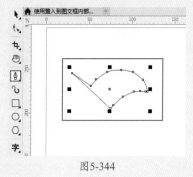

图5-344

图5-345

02 执行菜单"文件>导入"命令，在弹出的"导入"对话框中单击选择素材"1.jpg"，然后单击"导入"按钮，如图5-346所示。在画板外按住鼠标左键并拖动，控制置入对象的大小，释放鼠标完成导入操作，如图5-347所示。

图5-346

图5-347

03 选择工具箱中的选择工具，选中素材"1.jpg"，然后单击鼠标右键执行"PowerClip内部"命令，当光标变为黑色粗箭头时，单击画面左上方的闭合路径，将素材置于图文框内部。接着在右侧的调色板中右键单击☒按钮，去掉轮廓色，如图5-348所示。接着使用同样的方法，将素材"1.jpg"置入到文档中，并执行"PowerClip内部"命令将素材置于图文框内部，效果如图5-349和图5-350所示。

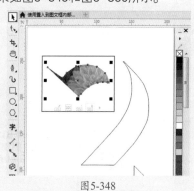

图5-348

图5-349　　图5-350

（1）单击"编辑PowerClip"按钮，如图5-351所示。此时画面效果如图5-352所示。

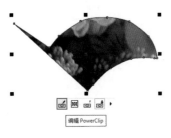

图5-351 　　　　　　　　图5-352

（2）拖动素材将其置于适当的位置，如图5-353所示。然后单击"停止编辑内容"按钮，此时效果如图5-354所示。

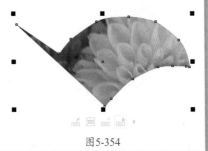

图5-353 　　　　　　　　图5-354

实例100　制作海报中的主体文字部分

操作步骤

01 选择工具箱中的文本工具，在画面中适当的位置按住鼠标左键拖动绘制一个文本框，如图5-355所示。在属性栏中选择合适的字体、字体大小，设置完成后在文本框中输入相应的文字，如图5-356所示。

图5-355 　　　　　　　　图5-356

02 在文字被选中的状态下，双击位于界面底部状态栏中的"填充色"按钮，在弹出的"编辑填充"对话框中单击"均匀填充"按钮，设置颜色为深红色，设置完成后单击"确定"按钮，如图5-357所示。此时文字效果如图5-358所示。

03 接着使用同样的方法，继续在画面中输入文字，并设置不同的颜色，效果如图5-359所示。

图5-357

图5-358 　　　　　　　　图5-359

04 选择工具箱中的钢笔工具，在画面的右下角绘制一个闭合路径，如图5-360所示。在该路径被选中的状态下，设置"填充色"为土黄色，接着在右侧的调色板中右键单击⊠按钮，去掉轮廓色，效果如图5-361所示。

图5-360 　　　　　　　　图5-361

05 最终完成效果如图5-362所示。

图5-362

艺境　中文版CorelDRAW图形创意设计与制作全视频　实战228例

5.18 摩登感网页广告

文件路径	第5章\摩登感网页广告
难易指数	★★★★★
技术掌握	● 矩形工具 ● 椭圆形工具 ● 置于图文框内部 ● 文本工具

扫码深度学习

操作思路

本案例首先将素材置入到画面中；然后使用矩形工具、椭圆形工具和钢笔工具在画面中绘制图形；接着通过"PowerClip内部"命令将图片和图形置于图文框内部；最后使用文本工具在画面中输入文字。

案例效果

案例效果如图5-363所示。

图5-363

实例101 制作广告背景

操作步骤

01 执行菜单"文件>新建"命令，创建一个横版的新文档。执行菜单"文件>导入"命令，在弹出的"导入"对话框中单击选择素材"1.jpg"，然后单击"导入"按钮，如图5-364所示。在画板外按住鼠标左键并拖动，控制置入对象的大小，释放鼠标完成导入操作，将素材导入到文档内，如图5-365所示。

02 双击工具箱中的矩形工具，创建一个与画板等大的矩形，如

图5-366所示。选择工具箱中的选择工具，选中画板外的素材"1.jpg"，然后单击鼠标右键执行"PowerClip内部"命令，当光标变为黑色粗箭头时，在画板内的矩形上单击鼠标左键，将素材置于图文框内部。然后在右侧的调色板中右键单击⊠按钮，去掉轮廓色，如图5-367所示。

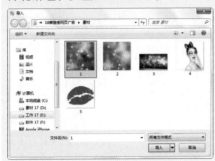

图5-364

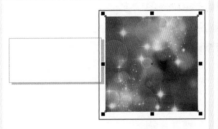

图5-365

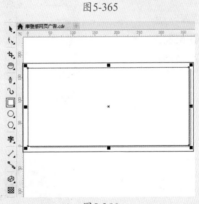

图5-366

图5-367

03 选择工具箱中的矩形工具，在画面的左上角按住鼠标左键向右拖动绘制矩形，如图5-368所示。在该矩形被选中的状态下，在右侧的调色板中左键单击白色按钮，设置矩形的填充色。右键单击⊠按钮，去掉轮廓色，效果如图5-369所示。

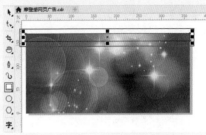

图5-368

图5-369

04 选择工具箱中的选择工具，选中该矩形，按住鼠标左键向下拖动的同时按住Shift键，然后单击鼠标右键将其平移复制。接着在右侧的调色板中左键单击黑色按钮，设置矩形的填充色，如图5-370所示。按住Shift键加选白色和黑色的矩形，将图形组平移复制。接着多次使用快捷键Ctrl+R复制多个图形组，并删除超出画板外的图形，效果如图5-371所示。

图5-370

图5-371

05 按住Shift键加选所有的矩形，单击鼠标右键执行"组合对象"命令。选择工具箱中的钢笔工具，在画面中绘制一个闭合路径，如图5-372所示。使用工具箱中的选择工具选中矩形组，单击鼠标右键执行"PowerClip内部"命令，当光标变为黑色粗箭头时，在闭合路径内单击鼠标左键，将图形置于图文框内部。接着在右侧的调色板中右键单击⊠按钮，去掉轮廓色，效果如图5-373所示。

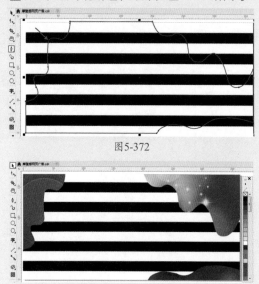

图5-372

图5-373

06 执行菜单"文件>导入"命令，再次将素材"1.jpg"导入到文档中。选择工具箱中的椭圆形工具，在素材上按住Ctrl键并按住鼠标左键拖动绘制一个正圆形。选中刚刚导入的素材，单击鼠标右键执行"PowerClip内部"命令，当光标变为黑色粗箭头时，在正圆形内部单击鼠标左键，将素材置于图文框内部，如图5-374所示。在该正圆形被选中的状态下，在右侧的调色板中右键单击白色按钮，设置正圆形的轮廓色，接着在属性栏中设置"轮廓宽度"为2.5mm，效果如图5-375所示。

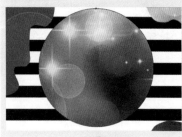

图5-374　　　　　　图5-375

07 接着使用同样的方法，将素材"2.jpg"和"3.jpg"导入到文档中，并通过"PowerClip内部"命令将素材置于图文框内部，效果如图5-376所示。

图5-376

实例102　添加人物以及文字元素

🎤 操作步骤

01 执行菜单"文件>导入"命令，将人物素材"4.png"导入到文档中，控制适当的大小并放置在合适的位置，如图5-377所示。

02 再次执行菜单"文件>导入"命令，将素材"5.png"导入到文档中，如图5-378所示。选择工具箱中的选择工具单击选中素材"5.png"，按住鼠标左键拖动到右上方适当的位置后单击鼠标右键将其复制，接着在复制出来的素材上方单击鼠标左键，当四周的控制点变为带有弧度的双箭头时，将光标定位到定界框的四角处，按住鼠标左键拖动，并将其旋转，如图5-379所示。

03 选择工具箱中的矩形工具，在画面的右侧按住鼠标左键并拖动，绘制一个矩形。在该矩形被选中的状态下，在右侧的调色板中左键单击白色按钮，设置矩形的填充色。右键单击⊠按钮，去掉轮廓色，如图5-380所示。

图5-377

图5-378

图5-379

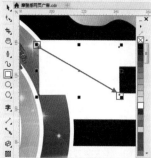

图5-380

04 选择工具箱中的文本工具，在白色的矩形上单击鼠标左键插入光标，建立文字输入的起始点，接着在属性栏中设置合适的字体、字体大小，设置完成后输入文字，如图5-381所示。

图5-381

05 在文字被选中的状态下，双击位于界面底部状态栏中的"填充色"按钮，在弹出的"编辑填充"对话框中单击"均匀填充"按钮，设置颜色为洋红色，设置完成后单击"确定"按钮，如图5-382所示。此时效果如图5-383所示。

图5-382

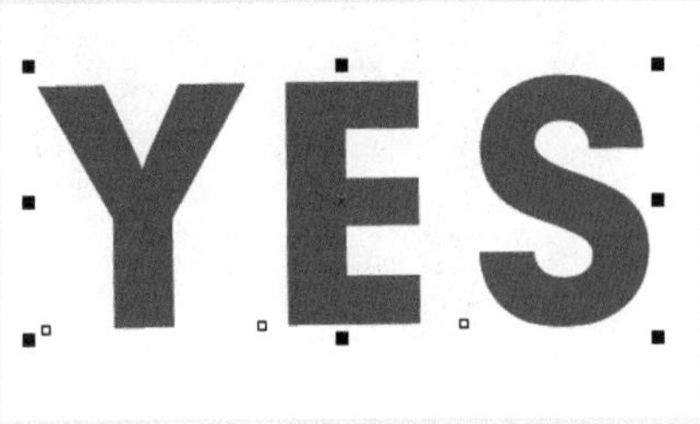

图5-383

06 选择工具箱中的选择工具，按住Shift键加选矩形和文字，接着再次单击鼠标左键，当四周的控制点变为带有弧度的双箭头时，将光标定位到定界框的四角处，按住鼠标左键拖动将其旋转，效果如图5-384所示。使用同样的方法，继续在画面的右侧绘制矩形，在其上面输入相应的文字并旋转至合适的角度。最终完成效果如图5-385所示。

图5-384

图5-385

5.19 黑白格调电影宣传招贴

文件路径	第5章\黑白格调电影宣传招贴
难易指数	★★★★★
技术掌握	● 刻刀工具 ● 透明度工具 ● 图像调整实验室

扫码深度学习

操作思路

本案例首先通过使用刻刀工具将背景分成两份并填充不同的颜色；接着将素材导入到文档中，通过"PowerClip内部"命令将素材置于图文框内部；然后使用钢笔工具和文本工具在画面中绘制图形并输入文字；最后使用椭圆形工具和透明度工具在画面中绘制紫色的发光效果。

案例效果

案例效果如图5-386所示。

图5-386

实例103 制作招贴中的背景部分

操作步骤

01 执行菜单"文件>新建"命令，创建一个"宽度"为201.0mm、"高度"为283.0mm的新文档。双击工具箱中的矩形工具，创建一个与画板等大的矩形。选择工具箱中的交互式填充工具，在属性栏中单击"渐变填充"按钮，设置"渐变类型"为"线性渐变填充"，设置完成后编辑一个灰色系的渐变，接着按住鼠标左键并拖动，控制渐变的角度。在右侧的调色板中右键单击⊠按钮，去掉轮廓色，如图5-387所示。再次选择工具箱中的"钢笔工具"，在画面中绘制一个稍小的矩形，然后在右侧的调色板中左键单击黑色按钮，设置矩形的填充色。右键单击⊠按钮，去掉轮廓色，如图5-388所示。

图5-387

图5-388

02 选择工具箱中的刻刀工具，在黑色矩形上按住鼠标左键并拖动，将矩形分成两个部分，如图5-389所示。使用工具箱中的选择工具选中右侧的四边形。然后选择工具箱中的交互式填充工具，在属性栏中单击"渐变填充"按钮，设置"渐变类型"为"线性渐变填充"，然后编辑一个灰色系的渐变。接着为该四边形去掉轮廓色，效果如图5-390所示。

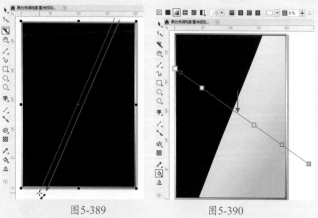

图5-389　　　　　　图5-390

03 执行菜单"文件>导入"命令，在弹出的"导入"对话框中单击选择素材"1.png"，然后单击"导入"按钮，如图5-391所示。在适当的位置按住鼠标左键并拖动，控制置入对象的大小，释放鼠标完成导入操作，如图5-392所示。

图5-391　　　　　　图5-392

04 使用同样的方法，将素材"2.png"导入到文档中，效果如图5-393所示。

图5-393

实例104　制作招贴中的人像部分

🎙操作步骤

01 执行菜单"文件>导入"命令，将素材"3.jpg"导入到文档中。在该素材被选中的状态下，执行菜单"位

图>图像调整实验室"命令，在弹出的"图像调整实验室"对话框中设置"亮度"为-35，如图5-394所示。设置完成后单击"确定"按钮。选择工具箱中的钢笔工具，在素材"3.jpg"上绘制一个闭合路径，如图5-395所示。

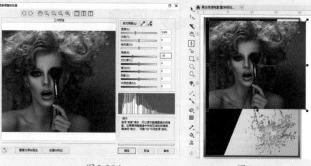

图5-394　　　　　　图5-395

02 使用工具箱中的选择工具选中素材"3.jpg"，单击鼠标右键执行"PowerClip内部"命令，当光标变为黑色粗箭头时，在闭合路径上单击鼠标右键，将素材置于图文框内部。接着在右侧的调色板中右键单击⊠按钮，去掉轮廓色，效果如图5-396所示。接着使用同样的方法，将素材"4.jpg"导入到文档中，调整合适的色调并将其置于图文框内部，效果如图5-397所示。

图5-396　　　　　　图5-397

03 选择工具箱中的钢笔工具，在素材"3.jpg"的左侧绘制一个闭合路径。接着在右侧的调色板中左键单击20%黑色按钮，设置该闭合路径的填充色，并去掉轮廓色，如图5-398所示。使用同样的方法，在素材"4.jpg"的右侧绘制图形，并设置"填充色"为黑色，如图5-399所示。

图5-398　　　　　　图5-399

艺境 中文版CorelDRAW图形创意设计与制作全视频

实战228例

CorelDRAW

04 继续使用钢笔工具在画面中绘制其他图形，效果如图5-400所示。

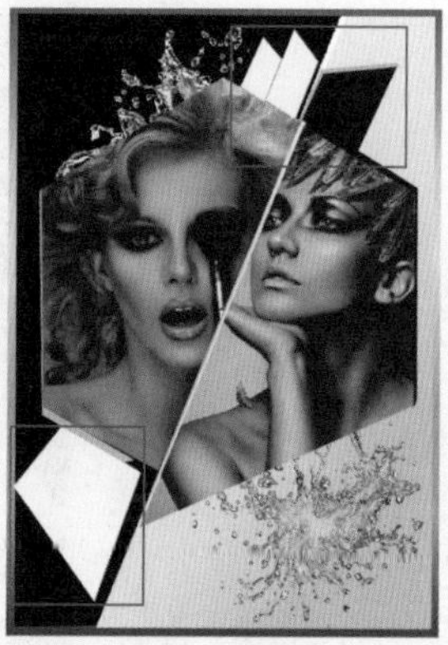

图5-400

实例105　制作招贴中的前景部分

操作步骤

01 选择工具箱中的文本工具，在画面的中心位置单击鼠标左键插入光标，建立文字输入的起始点，在属性栏中选择合适的字体、字体大小，单击“粗体”按钮，设置完成后输入文字。接着在右侧的调色板中右键单击白色按钮，设置文字的轮廓色，如图5-401所示。在文字被选中的状态下，按快捷键Ctrl+C将其复制，接着按快捷键Ctrl+V将其粘贴到画面中，在粘贴出来的文字被选中的状态下，在右侧的调色板中左键单击白色按钮，设置文字的填充色，如图5-402所示。

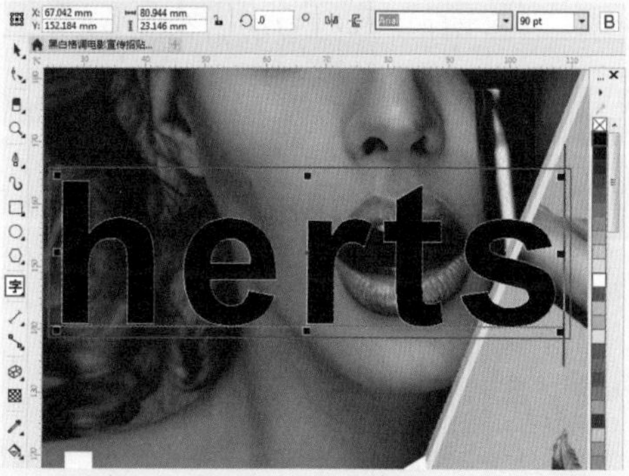

图5-401

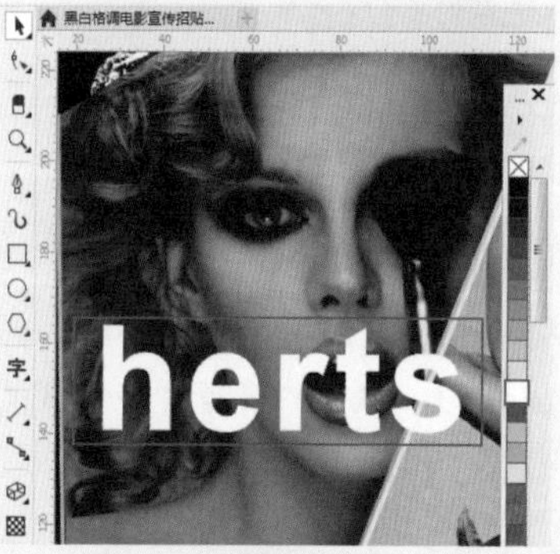

图5-402

02 选择工具箱中的选择工具，在白色文字上单击鼠标右键执行“顺序>向后一层”命令，将其移动到黑色文字的后方，然后将其向左移动，效果如图5-403所示。使用同样的方法，在画面的右侧输入文字并将其移动到黑色文字的后方，效果如图5-404所示。

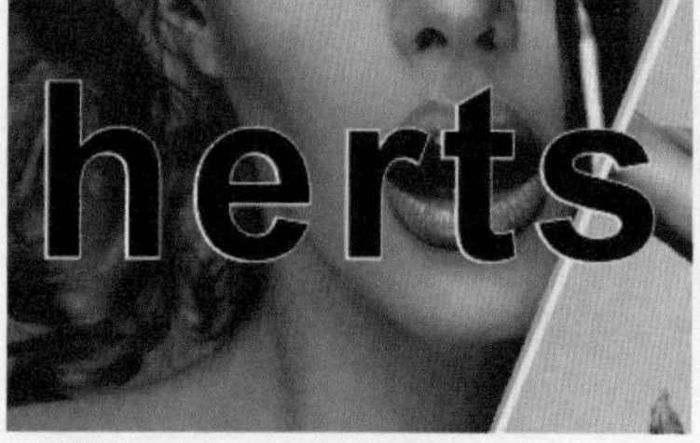

图5-403

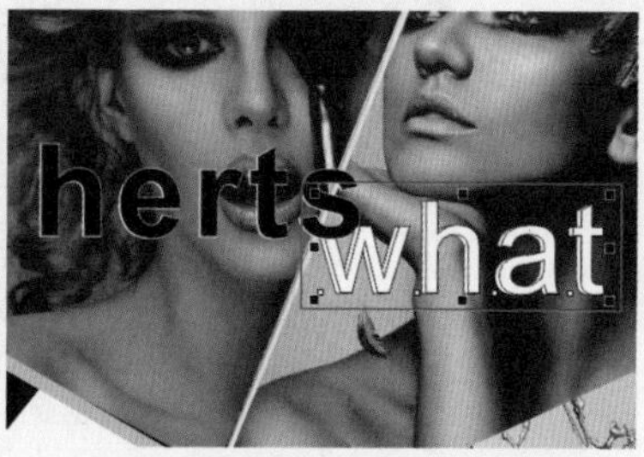

图5-404

03 选择工具箱中的钢笔工具，在画面的底部绘制一个四边形的闭合路径。接着在右侧的调色板中左键单击黑色按钮，设置闭合路径的填充色，如图5-405所示。将该四边形复制一份，设置填充色为白色并去掉轮廓色，然后将其移动到适当的位置，效果如图5-406所示。

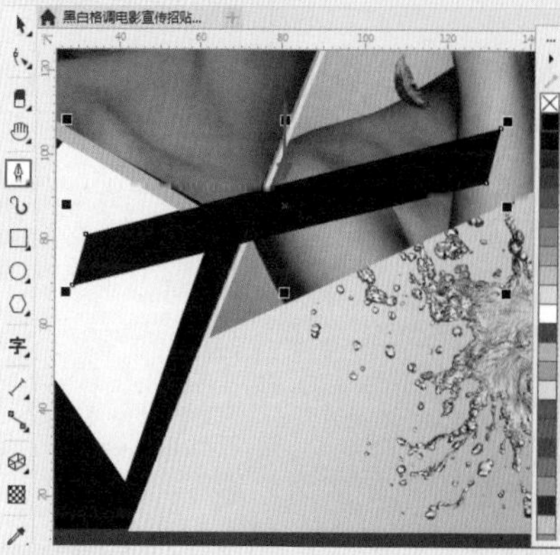

图5-405

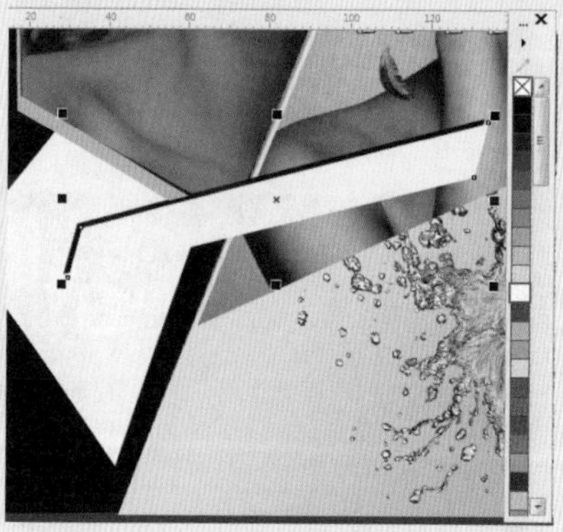

图5-406

04 选择工具箱中的文本工具，在四边形上输入文字，如图5-407所示。使用工具箱中的选择工具在文字上单击鼠标左键，当四周的控制点变为带有弧度的双箭头时，将光标定位到定界框的四角处，按住鼠标左键拖动将其旋转，效果如图5-408所示。

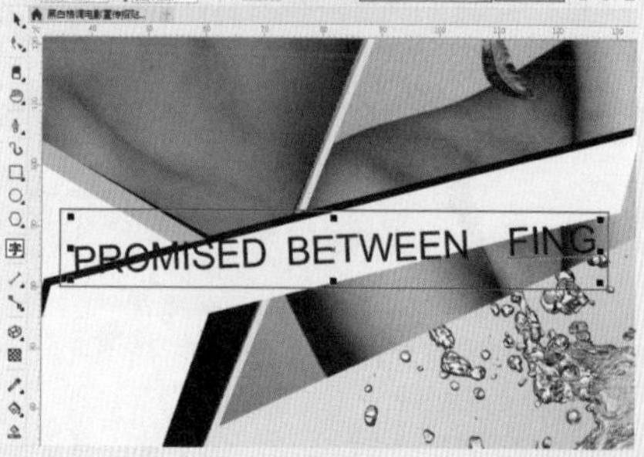

图5-407

图5-408

05 选择工具箱中的椭圆形工具，在画面中适当的位置按住Ctrl键并按住鼠标左键拖动，绘制一个正圆形。选择工具箱中的交互式填充工具，在属性栏中单击"渐变填充"按钮，再单击"椭圆形渐变填充"按钮，设置"渐变类型"为"椭圆形渐变填充"，然后编辑一个白色到透明的渐变，并在右侧的调色板中去掉该正圆形的轮廓色，效果如图5-409所示。选择工具箱中的选择工具，将该正圆形不等比缩小，效果如图5-410所示。

图5-409

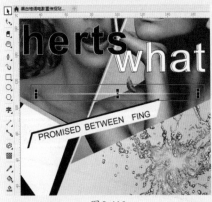

图5-410

06 再次单击该正圆形，将其旋转并放置在适当的位置，效果如图5-411所示。继续使用同样的方

法，在画面中绘制其他图形并在其上面输入文字和制作发光效果，如图5-412所示。

图5-411　　　　　　图5-412

07 选择工具箱中的椭圆形工具，在画面的上方按住Ctrl键并按住鼠标左键拖动绘制一个正圆形。在该正圆形被选中的状态下，双击位于界面底部状态栏中的"填充色"按钮，在弹出的"编辑填充"对话框中单击"均匀填充"按钮，设置颜色为紫色，设置完成后单击"确定"按钮，如图5-413所示。接着在调色板中右键单击⊠按钮，去掉轮廓色，效果如图5-414所示。

图5-413　　　　　　图5-414

08 选择工具箱中的透明度工具，选中该正圆形，在属性栏中单击"渐变透明度"按钮，设置"合并模式"为"屏幕"，单击"椭圆形渐变透明度"按钮，如图5-415所示。使用同样的方法，继续在画面中合适位置制作其他的发光效果。最终完成效果如图5-416所示。

图5-415　　　　　　图5-416

第**6**章

位图处理

本章概述　在CorelDRAW的"位图"菜单中可以针对位图对象进行各种各样的效果操作。这些特殊效果的使用方法非常简单，只需要选中相应对象，执行菜单命令，并进行参数设置即可完成操作。如果想对矢量对象进行效果操作，则需要将矢量对象转换为位图对象。

本章重点
◆ 掌握"位图"菜单的使用方法
◆ 尝试进行多种效果的制作

/ 佳 / 作 / 欣 / 赏 /

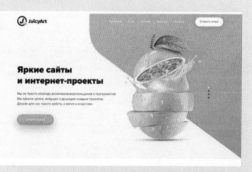

6.1 使用三维效果制作立体的会员卡

文件路径	第6章\使用三维效果制作立体的会员卡
难易指数	★★★★★
技术掌握	● 交互式填充工具 ● 转换为位图 ● "透视"效果

🔍 扫码深度学习

💡 操作思路

本案例讲述了如何使用三维效果制作立体的会员卡。首先使用矩形工具绘制一个灰色的矩形作为背景和会员卡正面的矩形；接着使用文本工具为会员卡正面添加合适的文字和会员卡上方的标志以及会员卡背面；然后将正反两面执行"透视"命令制作透视效果；最后为其制作阴影并调整前后顺序和位置。

🖱 案例效果

案例效果如图6-1所示。

图6-1

实例106 制作会员卡正面效果

🖱 操作步骤

01 执行菜单"文件>新建"命令，在弹出的"创建新文档"对话框中设置文档"大小"为A4，单击"横向"按钮，设置完成后单击"确定"按钮，如图6-2所示。创建一个空白新文档，如图6-3所示。

02 选择工具箱中的矩形工具，在画面中按住鼠标左键向右下方

拖动绘制一个和画板等大的矩形，如图6-4所示。选中该矩形，在右侧的调色板中右键单击⊠按钮，去掉轮廓色。左键单击灰色按钮，为矩形填充颜色，如图6-5所示。使用鼠标右键单击矩形，在弹出的快捷菜单中执行"锁定对象"命令，将其锁定。效果如图6-6所示。

图6-2

图6-3

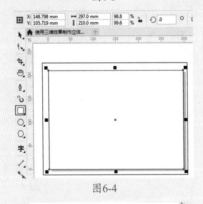

图6-4

图6-5

图6-6

03 继续使用矩形工具在灰色矩形上按住鼠标左键拖动绘制一个小矩形，如图6-7所示。选中该矩形，选择工具箱中的交互式填充工具，在属性栏中单击"渐变填充"按钮，设置"渐变类型"为"椭圆形渐变填充"，接着在图形上按住鼠标左键拖动调整控制杆的位置，然后编辑一个红色系渐变颜色，如图6-8所示。在右侧的调色板中右键单击⊠按钮，去掉轮廓色，效果如图6-9所示。

图6-7

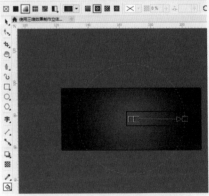

图6-8

图6-9

04 使用同样的方法，继续在红色矩形下方分别绘制大小合适的黑色矩形和白色矩形，如图6-10所示。

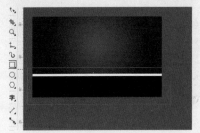

图6-10

05 选中红色矩形，使用快捷键Ctrl+C将其复制，接着使用快捷键Ctrl+V进行粘贴。选中复制的红色矩形，选择工具箱中的交互式填充工具，在属性栏中单击"均匀填充"按钮，设置"填充色"为粉红色，如图6-11所示。接着选择工具箱中的透明度工具，在属性栏中单击"双色图样透明度"按钮，在"透明度挑选器"中设置合适的样式，在图形上按住鼠标左键拖动调整控制杆的位置，如图6-12所示。

图6-11

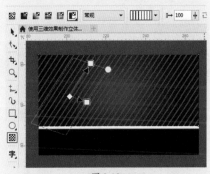

图6-12

06 在保持当前的状态下，在属性栏中设置"背景透明度"为80，效果如图6-13所示。框选红色矩形和其上面的条纹状矩形，使用快捷键Ctrl+G进行组合对象，使用快捷键Ctrl+C将其复制，接着使用快捷键Ctrl+V进行粘贴。将新复制出来

的矩形组移动到画面外的位置，留以备用。

图6-13

07 选择工具箱中的文本工具，在红色矩形左上方单击鼠标左键，建立文字输入的起始点，在属性栏中设置合适的字体、字体大小，单击"粗体"按钮，然后在画面中输入相应的文字，如图6-14所示。

图6-14

08 选中该文字，使用快捷键Ctrl+K将文字进行拆分，选择字母V，选择工具箱中的交互式填充工具，在属性栏中单击"渐变填充"按钮，设置"渐变类型"为"线性渐变填充"，接着在字母上按住鼠标左键拖动调整控制杆的位置，鼠标左键双击控制杆添加节点，然后编辑一个金色系的渐变颜色，如图6-15所示。然后在右侧调色板中右键单击黑色按钮为文字设置轮廓色，在属性栏中设置其"轮廓宽度"为0.2mm，如图6-16所示。

图6-15

图6-16

09 继续使用同样的方法，将其他字母添加金色系的渐变颜色和黑色轮廓，效果如图6-17所示。

图6-17

10 按住Shift键加选3个字母，使用快捷键Ctrl+G进行组合对象，接着按住鼠标左键向左移动，移动到合适位置后按鼠标右键进行复制，如图6-18所示。选中下面的文字，在右侧的调色板中左键单击黑色按钮，为文字更改填充颜色，如图6-19所示。

图6-18

图6-19

11 继续使用文本工具在该文字下方输入其他金色文字，效果如图6-20所示。

12 制作画面中的钻石效果。选择工具箱中的钢笔工具，在属性栏中设置"轮廓宽度"为0.1mm，到主标题字母I上绘制一个钻石形状，如图6-21

实战228例

CorelDRAW

所示。选中钻石形状，选择工具箱中的交互式填充工具，在属性栏中单击"渐变填充"按钮，设置"渐变类型"为"线性渐变填充"，接着在图形上按住鼠标左键拖动调整控制杆的位置，然后编辑一个金色系的渐变颜色，如图6-22所示。

图6-20

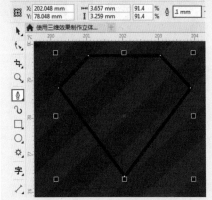

图6-21

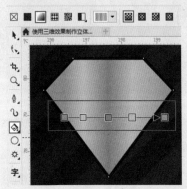

图6-22

13 选择工具箱中的2点线工具，在属性栏中设置"轮廓宽度"为0.1mm，在画面中钻石形状内绘制线条，从而完成钻石的图案，如图6-23所示。按住Shift键加选刚刚绘制的所有黑色线条，使用快捷键Ctrl+G进行组合对象，在右侧的调色板中右键单击80%黑色按钮，为其设置轮廓色，如图6-24所示。

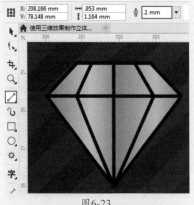

图6-23

图6-24

14 制作钻石图形的阴影。按住Shift加选钻石图形和上面的线条，使用快捷键Ctrl+G组合对象，接着按住鼠标左键向左上方移动，移动到合适位置后按鼠标右键进行复制。选中下面的钻石图案，在右侧的调色板中左键单击黑色按钮，为图形更改填充颜色。右键单击黑色按钮，设置轮廓色，如图6-25所示。在选中下面钻石图案的状态下，选择工具箱中的透明度工具，在属性栏中单击"均匀透明度"按钮，设置"透明度"为25，效果如图6-26所示。

15 制作会员卡右上方的标志。选择工具箱中的矩形工具，在属性栏中设置"轮廓宽度"为0.2mm，然后到会员卡的右上方绘制一个矩形，如图6-27所示。选中该矩形，在属性栏中单击"圆角"按钮，设置"转角半径"为1.0mm，效果如图6-28所示。在选中该圆角矩形的状态下，在右侧的调色板中右键单击白色按钮，设置其轮廓色。左键单击黑色按钮，为圆角矩形填充颜色，效果如图6-29所示。

图6-25

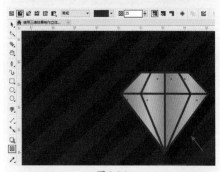

图6-26

图6-27

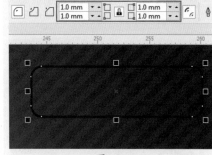

图6-28

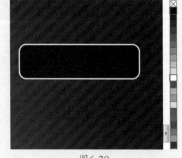

图6-29

16 选择工具箱中的文本工具，在圆角矩形上单击鼠标左键，建立文字输入的起始点，在属性栏中设置合适的字体、字体大小，单击"粗体"按钮，然后在画面中输入相应的文字，如图6-30所示。在选中文字的状态下，选择工具箱中的交互式填充工具，接着在属性栏单击"均匀填充"按钮，设置"填充色"为金色，如图6-31所示。使用同样的方法，继续绘制出下方的文字，如图6-32所示。

图6-30

图6-31

图6-32

17 单击选中前面制作出的钻石，使用快捷键Ctrl+C将其复制，接着使用快捷键Ctrl+V进行粘贴。将新复制出来的钻石图形移动到圆角矩形中的右侧，如图6-33所示。按住Shift键分别单击金色文字和钻石图案及圆角矩形将其进行加选，使用快捷键Ctrl+G进行组合对象，然后使用快捷键Ctrl+C将其复制，接着使用快捷键Ctrl+V进行粘贴。将新复制出来的标志移动到画面外的位置，留以备用。

图6-33

18 会员卡正面制作完成，如图6-34所示。框选会员卡正面的所有文字及图形，然后使用快捷键Ctrl+G将其进行组合对象。

图6-34

实例107　制作会员卡背面效果

操作步骤

01 制作会员卡背面。将之前复制出的红色矩形组和标志移动到画面中，把标志放置到矩形组的右上方，如图6-35所示。使用工具箱中的矩形工具在矩形组上绘制一个和其长度相等的矩形，如图6-36所示。

图6-35

图6-36

02 选中该矩形，选择工具箱中的交互式填充工具，在属性栏中单击"渐变填充"按钮，设置"渐变

类型"为"线性渐变填充"，接着在图形上按住鼠标左键拖动调整控制杆的位置，然后编辑一个灰色系的渐变颜色，如图6-37所示。使用同样的方法，继续在红色矩形下方绘制一个黑色矩形和白色矩形，效果如图6-38所示。

图6-37

图6-38

03 接着选择工具箱中的文本工具，在白色矩形左侧单击鼠标左键，建立文字输入的起始点，在属性栏中设置合适的字体、字体大小，然后在画面中输入相应的白色文字，如图6-39所示。继续使用文本工具在该文字下方输入其他合适的白色文字，效果如图6-40所示。

图6-39

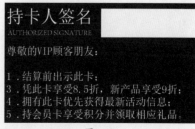

图6-40

04 此时会员卡背面制作完成，效果如图6-41所示。选择工具箱中的选择工具，将会员卡背面的所有文字及图形进行框选，然后使用快捷键Ctrl+G进行组合对象。

的白色节点并进行拖动，此时位图对象将产生透视效果。单击"预览"按钮，可随时观看调整后的效果。调整完成后单击"确定"按钮，如图6-46所示。此时画面效果如图6-47所示。

住鼠标左键向下拖动添加阴影效果，然后在属性栏中设置"阴影的不透明度"为50、"阴影羽化"为15、"阴影颜色"为黑色、"合并模式"为"乘"，如图6-48所示。

图6-41

实例108　制作立体的会员卡效果

🎙️操作步骤

01 选择工具箱中的矩形工具，在画面中绘制一个与会员卡正面等大的矩形。在属性栏中单击"圆角"按钮，设置"转角半径"为2.6mm，如图6-42所示。

图6-42

02 选中会员卡正面，执行菜单"对象>PowerClip>置于图文框内部"命令，当光标变成黑色粗箭头时，单击刚刚绘制的圆角矩形，即可实现位图的剪贴效果，如图6-43所示。在右侧的调色板中右键单击⊠按钮，去掉轮廓色，效果如图6-44所示。

03 选中会员卡正面图形，执行菜单"位图>转换为位图"命令，在弹出的"转换为位图"对话框中设置"分辨率"为150dpi、"颜色模式"为"RGB色（24位）"，设置完成后单击"确定"按钮，如图6-45所示。然后执行菜单"位图>三维效果>透视"命令，在弹出的"透视"对话框中单击"透视"按钮，在左侧按住四角

图6-43

图6-44

图6-45

图6-46

图6-47

04 选中会员卡正面图形，选择工具箱中的阴影工具，在会员卡上按

图6-48

05 继续使用同样的方法，制作出会员卡背面的透视立体效果和阴影效果，如图6-49所示。

图6-49

06 选中会员卡正面图形将其移动到会员卡背面图形上面合适的位置。最终完成效果如图6-50所示。

图6-50

技术速查：透视效果

使用"透视"效果可以调整像四角的控制点，给位图添加三维透视效果。选择位图对象，执行菜单"位图>三维效果>透视"命令，弹出"透视"对话框。选中"透视"单选按钮，在

左侧按住四角的白色节点并进行拖动，位图会产生透视效果，通过"预览"观察效果，如图6-51所示。

图6-51

若选中"切变"单选按钮，在左侧按住四角的白色节点并进行拖动，位图对象会产生倾斜的效果，如图6-52所示。

图6-52

6.2 使用模糊效果制作新锐风格海报

文件路径	第6章\使用模糊效果制作新锐风格海报
难易指数	★★★★★
技术掌握	● 矩形工具 ● 文本工具 ● "高斯式模糊"效果 ● 透明度工具

[二维码] 扫码深度学习

操作思路

本案例首先导入一个与画板等大的背景素材；然后使用矩形工具制作矩形海报主图效果；接着执行"高斯式模糊"命令为其制作模糊效果；最后使用文本工具在画面中合适的位置为海报添加文字效果。

案例效果

案例效果如图6-53所示。

图6-53

实例109 制作海报背景效果

操作步骤

01 执行菜单"文件>新建"命令，在弹出的"创建新文档"对话框中设置文档"大小"为A4，单击"纵向"按钮，设置完成后单击"确定"按钮，如图6-54所示。创建一个空白新文档，如图6-55所示。

图6-54

图6-55

02 执行菜单"文件>导入"命令，在弹出的"导入"对话框中单击选择要导入的背景素材"1.jpg"，然后单击"导入"按钮，如图6-56所示。在工作区中按住鼠标左键拖动，控制导入对象的大小，释放鼠标完成导入操作，如图6-57所示，

图6-56

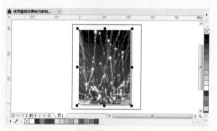

图6-57

03 选择工具箱中的矩形工具，在画面中绘制一个矩形，如图6-58所示。选中该矩形，选择工具箱中的交互式填充工具，接着在属性栏中单击"均匀填充"按钮，设置"填充色"为洋红色。然后在右侧的调色板中右键单击⊠按钮，去掉轮廓色，如图6-59所示。

图6-58

图6-59

04 选中洋红色矩形，执行菜单"位图>转换为位图"命令，在弹

出的"转换为位图"对话框
中设置"分辨率"为72dpi、
"颜色模式"为"RGB色（24
位）"，单击"确定"按钮，
如图6-60所示。此时粉色矩
形变为位图，执行菜单"位
图>模糊>高斯式模糊"命
令，在弹出的"高斯式模
糊"对话框中设置其"半径"为3.0像素，单击"确定"
按钮，如图6-61所示。此时画面效果如图6-62所示。

图6-60

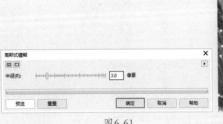

图6-61

图6-62

05 选中该矩形，选择工具箱中的透明度工具，在属性栏
中单击"均匀透明度"按钮，设置"透明度"为10、
"合并模式"为"乘"，如图6-63所示。此时背景部分制
作完成，效果如图6-64所示。

图6-63

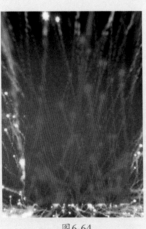

图6-64

实例110 制作海报的主体文字

操作步骤

01 制作画面上方标志。继续使用工具箱中的矩形工具在
画面上方绘制一个小矩
形。选中该小矩形，在右
侧的调色板中右键单击⊠按
钮，去掉轮廓色。左键单击
黄色按钮，为矩形填充颜
色，如图6-65所示。选择
工具箱中的钢笔工具，在黄

图6-65

色矩形的左侧绘制一个三角形，如图6-66所示。选中该
三角形，在右侧的调色板中右键单击⊠按钮，去掉轮
廓色。左键单击玫红色按钮，为三角形填充颜色，如
图6-67所示。

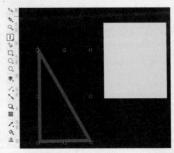

图6-66

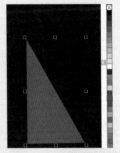

图6-67

02 继续使用钢笔工具在
黄色矩形右侧绘制一
个橙色四边形，如图6-68
所示。继续使用同样的方
法，在合适的位置制作
不同颜色的图形，效果
如图6-69所示。此时画
面上方标志制作完成，所在位置如图6-70所示。

图6-68

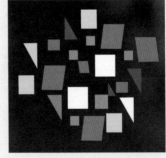

图6-69

图6-70

03 接着选择工具箱中的文本工具，在标志图形下方单击
鼠标左键，建立文字输入的起始点，在属性栏中设置
合适的字体、字体大小，然后在画面中输入相应的文字，
如图6-71所示。继续使用文本工具在标志右侧位置输入适
当的白色文字，效果如图6-72所示。

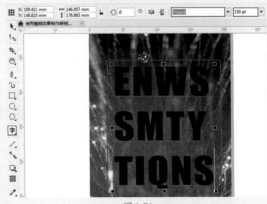

图6-71

图6-72

04 选择工具箱中的矩形工具，在第一个字母E上按住Ctrl键并按住鼠标左键拖动绘制一个正方形，如图6-73所示。选中该正方形，在右侧的调色板中右键单击⊠按钮，去掉轮廓色。左键单击白色按钮，为正方形填充颜色，如图6-74所示。

图6-73

图6-74

05 选择工具箱中的钢笔工具在第二个字母N上绘制一个三角形，如图6-75所示。选中该三角形，在右侧的调色板中右键单击⊠按钮，去掉轮廓色。左键单击洋红色按钮，为三角形填充颜色，如图6-76所示。继续使用同样的方法，在其他字母上绘制不同颜色的装饰图形，效果如图6-77所示。

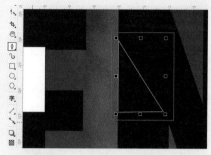

图6-75

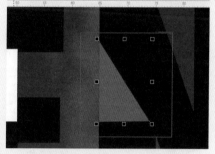

图6-76

图6-77

06 接着选择工具箱中的文本工具，在主标题文字下方单击鼠标左键，建立文字输入的起始点，在属性栏中设置合适的字体、字体大小，然后在画面中输入一对中括号，并在右侧的调色板中左键单击红色按钮，为其设置填充颜色，如图6-78所示。继续使用文本工具在刚刚输入的中括号中间位置输入其他文字，如图6-79所示。

图6-78

07 继续使用文本工具在画面的底部输入适当的文字，如图6-80所示。此时新锐风格的海报设计完成，最终效果如图6-81所示。

图6-79

图6-80

图6-81

技术速查：模糊效果

在CorelDRAW中可以创建多种模糊效果，选择合适的模糊效果使画面更加别具一格或者更具有动感。执行菜单"位图>模糊"命令，在子菜单中可以看到多种模糊效果，如图6-82所示。

图6-82

> 定向平滑："定向平滑"效果可以在图像中添加微小的模糊效果，使图像中的渐变区域平滑且保留边缘细节和纹理。

> 高斯式模糊："高斯式模糊"效果可以根据数值的设置使图像按照高斯分布的方式快速模糊图像，从而

产生朦胧的效果。

- 锯齿状模糊："锯齿状模糊"效果可以用来去掉图像区域中的小斑点和杂点。
- 低通滤波器："低通滤波器"效果只针对图像中的某些元素，该命令可以调整图像中尖锐的边角和细节，使图像的模糊效果更加柔和。
- 动态模糊："动态模糊"效果的使用可以模仿拍摄运动物体的手法，通过使像素进行某一方向上的线性位移来产生运动模糊效果，使平面图像具有动态感。
- 放射式模糊："放射式模糊"命令可以使图像产生从中心点放射模糊的效果。
- 平滑："平滑"命令使用了一种极为细微的模糊效果，可以减少相邻像素之间的色调差别，使图像产生细微的模糊变化。
- 柔和："柔和"效果的应用与"平滑"效果极为相似，其命令可以使图像产生轻微的模糊变化，而不影响图像中的细节。
- 缩放："缩放"效果创建了从中心点逐渐缩放出来的边缘效果，使图像中的像素从中心点向外模糊，离中心点越近，模糊效果就越弱。
- 智能模糊："智能模糊"命令能够有选择性地为画面中的部分像素区域创建模糊效果。

6.3 制作空间感网格广告

文件路径	第6章\制作空间感网格广告
难易指数	★★★★★
技术掌握	● 矩形工具 ● 交互式填充工具 ● 文本工具 ● "高斯式模糊"效果 ● 椭圆形工具

操作思路

本案例首先为画面添加一个橘色渐变效果的矩形背景；然后向画面中导入合适大小、方向的素材图片，将其设置合适的模糊效果；接着使用文本工具为画面添加文字效果；最后制作大树图案和其他图形装饰画面效果。

案例效果

案例效果如图6-83所示。

图6-83

实例111　制作广告背景部分

操作步骤

01 执行菜单"文件>新建"命令，在弹出的"创建新文档"对话框中设置文档"宽度"为297.0mm、"高度"为165mm，单击"横向"按钮，设置完成后单击"确定"按钮，如图6-84所示。创建一个空白新文档，如图6-85所示。

图6-84

图6-85

02 选择工具箱中的矩形工具，在画面中按住鼠标左键拖动绘制一个和画板等大的矩形，如图6-86所示。选中该矩形，选择工具箱中的交互式填充工具，在属性栏中单击"渐变填充"按钮，设置"渐变类型"为"椭圆形渐变填充"，接着在图形上按住鼠标左键拖动调整控制杆的位置，然后编辑一个橙色系的渐变颜色，如图6-87所示。在右侧的调色板中右键单击⊠按钮，去掉轮廓色，效果如图6-88所示。

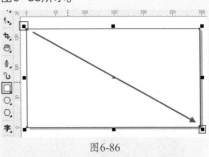

图6-86

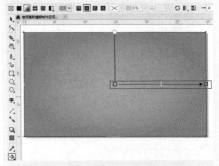

图6-87

图6-88

03 执行菜单"文件>导入"命令，在弹出的"导入"对话框中单击选择要导入的橙子素材"1.png"，然后单击"导入"按钮，如图6-89所示。在画面中按住鼠标左键拖动，控制导入对象的大小，释放鼠标完成导入操作，如图6-90所示。

04 在选中橙子素材的状态下，执行菜单"位图>模糊>高斯式模糊"命令，在弹出的"高斯式模糊"对话框中设置"半径"为5像素，单击"确定"按钮，如图6-91所示。此时橙子效果如图6-92所示。

画面上方合适位置，如图6-98所示。

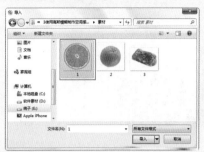

图6-89

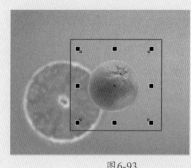

图6-93

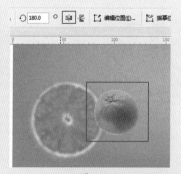

图6-94

图6-90

图6-95

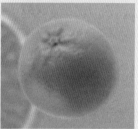

图6-96

图6-91

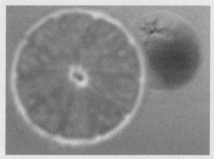

图6-97

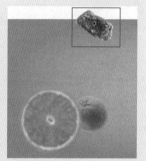

图6-98

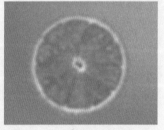

图6-92

08 选中甜点素材，执行菜单"位图>模糊>高斯式模糊"命令，在弹出的"高斯式模糊"对话框中设置"半径"为7像素，单击"确定"按钮，如图6-99所示。此时甜点效果如图6-100所示。

05 继续导入其他橙子素材"2.png"到画面中合适位置，如图6-93所示。在选中该素材的状态下，在属性栏中单击"水平镜像"按钮，将其水平翻转，如图6-94所示。

06 接着执行菜单"位图>模糊>高斯式模糊"命令，在弹出的"高斯式模糊"对话框中设置"半径"为7像素，单击"确定"按钮，如图6-95所示。此时画面效果如图6-96所示。

07 右键单击该素材，在弹出的快捷菜单中执行"顺序>向后一层"命令，此时画面中的两个橙子素材位置会自动转换，效果如图6-97所示。继续导入甜点素材"3.png"，将其摆放在

图6-99

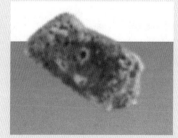

图6-100

09 使用同样的方法，继续导入素材，为其添加合适的"高斯式模糊"效果，并将其摆放在合适的位置，效果如图6-101所示。

10 使用快捷键Ctrl+A将画面中的所有素材及背景全选，然后使用快捷键Ctrl+G进行组合对象。选择工具箱中的矩形工具，在画面中绘制一个与画板等大的矩形，如图6-102所示。选中组合对象，执行菜单"对象>PowerClip>置于图文框内部"命令，当光标变为黑色粗箭头时，单击刚刚绘制的矩形，即可实现位图的剪贴效果，如图6-103所示。在右侧的调色板中右

键单击⊠按钮，去掉轮廓色，效果如图6-104所示。

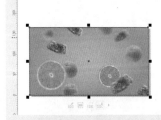

图6-101

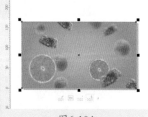

图6-102

图6-103

图6-104

实例112　制作主体文字和树形装饰

🎙️ **操作步骤**

01 选择工具箱中的文本工具，在画面中单击鼠标左键，建立文字输入的起始点，在属性栏中设置合适的字体、字体大小，然后在画面中输入相应的文字，如图6-105所示。使用同样的方法，继续在画面中合适位置输入其他文字，效果如图6-106所示。

图6-105　　　　　　　　图6-106

02 添加装饰树效果。选择工具箱中的矩形工具，在属性栏中设置"轮廓宽度"为0.25mm，然后在文字右侧绘制一个矩形，如图6-107所示。选中该矩形，在属性栏中单击"圆角"按钮，设置"转角半径"为1.5mm，效果如图6-108所示。

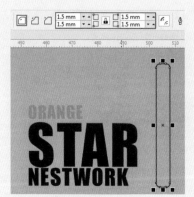

图6-108

03 使用同样的方法，继续在该矩形上方绘制一个小的圆角矩形，将其旋转并摆放至合适的位置，如图6-109所示。按住Shift键分别单击两个圆角矩形将其进行加选，单击属性栏中的"合并"按钮，将其合并，如图6-110所示。

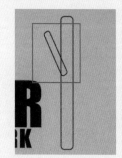

图6-109　　　　　　　图6-110

04 使用同样的方法，继续绘制出另外两个"树枝"形状，并合并为一个图形，此时树干制作完成，效果如图6-111所示。选中树干，选择工具箱中的交互式填充工具，在属性栏中单击"均匀填充"按钮，设置"填充色"为深棕色。然后在右侧调色板中右键单击黑色按钮，为其设置轮廓色，如图6-112所示。

图6-111　　　　　　　　图6-112

05 绘制树叶部分。选择工具箱中的椭圆形工具，在树干上方按住鼠标左键拖动绘制一个椭圆形，如图6-113所示。选中该椭圆形，在右侧调色板中右键单击⊠按钮，去掉轮廓色。左键单击橙色按钮，为椭圆填充颜色，如图6-114所示。继续使用同样的方法，绘制出不同大小的圆形作为树叶，效果如图6-115所示。

图6-113

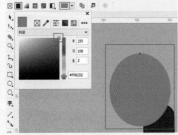
图6-114

图6-115

图6-122

图6-123

图6-124

实例113　添加辅助图形

🎙操作步骤

06 继续使用椭圆形工具在文字右侧按住Ctrl键的同时按住鼠标左键拖动绘制两个白色正圆形，如图6-116所示。

07 选中上方的白色正圆形，使用快捷键Ctrl+C将其复制，接着使用快捷键Ctrl+V进行粘贴。选中复制的正圆形，在右侧的调色板中左键单击橙色按钮，为其更改填充颜色，如图6-117所示。选中橙色正圆形，选择工具箱中的形状工具，此时正圆形上会出现一个白色节点，通过使用鼠标左键单击该节点并进行拖动，使其形成一个扇形，如图6-118所示。

图6-116

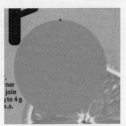
图6-117

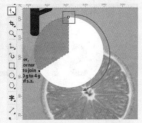
图6-118

08 在选择该扇形的状态下，再次单击该扇形，此时扇形的控制点会变成弧形双箭头控制点，通过拖动控制点将其旋转至合适的角度并摆放至合适的位置，效果如图6-119所示。继续使用椭圆形工具在扇形下方绘制出两个橙色椭圆形，如图6-120所示。

09 执行菜单"文件>导入"命令，导入甜点素材"3.png"，在扇形下方按住鼠标左键拖动，控制导入对象的大小，释放鼠标完成导入操作，如图6-121所示。

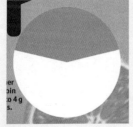
图6-119

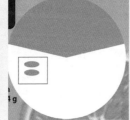
图6-120

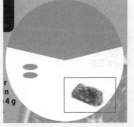
图6-121

10 选择工具箱中的文本工具，在扇形上单击鼠标左键，建立文字输入的起始点，在属性栏中设置合适的字体、字体大小，然后在画面中输入相应的文字，并在调色板中设置文字颜色为白色，如图6-122所示。继续使用文本工具在扇形下方输入相应的橙色文字，效果如图6-123所示。

11 继续使用同样的方法，在画面下方的白色正圆形上输入适当的文字，效果如图6-124所示。

12 此时空间感网格广告设计制作完成，最终效果如图6-125所示。

图6-125

6.4 使用卷页效果制作促销广告

文件路径	第6章\使用卷页效果制作促销广告
难易指数	★★★★★
技术掌握	● 矩形工具 ● 文本工具 ● 涂抹工具 ● "卷页"效果

🔍扫码深度学习

CorelDRAW

操作思路

本案例首先使用矩形工具为画面添加一个白色的矩形作为背景；然后使用文本工具输入主标题及副标题的文字；接着绘制矩形将其变形，在其上方制作"卷页"效果的位图；最后导入合适大小的素材放置在位图的上方完成设计。

案例效果

案例效果如图6-126所示。

图6-126

实例114　制作广告的主体文字效果

操作步骤

01 执行菜单"文件>新建"命令，新建一个A4的空白文档，如图6-127所示。选择工具箱中的矩形工具，在画面中绘制一个和画板等大的矩形。选中该矩形，在右侧的调色板中设置"填色"为白色、"轮廓色"为"无"，如图6-128所示。使用鼠标右键单击矩形，在弹出的快捷菜单中执行"锁定对象"命令，将其锁定。

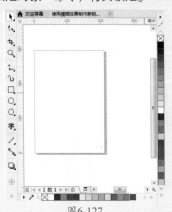

图6-127

图6-128

02 接着选择工具箱中的文本工具，在画面上方单击鼠标左键，建立文字输入的起始点，在属性栏中设置合适的字体、字体大小，然后输入相应的文字，如图6-129所示。选中文字，选择工具箱中的交互式填充工具，接着在属性栏中单击"均匀填充"按钮，设置"填充色"为嫩粉色，如图6-130所示。

图6-129

图6-130

03 选中文字，使用快捷键Ctrl+C将其复制，接着使用快捷键Ctrl+V进行粘贴。保持选中复制出文字的状态下，选择工具箱中的交互式填充工

具，在属性栏中单击"双色图样填充"按钮，在"第一种填充图样"中设置合适的样式，"前景颜色"为黑色，"背景颜色"为白色，接着在图形上按住鼠标左键拖动调整控制杆的位置，如图6-131所示。在保持当前的状态下，选择工具箱中的透明度工具，在属性栏中单击"均匀透明度"按钮，设置"合并模式"为"减少"，设置"透明度"为0，效果如图6-132所示。

图6-131

图6-132

04 选中复制出的文字，双击位于界面底部状态栏中的"轮廓笔"按钮，在弹出的"轮廓笔"对话框中设置"颜色"为黑色、"宽度"为1.0mm，单击"样式"下三角按钮，在其中选择"直线"样式，设置完成后单击"确定"按钮，如图6-133所示。文字效果如图6-134所示。按住鼠标左键将其向左上方移动到合适的位置，如图6-135所示。

图6-133

图6-134 　　　　　　　图6-135

图6-139

图6-140

05 继续使用文本工具在主标题上方单击鼠标左键，建立文字输入的起始点，在属性栏中设置合适的字体、字体大小，单击"粗体"和"斜体"按钮，然后输入相应的文字。选中文字，选择工具箱中的交互式填充工具，接着在属性栏中单击"均匀填充"按钮，设置"填充色"为嫩粉色，如图6-136所示。

图6-136

06 在使用文本工具的状态下，在文字后方单击插入光标，然后按住鼠标左键向前拖动，使最后一个单词被选中，然后在调色板中更改字体颜色，如图6-137所示。

07 继续使用文本工具在主标题下方输入其他文字，效果如图6-138所示。

图6-137　　　　　　　图6-138

实例115　制作广告的装饰图案及卷边效果

操作步骤

01 选择工具箱中的矩形工具，在画面的左下方绘制一个矩形，如图6-139所示。选中该矩形，选择工具箱中的交互式填充工具，接着在属性栏中单击"均匀填充"按钮，设置"填充色"为肉粉色。然后在右侧的调色板中右键单击⊠按钮，去掉轮廓色，如图6-140所示。

02 选中矩形，选择工具箱中的涂抹工具，在属性栏中设置"笔尖半径"为30.0mm、"压力"为50，单击"平滑涂抹"按钮，然后在矩形边缘按住鼠标左键向下拖动将矩形变形，如图6-141所示。重复将其变形，矩形上方效果如图6-142所示。

图6-141

图6-142

03 继续使用同样的方法，绘制出右侧的深蓝色图形，效果如图6-143所示。

04 使用工具箱中的矩形工具在肉粉色图形上绘制一个深蓝色的矩形，如图6-144所示。选中该矩形，执行菜单"位图>转化为位图"命令，在弹出的"转换为位图"对话框中设置"分辨率"为72dpi、"颜色模式"为"CMYK色（32位）"，单击"确定"按钮，如图6-145所示。

图6-143

图6-144

图6-145

05 选中深蓝色矩形，执行菜单"位图>三维效果>卷页"命令，在弹出的"卷页"对话框中单击"左上角卷页"按钮，设置"定向"为"水平"、"纸张"为"透明的"、"颜色"为橙色、"宽度"为100、"高度"为24，单击"确定"按钮，如图6-146所示。此时画面效果如图6-147所示。

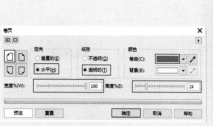

图6-146　　　　　图6-147

图6-153　　　　　图6-154

06 再次执行菜单"位图>三维效果>卷页"命令，在弹出的"卷页"对话框中单击"左下角卷页"按钮，设置"定向"为"水平"、"纸张"为"透明的"、"颜色"为橙色，"宽度"为100，"高度"为26，单击"确定"按钮，如图6-148所示。此时画面效果如图6-149所示。

技术速查："卷页"效果

"卷页"效果可以使图像的4个边角形成向内卷曲的效果。选择位图，执行菜单"位图>三维效果>卷页"命令，弹出"卷页"对话框，设置相应参数后单击"确定"按钮，如图6-155所示。

图6-148　　　　　图6-149

07 继续使用同样的方法，绘制出画面中右侧的卷边图形，如图6-150所示。

08 执行菜单"文件>导入"命令，在弹出的"导入"对话框中单击选择要导入的凉鞋素材"1.png"，然后单击"导入"按钮，如图6-151所示。在画面下方按住鼠标左键拖动，控制导入对象的大小，释放鼠标完成导入操作，如图6-152所示。

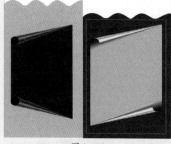

图6-150

图6-155

➤ 卷页位置：单击相应按钮选择卷页的位置。单击□按钮，设置卷页在左上角；单击□按钮，设置卷页为右上角；单击□按钮，设置卷页在左下角；单击□按钮，设置卷页在右下角。

➤ 定向：用来设置卷页的方向。选中"垂直的"单选按钮，卷页效果垂直摆放；选中"水平"单选按钮，卷页效果水平摆放。

➤ 纸张：用来设置卷页的透明度，有"不透明"和"透明"两个选项。设置为"不透明"时，可以通过右侧"颜色"选项组中的"背景"颜色来设置卷页后方的颜色。设置为"透明"时，卷页后方为透明效果。

➤ 颜色：用来设置卷页的颜色和卷页后的背景颜色。

➤ 宽度：设置卷页的宽度。数值越大，卷页越长。

➤ 高度：设置卷页卷起的高度。数值越大，卷起的高度越高。

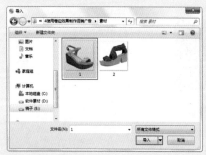

图6-151　　　　　图6-152

09 继续使用同样的方法，导入另一个凉鞋素材"2.png"，如图6-153所示。此时卷边效果的促销广告制作完成，最终效果如图6-154所示。

6.5 单色杂志内页版面

文件路径	第6章\单色杂志内页版面
难易指数	⭐⭐⭐⭐⭐
技术掌握	● 文本工具 ● 设置位图颜色模式 ● "玻璃砖"效果 ● 透明度工具

艺境 中文版CorelDRAW图形创意设计与制作全视频

实战228例

CorelDRAW

🔍扫码深度学习

操作思路

　　本案例首先将导入到画面中的素材制作出"玻璃砖"效果作为背景；然后使用矩形工具绘制绿色矩形放置在合适的位置；接着使用文本工具输入相应的文字；最后制作带有"渐变"效果和"透明度"效果的矩形，并放置在画面中间作为页面的效果。

案例效果

　　案例效果如图6-156所示。

图6-156

实例116　制作杂志的左侧页面

操作步骤

01 执行菜单"文件>新建"命令，在弹出的"创建新文档"对话框中设置文档"大小"为A4，单击"横向"按钮，设置完成后单击"确定"按钮，如图6-157所示。创建一个空白新文档，如图6-158所示。

02 执行菜单"文件>导入"命令，在弹出的"导入"对话框中单击选择要导入的背景素材"1.jpg"，然后单击"导入"按钮，如图6-159所示。在工作区中按住鼠标左键拖动，控制导入对象的大小，释放鼠标完成导入操作，如图6-160所示。

图6-157

图6-158

图6-159

图6-160

03 选中风景素材，执行菜单"位图>模式>灰度"命令，将图片变为黑白图片，如图6-161所示。在选中素材的状态下，执行菜单"位图>创造性>玻璃砖"命令，在弹出的"玻璃砖"对话框中设置"块宽度"为15、"块高度"为10，单击"确定"按钮，如图6-162所示。此时画面效果如图6-163所示。

图6-161

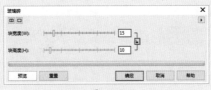

图6-162

图6-163

04 选择工具箱中的矩形工具，在画面的左侧绘制一个矩形，如图6-164所示。选中该矩形，选择工具箱中的交互式填充工具，接着在属性栏中单击"均匀填充"按钮，设置"填充色"为深青绿色。然后在右侧的调色板中右键单击⊠按钮，去掉轮廓色，如图6-165所示。

图6-164

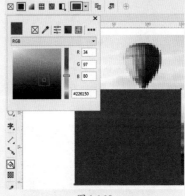

图6-165

05 制作主体文字。选择工具箱中的文本工具，在矩形上单击鼠标左键，建立文字输入的起始点，在属性栏中设置合适的字体、字体大小，然后在画面中输入相应的文字，并在右侧的调色板中左键单击白色按钮，为文字设置颜色，如图6-166所示。

06 继续使用文本工具在主体文字的下方单击鼠标左键，建立文字输入的起始点，在属性栏中设置合适的字体、字体大小，单击"将文本更改为垂直方向"按钮,然后在画面中输入相应的白色文字,如图6-167所示。

图6-166

图6-167

07 制作段落文字。继续使用文本工具在主体文字的下方按住鼠标左键并从左上角向右下角拖动创建文本框,如图6-168所示。在属性栏中设置合适的字体、字体大小,单击"将文本更改为水平方向"按钮,然后在画面中输入相应的白色文字,如图6-169所示。

图6-168

图6-169

08 继续使用同样的方法,制作下方的段落文字,如图6-170所示。

09 使用工具箱中的矩形工具在画面中绘制一个矩形,如图6-171所示。选中该矩形,选择工具箱中的交互式填充工具,在属性栏中单击"渐变填充"按钮,设置"渐变类型"为"线性渐变填充",接着在图形上按住鼠标左键拖动调整控制杆的位置,然后编辑一个白色到黑色的渐变颜色,如图6-172所示。接着在右侧调色板中右键单击⊠按钮,去掉轮廓色,效果如图6-173所示。

图6-170

图6-171　　　　图6-172　　　　图6-173

10 选中渐变矩形,选择工具箱中的透明度工具,在属性栏中选择"渐变透明度",单击"线性渐变透明度"按钮,设置"合并模式"为"乘"。接着在图形上按住鼠标左键拖动调整控制杆的位置,然后将左边节点的颜色设置为黑色,将右边节点颜色设置为灰色,效果如图6-174所示。

11 此时杂志的左侧制作完成,画面效果如图6-175所示。

图6-174　　　　　图6-175

实例117　制作右侧页面

操作步骤

01 使用工具箱中的矩形工具在画面的右上方绘制一个深青绿色矩形,如图6-176所示。

02 选择工具箱中的文本工具,在刚刚绘制的矩形上单击鼠标左键,建立文字输入的起始点,在属性栏中设置合适的字体、字体大小,然后在画面中输入相应的白色文字,如图6-177所示。使用同样的方法,继续在刚刚输入的文字右侧输入其他白色文字,效果如图6-178所示。

图6-176　　　　　　　　　　图6-177

图6-178

03 使用工具箱中的矩形工具在画面中绘制一个矩形，如图6-179所示。选中该矩形，选择工具箱中的交互式填充工具，在属性栏中单击"渐变填充"按钮，设置"渐变类型"为"线性渐变填充"，接着在图形上按住鼠标左键拖动调整控制杆的位置，然后编辑一个黑色到白色的渐变颜色，如图6-180所示。然后在右侧的调色板中右键单击区按钮，去掉轮廓色，如图6-181所示。

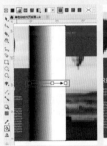

图6-179　　　　　　图6-180　　　　　　图6-181

04 选中该矩形，选择工具箱中的透明度工具，在属性栏中选择"渐变透明度"，单击"线性渐变透明度"按钮，设置"合并模式"为"乘"。接着在图形上按住鼠标左键拖动调整控制杆的位置，然后将左边节点的颜色设置为灰色，将右边节点颜色设置为黑色，效果如图6-182所示。

05 最终完成效果如图6-183所示。

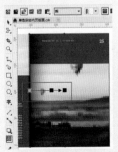

图6-182　　　　　　　　图6-183

技术速查：位图的颜色模式

"模式"命令可以更改位图的色彩模式，同一个图像转换为不同的颜色模式在显示效果上也有所不同。

选择一个位图，执行菜单"位图>模式"命令，在子菜单中可以进行颜色模式的选择，如图6-184所示。不同颜色模式的效果也不同，这是因为在图像的转换过程中可能会扔掉部分颜色信息。不同颜色模式对比效果如图6-185所示。

图6-184

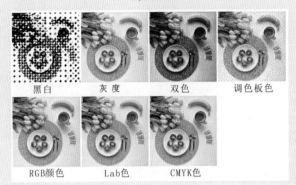

图6-185

➤ 黑白："黑白"模式是一种只有黑白两个颜色组成的模式，这种模式没有层次上的变化。

➤ 灰度："灰度"模式是由255个级别的灰度形成的图像模式，它不具有颜色信息的模式。

➤ 双色："双色"模式是利用两种及两种以上颜色混合而成的色彩模式。选择位图图像，执行菜单"位图>模式>双色"命令，在"类型"下拉菜单中选择一种转换类型。在"双色调"面板右侧会显示表示整个转换过程中使用的动态色调曲线，调整曲线形状可以自由控制添加到图像的色调的颜色和强度。完成设置单击"确定"按钮结束操作。

➤ 调色板色："调色板色"模式也称为索引颜色模式。将图像转换为调色板色模式时，会给每个像素分配一个固定的颜色值。这些颜色值存储在简洁的颜色表中，或包含多达256色的调色板中。因此，调色板色模式的图像包含的数据比24位颜色模式的图像少，文件大小也较小。对于颜色范围有限的图像，将其转换为调色板色模式时效果最佳。

- RGB颜色：执行菜单"位图>模式>RGB颜色"命令，即可将图像模式转换为RGB，该命令没有参数设置。RGB颜色是最常用的位图颜色模式，是将红、绿、蓝3种基本色为基础，进行不同程度的叠加。

- Lab色：执行菜单"位图>模式>Lab色"命令，可将图像切换为Lab颜色模式，该命令没有参数设置。Lab模式由3个通道组成，一个通道是透明度，即L；其他两个是色彩通道，分别用a和b表示色相和饱和度。Lab模式分开了图像的亮度与色彩，是一种国际色彩标准模式。

- CMYK色：执行菜单"位图>模式>CMYK色"命令，该命令没有参数设置，图像被转换为CMYK颜色模式。CMYK色是一种印刷常用的颜色模式，是一种减色色彩模式。CMYK模式下的色域略小于RGB，所以RGB模式图像转换为CMYK后会产生色感降低的情况。

6.6 调整图像颜色制作清爽网页海报

文件路径	第6章\调整图像颜色制作清爽网页海报
难易指数	★★★★★
技术掌握	● 透明度工具 ● 颜色平衡 ● 文本工具

扫码深度学习

操作思路

本案例首先使用矩形工具绘制一个与画板等大的蓝色系渐变颜色的矩形；接着导入背景素材并为其调整透明度，再绘制画面中的白色图框和白色装饰小图形；接着使用文本工具输入合适的主标题文字和画面左上方的标志；最后导入人物素材，为其添加"颜色平衡"效果。

案例效果

案例效果如图6-186所示。

图6-186

实例118 制作网页海报背景效果

操作步骤

01 执行菜单"文件>新建"命令，在弹出的"创建新文档"对话框中设置文档"大小"为A4，单击"横向"按钮，设置完成后单击"确定"按钮，如图6-187所示。创建一个空白新文档，如图6-188所示。

图6-187

图6-188

02 选择工具箱中的矩形工具，在画面中绘制一个和画板等大的矩形，如图6-189所示。选中该矩形，选择工具箱中的交互式填充工具，在属性栏中单击"渐变填充"按钮，设置"渐变类型"为"椭圆形渐变填充"，接着在图形上按住鼠标左键拖动调整控制杆的位置，然后编辑一个蓝色系的渐变颜色，如图6-190所示。

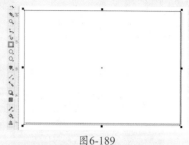

图6-189

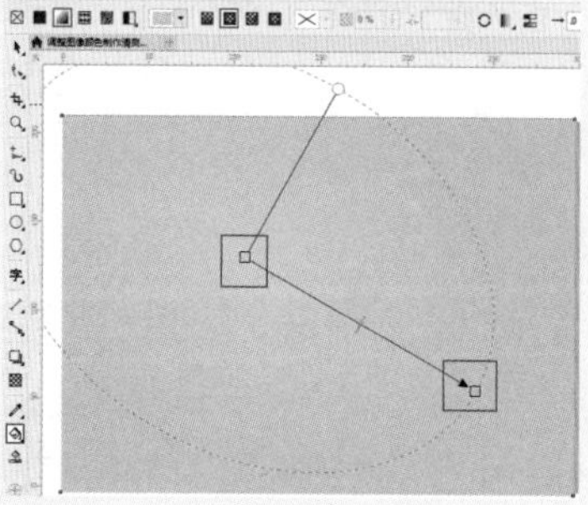

图6-190

03 接着执行菜单"文件>导入"命令，在弹出的"导入"对话框中单击选择要导入的水滴素材"1.jpg"，然后单击"导入"按钮，如图6-191所示。在工作区中按住鼠标左键拖动，控制导入对象的大小，释放鼠标完成导入操作，如图6-192所示。

图6-191

图6-192

04 选中水滴素材，选择工具箱中的透明度工具，在属性栏中单击"均匀透明度"按钮，设置"透明度"为80，效果如图6-193所示。

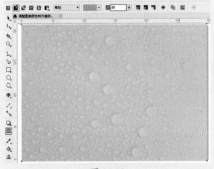

图6-193

05 继续使用工具箱中的矩形工具在画面中绘制一个矩形，如图6-194所示。在属性栏中设置"轮廓宽度"为26.0pt，然后在右侧的调色板中右键单击白色按钮，设置其轮廓色，效果如图6-195所示。

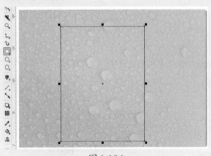

图6-194

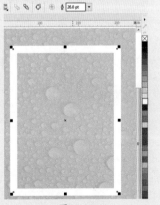

图6-195

06 选中白色框，执行菜单"对象>将轮廓转换为对象"命令，选择工具箱中的橡皮擦工具，在属性栏中单击"方形笔尖"按钮，使用鼠标左键单击白色框边缘擦去白色框下方多余的部分，如图6-196所示。在选

中白色框的状态下，再次单击该白色框，此时图形的控制点变为弧形双箭头控制点，通过拖动双箭头控制点将其拖动进行旋转，效果如图6-197所示。

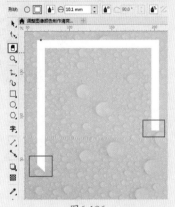

图6-196

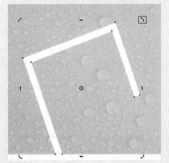

图6-197

07 继续使用同样的方法，绘制其他白色的图形并将其摆放在合适的位置，效果如图6-198所示。

图6-198

08 使用工具箱中的钢笔工具在画面的右下方绘制一个闪的电的图形，如图6-199所示。在右侧的调色板中右键单击⊠按钮，去掉轮廓色。左键单击白色按钮，为图形填充颜色，效果如图6-200所示。

09 选中闪电图形，按住鼠标左键向左上方移动，移动到合适位置后按鼠标右键进行复制，然后将其旋转至合适的角度，效果如图6-201所示

示。使用同样的方法，制作其他的闪电图形，如图6-202所示。

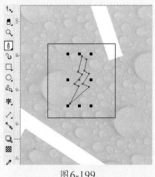

图6-199

图6-200

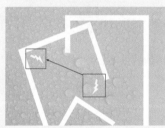

图6-201

图6-202

10 选择工具箱中的矩形工具，在画面的下方绘制一个白色小矩形，如图6-203所示。选择工具箱中的涂抹工具，在属性栏中设置"笔尖半径"为5.0mm、"压力"为50，单击"平滑涂抹"按钮，然后使用鼠标左键在矩形的边缘进行拖动，使其呈现出不规则的图形效果，如图6-204所示。

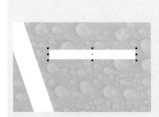

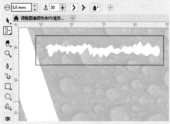

图6-203　　　　　　　　　图6-204

11 双击该图形，此时图形的控制点变为弧形双箭头控制点，通过拖动右下角的双箭头控制点将其向左拖动进行旋转，效果如图6-205所示。选中该图形，按住鼠标左键向右下方移动，移动到合适位置后按鼠标右键进行复制，将鼠标放置在该图形右侧中间的控制点上，当光标变为 ◀▶ 形状时，按住鼠标左键拖动将其进行放大，效果如图6-206所示。

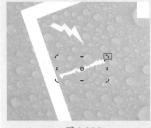

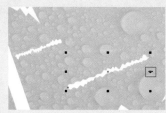

图6-205　　　　　　　　　图6-206

实例119　制作网页海报文字和图像部分

🎙 操作步骤

01 接着选择工具箱中的文本工具，在画面中单击鼠标左键，建立文字输入的起始点，在属性栏中设置合适的字体、字体大小，然后在画面中输入相应的文字，如图6-207所示。双击该文字，此时文字的控制点变为双箭头控制点，通过拖动其中的双箭头控制点将其进行旋转，效果如图6-208所示。

图6-207　　　　　　　　　图6-208

02 接着执行菜单"文件>导入"命令，在弹出的"导入"对话框中单击选择要导入的人物素材"2.png"，然后单击"导入"按钮，在工作区中按住鼠标左键拖动，控制导入对象的大小，释放鼠标完成导入操作，如图6-209所示。双击该素材，此时素材的控制点变

为双箭头控制点，通过拖动右下角的双箭头控制点将其进行旋转，效果如图6-210所示。

图6-209　　　　　　　　　图6-210

03 选中人物素材，执行菜单"对象>PowerClip>置于图文框内部"命令，当光标变成黑色粗箭头时，单击刚刚输入的主标题文字，即可实现位图的剪贴效果，如图6-211所示。

04 创建PowerClip对象后，右键单击该对象，执行菜单"编辑PowerClip"命令，进入内容的编辑状态，重新调整人物素材的位置，如图6-212所示。调整完成后，单击下方的"停止编辑内容"按钮，此时画面效果如图6-213所示。

05 继续使用文本工具在主标题文字的上下合适位置输入适当的文字，如图6-214所示。

图6-211　　　　　　　　　图6-212

图6-213　　　　　　　　　图6-214

06 制作左上方的标志。选择工具箱中的椭圆形工具，在画面的左上方按住Ctrl键并按住鼠标左键拖动绘制一个正圆形，如图6-215所示。选中该正圆形，选择工具箱中的交互式填充工具，在属性栏中单击"渐变填充"按钮，设置"渐变类

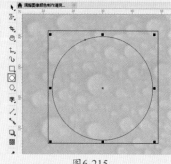

图6-215

型"为"线性渐变填充"，接着在图形上方按住鼠标左键拖动调整控制杆的位置，然后编辑一个合适的渐变颜色，如图6-216所示。在右侧的调色板中右键单击⊠按钮，去掉轮廓色，效果如图6-217所示。

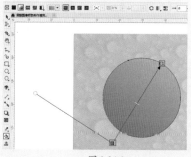 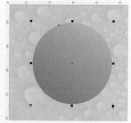

图6-216　　　　　　　图6-217

07 选择工具箱中的文本工具，在刚刚制作的正圆形上单击鼠标左键，建立文字输入的起始点，在属性栏中设置合适的字体、字体大小，单击"粗体"按钮和"斜体"按钮，然后在画面中输入相应的白色文字，如图6-218所示。双击该文字，此时文字的控制点变为双箭头控制点，通过拖动双箭头控制点将其拖动进行旋转至合适角度，效果如图6-219所示。

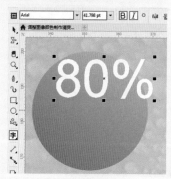 

图6-218　　　　　　　图6-219

08 继续使用同样的方法，在正圆形上合适位置输入其他文字，并对其进行调整，如图6-220所示。此时画面效果如图6-221所示。

图6-220　　　　　　　图6-221

09 执行菜单"文件>导入"命令，在弹出的"导入"窗口中单击选择要导入的人物素材"2.png"，然后单击"导入"按钮。在工作区中按住鼠标左键拖动，控制导入对象的大小，释放鼠

图6-222

标完成导入操作，如图6-222所示。选中人物素材，执行菜单"效果>调整>颜色平衡"命令，在弹出的"颜色平衡"对话框中设置"青--红"为18、"品红--绿"为0、"黄--蓝"为16，设置完成后单击"确定"按钮，如图6-223所示。此时画面效果如图6-224所示。

图6-223　　　　　　　图6-224

10 使用工具箱中的矩形工具在人物素材上绘制一个矩形，如图6-225所示。选中人物素材，执行菜单"对象>PowerClip>置于图文框内部"命令，当光标变成黑色粗箭头时，单击刚刚绘制的矩形，即可实现位图的剪贴效果。接着在右侧的调色板中右键单击⊠按钮，去掉轮廓色。最终完成效果如图6-226所示。

图6-225　　　　　　　图6-226

技术速查：颜色平衡

　　"颜色平衡"功能通过对图像中互为补色的色彩之间平衡关系的处理来校正图像色偏。选择矢量图形或位图对象，如图6-227所示。执行菜单"效果>调整>颜色平衡"命令，弹出"颜色平衡"对话框。首先需要在"范围"选项组中选择影响的范围，然后分别拖动"青--红""品红--绿""黄--蓝"的滑块，也可在后面的数值框中输入数值，设置完成后单击"确定"按钮，如图6-228所示。此时画面效果如图6-229所示。

图6-227

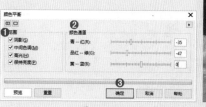 

图6-228　　　　　　　图6-229

➤ 阴影：表示同时调整对象阴影区域的颜色。

> 中间色调：表示同时调整对象中间色调的颜色。

> 高光：表示同时调整对象上高光区域的颜色。

> 保持亮度：表示调整对象颜色的同时保持对象的亮度。

6.7 唯美人像海报

文件路径	第6章\唯美人像海报
难易指数	★★★★★
技术掌握	● "高斯式模糊"效果 ● 椭圆形工具 ● 文本工具

扫码深度学习

操作思路

本案例首先导入一个背景图片，并为其添加"高斯式模糊"效果，接着导入合适的素材图片；然后使用文本工具在画面中输入合适的主体文字，接着制作下方飘带图形和导入4个素材图片放置到画面下方合适的位置；最后向画面中输入合适的文字。

案例效果

案例效果如图6-230所示。

图6-230

实例120 制作人像海报背景效果

操作步骤

01 执行菜单"文件>新建"命令，在弹出的"创建新文档"对话框中设置文档"大小"为A4，单击"纵向"按钮，设置完成后单击"确定"按钮，如图6-231所示。创建一个空白新文档，如图6-232所示。

图6-231

图6-232

02 接着执行菜单"文件>导入"命令，在弹出的"导入"对话框中单击选择要导入的蛋糕素材"1.jpg"，然后单击"导入"按钮，如图6-233所示。在工作区中按住鼠标左键拖动，控制导入对象的大小，释放鼠标完成导入操作，如图6-234所示。

图6-233

图6-234

03 在选中蛋糕素材的状态下，单击属性栏中的"垂直镜像"按钮，然后单击"水平镜像"按钮，效果如图6-235所示。

图6-235

04 选中蛋糕素材，执行菜单"位图>模糊>高斯式模糊"命令，在弹出的"高斯式模糊"对话框中设置"半径"为12像素，设置完成后单击"确定"按钮，如图6-236所示。此时画面效果如图6-237所示。将蛋糕素材移出画板外，方便之后操作。

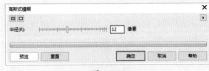

图6-236

图6-237

146

05 选择工具箱中的矩形工具，在画板中绘制一个与画板等大的矩形，如图6-238所示。选中蛋糕素材，执行菜单"对象>PowerClip>置于图文框内部"命令，当光标变成黑色粗箭头时，单击刚刚绘制的矩形，即可实现位图的剪贴效果。在右侧的调色板中右键单击⊠按钮，去掉轮廓色，效果如图6-239所示。

图6-238　　　　　　　　　图6-239

06 执行菜单"文件>导入"命令，导入花环素材"2.png"，在工作区中按住鼠标左键拖动，控制导入对象的大小，释放鼠标完成导入操作，如图6-240所示。继续使用同样的方法，导入人物素材"3.png"，放置在花环素材的上面，效果如图6-241所示。

图6-240　　　　　　　图6-241

实例121　制作人像海报的主体文字效果

🎙️**操作步骤**

01 接着选择工具箱中的文本工具，在人物素材上单击鼠标左键，建立文字输入的起始点，在属性栏中设置合适的字体、字体大小，然后在画面中输入相应的文字，在右侧的调色板中左键单击白色按钮，为文字设置颜色，如图6-242所示。

图6-242

02 使用快捷键Ctrl+K将文字进行拆分，选中字母N，选择工具箱中的形状工具，将该字母向下移动并旋转至合适的角度，如图6-243所示。继续使用同样的方法，制作其他两个字母，效果如图6-244所示。

图6-243　　　　　　　图6-244

03 接着使用同样的方法，绘制出主标题下方的文字，如图6-245所示。按住Shift键分别单击两组文字将其进行加选，接着使用快捷键Ctrl+G进行组合对象，然后使用快捷键Ctrl+C将其复制，接着使用快捷键Ctrl+V进行粘贴，复制出一份文字。

04 选中复制出的文字，双击位于界面底部的状态栏中的"轮廓笔"按钮，在弹出的"轮廓笔"对话框中设置"颜色"为紫色、"宽度"为10.0mm，在"样式"下拉列表中选择一个合适的样式，设置完成后单击"确定"按钮，如图6-246所示。然后在右侧的调色板中左键单击⊠按钮，去掉填充色，效果如图6-247所示。

05 使用鼠标右键单击紫色文字，在弹出的快捷菜单中执行"顺序>向后一层"命令，将紫色文字移到白色文字的后方，效果如图6-248所示。

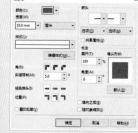

图6-245　　　　　　　　　图6-246

图6-247　　　　　　　　　图6-248

06 选择工具箱中的椭圆形工具，在字母S的左上方按住Ctrl键的同时按住鼠标左键拖动绘制出一个正圆形，如图6-249所示。选中该正圆形，选择工具箱中的交互式填充工具，在属性栏中单击"渐变填充"按钮，设置"渐变类型"为"椭圆形渐变填充"，接着在图形上按住鼠标左键拖动调整控制杆的位置，然后编辑一个粉色系的渐变颜色，在调色板中右键单击⊠按钮，去掉轮廓色，如图6-250所示。

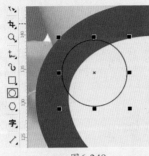
图6-249

图6-250

图6-254

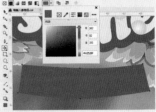
图6-255

07 选中粉色正圆形，按住鼠标左键向下移动，移动到合适位置后按鼠标右键进行复制，如图6-251所示。继续使用同样的方法，复制多个正圆形并将其摆放在合适的位置，如图6-252所示。按住Shift键加选文字上所有的粉色正圆形，使用快捷键Ctrl+G进行组合对象。

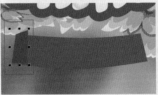
图6-256

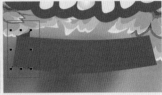
图6-257

03 继续使用同样的方法，绘制出其他的图形，最终组成飘带形状，如图6-258所示。

04 选择工具箱中的钢笔工具，在属性栏中设置"轮廓宽度"为1.0mm，然后在飘带的下方绘制一个粉色的线段，如图6-259所示。按住鼠标左键向上移动的同时按住Shift键，移动到合适位置后按鼠标右键进行复制，效果如图6-260所示。

图6-258

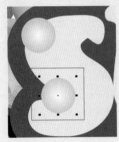
图6-251

图6-252

08 选中粉色正圆形组，执行菜单"对象>PowerClip>置于图文框内部"命令，当光标变成黑色粗箭头时，单击白色的主标题文字，即可实现位图的剪贴效果，如图6-253所示。

图6-253

实例122 制作人像海报的装饰图案

操作步骤

01 选择工具箱中的钢笔工具，在主体文字的下方绘制一个多边形，如图6-254所示。选中该多边形，选择工具箱中的交互式填充工具，接着在属性栏单击"均匀填充"按钮，设置"填充色"为紫色。然后在右侧的调色板右键单击⊠按钮，去掉轮廓色，如图6-255所示。

02 继续使用钢笔工具在多边形左侧绘制一个深紫色的四边形，如图6-256所示。使用鼠标右键单击深紫色四边形，在弹出的快捷菜单中执行"顺序>向后一层"命令，此时深紫色四边形会自动移动到紫色多边形的后方，效果如图6-257所示。

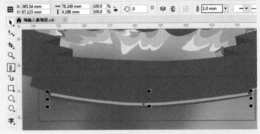
图6-259

05 执行菜单"文件>导入"命令，在弹出的"导入"对话框中单击选择要导入的蛋糕素材"4.jpg"，然后单击"导入"按钮，在工作区中按住鼠标左键拖动，控制导入对象的大小，释放鼠标完成导入操作，效果如图6-261所示。使用同样的方法，继续将其他蛋糕素材"导入"到画面中并摆放在合适的位置，效果如图6-262所示。

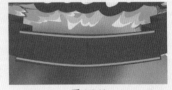
图6-260

图6-261

图6-262

06 选择工具箱中的文本工具，在飘带上单击鼠标左键，建立文字输入的起始点，在属性栏中设置合适的字体、字体大小，然后在画面中输入相应的文字，并在右侧的调色板中左键单击白黄色按钮，为文字设置颜色，如图6-263所示。使用同样的方法，继续在画面下方输入其他适当的文字，效果如图6-264所示。

图6-263　　　　　　　图6-264

07 使用工具箱中的椭圆形工具在刚刚输入的文字左侧按住Ctrl键的同时并按住鼠标左键拖动绘制一个正圆形，如图6-265所示。选择工具箱中的矩形工具，在画面中绘制一个小矩形。选中该矩形，将其旋转并放置到合适的位置，如图6-266所示。

图6-265　　　　　　　图6-266

08 加选矩形和正圆形，单击属性栏中的"合并"按钮，将两个图形合并，如图6-267所示。选中此图形，在右侧的调色板中右键单击☒按钮，去掉轮廓色。左键单击白色按钮，为图形填充颜色，如图6-268所示。

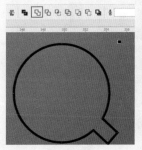
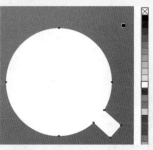

图6-267　　　　　　　图6-268

09 选择工具箱中的椭圆形工具，在刚刚制作的图形上绘制一个椭圆形，如图6-269所示。将此椭圆形复制一份放置到旁边待用。加选图形上的椭圆形和图形，单击属性栏中的"移除前面对象"按钮，效果如图6-270所示。

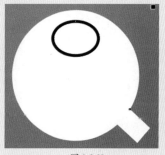

图6-269　　　　　　　图6-270

10 将刚才复制出的椭圆形移动到白色图形上，如图6-271所示。加选图形上的椭圆形和图形，单击属性栏中的"移除前面对象"按钮，效果如图6-272所示。

图6-271　　　　　　　图6-272

11 继续使用同样的方法，制作出完整的图形，如图6-273所示。此时唯美人像海报制作完成，最终效果如图6-274所示。

图6-273　　　　　　　图6-274

第 **7** 章

文字

本章概述　文字，既能传递信息，也是重要的装饰手段，所以在设计作品中占有重要的地位。在本章中学习如何使用文字工具组中的工具去创建点文字、段落文字、区域文字和路径文字。在文字创建完成后，可以使用"字符"面板和"段落"面板编辑文字属性。

本章重点
◆ 掌握文本工具的使用方法
◆ 掌握不同类型文字的创建
◆ 掌握文本对象参数的设置方法

/ 佳 / 作 / 欣 / 赏 /

7.1 使用文本工具制作简单汽车广告

文件路径	第7章\使用文本工具制作简单汽车广告
难易指数	★★★★★
技术掌握	● 矩形工具 ● 文本工具 ● 阴影工具

🔍扫码深度学习

💡操作思路

本案例讲解了如何使用文本工具制作简单的汽车广告。首先通过文本工具在画面的右侧输入文字；然后使用矩形工具和钢笔工具绘制图形；最后通过阴影工具为置入的素材制作阴影效果。

🖱案例效果

案例效果如图7-1所示。

图7-1

实例123 制作广告的主体文字部分

🎤操作步骤

01 执行菜单"文件>新建"命令，在弹出的"创建新文档"对话框中设置文档"宽度"为189.0mm、"高度"为267.0mm，单击"纵向"按钮，设置完成后单击"确定"按钮，如图7-2所示。创建一个空白新文档，如图7-3所示。

图7-2

图7-3

02 选择工具箱中的矩形工具，创建一个与画板等大的矩形。在该矩形被选中的状态下，双击位于界面底部状态栏中的"填充色"按钮，在弹出的"编辑填充"对话框中单击"均匀填充"按钮，设置颜色为铬黄色，设置完成后单击"确定"按钮，如图7-4所示。接着在右侧的调色板中右键单击⊠按钮，去掉轮廓色，效果如图7-5所示。

图7-4

图7-5

03 选择工具箱中的文本工具，在画面的右侧单击鼠标左键插入光标，建立文字输入的起始点，在属性栏中选择合适的字体、字体大小，然后单击"粗体"按钮，然后在画面中输入文字。输入完成后，在空白区域单击完成输入，如图7-6所示。在文字被选中的状态下，在右侧的调色板中左键单击白色按钮，设置文字颜色，如图7-7所示。

图7-6

图7-7

04 使用同样的方法，继续在画面的右侧输入其他文字，效果如图7-8所示。

BRIGHT
COLOR
COMELIN   23.-25.
CONTYACTED   TEL:2020

图7-8

05 选择工具箱中的矩形工具，在黄色文字上按住鼠标左键并拖动，绘制一个矩形。选中该矩形，在右侧的调色板中右键单击⊠按钮，去掉轮廓色。左键单击白色按钮，为矩形填充颜色，如图7-9所示。在该矩形被选中的状态下，多次执行菜单"对象>顺序>向后一层"命令，将其移动到黄色文字的后方，效果如图7-10所示。

图7-9

图7-10

06 继续使用矩形工具在刚刚制作的白色矩形上再绘制一个矩形，如图7-11所示。在该矩形被选中的状态下，双击位于界面底部位于状态栏中的"轮廓笔"按钮，在弹出的"轮廓笔"对话框中设置颜色为白色、"宽度"为0.25mm，在"样式"下拉列表中选择一个合适的"虚线"样式，设置完成后单击"确定"按钮，如图7-12所示。

图7-11

图7-12

07 此时效果如图7-13所示。使用同样的方法，继续制作右侧的矩形框，效果如图7-14所示。

图7-13

图7-14

08 继续使用文本工具在刚刚制作的矩形下方按住鼠标左键并从左上角向右下角拖动创建出文本框，如图7-15所示。在属性栏中设置合适的字体、字体大小，然后在文本框中输入适当的白色文字，如图7-16所示。

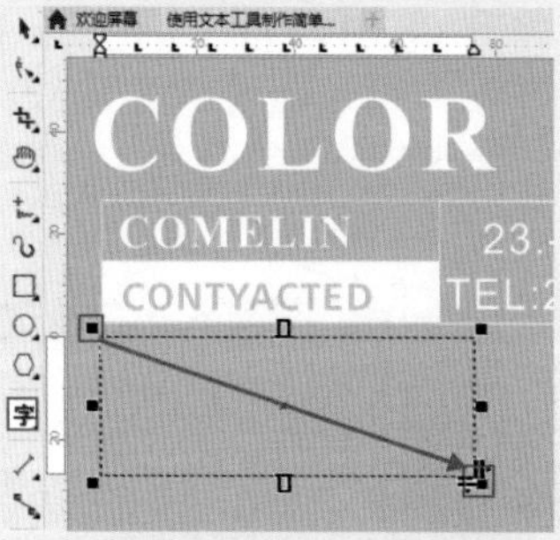

图7-15

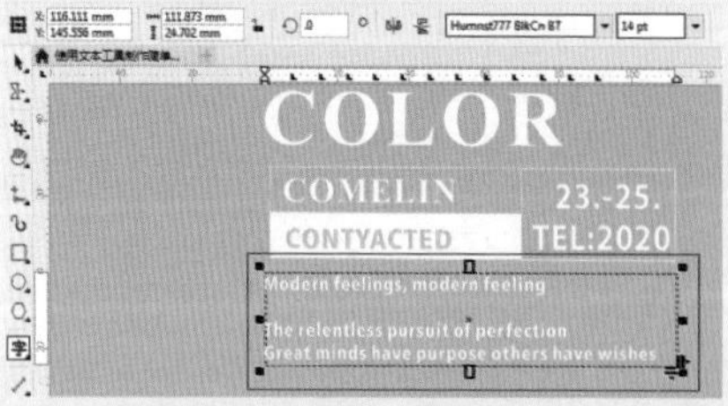

图7-16

09 在使用文本工具的状态下，在文字后方单击插入光标，然后按住鼠标左键向前拖动，使后两段文字被选中，然后在属性栏中更改字体，如图7-17所示。

图7-17

10 选择工具箱中的选择工具，使用鼠标左键将画面中的文字和矩形框选，使用快捷键Ctrl+G进行组合对象，然后在其上方单击鼠标左键，当四周的控制点变为弧形双箭头时，通过拖动左上角的双箭头控制点将其向左下方拖动进行旋转，效果如图7-18所示。

图7-18

实例124 制作广告中的图形部分

操作步骤

01 选择工具箱中的钢笔工具，在画面的左侧绘制一个四边形，如图7-19所示。选中该四边形，在右侧的调色板中右键单击⊠按钮，去掉轮廓色。左键单击白色按钮，为四边形填充颜色，如图7-20所示。接着使用同样的方法，在画面的右下方绘制其他四边形，效果如图7-21所示。

图7-19　　　　　图7-20

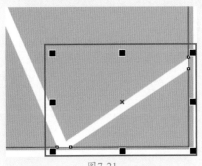

图7-21

02 选择工具箱中的椭圆形工具，在画面的右下方按住鼠标左键拖动绘制一个椭圆形，如图7-22所示。选中该椭圆形，在右侧的调色板中右键单击☒按钮，去掉轮廓色。左键单击白色按钮，为椭圆填充颜色，如图7-23所示。

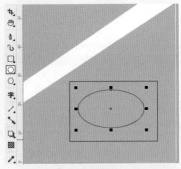

图7-22

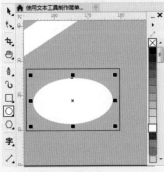

图7-23

03 选择工具箱中的文本工具，在椭圆形上单击鼠标左键，建立文字输入的起始点，在属性栏中设置合适的字体、字体大小，然后输入相应的文字，如图7-24所示。选择该文字，双击位于界面底部的状态栏中的"填充色"按钮，在弹出的"编辑填充"对话框中设置"填充模式"为"均匀填充"，设置颜色为黄色，然后单击"确定"按钮，如图7-25所示。此时文字效果如图7-26所示。

图7-24

图7-25

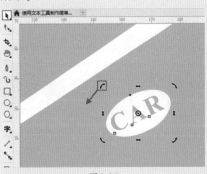

图7-26

04 按住Shift键加选椭圆形和文字，使用快捷键Ctrl+G进行组合对象，再次单击该组图文，此时图文组的控制点变为双箭头控制点，通过拖动左上角的双箭头控制点将其向左下方拖动进行旋转，效果如图7-27所示。

图7-27

05 执行菜单"文件>导入"命令，在弹出的"导入"对话框中单击选择素材"1.jpg"，然后单击"导入"按钮，如图7-28所示。接着在画面中适当的位置按住鼠标左键并拖动，控制导入对象的大小，释放鼠标完成导入操作，如图7-29所示。

图7-28

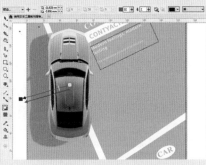

图7-29

06 选中汽车素材，选择工具箱中的阴影工具，在汽车中间位置按住鼠标左键向左拖动，制作阴影效果。接着在属性栏中设置"阴影的不透明度"为22、"阴影羽化"为2，"阴影颜色"为黑色、"合并模式"为"乘"，此时效果如图7-30所示。在选择汽车的状态下，再次单击该汽车，此时素材的控制点变为双箭头控制点，通过拖动其双箭头控制点将其进行适当的旋转。最终完成效果如图7-31所示。

图7-30

图7-31

在输入文字之前需要选择工具箱中的 字（文本工具），如图7-32所示。随即在属性栏中就会显示其相关选项。在属性栏中可以对文本的一些最基本的属性进行设置，例如：字体、字号、样式、对齐方式等选项，如图7-33所示。

图7-32

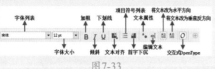

图7-33

> 宋体 字体列表：在"字体列表"下拉列表中选择一种字体，即可为新文本或所选文本设置字样。
> 12 pt 字体大小：在下拉列表中选择一种字号或输入数值，为新文本或所选文本设置一种指定字体大小。
> B I U 粗体/斜体/下划线：单击"粗体"按钮 B，可以将文本设为粗体；单击"斜体"按钮 I，可以将文本设为斜体；单击"下划线"按钮 U，可以为文字添加下划线。
> 文本对齐：单击"文本对齐"按钮，可以在弹出的下拉列表的"无""左""居中""右""全部调整"以及"强制调整"中选择一种对齐方式，使文本做相应的对齐设置。
> 符号项目列表：添加或移除项目符号列表格式。
> 首字下沉：是指段落文字的第一个字母尺寸变大并且位置下移至段落中。单击该按钮即可为段落文字添加或去除首字下沉。
> 文本属性：单击该按钮，即可打开"文本属性"泊坞窗，在其中可以对文字的各个属性进行调整。
> 编辑文本：选择需要设置的文字，单击文本工具属性栏中的"编辑文字"按钮，可以在打开的"文本编辑器"中修改文本以及其字体、字号和颜色。
> 文本方向：选择文字对象，单击文字属性栏中的"将文本改为水平方向"按钮 或"将文本改为垂直反方向"按钮，可以将文字转换为水平或垂直方向。
> O 交互式OpenType：OpenType功能可用于选定文本时，在屏幕上显示指示。

7.2 中式古风感标志设计

文件路径	第7章\中式古风感标志设计	
难易指数	★★★★★	
技术掌握	● 艺术笔工具 ● 文本工具 ● 矩形工具	扫码深度学习

操作思路

本案例讲解了如何制作中式古风感的标志设计。首先通过使用艺术笔工具在画面中绘制图形；接着使用文本工具在适当的位置输入文字；最后使用矩形工具在文字的间隔处绘制矩形。

案例效果

案例效果如图7-34所示。

图7-34

实例125 制作标志中的图形部分

操作步骤

01 执行菜单"文件>新建"命令，在弹出的"创建新文档"对话框中设置文档"大小"为A4，单击"横向"按钮，设置完成后单击"确定"按钮，如图7-35所示。创建一个空白新文档，如图7-36所示。

02 选择工具箱中的艺术笔工具，在属性栏中单击"笔刷"按钮，设置"类别"为"书法"，接着选择一个不规则的笔刷样式。设置完成后，在画面中按住鼠标左键拖动绘制一个弯曲的笔触图形，如图7-37所示。接着在属性栏中设置"笔触宽度"为13.0mm，如图7-38所示。

图7-35

图7-36

图7-37

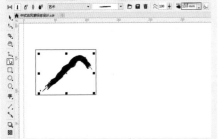

图7-38

03 在该笔触图形被选中的状态下，双击位于界面底部状态栏中的"填充色"按钮，在弹出的"编辑填充"对话框中单击"均匀填充"按钮，设置颜色为深橘黄色，设置完成后单击"确定"按钮，如图7-39所示。接着在右侧的调色板中右键单击⊠按钮，去掉轮廓色，效果如图7-40所示。

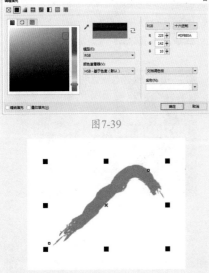

图7-39

图7-40

04 继续使用艺术笔工具在该图形的下方再绘制一个淡橙色的笔触图形，如图7-41所示。在该图形被选中

的状态下，单击鼠标右键执行"顺序>置于此对象后"命令，当光标变为黑色粗箭头时，使用鼠标左键单击橘黄色笔触图形，将刚刚绘制的笔触图形置于橘黄色笔触图形的下方，效果如图7-42所示。

图7-41   图7-42

05 继续使用同样的方法，在画面中合适位置绘制不同颜色的笔触图形，效果如图7-43所示。

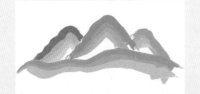

图7-43

实例126　制作标志中的文字部分

🎙️ **操作步骤**

01 选择工具箱中的文本工具按钮，在图形的下方单击鼠标左键插入光标，在属性栏中设置合适的字体、字体大小，然后在画面中输入文字，输入完成后在空白区域单击完成输入。接着在右侧的调色板中左键单击深绿色按钮，为文字设置颜色，如图7-44所示。

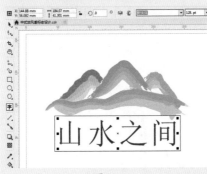

图7-44

02 选择工具箱中的矩形工具，在文字的中间位置按住鼠标左键并拖动，绘制一个矩形。选中该矩形，在

右侧的调色板中右键单击⊠按钮，去掉轮廓色。左键单击深绿色按钮，为矩形填充颜色，如图7-45所示。在选择该矩形的状态下，按住鼠标左键向右移动的同时按住Shift键，移动到合适位置后按鼠标右键进行复制，效果如图7-46所示。

图7-45

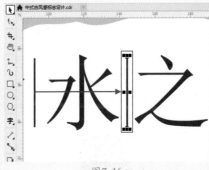

图7-46

03 使用快捷键Ctrl+R再次复制一个矩形到其他文字之间，效果如图7-47所示。再次使用文本工具在画面中适当的位置输入文字。最终完成效果如图7-48所示。

图7-47

BETWEEN THE
MOUNTAIN AND WATER

图7-48

"美术字"适用于版面中少量的文本，也称为美术文本。美术字的特点是在输入文字过程中需要按Enter键进行换行，否则文字不会自动换行。

选择工具箱中的文本工具 **字**，在文档中单击鼠标左键，此时单击的位置会显示闪烁的光标，接着输入文本。若要换行，按Enter键进行换行，然后继续输入文字。文字输入完成后，在空白区域单击完成输入。

7.3 使用文字工具制作时尚杂志封面

文件路径	第7章 \ 使用文字工具制作时尚杂志封面
难易指数	★★★★★
技术掌握	● 文本工具 ● 椭圆形工具 ● 形状工具 ● 矩形工具

🔍扫码深度学习

操作思路

本案例首先通过文本工具在画面中输入文字；接着使用椭圆形工具在画面中绘制正圆形和椭圆形；最后使用矩形工具制作文字后面的图形。

案例效果

案例效果如图7-49所示。

图7-49

实例127 制作杂志封面主标题效果

操作步骤

01 执行菜单"文件>新建"命令，在弹出的"创建新文档"对话框中设置文档"大小"为A4，单击"纵向"按钮，设置完成后单击"确定"按钮，如图7-50所示。创建一个空白新文档，如图7-51所示。

图7-50

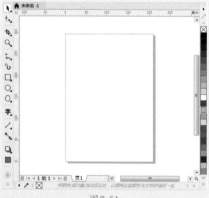

图7-51

02 执行菜单"文件>导入"命令，在弹出的"导入"对话框中单击选中素材"1.jpg"，然后单击"导入"按钮，如图7-52所示。在工作区中按住鼠标左键拖动，控制导入对象的大小，释放鼠标完成导入操作，如图7-53所示。

图7-52

图7-53

03 选择工具箱中的文本工具，在画面上方单击鼠标左键插入光标，建立文字输入的起始点，在属性栏中选择合适的字体、字体大小，单击"粗体"按钮，然后输入相应的文字。输入完成后，在空白区域单击完成输入，然后在右侧的调色板中左键单击白色按钮，设置文字的颜色，效果如图7-54所示。继续使用文本工具在该文字下方输入其他白色文字，效果如图7-55所示。

图7-54

图7-55

04 选择工具箱中的椭圆形工具，在画面的右上方按住Ctrl键并按住鼠标左键拖动绘制一个正圆形，如图7-56所示。选中该正圆形，双击位于界面底部状态栏中的"填充色"按钮，在弹出的"编辑填充"对话框中单击"渐变填充"按钮，设置松石绿色到白色的渐变，设置完成后单击"确定"按钮，如图7-57所示。

 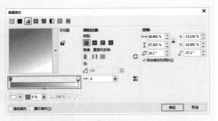

图7-56　　　　　　　　　　图7-57

05 接着在右侧的调色板中右键单击⊠按钮，去掉轮廓色，效果如图7 58所示。

06 选中该正圆形，使用快捷键Ctrl+Q将其转换为曲线。选择工具箱中的形状工具，选中正圆形下方的控制点，按住鼠标左键的同时按住Shift键将控制点以垂直方向向下拖动，如图7-59所示。在属性栏中单击"突出节点"按钮，接着将控制点向内拖动，效果如图7-60所示。

图7-58

图7-59　　　　　　　　　图7-60

07 在选择该图形的状态下，再次单击该图形，此时该图形的控制点将变为弧形双箭头控制点，通过拖动其控制点将其进行旋转，效果如图7-61所示。选择工具箱中的文本工具，在图形上单击鼠标左键插入光标，建立文字输入的起始点，在属性栏中选择合适的字体、字体大小，然后在画面中输入相应的文字，并设置不同的文字颜色，效果如图7-62所示。

图7-61　　　　　　　　　图7-62

08 选择工具箱中的椭圆形工具，在画面的左上角按住鼠标左键拖动，绘制一个椭圆形。选中该椭圆形，双击位于界面底部状态栏中的"轮廓笔"按钮，在弹出的"轮廓笔"对话框中设置颜色为松石绿色，"宽度"为0.5mm，设置完成后单击"确定"按钮，如图7-63所示。此时椭圆形效果如图7-64所示。

图7-63　　　　　　　　　图7-64

09 使用同样的方法，在该椭圆形的内侧再绘制一个稍小的绿色椭圆形，如图7-65所示。接着使用文本工具在椭圆形中间位置单击鼠标左键，建立文字输入的起始点，在属性栏中设置合适的字体、字体大小，然后在画面中输入相应的文字并设置文字的颜色为松石绿色，效果如图7-66所示。

图7-65

图7-66

10 选择工具箱中的两点线工具，在刚刚输入的文字下方按住鼠标左键拖动的同时按住Shift键，绘制一个直线。选中该直线，在属性栏中设置"轮廓宽度"为0.2mm，如图7-67所示。然后双击位于界面底部状态栏中的"轮廓笔"按钮，在弹出的"轮廓笔"对话框中设置颜色为松石绿色，效果如图7-68所示。

11 选择工具箱中的星形工具，在属性栏中设置"点数"为3、"锐度"为53、"轮廓宽度"为0.2mm，设置完成后，在线段的下方按住Ctrl键并按住鼠标左键拖动，绘制一个正五角星形，如图7-69所示。选中该星形，双击位于界面底部的状态栏中的"填充色"按钮，在弹出的"编辑填充"对话框中设置"填充模式"为"均匀填充"，选择一个合适的颜色，单击"确定"按钮，如图7-70所示。接着在右侧的调色板中右键单击⊠按钮，去掉轮廓色，效果如图7-71所示。

图7-67

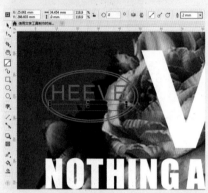

图7-68

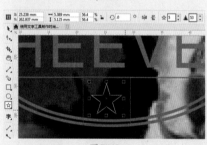

图7-69

图7-70

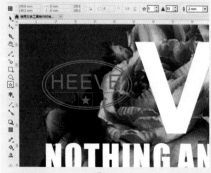

图7-71

操作步骤

01 选择工具箱中的文本工具，在画面中适当的位置按住鼠标左键并拖动，绘制一个文本框，如图7-72所示。在属性栏中设置合适的字体、字体大小，单击"粗体"按钮，设置文字为"左对齐"。然后在文本框中输入适当的白色文字。输入完成后，在空白区域单击完成输入，效果如图7-73所示。

图7-72

图7-73

02 继续使用同样的方法，在画面中适当的位置输入不同的文字，效果如图7-74所示。

图7-74

03 选择工具箱中的矩形工具，在画面的右侧白色文字上按住鼠标左键并拖动，绘制一个矩形，如图7-75所示。继续在文字的其他位置绘制不同大小的矩形，效果如图7-76所示。

图7-75

图7-76

04 按住Shift键加选白色文字上的所有矩形，在属性栏中单击"合并"按钮，效果如图7-77所示。在该图形被选中的状态下，设置该图形的"填充色"为松石绿色，并在右侧的调色板中右键单击⊠按钮，去掉轮廓色，如图7-78所示。

图7-77

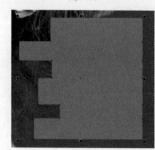

图7-78

05 在该图形被选中的状态下，多次执行菜单"对象>顺序>向后一层"命令，将其移动到白色文字的后方。最终完成效果如图7-79所示。

图7-79

技术速查：创建大量的文字

对于大量文字的编排，可以通过创建"段落文本"的方式进行编排。

选择工具箱中的文本工具，然后在页面中按住鼠标左键并从左上角向右下角进行拖动，创建文本框，如图7-80所示。这个文本框的作用在于，在输入文字后，段落文本会根据文本框的大小、长宽自动换行，当调整文本框架的长宽时，文字的排版也会发生变化。文本框创建完成后，在文本框中输入文字即可，这段文字被称之为"段落文本"，效果如图7-81所示。

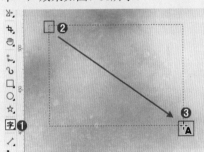
图7-80

图7-81

文件路径	第7章\使用文本工具制作创意文字版式
难易指数	★★★★★
技术掌握	● 椭圆形工具 ● 涂抹工具 ● 文本工具 ● 钢笔工具

🔍 扫码深度学习

💡 操作思路

本案例首先通过椭圆形工具和涂抹工具在画面中制作出不规则的圆形；接着使用文本工具在画面中适当的位置输入文字；最后使用钢笔工具绘制图形。

🖱 案例效果

案例效果如图7-82所示。

图7-82

实例129 制作扭曲的背景图形

🎤 操作步骤

01 执行菜单"文件>新建"命令，在弹出的"创建新文档"对话框中设置文档"大小"为A4，单击"纵向"按钮，设置完成后单击"确定"按钮，如图7-83所示。创建一个空白新文档，如图7-84所示。

图7-83

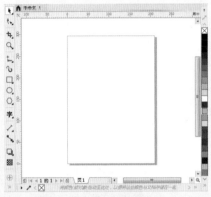
图7-84

02 选择工具箱中的椭圆形工具，在画面的中心位置按住Ctrl键并按住鼠标左键拖动，绘制一个正圆形，如图7-85所示。选中该正圆形，双击位于界面底部状态栏中的"填充色"按钮，在弹出的"编辑填充"对话框中单击"均匀填充"按钮，设置颜色为深蓝色，设置完成后单击"确定"按钮，如图7-86所示。接着在右侧的调色板中右键单击⊠按钮，去掉轮廓色，效果如图7-87所示。

图7-85

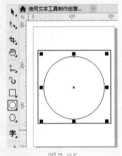
图7-86

图7-87

03 在正圆形被选中的状态下，选择工具箱中的涂抹工具，在属性栏中设置"笔尖半径"为20.0mm、"压力"为80，单击"平滑涂抹"按钮，设置完成后在正圆形上按住鼠标左键拖动，将正圆形变形，如图7-88所示。接着使用同样的方法，继续将正圆形变形，效果如图7-89所示。

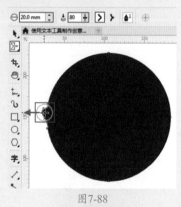

图7-88

图7-89

实例130　制作不规则分布的文字

🎙️ 操 作 步 骤

01 选择工具箱中的文本工具，在正圆形上单击鼠标左键插入光标，建立文字输入的起始点，接着在属性栏中设置合适的字体、字体大小，设置完成后输入相应的文字，接着在右侧的调色板中左键单击白色按钮，设

置文字颜色，如图7-90所示。在文字被选中的状态下，执行菜单"对象>拆分美术字"命令，将文字进行拆分，如图7-91所示。

图7-90

图7-91

02 双击字母P，当字母的控制点变为弧形双箭头控制点时，通过拖动左上角的双箭头控制点将其向左上方拖动进行旋转，效果如图7-92所示。使用同样的方法，将其他文字进行旋转并放置在适当的位置，如图7-93所示。

图7-92

图7-93

03 继续使用文本工具在正圆形上输入其他白色文字并为其进行旋转至合适角度，效果如图7-94所示。

图7-94

04 执行菜单"文件>导入"命令，在弹出的"导入"对话框中单击选择素材"1.png"，然后单击"导入"按钮，如图7-95所示。在画面中适当的位置按住鼠标左键并拖动，控制导入对象的大小，释放鼠标完成导入操作。然后将其调整到合适的位置，效果如图7-96所示。

图7-95

图7-96

05 继续使用文本工具在画面的上方输入黑色文字，如图7-97所示。在使用文本工具的状态下，在文字前方单击插入光标，然后按住鼠标左键向后拖动，使第一个字母被选中，然后在属性栏中更改字体大小，效果如图7-98所示。

艺境 中文版CorelDRAW图形创意设计与制作全视频 实战228例 CorelDRAW

图7-97

图7-98

06 选择工具箱中的钢笔工具，沿着文字的轮廓绘制一个不规则图形，设置该图形的"填充色"为红色并去掉轮廓色，如图7-99所示。右键单击该图形，在弹出的快捷菜单中执行"顺序>向后一层"命令，将其移动到文字的后方，如图7-100所示。

图7-99

图7-100

07 选中文字，在右侧的调色板中左键单击白色按钮，更改文字颜色，如图7-101所示。接着按住Shift键加选文字和红色的图形，再次在文字上单击鼠标左键，此时图形

和文字的控制点变为弧形双箭头控制点，通过拖动左上角的双箭头控制点将其向左拖动进行旋转，效果如图7-102所示。

图7-101

图7-102

08 继续使用文本工具在画面的下方输入深蓝色文字并将其进行适当的旋转，如图7-103所示。

图7-103

09 选择工具箱中的钢笔工具，在画面的右下方绘制一个不规则图形，如图7-104所示。在右侧的调色板中右键单击⊠按钮，去掉轮廓色。左键单击淡蓝色按钮，为图形填充颜色，如图7-105所示。

图7-104

图7-105

10 此时创意文字版式制作完成，最终效果如图7-106所示。

图7-106

7.5 文艺书籍封面

文件路径	第7章 \ 文艺书籍封面
难易指数	★☆☆☆☆
技术掌握	● 文本工具 ● 椭圆形工具

🔍扫码深度学习

💡 操作思路

本案例首先将素材置入到文档中；然后使用文本工具在画面中输入垂直方向的文字；最后使用椭圆形工具在画面中绘制正圆形，从而制作出文艺书籍封面。

🖱 案例效果

案例效果如图7-107所示。

图7-107

实例131　文艺书籍封面设计

操作步骤

01 执行菜单"文件>新建"命令，在弹出的"创建新文档"对话框中设置文档"大小"为A4，单击"纵向"按钮，设置完成后单击"确定"按钮，如图7-108所示。创建一个空白新文档，如图7-109所示。

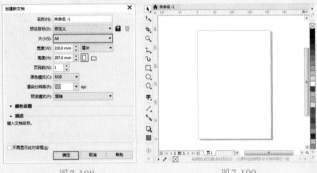

图7-108　　　　　　　　图7-109

02 执行菜单"文件>导入"命令，在弹出的"导入"对话框中单击选择背景素材"1.jpg"，然后单击"导入"按钮，如图7-110所示。接着在画面中适当的位置按住鼠标左键并拖动，控制导入对象的大小，释放鼠标完成导入操作，如图7-111所示。

图7-110　　　　　　　　图7-111

03 选择工具箱中的文本工具，在画面的右侧单击鼠标左键插入光标，建立文字输入的起始点，接着在属性栏中设置合适的字体、字体大小，设置完成后在画面中输入文字，如图7-112所示。在文字被选中的状态下，双击位

于界面底部状态栏中的"填充色"按钮，在弹出的"编辑填充"对话框中单击"均匀填充"按钮，设置颜色为山茶红色，设置完成后单击"确定"按钮，如图7-113所示。

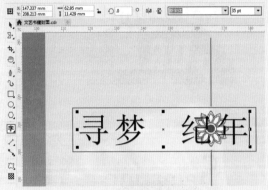

图7-112

图7-113

04 此时文字效果如图7-114所示。在文字被选中的状态下，在属性栏中单击"将文本更改为垂直方向"按钮，此时文字效果如图7-115所示。

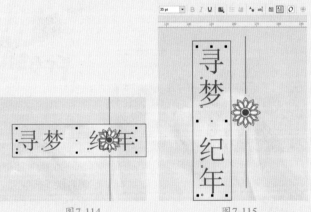

图7-114　　　　　　　图7-115

05 选择工具箱中的椭圆形工具，在文字的中间位置按住Ctrl键并按住鼠标左键拖动绘制一个正圆形，如图7-116所示。选中该正圆，双击位于界面底部状态栏中的"填充色"按钮，在弹出的"编辑填充"对话框中单击"均匀填充"按钮，设置颜色为山茶红色，设置完成后单击"确定"按钮，如图7-117所示。

06 接着在右侧的调色板中右键单击⊠按钮，去掉轮廓色，如图7-118所示。接着使用文本工具在该文字的右下方输入其他适当的山茶红色文字，效果如图7-119所示。

艺境　中文版CorelDRAW图形创意设计与制作全视频　实战228例

图7-116

图7-117

图7-118

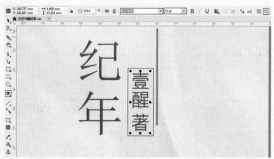

图7-119

07 继续使用文本工具在画面左下方按住鼠标左键并从左上角向右下角拖动创建出文本框，如图7-120所示。在属性栏中设置合适的字体、字体大小，单击"将文本改为垂直方向"按钮，设置完成后输入文字，并将该文字设置为山茶红色，效果如图7-121所示。

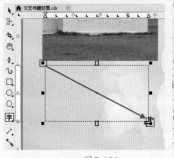

图7-120

图7-121

08 此时文艺书籍封面设计制作完成，最终效果如图7-122所示。

图7-122

7.6 创建区域文字制作摄影画册

文件路径	第7章\创建区域文字制作摄影画册
难易指数	★★★★★
技术掌握	● 钢笔工具 ● 文本工具 ● 矩形工具

扫码深度学习

操作思路

本案例首先通过矩形工具和钢笔工具在画面中绘制图形；接着将素材导入到文档中，执行"PowerClip内中"命令将素材置于不规则多边形的图文框内部；然后使用钢笔工具和文本工具在画面中绘制图形并输入文字；最后使用矩形工具制作画册中间的阴影部分。

案例效果

案例效果如图7-123所示。

图7-123

实例132 制作画册内页图形

操作步骤

01 执行菜单"文件>新建"命令，在弹出的"创建新文档"对话框中设置文档"宽度"为560.0mm、"高度"为222.0mm，单击"横向"按钮，设置完成后单击"确定"按钮，如图7-124所示。创建一个空白新文档，如图7-125所示。

02 选择工具箱中的矩形工具，创建一个与画板等大的矩形，在该矩形被选中的状态下，在右侧的调色板中右键单击区按钮，去掉轮廓色。左键单击灰色按钮，为矩形填充颜色，效果如图7-126所示。

图7-124

图7-125

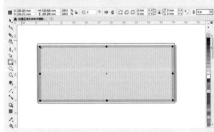

图7-126

03 继续使用矩形工具在刚刚制作的灰色矩形上再次绘制一个稍小的矩形，在属性栏中设置"轮廓宽度"为0.5pt。选中该矩形，在右侧的调色板中右键单击白色按钮，设置轮廓色。左键单击浅灰色按钮，为矩形填充颜色，如图7-127所示。

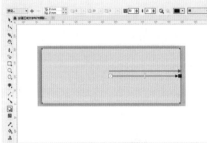

图7-127

04 在该矩形被选中的状态下，选择工具箱中的阴影工具，在

属性栏中设置"阴影的不透明度"为50、"阴影羽化"为15、"阴影颜色"为黑色、"合并模式"为"乘"，设置完成后在矩形上按住Shift键并按住鼠标左键向右拖动，制作矩形的阴影效果；如图7-128所示。

图7-128

05 执行菜单"文件>导入"命令，在弹出的"导入"对话框中单击选择素材"1.jpg"，然后单击"导入"按钮，如图7-129所示。在画面的左上角按住鼠标左键并拖动，控制导入对象的大小，释放鼠标完成导入操作，如图7-130所示。

图7-129

图7-130

06 选择工具箱中的钢笔工具，在素材"1.jpg"上绘制一个四边形。选中该素材，执行菜单"对象>PowerClip>置于图文框内部"命令，当光标变成黑色粗箭头时，单击刚刚绘制的四边形，即可实现位图的剪贴效果，如

图7-131所示。然后在右侧的调色板中右键单击区按钮，去掉轮廓色，效果如图7-132所示。

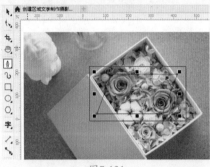

图7-131

图7-132

实例133 制作画册内页文字

操作步骤

01 继续使用钢笔工具在画面的左侧绘制四边形，设置"填充色"为黑色，如图7-133所示。选择工具箱中的文本工具，在四边形上单击鼠标左键，建立文字输入的起始点，在属性栏中设置合适的字体、字体大小，输入相应的文字，然后在右侧的调色板中左键单击蓝灰色按钮，为文字设置颜色，如图7-134所示。

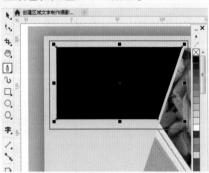

图7-133

艺境 中文版CorelDRAW图形创意设计与制作全视频

实战228例

CorelDRAW

图7-134

02 再次使用钢笔工具在蓝灰色文字下方绘制一个四边形，如图7-135所示。选择工具箱中的文本工具，在四边形上单击鼠标左键插入光标，建立文字输入的起始点，接着在属性栏中设置合适的字体、字体大小。然后在其中输入相应的白色文字。文字输入完成后，在右侧的调色板中右键单击区按钮，去掉四边形轮廓色，效果如图7-136所示。

图7-135

图7-136

03 使用同样的方法，制作右侧的图形和文字，如图7-137所示。

图7-137

04 选择工具箱中的矩形工具，在画面的左侧按住鼠标左键并拖动绘制一个矩形。接着在该矩形被选中的状态下，双击位于界面底部状态栏中的"填充色"按钮，在弹出的"编辑填充"对话框中单击"渐变填充"按钮，设置一个白色到黑色的渐变颜色，"类型"为"线性渐变填充"，设置完成后单击"确定"按钮，如图7-138所示。接着在右侧的调色板中右键单击区按钮，去掉轮廓色，效果如图7-139所示。

图7-138   图7-139

05 选择工具箱中的透明度工具，在属性栏中单击"均匀透明度"按钮，"合并模式"为"乘"、"透明度"为60，然后单击"全部"按钮，此时矩形效果如图7-140所示。

06 选中刚刚绘制的矩形，按住鼠标左键向右拖动的同时按住Shift键，移动到合适位置后按鼠标右键进行复制，如图7-141所示。

图7-140

07 在复制出的图形被选中的状态下，在属性栏中单击"水平镜像"按钮，将其进行水平翻转。最终完成效果如图7-142所示。

图7-141

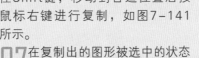

图7-142

技术速查：区域文字

"区域文字"是指在封闭的图形内创建的文本，区域文本的外轮廓呈现出封闭图形的形态，所以通过创建区域文字可以在不规则的范围内排列大量的文字。首先绘制一个封闭的图形，并选择这个封闭的图形。选择工具箱中的文本工具，将光标移动至闭合路径内单击，此时光标变为┇形状，如图7-143所示。然后单击鼠标左键并输入文字，随着文字的输入可以发现文本出现在封闭的路径内，如图7-144所示。

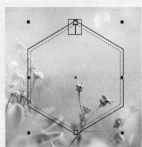

图7-143

图7-144

7.7 创建路径文字制作海报

文件路径	第7章\创建路径文字制作海报
难易指数	★★★★★
技术掌握	● 文本工具 ● 钢笔工具 ● 椭圆形工具

🔍扫码深度学习

操作思路

本案例首先通过文本工具在画面中输入文字；然后使用钢笔工具和文本工具在画面中适当的位置创建路径文字；最后使用椭圆形工具在画面的左上方绘制正圆形。

案例效果

案例效果如图7-145所示。

图7-145

实例134 创建主体文字

操作步骤

01 执行菜单"文件>新建"命令，在弹出的"创建新文档"对话框中设置文档"大小"为A4，单击"纵向"按钮，设置完成后单击"确定"按钮，如图7-146所示。创建一个空白新文档，如图7-147所示。

02 执行菜单"文件>导入"命令，在弹出的"导入"对话框中单击选择背景素材"1.jpg"，然后单击"导入"按钮，如图7-148所示。在画面的左上角按住鼠标左键并拖动至右下角，控制导入对象的大小，释放鼠标完成导入操作，如图7-149所示。

图7-146

图7-147

图7-148

图7-149

03 选择工具箱中的文本工具，在画面的上方单击鼠标左键插入光标，建立文字输入的起始点，在属性栏中设置合适的字体、字体大小，设置完成后在画面中输入文字。在文字被选中的状态下，双击位于界面底部状态栏中的"填充色"按钮，在弹出的"编辑填充"对话框中单击"均匀填充"按钮，设置颜色为深紫色，设置完成后单击"确定"按钮，如图7-150所示。使用同样的方法，在画面的下方输入其他文字，效果如图7-151所示。

04 选择工具箱中的钢笔工具，在画面的左上方绘制一个路径，如图7-152所示。选择工具箱中的文本工具，在属性栏中设置合适的字体、字体大小，接着将光标定位到路径上，

当光标变为 🔲 形状时，单击鼠标左键建立文字输入的起始点，如图7-153所示。接着在画面中输入相应的白色文字，效果如图7-154所示。

05 使用同样的方法，继续在画面中合适位置绘制路径并输入路径文字，效果如图7-155所示。

图7-150

图7-151

图7-152

图7-153

图7-154

图7-155

实例135　制作辅助文字与图形

🎤 操作步骤

01 选择工具箱中的椭圆形工具，在画面的左上角按住Ctrl键并按住鼠标左键拖动绘制一个正圆形。选中该正圆形，在右侧的调色板中右键单击⊠按钮，去掉轮廓色。左键单击白色按钮，为正圆填充颜色，如图7-156所示。再次选择工具箱中的文本工具，在该正圆形上方单击鼠标左键，建立文字输入的起始点，在属性栏中设置合适的字体、字体大小，然后输入相应的文字，如图7-157所示。

02 在使用文本工具的状态下，在数字后方单击插入光标，然后按住鼠标左键向前拖动，使数字被选中，然后在属性栏中更改字体大小，如图7-158

所示。

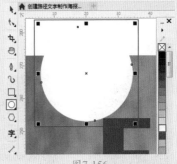
图7-156

图7-157

图7-158

03 在选择文字的状态下，再次单击该文字，此时文字的控制点变为双箭头控制点，通过拖动右上角的双箭头控制点将其向左拖动进行旋转，效果如图7-159所示。

图7-159

04 使用快捷键Ctrl+A将画面中的所有图形文字全选，使用快捷键Ctrl+G进行组合对象，然后选择工具箱中的矩形工具，在画面中绘制一个与背景素材等大的矩形，如图7-160所示。选择组合对象，执行菜单"对象>PowerClip>置于图文框内部"命令，当光标变成黑色粗箭头时，单击刚刚绘制的矩形，将其进行剪贴，效果如图7-161所示。

05 在右侧的调色板中右键单击⊠按钮，去掉轮廓色。最终完成效果如图7-162所示。

图7-160　　　　　图7-161　　　　　图7-162

技术速查：路径文字的设置

当处于路径文字的输入状态时，在文本工具的属性栏中可以进行文本方向、距离、偏移等参数的设置，如图7-163所示。当前的路径与文字可以一起移动，如果想要将文字与路径分开编辑，可以执行菜单"排列>拆分在一路径上的文本"命令，或按快捷键Ctrl+K，分离后，可以选中路径并按Delete键将其删除。

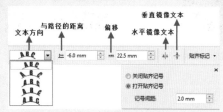

图7-163

- ➤ 文本方向：用于指定文字的总体朝向，包含五种效果。
- ➤ 与路径的距离：用于设置文本与路径的距离。
- ➤ 偏移：设置文字在路径上的位置。当数值为正值时，文字越靠近路径的起始点；当数值为负值时，文字越靠近路径的终点。
- ➤ 水平镜像文本：从左向右翻转文本字符。
- ➤ 垂直镜像文本：从上向下翻转文本字符。
- ➤ 贴齐标记：指定贴齐文本到路径的间距增量。

7.8 创建路径文字制作简约文字海报

文件路径	第7章\创建路径文字制作简约文字海报
难易指数	⭐⭐⭐⭐⭐
技术掌握	● 钢笔工具 ● 文本工具 ● 椭圆形工具

🔍扫码深度学习

操作思路

本案例首先通过使用钢笔工具在画面绘制曲线和文字的路径；接着使用文本工具在画面中输入文字；最后再次使用椭圆形工具和钢笔工具在画面中绘制图形。

案例效果

案例效果如图7-164所示。

图7-164

实例136　制作带有阴影的图形

操作步骤

01 执行菜单"文件>新建"命令，创建一个"宽度"为296.0mm、"高度"为185.0mm的新文档。双击工具箱中的矩形工具，创建一个与画板等大的矩形。在该矩形被选中的状态下，双击位于界面底部状态栏中的"填充色"按钮，在弹出的"编辑填充"对话框中单击"均匀填充"按钮，设置颜色为青色，设置完成后单击"确定"按钮，如图7-165所示。接着在右侧的调色板中右键单击⊠按钮，去掉轮廓色，效果如图7-166所示。

图7-165

图7-166

02 执行菜单"文件>导入"命令，在弹出的"导入"对话框中单击选择食物素材"1.png"，然后单击"导入"按钮，如图7-167所示。在画面的中心位置按住鼠标左键并拖动，控制导入对象的大小，释放鼠标完成导入操作，如图7-168所示。

艺境 中文版CorelDRAW图形创意设计与制作全视频

实战228例

CorelDRAW

图7-167　　　　　　　　图7-168

03 选中该素材，选择工具箱中的阴影工具，使用鼠标左键在图形中间位置向右拖动制作阴影效果。然后在属性栏中设置"阴影的不透明度"为50、"阴影羽化"为6、"阴影颜色"为黑色、"合并模式"为"乘"，效果如图7-169所示。

04 选择工具箱中的钢笔工具，在画面中绘制一条弧形路径，如图7-170所示。在该路径被选中的状态下，双击位于位于界面底部状态栏中的"轮廓笔"按钮，在弹出的"轮廓笔"对话框中设置颜色为白色，"宽度"为0.75mm，在"样式"下拉列表中选择一个合适的"虚线"样式，设置完成后单击"确定"按钮，如图7-171所示。此时画面效果如图7-172所示。

图7-169　　　　　　　　图7-170

图7-171　　　　　　　　图7-172

05 在该路径被选中的状态下，单击鼠标右键执行"顺序>向后一层"命令，将其移动到食物素材的后方，效果如图7-173所示。使用同样的方法，继续在画面中合适的位置绘制其他白色路径，效果如图7-174所示。

图7-173　　　　　　　　图7-174

实例137　制作带有弧度的文字

操作步骤

01 再次选择工具箱中的钢笔工具，在画面的上方绘制路径，如图7-175所示。选择工具箱中的文本工具，将光标定位到路径上，当光标变为 形状时，单击鼠标左键建立文字输入的起始点，如图7-176所示。

图7-175　　　　　　　　图7-176

02 接着在属性栏中设置合适的字体、字体大小，设置完成后输入文字。在右侧的调色板中左键单击白色按钮，设置文字颜色，效果如图7-177所示。继续使用文本工具在画面的下方输入其他白色文字，效果如图7-178所示。

图7-177　　　　　　　　图7-178

03 选择工具箱中的椭圆形工具，在画面中适当的位置按住Ctrl键并按住鼠标左键拖动绘制一个正圆形。选中该正圆形，在右侧的调色板中右键单击⊠按钮，去掉轮廓色。左键单击紫色按钮，为正圆填充颜色，如图7-179所示。使用同样的方法，继续在画面中绘制不同大小的正圆形，效果如图7-180所示。

图7-179　　　　　　　　图7-180

04 选择工具箱中的钢笔工具，在画面的右侧绘制一个不规则图形，如图7-181所示。选中该图形，在右侧的调色板中右键单击⊠按钮，去掉轮廓色。左键单击紫色按钮，为图形填充颜色，效果如图7-182所示。

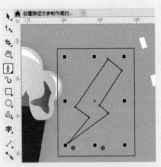

图7-181

图7-182

05 继续使用钢笔工具在画面中绘制其他紫色图形。最终完成效果如图7-183所示。

图7-183

7.9 动物保护主题公益广告

文件路径	第7章\动物保护主题公益广告
难易指数	★★★★★
技术掌握	● 矩形工具 ● 文本工具 ● 椭圆形工具 ● 钢笔工具 ● 阴影工具

扫码深度学习

操作思路

本案例首先使用矩形工具制作背景和分割线；然后使用文本工具在画面中输入文字；接着使用椭圆形工具和钢笔工具绘制图标；最后将素材导入到文档中并通过阴影工具制作阴影效果。

案例效果

案例效果如图7-184所示。

图7-184

实例138　动物保护主题公益广告

操作步骤

01 执行菜单"文件>新建"命令，创建一个新文档。双击工具箱中的矩形工具，创建一个与画板等大的矩形。在该矩形被选中的状态下，双击位于界面底部状态栏中的"填充色"按钮，在弹出的"编辑填充"对话框中单击"均匀填充"按钮，设置颜色为亮灰色，设置完成后单击"确定"按钮，如图7-185所示。接着在右侧的调色板中右键单击⊠按钮，去掉轮廓色，效果如图7-186所示。

02 继续使用矩形工具在画面的下方按住鼠标左键并拖动，绘制一个矩形。在该矩形被选中的状态下，在右侧的调色板中右键单击⊠按钮，去掉轮廓色。左键单击白色按钮，为矩形填充颜色，效果如图7-187所示。

03 执行菜单"文件>导入"命令，在弹出的"导入"对话框中单击选择动物素材"1.png"，然后单击"导入"按钮，如图7-188所示。在画面中适当的位置按住鼠标左键并拖动，控制导入对象的大小，释放鼠标完成导入操作，效果如图7-189所示。

图7-185

图7-186

图7-187

图7-188

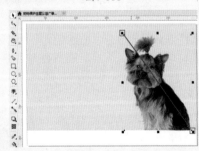

图7-189

04 选择工具箱中的文本工具，在画面的左侧单击鼠标左键插入光标，建立文字输入的起始点，在属性栏中选择合适的字体、字体大小，设置完成后在画面中输入相应的文字。在右侧的调色板中左键单击70%黑色按钮，设置文字颜色，如图7-190所示。继续使用文本工具在该文字的下方输入一行文字并设置不同的颜色，效果如图7-191所示。

图7-190

图7-191

05 选择工具箱中的矩形工具，在文字的下方按住鼠标左键并拖动绘制一个矩形。在该矩形被选中的状态下，在右侧的调色板中右键单击⊠按钮，去掉轮廓色。左键单击40%黑色按钮，为矩形填充颜色，如图7-192所示。

图7-192

06 在使用文本工具的状态下，在画面中适当的位置按住鼠标左键并从左上角向右下角拖动创建出文本框，如图7-193所示。接着在属性栏中设置合适的字体、字体大小，设置完成后在文本框内输入文字。在右侧

的调色板中左键单击70%黑色按钮，为文字设置颜色，效果如图7-194所示。

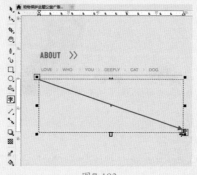

图7-193

图7-194

07 在使用文本工具的状态下，选中部分文字，在右侧的调色板中更改文字颜色，如图7-195所示。使用同样的方法，继续改变其他文字的颜色，效果如图7-196所示。

图7-195

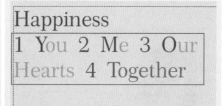

图7-196

08 继续使用文本工具在画面中输入其他文字，效果如图7-197所示。

图7-197

09 选择工具箱中的椭圆形工具，在画面中适当的位置按住Ctrl键并按住鼠标左键拖动绘制一个正圆形。接着在属性栏中设置"轮廓宽度"为0.2mm，设置完成后在右侧的调色板中右键单击40%黑色按钮，设置椭圆形的轮廓色，如图7-198所示。

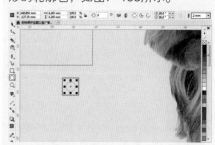

图7-198

10 选择工具箱中的钢笔工具，在正圆形内绘制一个尖角图形。选中该图形，在右侧的调色板中左键单击40%黑色按钮，设置填充色。右键单击⊠按钮，去掉轮廓色，效果如图7-199所示。按住Shift键加选该图形和刚刚制作的正圆形，使用快捷键Ctrl+G进行组合对象。接着按住鼠标左键向左移动的同时按住Shift键，移动到合适位置后按鼠标右键进行复制，如图7-200所示。

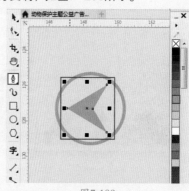

图7-199

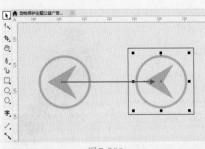

图7-200

11 选择右侧的图形组，在属性栏中单击"水平镜像"按钮，将其进行水平翻转，效果如图7-201所示。

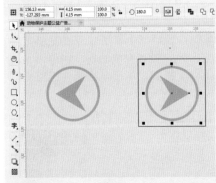

图201

12 执行菜单"文件>导入"命令将素材"2.jpg"导入到文档中，如图7-202所示。选中该素材，选择工具箱中的阴影工具，使用鼠标左键在素材中间位置向右下方拖动制作阴影，接着在属性栏中设置"阴影的不透明度"为50，"阴影羽化"为15，颜色为黑色，"合并模式"为"乘"，此时效果如图7-203所示。

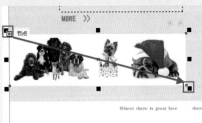

图7-202

图7-203

13 此时动物保护主题公益广告制作完成，最终效果如图7-204所示。

图7-204

7.10 企业宣传三折页设计

文件路径	第7章\企业宣传三折页设计
难易指数	★★★★★
技术掌握	● 矩形工具 ● 椭圆形工具 ● 钢笔工具 ● 文本工具 ● 透明度工具 ● 交互式填充工具

扫码深度学习

操作思路

本案例首先通过矩形工具将画面分为3个部分；接着使用椭圆形工具、透明度工具和交互式填充工具在画面中绘制不同的正圆形；再使用文本工具在适当的位置输入文字，并通过矩形工具绘制文字下方的矩形；最后使用钢笔工具绘制弯曲的线段。

案例效果

案例效果如图7-205所示。

图7-205

实例139 制作企业宣传三折页设计

操作步骤

01 执行菜单"文件>新建"命令，创建一个"宽度"为284.0mm，"高度"为209.0mm的新文档。选择工具箱中的矩形工具，在画面的左侧按住鼠标左键并拖动绘制一个矩形。在该矩形被选中的状态下，双击位于界面底部状态栏中的"填充色"按钮，在弹出的"编辑填充"对话框中单击"均匀填充"按钮，设置颜色为蓝色，设置完成后单击"确定"按钮，如图7-206所示。接着在右侧的调色板中右键单击⊠按钮，去掉轮廓色，效果如图7-207所示。

图7-206

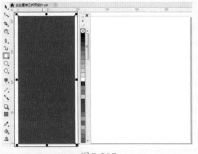

图7-207

02 选中该矩形，按住鼠标左键向右移动的同时按住Shift键，移动到合适位置后按鼠标右键进行复制，如图7-208所示。在复制出的图形被选中的状态下，更改其"填充色"为浅灰色，效果如图7-209所示。使用快捷键Ctrl+R再次复制一个矩形，将其更改"填充色"为白色，效果如图7-210所示。如果3个矩形的宽度超出了纸张大小，可以选中这3个矩形，然后统一沿横向缩放，使之摆放在画面中。

03 执行菜单"文件>导入"命令，在弹出的"导入"对话框中单击选择蓝天素材"1.png"，然后单击

"导入"按钮，如图7-211所示。在画面中适当的位置按住鼠标左键并拖动，控制导入对象的大小，释放鼠标完成导入操作，如图7-212所示。

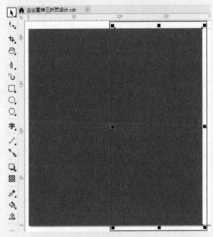

图7-208

图7-209

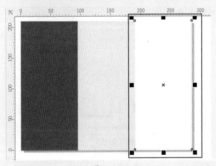

图7-210

图7-211

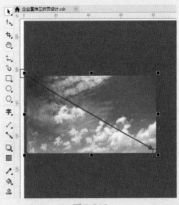

图7-212

04 选择工具箱中的椭圆形工具，在蓝天素材上按住Ctrl键并按住鼠标左键拖动绘制一个正圆形，如图7-213所示。选中蓝天素材，执行菜单"对象>PowerClip>置于图文框内部"命令，当光标变成黑色粗箭头时，单击刚绘制的正圆形，即可实现位图的剪贴效果。接着在右侧的调色板中右键单击区按钮，去掉轮廓色，效果如图7-214所示。

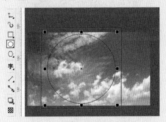

图7-213

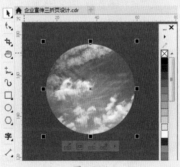

图7-214

05 继续使用椭圆形工具在蓝天素材上再次绘制一个正圆形，在右侧的调色板中右键单击区按钮，去掉轮廓色。左键单击天蓝色按钮，为正圆形填充颜色，如图7-215所示。在该正圆形被选中的状态下，单击鼠标右键执行"顺序>向后一层"命令，将其移动到天空素材的后方，效果如图7-216所示。

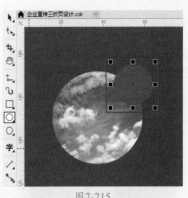

图7-215

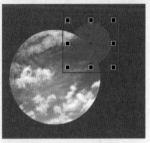

图7-216

06 继续在蓝天的下方绘制一个正圆形。然后选择工具箱中的交互式填充工具，在属性栏中单击"渐变填充"按钮，设置"渐变类型"为"线性渐变填充"，然后编辑一个蓝色系渐变颜色，如图7-217所示。在右侧的调色板中右键单击区按钮，去掉轮廓色，效果如图7-218所示。

图7-217

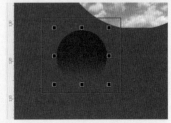

图7-218

07 选择工具箱中的文本工具，在渐变的正圆形上单击鼠标左键插入光标建立文字输入的起始点，在属性栏中设置合适的字体、字体大小，设置完成后在画面中输入文字，接着在右侧的调色板中左键单击白色按钮，设置文字颜色，如图7-219所示。使用同样的方法，继续在画面中输入其他文字，效果如图7-220所示。

图7-219   图7-220

08 继续使用文本工具在刚刚输入的文字下方按住鼠标左键并从左上角向右下角拖动创建出文本框，如图7-221所示。在属性栏中设置合适的字体、字体大小，然后在文本框中输入相应的文字，如图7-222所示。

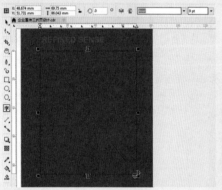

图7-221   图7-222

实例140 制作中间页面

🎙️ 操作步骤

01 继续使用椭圆形工具在画面的中心位置绘制一个蓝色的正圆形，如图7-223所示。

02 选择工具箱中的钢笔工具，在正圆形的右侧绘制一个路径，绘制完成后在属性栏中设置"轮廓宽度"为1mm、"轮廓色"为蓝灰色，效果如图7-224所示。使用同样的方法，再次绘制一条路径，效果如图7-225所示。半圆弧形也可以使用椭圆形工具绘制半个圆形，然后使用刻刀工具进行切分。

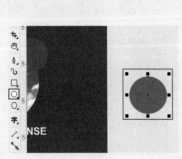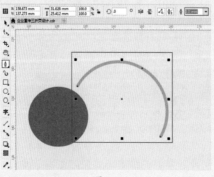

图7-223   图7-224

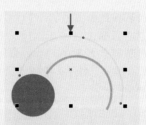

图7-225

03 选择工具箱中的文本工具，在刚刚绘制的正圆形下方输入不同字体、字体大小和字体颜色的适当文字，效果如图7-226所示。

图7-226

04 选择工具箱中的矩形工具，在刚刚输入的文字下方按住鼠标左键并拖动，绘制一个矩形。选中该矩形，在右侧的调色板中右键单击⊠按钮，去掉轮廓色。左键单击蓝色按钮，为矩形填充颜色，如图7-227所示。继续在该矩形下方制作其他不同大小的蓝色矩形，如图7-228所示。

图7-227

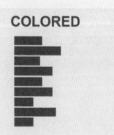

图7-228

05 选择工具箱中的文本工具，在刚刚制作的矩形上输入适当的文字，效果如图7-229所示。

图7-229

实例141 制作右侧页面

操作步骤

01 执行菜单"文件>导入"命令，在弹出的"导入"对话框中单击选择素材"2.jpg"，然后单击"导入"按钮，如图7-230所示。在画面中适当的位置按住鼠标左键并拖动，控制导入对象的大小，释放鼠标完成导入操作，如图7-231所示。

图7-230

图7-231

02 选择工具箱中的钢笔工具，在该素材上绘制一个不规则图形，如图7-232所示。选择刚刚导入的素材，执行菜单"对象>PowerClip>置于图文框内部"命令，当光标变成黑色粗箭头时，单击刚刚绘制的不规则图形，即可实现位图的剪贴效果，如图7-233所示。

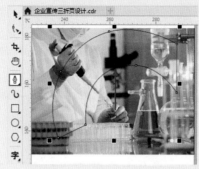

图7-232

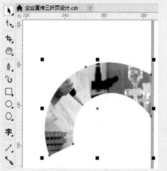

图7-233

03 使用同样的方法，再次将素材"2.jpg"导入到素材中，然后执行"PowerClip内部"命令，将素材置于图文框内部，然后将其放置在适当的位置，效果如图7-234所示。

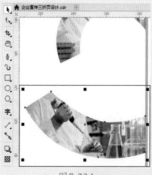

图7-234

04 选择工具箱中的椭圆形工具，在画面的右侧绘制一个正圆形。选中该正圆形，在右侧的调色板中右键单击⊠按钮，去掉轮廓色。左键单击蓝色按钮，为正圆形填充颜色，如图7-235所示。接着选择工具箱中的透明度工具，在属性栏中单击"均匀透明度"按钮，设置"透明度"为20，效果如图7-236所示。

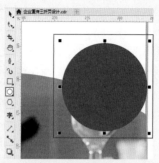

图7-235

图7-236

05 使用同样的方法，在该正圆形下方再次绘制一个半透明的正圆形，如图7-237所示。选择工具箱中的钢笔工具，在刚刚绘制的正圆形左侧绘制一条曲线，在属性栏中设置"轮廓宽度"为1.5mm，在右侧的调色板中左键单击蓝色按钮，为其填充颜色，效果如图7-238所示。

图7-237

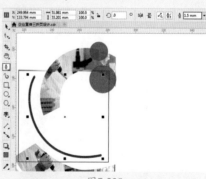

图7-238

06 继续使用钢笔工具在该曲线左侧制作其他不同长度且不同颜色的曲线，效果如图7-239所示。

07 选择工具箱中的文本工具，在刚才制作的正圆形下方单击鼠标左键，建立文字输入的起始点，在属性栏中设置合适的字体、字体大小，然后输入相应的蓝灰色文字，如图7-240所示。

图7-239　　　　　　　　　　图7-240

08 在使用文本工具的状态下，在该文字下方按住鼠标左键并从左上角向右下角拖动创建出文本框，如图7-241所示。在属性栏中设置合适的字体、字体大小，然后在文本框中输入相应的文字，如图7-242所示。

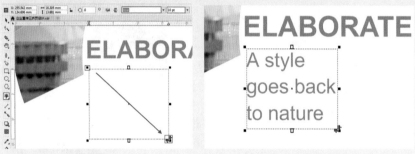

图7-241　　　　　　　　　　图7-242

09 继续使用同样的方法，在该段落文字下方输入其他文字，效果如图7-243所示。

10 选择工具箱中的矩形工具，在画面的右侧绘制一个矩形。选中该矩形，接着选择工具箱中的交互式填充工具，在属性栏中单击"渐变填充"按钮，设置"渐变类型"为"线性填充按钮"，然后编辑一个黑色到白色的渐变颜色，如图7-244所示。接着选择工具箱中的透明度工具，在属性栏中设置"透明度的类型"为"渐变透明度"、"合并模式"为"乘"、"渐变模式"为"线性渐变透明度"，单击"全部"按钮，然后设置"左侧节点透明度"为76，效果如图7-245所示。

图7-243

图7-244

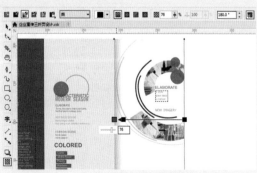

图7-245

11 此时企业宣传三折页设计制作完成，最终效果如图7-246所示。

图7-246

7.11	艺术品画册内页设计	
文件路径	第7章\艺术品画册内页设计	
难易指数	★★★★★	
技术掌握	● 矩形工具 ● 钢笔工具 ● 文本工具 ● 交互式填充工具 ● 透明度工具	

🔍 扫码深度学习

💡 **操作思路**

　　本案例首先通过矩形工具在画面中绘制矩形；接着使用钢笔工具在画面中绘制图形，并使用文本工具输入文字；然后通过"矩形工具"在画面的右侧绘制一个矩形；最后使用交互式填充工具和透明度工具制作折叠效果。

🖼 **案例效果**

　　案例效果如图7-247所示。

图7-247

实例142 画册内页背景图及色块

操作步骤

01 执行菜单"文件>新建"命令，创建一个"宽度"为283.0mm、"高度"为200.0mm的新文档。双击工具箱中的矩形工具，创建一个与画板等大的矩形。在矩形被选中的状态下，双击位于界面底部状态栏中的"填充色"按钮，在弹出的"编辑填充"对话框中单击"均匀填充"按钮，设置颜色为灰色，设置完成后单击"确定"按钮，如图7-248所示。接着在右侧的调色板中右键单击⊠按钮，去掉轮廓色，效果如图7-249所示。

图7-248

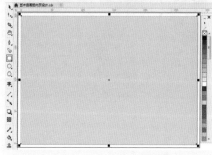

图7-249

02 再次使用矩形工具在该灰色矩形上绘制一个稍小的矩形，在右侧的调色板中右键单击⊠按钮，去掉轮廓色。左键单击蓝灰色按钮，为矩形填充颜色，如图7-250所示。

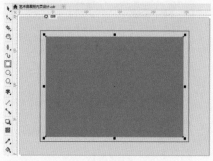

图7-250

03 执行菜单"文件>导入"命令，在弹出的"导入"对话框中单击选择素材"1.jpg"，然后单击"导入"按钮，如图7-251所示。在画板外按住鼠标左键并拖动，控制导入对象的大小，释放鼠标完成导入操作，如图7-252所示。

图7-251   图7-252

04 选中蓝色的矩形，然后使用快捷键Ctrl+C将其复制，使用快捷键Ctrl+V将其粘贴。接着选中素材，执行菜单"对象>PowerClip>置于图文框内部"命令，当光标变成黑色粗箭头时，单击刚刚复制的矩形，即可实现位图的剪贴效果，如图7-253所示。接着选择工具箱中的透明度工具，在属性栏中单击"均匀透明度"按钮，设置"合并模式"为"乘"、"透明度"为0，单击"填充"按钮，效果如图7-254所示。

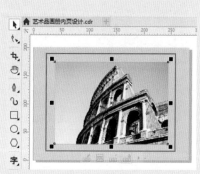

图7-253   图7-254

05 选中该素材，在属性栏中单击"水平镜像"按钮，效果如图7-255所示。

06 选择工具箱中的钢笔工具，在画面中绘制一个不规则的图形，如图7-256所示。选中该图形，在右侧的调色板中右键单击⊠按钮，去掉轮廓色。左键单击红色按钮，为图形填充颜色，如图7-257所示。继续使用钢笔工具在该图形的左上方绘制一个黑色的不规则图形，效果如图7-258所示。

图7-255

图7-256

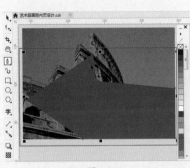

图7-257

图7-258

图7-263

实例143　制作画册内页文字

操作步骤

01 选择工具箱中的文本工具，在黑色的矩形上单击鼠标左键插入光标，建立文字输入的起始点，接着在属性栏中设置合适的字体、字体大小，设置完成后在画面中输入文字。在右侧的调色板中左键单击白色按钮，设置文字颜色，如图7-259所示。接着使用同样的方法，在画面的右侧输入其他文字，效果如图7-260所示。

图7-259

图7-260

02 继续使用文本工具在画面右侧按住鼠标左键并从左上角向右下角拖动创建出文本框，如图7-261所示。在属性栏中设置合适的字体、字体大小，然后在文本框中输入文字，如图7-262所示。

图7-261

图7-262

03 在使用文本工具的状态下，在文字的前方单击插入光标，然后按住鼠标左键向后拖动，使一段文字被选中，然后在右侧的调色板中更改字体颜色为白色，如图7-263所示。使用同样的方法，为其他文字更改字体颜色，效果如图7-264所示。

04 继续使用同样的方法，在该段落文字的右侧制作其他段落文字，效果如图7-265所示。

图7-264

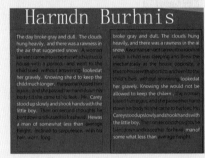

图7-265

05 选择工具箱中的选择工具，按住Shift键加选右侧的所有文字，然后在文字组上单击鼠标左键，此时文字组的控制点变为双箭头控制点，通过拖动右上角的双箭头控制点将其向右下方拖动进行旋转，效果如图7-266所示。

图7-266

06 选择工具箱中的矩形工具，在画面的右侧按住鼠标左键并拖动，绘制一个矩形。选中该矩形，接着选择工具箱中的交互式填充工具，在属性栏中单击"渐变填充"按钮，设置"渐变类型"为"线性渐变填充"，然后编辑一个黑色到白色的渐变颜色，如图7-267所示。在该矩形被选中的状态下，选择工具箱中的透明度工具，在属性栏中单击"均匀透明度"按钮，设置"合并模式"为"乘"、"透明度"为0，单击"全部"按钮，此时效果如图7-268所示。

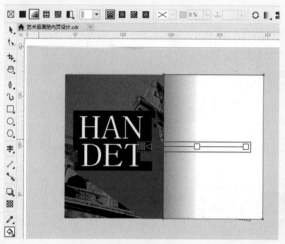

图7-267

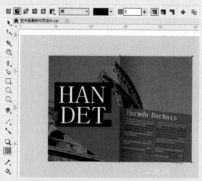

图7-268

07 此时艺术品画册内页设计制作完成，最终效果如图7-269所示。

图7-269

/ 佳 / 作 / 欣 / 赏 /

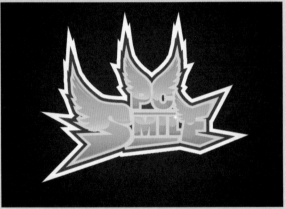

8.1 带有投影的文字标志

文件路径	第 8 章 \ 带有投影的文字标志
难易指数	★★★★★
技术掌握	● 钢笔工具 ● 矩形工具 ● 椭圆形工具 ● 阴影工具 ● 透明度工具

扫码深度学习

操作思路

本案例首先使用钢笔工具分别绘制出4个多边形，将其填充合适的颜色作为背景；然后使用矩形工具和椭圆形工具在画面中分别绘制出白色矩形和正圆形并为其添加"投影"效果；最后为画面添加多个彩色多边形装饰图形。

案例效果

案例效果如图8-1所示。

图8-1

实例144 制作标志的背景效果

操作步骤

01 执行菜单"文件>新建"命令，在弹出的"创建新文档"对话框中设置文档"宽度"为200.0mm、"高度"为200.0mm，设置完成后单击"确定"按钮，如图8-2所示。创建一个空白新文档，如图8-3所示。

图8-2

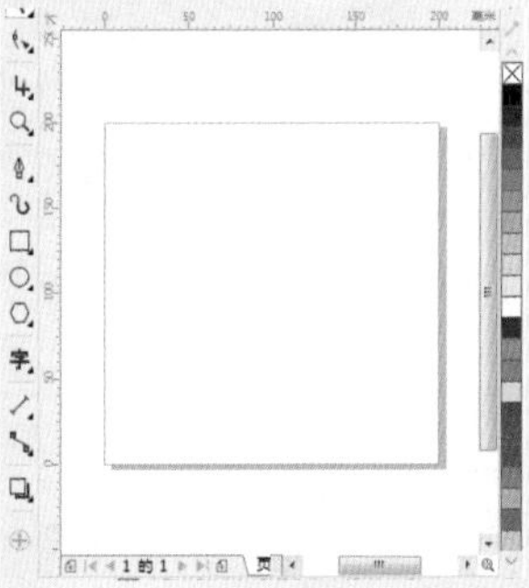

图8-3

02 选择工具箱中的钢笔工具，在画面的左侧绘制一个三角形，如图8-4所示。选中该三角形，选择工具箱中的交互式填充工具，在属性栏中单击"均匀填充"按钮，设置"填充色"为艳粉色。然后在右侧的调色板中右键单击⊠按钮，去掉轮廓色，如图8-5所示。

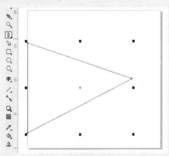

图8-4

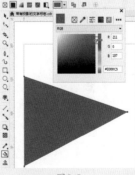

图8-5

03 继续使用同样的方法，绘制出右侧三角形，如图8-6所示。

04 使用工具箱中的钢笔工具在画面的上方绘制一个多边形，如图8-7所示。选中多边形，选择工具箱中的交互式填充工具，接着在属性栏中单击"均匀填充"按钮，设置"填充色"为深蓝色。然后在右侧的调色板中右键单击⊠按钮，去掉轮廓色，如图8-8所示。

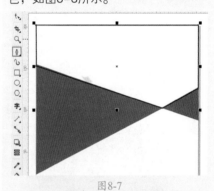

图8-6

图8-7

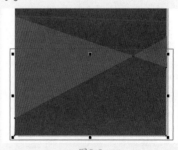

图8-8

05 继续使用同样的方法，在画面下方绘制一个深蓝色的图形，如图8-9所示。背景绘制完成，如图8-10所示。

图8-9

图8-10

实例145 制作标志的文字部分

🎙操作步骤

01 选择工具箱中的矩形工具，在画面左侧绘制一个矩形，如图8-11所示。选中该矩形，在右侧的调色板中右键单击⊠按钮，去掉轮廓色。左键单击白色按钮，为矩形填充颜色，如图8-12所示。

图8-11

图8-12

02 为矩形制作投影。选中白色矩形，选择工具箱中的阴影工具，在矩形中间位置按住鼠标左键向左拖动添加阴影效果，在属性栏中设置"阴影的不透明度"为50、"阴影羽化"为40、"阴影颜色"为黑色、"合并模式"为"乘"，效果如图8-13所示。

图8-13

03 选择工具箱中的椭圆形工具，在白色矩形的右侧按住Ctrl键的同时按住鼠标左键拖动绘制出一个正圆形，如图8-14所示。选中正圆形，在属性栏中设置"轮廓宽度"为16.0mm。在右侧的调色板中右键单击⊠按钮，去掉轮廓色。左键单击白色按钮，为正圆形填充颜色，效果如图8-15所示。

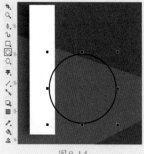

图8-14

图8-15

04 为正圆形制作投影。选中白色正圆形，选择工具箱中的阴影工具，在其中间位置按住鼠标左键向左拖动添加阴影效果，然后在属性栏中设置"阴影的不透明度"为50、"阴影羽化"为15、"阴影颜色"为黑色、"合并模式"为"乘"，效果如图8-16所示。

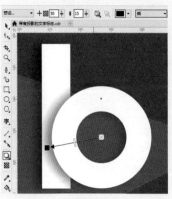

图8-16

05 按住Shift键单击加选此处的艺术字图形，使用快捷键Ctrl+G组合对象。选中艺术字图形，按住鼠标左键向右移动的同时按住Shift键，移动到合适位置后单击鼠标右键进行复制，然后在属性栏中单击"水平镜像"按钮，再单击一下"垂直镜像"按钮，然后将复制的艺术字向下移动至合适位置，如图8-17所示。

图8-17

06 接着选择工具箱中的文本工具，在右侧文字的下方单击鼠标左键，建立文字输入的起始点，在属性栏中设置合适的字体、字体大小，然后在画面中输入相应的文字，并在右侧的调色板中设置文字颜色为白色，如图8-18所示。

图8-18

07 选择工具箱中的钢笔工具，在左侧文字的下方绘制一个四边形，如图8-19所示。选中刚刚绘制的四边形，选择工具箱中的交互式填充工具，接着在属性栏中单击"均匀填充"按钮，设置"填充色"为橙色。然后在右侧的调色板中右键单击☒按钮，去掉轮廓色，如图8-20所示。

图8-19

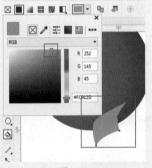

图8-20

08 选中橙色四边形，使用快捷键Ctrl+C将其复制，接着使用快捷键Ctrl+V进行粘贴，将新复制出来的四边形向右下移动至合适的位置，然后选择工具箱中的透明度工具，在属性栏中单击"均匀透明度"按钮，设置"透明度"为50、"合并模式"为"乘"，单击"填充"按钮，如图8-21所示。此时画面效果如图8-22所示。

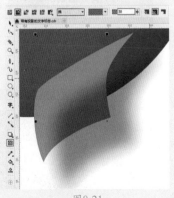

图8-21

图8-22

09 使用同样的方法，继续绘制画面中其他的装饰图形，完成效果如图8-23所示。

图8-23

💡操作思路

本案例首先使用矩形工具制作一个深色矩形作为画面的背景；然后使用文本工具在画面中输入文字并为其变形；接着为文字制作出厚度及投影、高光；最后导入动物素材将其放置在合适的位置。

🖱案例效果

案例效果如图8-24所示。

图8-24

实例146 制作变形文字

🎤操作步骤

01 执行菜单"文件>新建"命令，创建一个空白新文档，如图8-25所示。

图8-25

02 选择工具箱中的矩形工具，在画面中绘制一个和画板等大的矩形，如图8-26所示。选中矩形，选择工具箱中的交互式填充工具，接着在属性栏中单击"均匀填充"按钮，设置"填充色"为深灰色。然后在右侧的调色板中右键单击☒按钮，去掉轮廓色，如图8-27所示。

图8-26

图8-27

03 选择工具箱中的文本工具，在矩形上方单击鼠标左键，建立文字输入的起始点，在属性栏中设置合适的字体、字体大小，然后输入相应的文字，并在右侧的调色板中左键单击白色按钮，为文字设置颜色，如图8-28所示。

图8-28

04 右键单击字母S，在弹出的快捷菜单中执行"转换为曲线"命令，接着选择工具箱中的形状工具，在字母上方单击，此时可以看到曲线上会出现一系列节点，单击字母上方的节点将其选中，通过拖动该节点，将字母S变形，如图8-29所示。继续调整字母S的其他节点，将字母继续变形，效果如图8-30所示。

图8-29

图8-30

05 选中变形后的字母，选择工具箱中的交互式填充工具，接着在属性栏中单击"均匀填充"按钮，设置"填充色"为黄绿色，如图8-31所示。

图8-31

06 制作文字前方渐变文字。选中变形后的字母S，使用快捷键Ctrl+C将其复制，接着使用快捷键Ctrl+V进行粘贴，并将复制的字母缩小一些。在选中复制字母的状态下，选择工具箱中的交互式填充工具，在属性栏中单击"渐变填充"按钮，设置"渐变类型"为"椭圆形渐变填充"，接着在图形中间位置按住鼠标左键拖动并调整控制杆的位置，然后编辑一个橙色系的渐变颜色，如图8-32所示。

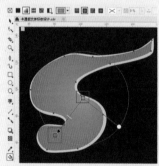

图8-32

07 制作文字的厚度。选中带有橘色渐变色的字母，复制一份并移动至其右侧，使用工具箱中的形状工具将其变形，如图8-33所示。接着选择工具箱中的交互式填充工具，在属性栏中单击"渐变填充"按钮，设置"渐变类型"为"线性渐变填充"，然后在图形上方按住鼠标左键拖动调整控制杆的位置，然后编辑一个咖色系的渐变颜色，如图8-34所示。

图8-33

图8-34

08 选中刚刚制作出的字母，将其放置在橘色渐变颜色字母上方，多次使用快捷键Ctrl+Page Down将其放置到文字的下方并将其移至合适的位置，作为文字的厚度，效果如图8-35所示。

09 选中刚才绘制出的字母，将其复制一份，在右侧的调色板中设置其"填色"为黑色，如图8-36所示。保持选中黑色字母的状态下，选择工具箱中的透明度工具，在属性栏中单击"均匀透明度"按钮，设置"透明度"为50，效果如图8-37所示。

图8-35　　　　图8-36

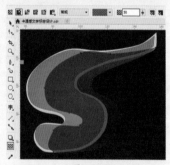

图8-37

10 多次使用快捷键Ctrl+Page Down将其放置到文字的下方并将其移至合适的位置，作为文字的投影，效果如图8-38所示。使用同样的方法，继续绘制出其他文字，如图8-39所示。

图8-38

图 8-39

实例147　美化标志效果

操作步骤

01 为文字制作高光。使用工具箱中的椭圆形工具在字母S的左侧上面绘制一个椭圆形，并将其旋转，如图8-40所示。选中椭圆形，在右侧的调色板中右键单击⊠按钮，去掉轮廓色。左键单击白色按钮，为椭圆填充颜色，如图8-41所示。

图8-40

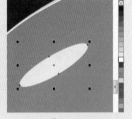
图8-41

02 使用同样的方法，继续绘制出其他的高光，如图8-42所示。

03 接着执行菜单"文件>导入"命令，在弹出的"导入"对话框中单击选择要导入的动物素材"1.png"，然后单击"导入"按钮。在工作区中按住鼠标左键拖动，控制导入对象的大小，释放鼠标完成导入操作，如图8-43所示。

图8-42

图8-43

04 为动物素材制作投影效果。选中动物素材，选择工具箱中的阴影工具，在其中间位置按住鼠标左键向右拖动添加阴影效果，然后在属性栏中设置"阴影的不透明度"为50、"阴影羽化"为12、"阴影颜色"为黑色、"合并模式"为"乘"，如图8-44所示。最终完成效果如图8-45所示。

图8-44

图8-45

8.3　饮品店标志设计

文件路径	第8章 \ 饮品店标志设计
难易指数	★★★★★
技术掌握	● 椭圆形工具 ● 钢笔工具 ● 交互式填充工具

🔍扫码深度学习

操作思路

　　本案例使用矩形工具制作一个与画板等大的矩形放置在画面中作为背景，使用椭圆形工具绘制草莓下面的圆形；接着在圆形上为其添加装饰，绘制草莓；最后在画面中输入合适的文字。

案例效果

　　案例效果如图8-46所示。

图8-46

实例148　制作标志背景效果

操作步骤

01 执行菜单"文件>新建"命令，创建一个空白文档，如图8-47所示。选择工具箱中的矩形工具，在画面中绘制一个与画板等大的矩形，然后选择工具箱中的交互式填充工具，在属性栏中单击"均匀填充"按钮，设置"填色"为月光色。然后在右侧的调色板中右键单击⊠按钮，去掉轮廓色，如图8-48所示。

图8-47

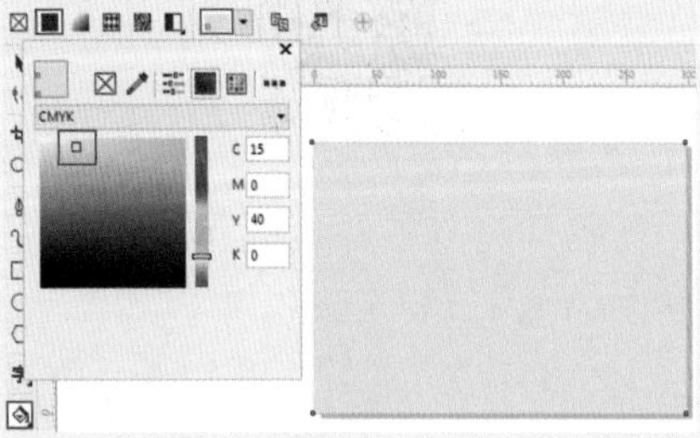

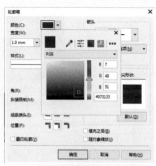

图8-54

然后在属性栏中设置"轮廓宽度"为1.0mm，在右侧的调色板中右键单击黄色按钮，为其轮廓添加颜色，如图8-51所示。继续使用同样的方法，绘制其他两个黄色的形状，效果如图8-52所示。按住Shift键分别单击3个黄色的形状将其进行加选，接着使用快捷键Ctrl+G进行组合对象。

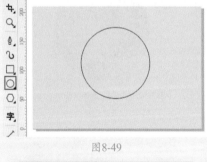

图8-48

02 选择工具箱中的椭圆形工具，在画面中按住Ctrl键的同时按住鼠标左键拖动绘制一个正圆形，如图8-49所示。选中该正圆形，选择工具箱中的交互式填充工具，接着在属性栏中单击"均匀填充"按钮，设置"填色"为深青色。然后在右侧的调色板中右键单击⊠按钮，去掉轮廓色，如图8-50所示。

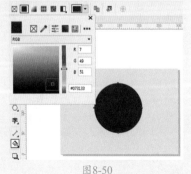

图8-49

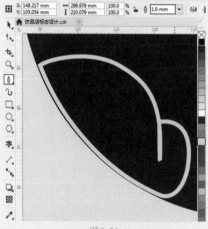

图8-51

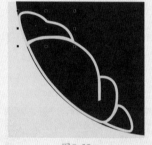

图8-52

04 选中组合在一起的图形，双击位于界面底部的状态栏中的"填充色"按钮，在弹出的"编辑填充"对话框中设置"填充模式"为"均匀填充"，选择绿色，单击"确定"按钮，如图8-53所示。继续双击界面底部的状态栏中的"轮廓笔"按钮，在弹出的"轮廓笔"对话框中设置"颜色"为深青色，单击"确定"按钮，如图8-54所示。此时效果如图8-55所示。

图8-53

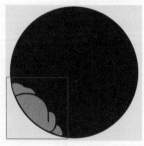

图8-55

05 选择工具箱中的椭圆形工具，在深青色正圆形上再绘制一个白色小正圆形，如图8-56所示。选中白色正圆形，使用快捷键Ctrl+C将其复制，接着使用快捷键Ctrl+V进行粘贴，将新复制出来的白色正圆形移动到合适的位置，如图8-57所示。继续使用同样的方法，复制出其他正圆形并摆放在画面中合适位置，如图8-58所示。

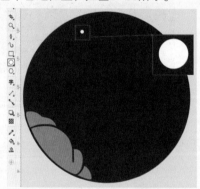

图8-56

图8-57　　　　图8-58

06 此时画面中背景部分制作完成，效果如图8-59所示。

图8-50

03 使用工具箱中的钢笔工具在正圆形的左下方绘制一个形状，

图8-59

实例149　制作标志中的草莓

操作步骤

01 使用工具箱中的钢笔工具在深青色正圆形上合适的位置绘制一个草莓形状，如图8-60所示。选中草莓形状，选择工具箱中的交互式填充工具，在属性栏中单击"渐变填充"按钮，设置"渐变类型"为"椭圆形渐变填充"，接着在图形上按住鼠标左键拖动调整控制杆的位置，然后编辑一个红色系的渐变颜色，在调色板中右键单击⊠按钮，去掉轮廓色，如图8-61所示。

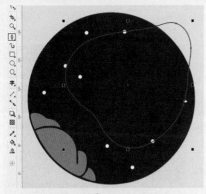

图8-60

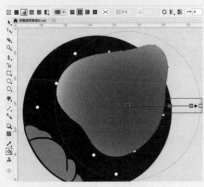

图8-61

02 制作草莓高光。使用工具箱中的钢笔工具在草莓的尾部绘制一个

浅红色的形状，如图8-62所示。

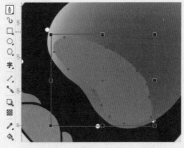

图8-62

03 制作草莓叶子部分。继续使用钢笔工具在草莓的尾部绘制一个绿色的形状，如图8-63所示。接着在绿色叶子上制作一个比绿色叶子稍浅的绿色形状，如图8-64所示。继续使用同样的方法，将浅绿色形状全部绘制完成，效果如图8-65所示。

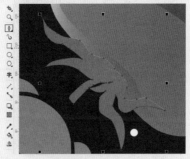

图8-63

图8-64

图8-65

04 制作草莓籽。在选择钢笔工具的状态下，在草莓上绘制一个深红色的形状，如图8-66所示。继续使用

同样的方法，在深红色形状上分别绘制黄色和白色的形状，效果如图8-67所示。按住Shift键并使用鼠标左键单击刚刚绘制的草莓籽，然后使用快捷键Ctrl+G进行组合对象。

图8-66

图8-67

05 选中草莓籽，使用快捷键Ctrl+C将其复制，接着使用快捷键Ctrl+V进行粘贴，将新复制出来的草莓籽移动到其左下方并将其缩小至合适的位置，如图8-68所示。继续使用同样的方法，复制出其他草莓籽并将其摆放在合适位置，效果如图8-69所示。

图8-68

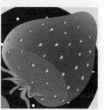

图8-69

实例150　制作标志中的文字

操作步骤

01 选择工具箱中的文本工具，在画面下方单击鼠标左键，建立文字输入的起始点，在属性栏中设置合适的字体、字体大小，然后输入相应的文字，如图8-70所示。选中文字，选择工具箱中的交互式填充工具，接着在属性栏中单击"均匀填充"按钮，设置"填充色"为深青色，如图8-71所示。

图8-70

实战228例

CorelDRAW

图8-71

02 绘制画面右侧的标志。选择工具箱中的椭圆形工具，在属性栏中设置"轮廓宽度"为1.0mm，然后在草莓右侧绘制一个"轮廓色"为深青色的空心正圆形，如图8-72所示。继续使用工具箱中的文本工具在刚刚绘制的圆形上输入字母S，效果如图8-73所示。

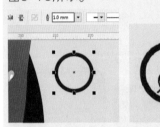

图8-72　　　　　图8-73

03 此时关于饮品店标志设计制作完成，最终效果如图8-74所示。

图8-74

8.4 创意字体标志设计

文件路径	第8章\创意字体标志设计
难易指数	★★★★★
技术掌握	● 形状工具 ● 文本工具 ● 交互式填充工具

扫码深度学习

操作思路

本案例使用矩形工具为画面制作一个带有渐变颜色的背景矩形；然后使用文本工具在合适的位置输入适当的文字并将其变形；接着为其填充渐变颜色；然后在文字的后方制作三层轮廓和图形；最后在文字的前方制作适当的图形为文字添加装饰效果。

案例效果

案例效果如图8-75所示。

图8-75

实例151　制作标志主体文字

操作步骤

01 执行菜单"文件>新建"命令，在弹出的"创建新文档"对话框中设置文档"宽度"为300.0mm、"高度"为220.0mm，单击"横向"按钮，设置完成后单击"确定"按钮，创建一个空白新文档，如图8-76所示。

图8-76

02 选择工具箱中的矩形工具，在画面中绘制一个和画板等大的矩形。在选中矩形的状态下，选择工具箱中的交互式填充工具，在属性栏中单击"渐变填充"按钮，设置"渐变类型"为"椭圆形渐变填充"，接着在图形上按住鼠标左键拖动调整控制杆的位置，然后编辑一个由蓝色至黑

色的渐变颜色，在调色板中右键单击⊠按钮，去掉轮廓色，效果如图8-77所示。

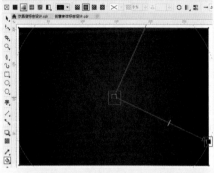

图8-77

03 选择工具箱中的文本工具，在画面中间位置单击鼠标左键，建立文字输入的起始点，在属性栏中设置合适的字体、字体大小。然后在画面中输入字母M，并在右侧的调色板中左键单击白色按钮，为文字设置颜色，如图8-78所示。继续使用同样的方法，在该文字右侧输入其他字母，调整其大小并摆放在合适的位置，效果如图8-79所示。

图8-78

图8-79

04 右键单击字母S，在弹出的快捷菜单中执行"转换为曲线"命令，然后选择工具箱中的形状工具，在字母上单击，此时可以看到曲线上

会出现一系列节点，单击字母上方的节点将其选中，通过拖动该节点，将字母变形，如图8-80所示。在选中此节点的状态下，单击属性栏中的"尖突节点"按钮，将其变为尖状可调整的控制点，调整节点两端的控制手柄从而调整字母的形状，如图8-81所示。

图8-80

图8-81

05 继续在字母上单击节点将其选中，接着在属性栏中单击"添加节点"按钮，为字母S添加节点，如图8-82所示。选中刚刚添加的节点，单击属性栏中的"平滑节点"按钮，然后到画面中使用鼠标左键调整控制手柄，从而调整字母的形状，如图8-83所示。

图8-82

图8-83

06 字母S调整完成后，效果如图8-84所示。使用同样的方法，继续调整其他文字，效果如图8-85所示。

图8-84

图8-85

07 使用工具箱中的钢笔工具在文字的下方绘制一个多边形，如图8-86所示。选中此图形，在右侧的调色板中右键单击⊠按钮，去掉轮廓色。左键单击白色按钮，为四边形填充颜色，如图8-87所示。使用同样的方法，继续在文字中间位置绘制一个白色多边形，如图8-88所示。

图8-86

图8-87

图8-88

实例152　增强标志质感

🎙️操作步骤

01 选中字母S，选择工具箱中的交互式填充工具，在属性栏中单击"渐变填充"按钮，设置"渐变类型"为"线性渐变填充"，接着在图形上按住鼠标左键拖动调整控制杆的位置，然后编辑一个由黄色到蓝色的渐变颜色，如图8-89所示。使用同样的方法，继续将其他文字和图形的渐变制作出来，效果如图8-90所示。

图8-89

图8-90

02 按住Shift键并使用鼠标左键分别单击文字和图形进行加选，使用快捷键Ctrl+C将其复制，接着使用快捷键Ctrl+V进行粘贴，在选中复制出的文字和图形的状态下，在属性栏中单击"合并"按钮，效果如图8-91所示。

图8-91

03 选中复制出的图形，使用工具箱中的轮廓图工具在画面中按住鼠标左键拖动，控制其大小比原文字大一些，如图8-92所示。选中刚刚制作出的文字轮廓图，在属性栏中设置"填充色"为黄色，在右侧的调色板中右键单击⊠按钮，去掉轮廓色，如图8-93所示。

图8-92

8-93

04 在选择黄色轮廓图形的状态下，多次使用快捷键Ctrl+Page Down将其放置到渐变文字的下方，效果如图8-94所示。

图8-94

05 选中黄色轮廓图形，将其复制。使用同样的方法，继续将文字下方绿色轮廓和白色轮廓制作出来，效果如图8-95所示。

图8-95

06 使用工具箱中的钢笔工具在变形字母E中沿着字母的轮廓绘制一个图形，如图8-96所示。选中刚刚绘制的图形，选择工具箱中的交互式填充工具，接着在属性栏中单击"均匀填充"按钮，设置"填充色"为浅绿色。然后在右侧的调色板中右键单击⊠按钮，去掉轮廓色，如图8-97所示。

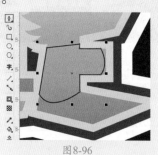

图8-96

图8-97

07 在选择刚刚绘制出的图形的状态下，选择工具箱中的透明度工具，在属性栏中单击"均匀透明度"按钮，设置"透明度"为50，效果如图8-98所示。

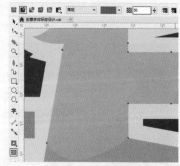

图8-98

08 继续使用工具箱中的钢笔工具在变形字母E上沿着字母的轮廓绘制一个图形，如图8-99所示。接着选择工具箱中的交互式填充工具，在属性栏中单击"渐变填充"按钮，设置"渐变类型"为"线性渐变填充"，接着在图形上按住鼠标左键拖动调整控制杆的位置，然后编辑一个合适的渐变颜色，在右侧的调色板中右键单击⊠按钮，去掉轮廓色，如图8-100所示。

图8-99

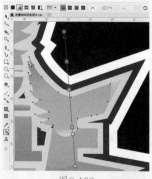

图8-100

09 使用同样的方法，继续将画面中其他文字上的图形绘制出来，如

图8-101所示。

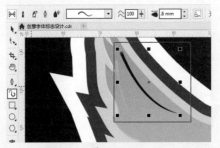

图8-101

10 制作文字的高光。选择工具箱中的艺术笔工具，在变形字母S上按住鼠标左键拖动绘制一条弧线，作为其高光，如图8-102所示。在右侧的调色板中左键单击白色按钮，为弧线填充颜色，如图8-103所示。

11 继续使用同样的方法，在画面中适当的位置制作其他高光，效果如图8-104所示。

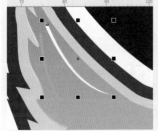

图8-102

图8-103　　图8-104

12 选择工具箱中的星形工具，在属性栏中设置"边数"为5、"锐度"为35，然后在字母L的右上方绘制一个星形，在右侧的调色板中右键单击⊠按钮，去掉轮廓色。左键单击白色按钮，为星形填充颜色，如图8-105所示。在选中星形的状态下，将其旋转至合适的角度，如图8-106所示。

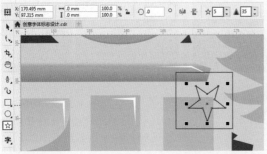

图8-105

13 此时创意字体标志设计制作完成，最终效果如图8-107所示。

图8-106　　　　　　图8-107

8.5　娱乐节目标志

文件路径	第8章\娱乐节目标志
难易指数	★★★★★
技术掌握	● 钢笔工具 ● 文本工具 ● 交互式填充工具 ● 星形工具

扫码深度学习

操作思路

本案例首先制作一个深色的矩形，在其上方绘制多个稍浅颜色的三角形作为画面的背景；接着使用钢笔工具制作背景装饰图案；然后使用文本工具制作主题文字；最后为画面添加装饰图形。

案例效果

案例效果如图8-108所示。

图8-108

实例153　制作标志背景效果

操作步骤

01 执行菜单"文件>新建"命令，创建一个空白新文档，如图8-109所示。

02 选择工具箱中的矩形工具，在画面的中绘制一个与画板等大的矩形，如图8-110所示。选中该矩形，选择工具箱中的交互式填充工具，接着在属性栏中单击"均匀填充"按钮，设置"填充色"为藏蓝色。然后在右侧调色板中右键单击☒按钮，去掉轮廓色，如图8-111所示。

03 使用工具箱中的钢笔工具在画面的左下方绘制一个三角形，如图8-112所示。选中三角形，选择工具箱中的交互式填充工具，接着在属性栏中单击"均匀填充"按钮，设置"填充色"为稍浅的藏蓝色。然后在右侧的调色板中右键单击☒按钮，去掉轮廓色，如图8-113所示。

04 继续使用同样的方法，在画面中其他位置绘制三角形，使得整体画面具有放射感效果，如图8-114所示。

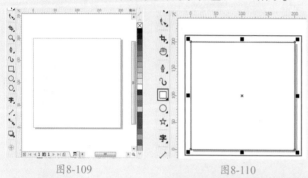

图8-109　　　　　　　　图8-110

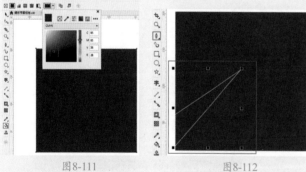

图8-111　　　　　　　　图8-112

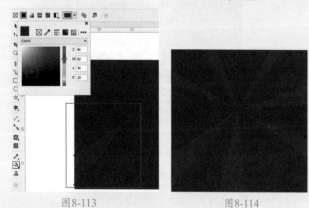

图8-113　　　　　　　　图8-114

05 继续使用钢笔工具在画面左下方绘制稍浅藏蓝色线段直线，在属性栏中设置"描边宽度"为1.0mm，如图8-115所示。继续使用同样的方法，在画面中其他位置绘制另外两条线段，此时背景绘制完成，如图8-116所示。

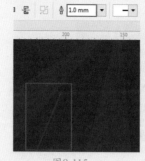

图8-115　　　　　　　　图8-116

实例154　制作六芒星图形

🎤 操作步骤

01 选择工具箱中的多边形工具，在属性栏中设置"边数"为3、"轮廓宽度"为5.0mm，然后在画面中心位置按住Ctrl键并按住鼠标左键向下拖动绘制一个正三角形，如图8-117所示。选中该三角形，在右侧的调色板中右键单击红色按钮，设置三角形轮廓色，效果如图8-118所示。

02 选中红色三角形，使用快捷键Ctrl+C将其复制，接着使用快捷键Ctrl+V进行粘贴。在右侧的调色板中右键单击黑色按钮更改复制的三角形轮廓色并将其放大一些，放置在红色三角形的外侧，如图8-119所示。选中黑色三角形，将其复制一份并缩小，放置在红色三角形的内侧，使红色三角形露出一部分，效果如图8-120所示。

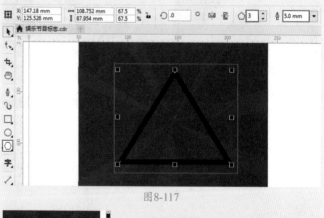

图8-117

图8-118　　　　图8-119　　　　图8-120

03 按住Shift键分别单击3个三角形将其进行加选，接着使用快捷键Ctrl+G进行组合对象，并将其复制一份，在属性栏中单击"垂直镜像"按钮，然后将其移动至合适位置，效果如图8-121所示。

图8-121

04 制作画面上方的吊杆，选择工具箱中的矩形工具，在三角形上方绘制一个矩形，如图8-122所示。选中该矩形，在右侧的调色板中左键单击黑色按钮，为矩形设置填充色，如图8-123所示。

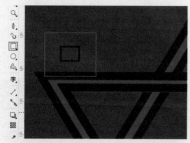

图8-122

图8-123

05 继续使用工具箱中的钢笔工具在画面中合适的位置绘制一个"轮廓宽度"为0.5mm的白色折线，如图8-124所示。选中白色折线，执行菜单"对象>将轮廓转换为对象"命令，双击位于界面底部的状态栏中的"轮廓笔"按钮，在弹出的"轮廓笔"对话框中设置"颜色"为黑色、"轮廓宽度"为0.75mm、"角"为斜切角、"位置"为外部轮廓，在"样式"下拉列表中选择一个合适的样式，设置完成后单击"确定"按钮，如图8-125所示。此时效果如

图8-126所示。

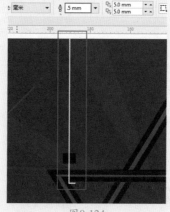

图8-124

图8-125

图8-126

06 按住Shift键分别单击白色折线和黑色矩形将两者进行加选，接着使用快捷键Ctrl+G进行组合对象，然后使用快捷键Ctrl+C将其复制，使用快捷键Ctrl+V进行粘贴。选中复制出的图形，将其移动至右侧合适位置，如图8-127所示。

图8-127

07 使用工具箱中的钢笔工具在三角形上绘制一个四边形。选中该四边形，在右侧的调色板中右键单击⊠按钮，去掉轮廓色。左键单击黄色按钮，为四边形填充颜色，如图8-128所示。使用同样的方法，继续在黄色图形的左侧绘制深黄色和黄色图案，效果如图8-129所示。

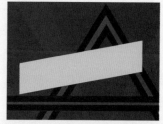

图8-128

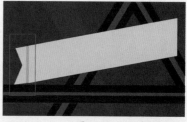

图8-129

08 将刚刚绘制的3个图形加选并组合，然后复制一份。选择复制的图形，单击属性栏中"水平镜像"按钮，如图8-130所示。接着单击"垂直镜像"按钮，然后将其移至合适的位置，效果如图8-131所示。

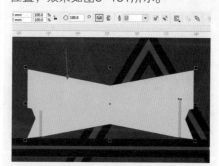

图8-130

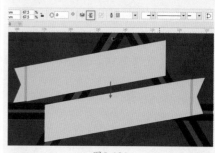

图8-131

CorelDRAW

🎤 **操作步骤**

01 制作文字部分。选择工具箱中的文本工具，在画面的中间位置单击鼠标左键，建立文字输入的起始点，在属性栏中设置合适的字体、字体大小，然后在画面中输入相应的文字，并在右侧的调色板中左键单击白色按钮为文字设置颜色，如图8-132所示。双击该文字，此时文字的控制点变为弧形双箭头控制点，通过拖动其控制点，将其进行适当的旋转，效果如图8-133所示。

图8-132

图8-133

02 选择工具箱中的钢笔工具，在文字周围沿着文字的轮廓绘制一个图形，如图8-134所示。

图8-134

03 选中刚刚绘制出的图形，双击位于界面底部的状态栏中的"填充色"按钮，在弹出的"编辑填充"窗口中设置"填充模式"为"均匀填充"，选择深蓝色，单击"确定"按钮，如图8-135所示。此时效果如图8-136所示。

04 在选择该图形的状态下，执行菜单"对象>将轮廓转换为对象"命令，双击位于界面底部的状态栏中

的"轮廓笔"按钮，在弹出的"轮廓笔"对话框中设置"颜色"为黄色、"轮廓宽度"为3.0mm、"角"为圆角、"位置"为居中的轮廓，在"样式"下拉列表中选择一个合适的样式，设置完成后单击"确定"按钮，如图8-137所示。此时效果如图8-138所示。

图8-135

图8-136

图8-137

图8-138

05 选择工具箱中的文本工具，在主标题文字上方单击鼠标左键，建立文字输入的起始点，在属性栏中设置合适的字体、字体大小，然后输入相应的文字，如图8-139所示。

图8-139

🎤 **操作步骤**

01 使用工具箱中的钢笔工具在三角形下方绘制一个四边形。选中该四边形，在属性栏中设置"轮廓宽度"为0.35mm，在右侧的调色板中左键单击红色按钮，为四边形填充颜色，如图8-140所示。继续使用同样的方法，在该四边形下方制作其他红色图形，如图8-141所示。

图8-140

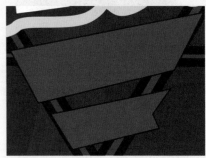

图8-141

02 选择工具箱中的星形工具，在属性栏中设置"边数"为6、"锐度"为30，然后在刚刚绘制的四边形上按住Ctrl键并按住鼠标左键拖动绘制一个六角星形，如图8-142所示。在选中星形的状态下，再次单击该星形，此时星形的控制点变为弧线双箭头控制点，通过拖动控制点将其进行适当的旋转，效果如图8-143所示。

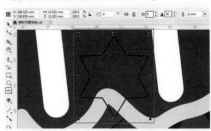

图8-142

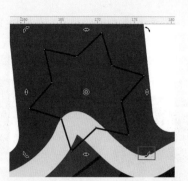

图8-143

03 选中星形，选择工具箱中的交互式填充工具，接着在属性栏中单击"均匀填充"按钮，设置"填充色"为红色。然后在右侧的调色板中右键单击⊠按钮，去掉轮廓色，如图8-144所示。选择工具箱中的刻刀工具，按住鼠标左键拖动，将星形切割成两部分，如图8-145

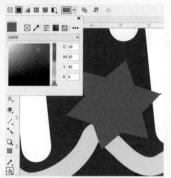

图8-144

所示。继续使用同样的方法，将星形其他部分切割，效果如图8-146所示。

图8-145

图8-146

04 选中星形上合适的图形，将其颜色更改为深红色，如图8-147所示。使用同样的方法，继续更改星形上其他角的颜色，效果如图8-148所示。

图8-147

图8-148

05 使用工具箱中的钢笔工具在星形的左侧绘制一个不规则图形，在属性栏中设置其"轮廓宽度"为0.35mm，如图8-149所示。接着在右侧的调色板中左键单击深红色按钮，为该图形填充颜色，如图8-150所示。在

选择该图形的状态下，多次使用快捷键Ctrl+Page Down将其放置到星形的下方，效果如图8-151所示。

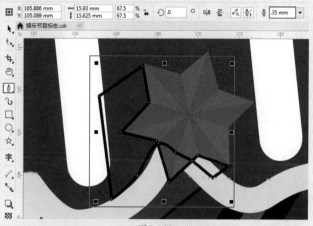

图8-149

图8-150

图8-151

06 继续使用同样的方法，在星形上绘制一个深红色图形，如图8-152所示。选中此深红色图形，多次使用快捷键Ctrl+Page Down将其放置到下方合适的位置，效果如图8-153所示。

图8-152

图8-153

07 制作画面中的蓝色绳子装饰。使用工具箱中的智能绘图工具，设置"形状识别等级"为"中"、"智能平滑等级"为"高"、"轮廓宽度"为1.0mm，设置完成后在画面中右下方合适的位置绘制一段线条，在右侧的调色板中设置"轮廓色"为蓝色，效果如图8-154所示。使用同样的方法，继续在画面中合适的位置绘制其他曲线段，为画面添加绳子装饰，如图8-155所示。

08 执行菜单"文件>打开"命令，在弹出的"打开绘图"对话框中打开素材"1.cdr"，在素材文档中选中飞机素材，使用快捷键Ctrl+C将其复制，接着回到刚才的文档中使用快捷键Ctrl+V进行粘贴，将新复制出来的飞机素材移动至合适的位置，如图8-156所示。

CorelDRAW

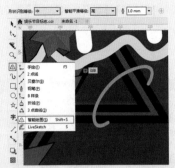

图8-154

图8-155

图8-156

09 选择工具箱中的钢笔工具，在画面中绘制一个星形，如图8-157所示。选中该星形，在右侧的调色板中右键单击⊠按钮，去掉轮廓色。左键单击黄色按钮，为星形填充颜色，如图8-158所示。

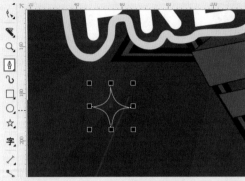

图8-157

图8-158

10 选中刚刚制作出的星形，将其复制一份，移动到文字的左上方并将其缩小，如图8-159所示。继续使用同样的方法，绘制画面中的其他黄色星形，摆放在合适的位置。最终完成效果如图8-160所示。

图8-159

图8-160

卡片设计

/ 佳 / 作 / 欣 / 赏 /

9.1 制作产品信息卡片

文件路径	第9章 \ 制作产品信息卡片
难易指数	★★★★★
技术掌握	● 矩形工具 ● 透明度工具 ● 文本工具

🔍 扫码深度学习

📖 操作思路

本案例首先通过使用矩形工具和透明度工具制作产品信息卡片的背景部分；然后使用文本工具以及矩形工具制作卡片的文字部分。

🖱 案例效果

案例效果如图9-1所示。

图9-1

实例157 制作产品信息卡片背景

🎤 操作步骤

01 执行菜单"文件>新建"命令，在弹出的"创建新文档"对话框中设置文档"大小"为A4，单击"横向"按钮，设置完成后单击"确定"按钮，如图9-2所示。创建一个空白新文档，如图9-3所示。

02 制作页面背景。选择工具箱中的矩形工具，在工作区中绘制一个矩形，如图9-4所示。选中该矩形，双击位于界面底部的状态栏中的"填充色"按钮，在弹出的"编辑填充"对话框中设置"填充模式"为"均匀

填充"，选择一个合适的颜色，单击"确定"按钮，如图9-5所示。在右侧的调色板中右键单击⊠按钮，去掉轮廓色，效果如图9-6所示。

03 继续使用矩形工具在该矩形上绘制一个稍小的矩形，如图9-7所示。选中该矩形，双击位于界面底部的状态栏中的"填充色"按钮，在弹出的"编辑填充"对话框中设置"填充模式"为"均匀填充"，选择一个合适的颜色，单击"确定"按钮，如图9-8所示。在右侧的调色板中右键单击⊠按钮，去掉轮廓色，效果如图9-9所示。

图9-2

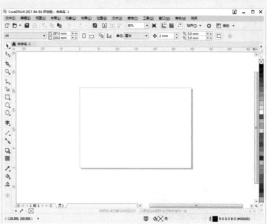

图9-3

图9-4

图9-5

图9-6

图9-7

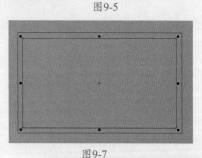

图9-8

图9-9

04 选中白色矩形，按住鼠标左键向左上方移动，移动到合适位置后按鼠标右键进行复制，然后在右侧的调色板中左键单击白色按钮，更改矩形填充色，效果如图9-10所示。

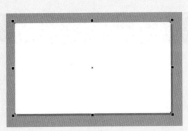

图9-10

05 执行菜单"文件>导入"命令，在弹出的"导入"对话框中单击选择要导入的汽车素材"1.jpg"，然后单击"导入"按钮，如图9-11所示。在工作区中按住鼠标左键拖动，控制导入对象的大小，释放鼠标完成导入操作，如图9-12所示。

图9-11

图9-12

06 继续使用矩形工具在汽车素材上方绘制一个矩形，如图9-13所示。选中汽车素材，执行菜单"对象>PowerClip>置于图文框内部"命令，当光标变成黑色粗箭头时，单击刚刚绘制的矩形，即可实现位图的剪贴效果，如图9-14所示。

图9-13

图9-14

07 接着在右侧的"调色板"中右键单击⊠按钮，去掉轮廓色，效果如图9-15所示。

图9-15

08 继续使用矩形工具在汽车素材上绘制一个矩形。选中该矩形，在右侧的调色板中左键单击黑色按钮，为矩形填充颜色，如图9-16所示。接着选择工具箱中的透明度工具，在属性栏中设置"透明度的类型"为"均匀透明度"，设置"透明度"为30，单击"全部"按钮，如图9-17所示。

图9-16

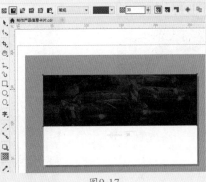

图9-17

09 此时产品信息卡片背景制作完成，效果如图9-18所示。

图9-18

实例158 制作产品信息卡片文字部分

🎤**操作步骤**

01 选择工具箱中的文本工具，在画面上单击鼠标左键，建立文字输入的起始点，在属性栏中设置合适的字体、字体大小，然后输入相应的文字，如图9-19所示。选中该文字，在右侧的调色板中左键单击淡粉色按钮，为文字设置颜色，效果如图9-20所示。

图9-19

图9-20

02 继续使用文本工具在该文字下方输入其他淡粉色文字，效果如图9-21所示。

03 选择工具箱中的矩形工具，在文字下方绘制一个矩形。选中该矩形，在属性栏中单击"圆角"按钮，设置"转角半径"为10.0mm，如图9-22所示。

图9-21

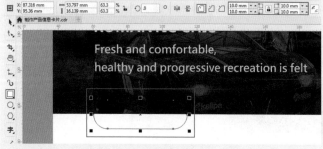

图9-22

04 接着双击位于界面底部的状态栏中的"填充色"按钮，在弹出的"编辑填充"对话框中设置"填充模式"为"均匀填充"，选择一个合适的颜色，单击"确定"按钮，如图9-23所示。在右侧的调色板中右键单击⊠按钮，去掉轮廓色，效果如图9-24所示。

图9-23 图9-24

05 继续使用文本工具在该圆角矩形上输入适当的文字，在右侧的调色板中左键单击洋红色按钮，为文字设置颜色，效果如图9-25所示。

图9-25

06 继续使用文本工具在该圆角矩形下方输入适当的洋红色文字，效果如图9-26所示。

07 此时产品信息卡片制作完成，最终效果如图9-27所示。

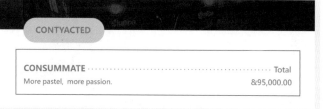

图9-26

图9-27

9.2 简约色块名片设计

文件路径	第9章\简约色块名片设计
难易指数	★★★★★
技术掌握	● 透明度工具 ● 交互式填充工具 ● 阴影工具

扫码深度学习

操作思路

本案例首先通过使用矩形工具、钢笔工具、文本工具和透明度工具制作名片正面平面图；然后使用文本工具、钢笔工具、交互式填充工具和阴影工具制作名片展示效果。

案例效果

案例效果如图9-28所示。

图9-28

实例159 制作名片正面平面图

🎙操作步骤

01 执行菜单"文件>新建"命令，在弹出的"创建新文档"对话框中设置文档"大小"为A4，单击"横向"按钮，设置完成后单击"确定"按钮，如图9-29所示。创建一个空白新文档，如图9-30所示。

图9-29

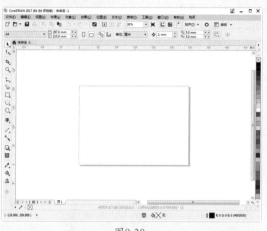

图9-30

02 执行菜单"文件>导入"命令，在弹出的"导入"对话框中单击选择要导入的背景素材"1.jpg"，然后单击"导入"按钮，如图9-31所示。在工作区中按住鼠标左键拖动，控制导入对象的大小，释放鼠标完成导入操作，如图9-32所示。

图9-31

图9-32

03 选择工具箱中的矩形工具，在背景素材上绘制一个稍小的矩形，如图9-33所示。选中该矩形，双击位于界面底部的状态栏中的"填充色"按钮，在弹出的"编辑填充"对话框中设置"填充模式"为"均匀填充"，选择一个合适的颜色，单击"确定"按钮，如图9-34所示。在右侧的调色板中右键单击⊠按钮，去掉轮廓色，效果如图9-35所示。

图9-33

图9-34

图9-35

04 选择工具箱中的钢笔工具，在该矩形左侧绘制一个三角形，如图9-36所示。选中该三角形，选择工具箱中的交互式填充工具，在属性栏中单击"渐变填充"按钮，设置"渐变类型"为"线性渐变填充"，然后编辑一个黑色到白色的渐变颜色，如图9-37所示。

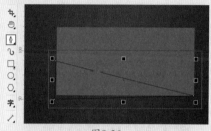

图9-36

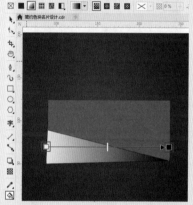

图9-37

05 接着选择工具箱中的透明度工具，在属性栏中设置"透明度的类型"为"均匀透明度"、"合并模式"为"乘"，设置"透明度"为0，单击"全部"按钮，如图9-38所示。在右侧的调色板中右键单击⊠按钮，去掉轮廓色，效果如图9-39所示。

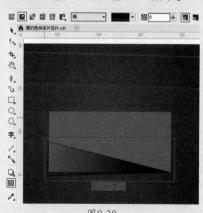

图9-38

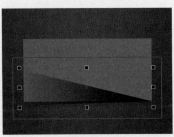

图9-39

所示。

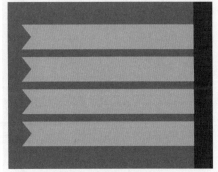

图9-43 图9-47

06 在该三角形上单击鼠标右键,在弹出的快捷菜单中执行"顺序 > 置于此对象后"命令,当光标变为黑色粗箭头形状时,单击画面中的矩形,此时画面效果如图9-40所示。

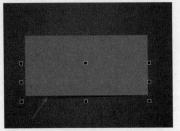

图9-40

07 选择工具箱中的文本工具,在矩形上单击鼠标左键,建立文字输入的起始点,在属性栏中设置合适的字体、字体大小,然后输入相应的文字,如图9-41所示。选中该文字,在右侧的调色板中左键单击深黄色按钮,为文字设置颜色,如图9-42所示。

图9-41

图9-42

08 继续使用文本工具在该文字下方输入其他文字,效果如图9-43所示。

09 选择工具箱中的钢笔工具,在文字右上方绘制一个不规则图形,如图9-44所示。选中该图形,在右侧的调色板中右键单击☒按钮,去掉轮廓色。左键单击深黄色按钮,为图形填充颜色,如图9-45所示。

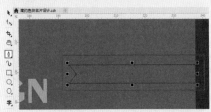

图9-44

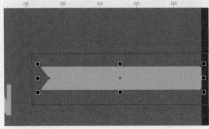

图9-45

10 选中该图形,按住鼠标左键向下移动的同时按住Shift键,移动到合适位置后按鼠标右键进行复制,如图9-46所示。多次使用快捷键Ctrl+R再次复制两个图形,效果如图9-47所示。

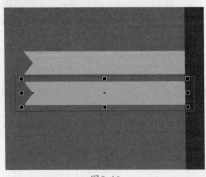

图9-46

11 选择复制的第二个图形,双击位于界面底部的状态栏中的"填充色"按钮,在弹出的"编辑填充"对话框中设置"填充模式"为"均匀填充",选择一个合适的颜色,单击"确定"按钮,如图9-48所示。此时图形效果如图9-49所示。

图9-48

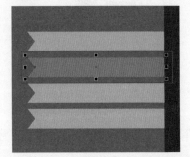

图9-49

12 使用同样的方法,继续将其他图形更改颜色,效果如图9-50所示。

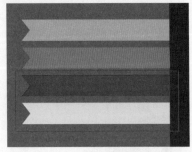

图9-50

13 此时名片正面平面图制作完成,效果如图9-51所示。

实战228例 中文版CorelDRAW图形创意设计与制作全视频 CorelDRAW

图9-51

实例160 制作名片展示效果

操作步骤

01 选择工具箱中的选择工具，然后按住鼠标左键拖动框选名片正面所有图形，接着按住鼠标左键向左上方移动，移动到合适位置后按鼠标右键进行复制，如图9-52所示。

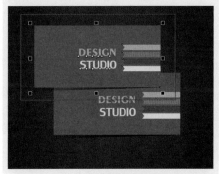

图9-52

02 按住Shift键加选复制的名片上方文字，按Delete键，将其删除，如图9-53所示。

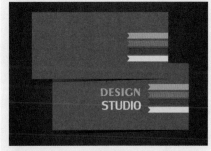

图9-53

03 选中复制的名片背景，双击位于界面底部的状态栏中的"填充色"按钮，在弹出的"编辑填充"对话框中设置"填充模式"为"均匀填充"，选择一个合适的颜色，单击"确定"按钮，如图9-54所示。此时画面效果如图9-55所示。

图9-54

图9-55

04 选择工具箱中的文本工具，在淡灰色名片左上方单击鼠标左键，建立文字输入的起始点，在属性栏中设置合适的字体、字体大小，然后输入相应的文字，如图9-56所示。选中该文字，在右侧的调色板中左键单击深黄色按钮，为文字设置颜色，如图9-57所示。

图9-56

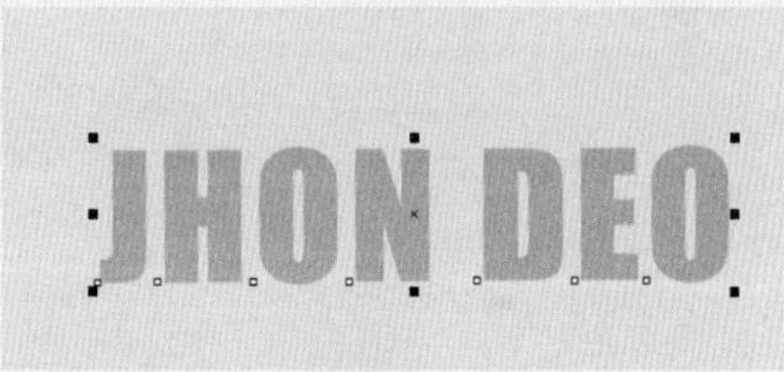

JHON DEO

图9-57

05 在使用文本工具的状态下，在文字之后单击插入光标，然后按住鼠标左键向前拖动，使第二个单词被选中，双击位于界面底部的状态栏中的"填充色"按钮，在弹出的"编辑填充"对话框中设置"填充模式"为"均匀填充"，选择一个合适的颜色，单击"确定"按钮，如图9-58所示。此

时文字效果如图9-59所示。

图9-58

图9-59

06 继续使用文本工具在该文字下方输入其他文字，效果如图9-60所示。

图9-60

07 按住Shift键单击该名片右侧的四个图形，通过拖动其左上方的控制点，将其放大，效果如图9-61所示。

图9-61

08 选择工具箱中的钢笔工具，在该图形左侧绘制一个不规则图形，如图9-62所示。选中该图形，选择工具箱中的颜色滴管工具，当光标变成形状时，单击该名片右侧的第二个图形吸取颜色，然后单击刚刚绘制的不规则图形，为其填充颜色，在右侧的调色板中右键单击☒按钮，去掉轮廓色，效果如图9-63所示。

艺境／第9章 卡片设计／

实战228例

CorelDRAW

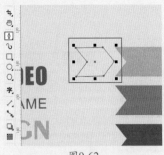

图9-62

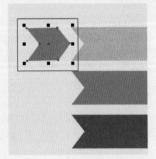

图9-63

09 选中该图形，按住鼠标左键向下移动的同时按住Shift键，移动到合适位置后按鼠标右键进行复制，如图9-64所示。多次使用快捷键Ctrl+R复制多个图形，效果如图9-65所示。

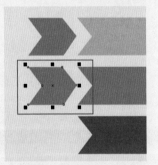

图9-64

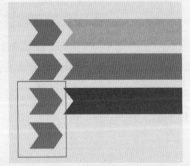

图9-65

10 选中刚刚复制的第二个图形，在右侧的调色板中左键单击红色按钮，为图形更改填充颜色，如图9-66所示。使用同样的方法，为下方的图形更

改填充颜色，效果如图9-67所示。

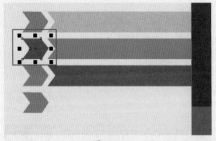

图9-66

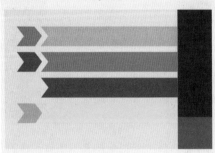

图9-67

11 执行菜单"文件>打开"命令，在弹出的"打开绘图"对话框中单击素材"2.cdr"，然后单击"打开"按钮，如图9-68所示。在打开的素材中，选中手机素材，使用快捷键Ctrl+C将其复制，返回到刚刚操作的文档中使用快捷键Ctrl+V将其进行粘贴，并将其移动到刚刚绘制的第一个图形上方位置，如图9-69所示。

图9-68

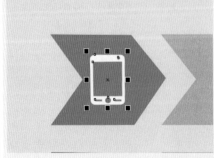

图9-69

12 继续在打开的素材中复制其他图标到操作的文档中，并将其移动到合适位置，效果如图9-70所示。

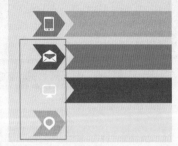

图9-70

13 选择工具箱中的文本工具，在刚刚绘制的图形右侧单击鼠标左键，建立文字输入的起始点，在属性栏中设置合适的字体、字体大小，然后输入相应的文字，如图9-71所示。选中该文字，在右侧的调色板中左键单击白色按钮，为文字设置颜色，如图9-72所示。

图9-71

图9-72

14 继续使用文本工具在该文字下方输入其他适当的白色文字，效果如图9-73所示。

图9-73

15 按住Shift键加选淡灰色名片上方的所有图形及文字，再次单击一

下该名片，此时该名片的控制点变为双箭头控制点，通过拖动左下角的双箭头控制点将其向下拖动进行旋转，效果如图9-74所示。

图9-74

16 选择工具箱中的钢笔工具，在淡灰色名片上绘制一个三角形，如图9-75所示。选中该三角形，选择工具箱中的交互式填充工具，在属性栏中单击"渐变填充"按钮，设置"渐变类型"为"线性渐变填充"，然后编辑一个白色到黑色的渐变颜色，如图9-76所示。

图9-75

图9-76

17 接着选择工具箱中的透明度工具，在属性栏中设置"透明度的类型"为"均匀透明度"，设置"透明度"为19，单击"全部"按钮，如图9-77所示。然后选择工具箱中的阴影工具，使用鼠标左键在三角形上方左侧边缘由上至下拖动制作阴影，然后在

属性栏中设置"阴影角度"为308、"阴影延展"为50、"阴影淡出"为0、"阴影的不透明度"为50、"阴影羽化"为15，单击"羽化方向"按钮，在下拉列表中选择"高斯式模糊"、"阴影颜色"为黑色、"合并模式"为"乘"，如图9-78所示。

图9-77

图9-78

18 接着在右侧的调色板中右键单击⊠按钮，去掉轮廓色，如图9-79所示。使用鼠标右键单击该三角形，执行菜单"顺序 > 置于此对象后"命令，当光标变为黑色粗箭头时单击淡灰色名片，此时三角形将自动移动到淡灰色名片之后，效果如图9-80所示。

图9-79

图9-80

19 此时简约色块名片制作完成，最终效果如图9-81所示。

图9-81

9.3 婚礼邀请卡设计

文件路径	第9章\婚礼邀请卡设计
难易指数	★★★★★
技术掌握	● 矩形工具 ● 椭圆形工具 ● 文本工具 ● 透明度工具 ● 星形工具 ● 选择工具

⌕ 扫码深度学习

操作思路

本案例首先通过使用矩形工具、椭圆形工具、文本工具、透明度工具以及星形工具制作婚礼邀请卡正面效果图；然后使用选择工具将正面效果图全选，并将其复制旋转，从而制作出婚礼邀请卡的展示效果。

案例效果

案例效果如图9-82所示。

图9-82

实例161　制作婚礼邀请卡正面效果

操作步骤

01 执行菜单"文件>新建"命令，在弹出的"创建新文档"对话框中设置文档"大小"为A4，单击"横向"按钮，设置完成后单击"确定"按钮，如图9-83所示。创建一个空白新文档，如图9-84所示。

图9-83

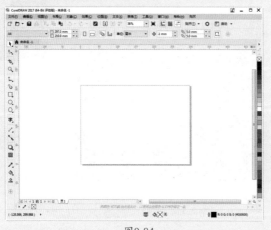

图9-84

02 执行菜单"文件>导入"命令，在弹出的"导入"对话框中单击选择要导入的背景素材"1.jpg"，然后单击"导入"按钮，如图9-85所示。在工作区中按住鼠标左键拖动，控制导入对象的大小，释放鼠标完成导入操作，如图9-86所示。

图9-85

图9-86

03 选择工具箱中的矩形工具，在画面中绘制一个矩形，如图9-87所示。在右侧的调色板中右键单击⊠按钮，去掉轮廓色。左键单击白色按钮，为矩形填充颜色，如图9-88所示。再次使用矩形工具在白色矩形上绘制一个稍小的矩形，如图9-89所示。

图9-87

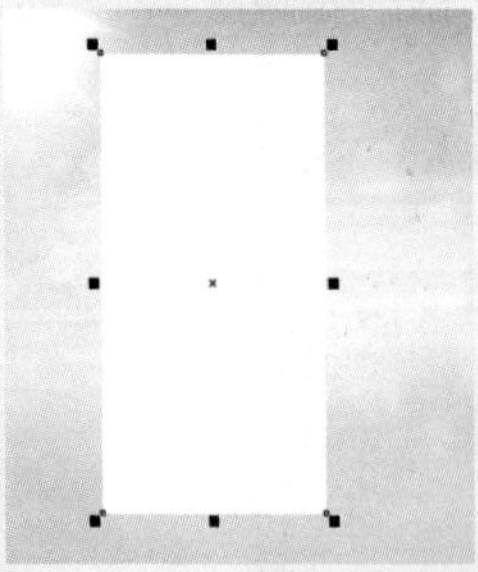

图9-88

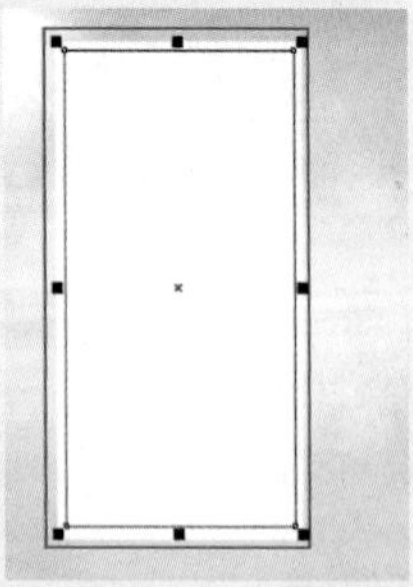

图9-89

04 执行菜单"文件>导入"命令，在弹出的"导入"对话框中单击选择要导入的人物素材"2.jpg"，然后单击"导入"按钮，如图9-90所示。在工作区中按住鼠标左键拖动，控制导入对象的大小，释放鼠标完成导入操作，如

图9-91所示。

图9-90

图9-91

05 选中人物素材，执行菜单"对象>PowerClip>置于图文框内部"命令，当光标变成黑色粗箭头时，单击刚绘制的矩形，即可实现位图的剪贴效果，如图9-92所示。接着在右侧的调色板中右键单击⊠按钮，去掉轮廓色，效果如图9-93所示。

图9-92

图9-93

06 选择工具箱中的椭圆形工具，在人物素材右上方位置按住Ctrl键并按住鼠标左键拖动绘制一个正圆形，如图9-94所示。双击位于界面底部的状态栏中的"填充色"按

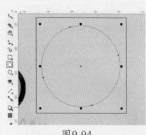

图9-94

钮，在弹出的"编辑填充"对话框中设置"填充模式"为"均匀填充"，选择一个合适的颜色，单击"确定"按钮，如图9-95所示。接着在右侧的调色板中右键单击⊠按钮，去掉轮廓色，效果如图9-96所示。

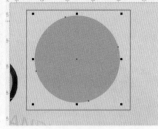

图9-95　　　　　　　　　　　　图9-96

07 选择工具箱中的文本工具，在正圆形上单击鼠标左键，建立文字输入的起始点，在属性栏中设置合适的字体、字体大小，然后输入相应的文字，如图9-97所示。在使用文本工具的状态下，在第一个单词后方单击插入光标，然后按住鼠标左键向前拖动，使第一个单词被选中，然后在属性栏中更改字号，效果如图9-98所示。

图9-97　　　　　　　　　　　　图9-98

08 继续使用同样的方法，在该正圆形右下方绘制其他小正圆形并在其上面输入相应的文字，效果如图9-99所示。

09 选中下方黄绿色正圆形，选择工具箱中的透明度工具，在属性栏中设置"透明度的类型"为"均匀透明度"，设置"透明度"为40，单击"全部"按钮，如图9-100所示。

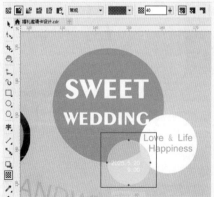

图9-99　　　　　　　　　　　　图9-100

10 选择工具箱中的星形工具，在属性栏中设置"边数"为5、"锐度"为35，然后在刚刚绘制的正圆形下方按住鼠标左键拖动绘制一个五角星形，如图9-101所示。选中该星形，在右侧的调色板中右键单击⊠按钮，去掉轮廓色。左键单击洋红色按钮，为五角星填充颜色，如图9-102所示。

11 选中五角星的状态下，再次单击该五角星，此时图形的控制点变为双箭头控制点，通过拖动右下角的双箭头控制点将其向上拖动进行旋转至合适角度，

效果如图9-103所示。选择工具箱中的矩形工具，在五角星右上方绘制一个矩形。选中该矩形，在右侧的调色板中右键单击⊠按钮，去掉轮廓色。左键单击绿色按钮，为矩形填充颜色，如图9-104所示。

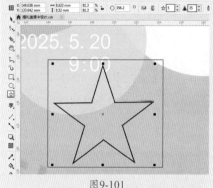

图9-101

图9-102

图9-103

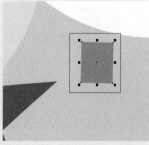

图9-104

12 使用同样的方法，继续在画面中合适位置绘制多个不同颜色的五角星

和矩形，部分图形可以设置为半透明效果，如图9-105所示。制作大量的类似图形作为装饰，效果如图9-106所示。

图9-105 　　　　　　　图9-106

实例162　制作婚礼邀请卡展示效果

🎙️ 操作步骤

01 制作正面阴影效果。选择工具箱中的选择工具，按住鼠标左键拖动将邀请卡正面的所有图形及文字框选，使用快捷键Ctrl+G组合对象。选择工具箱中的矩形工具，在画面上方按住鼠标左键拖动绘制一个与图片等大的矩形，如图9-107所示。选中该矩形，在右侧的调色板中右键单击⊠按钮，去掉轮廓色。左键单击蓝灰色按钮，为矩形填充颜色，如图9-108所示。

图9-107 　　　　　　　图9-108

02 接着选择工具箱中的透明度工具，在属性栏中设置"透明度的类型"为"均匀透明度"、"合并模式"为"乘"，设置"透明度"为25，单击"填充"按钮，如图9-109所示。使用鼠标右键单击该矩形，在弹出的快捷菜单中执行"顺序 > 置于此对象前"命令，当光标变为黑色粗箭头时，使用鼠标左键单击一下背景，此时矩形会自动移到正面之后，效果如图9-110所示。

03 选择工具箱中的选择工具，按住鼠标左键拖动将正面图形及矩形阴影框选，使用快捷键Ctrl+G组合对象。接着按住鼠标左键向左移动的同时按住Shift键，移动到合适位置后按鼠标右键进行复制，如图9-111所示。使用快捷键Ctrl+R再次复制一个正面效果图，如图9-112所示。

图9-109 　　　　　　　图9-110

图9-111 　　　　　　　图9-112

04 双击第2个正面效果图，此时图形的控制点变为双箭头控制点，通过拖动右上角的双箭头控制点将其向下拖动进行旋转，效果如图9-113所示。使用同样的方法，继续将第3个正面效果图进行旋转，如图9-114所示。

图9-113 　　　　　　　图9-114

05 选择工具箱中的选择工具，按住鼠标左键拖动将3个正面效果图框选，使用快捷键Ctrl+G组合对象。将其移动到画面中间位置，最终完成效果如图9-115所示。

图9-115

中文版CorelDRAW图形创意设计与制作全视频

实战228例

CorelDRAW

海报设计

/ 佳 / 作 / 欣 / 赏 /

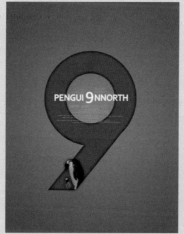

10.1 复古风文艺海报设计

文件路径	第10章\复古风文艺海报设计
难易指数	⭐⭐⭐⭐⭐
技术掌握	● 文本工具 ● 钢笔工具 ● 段落文字 ● 透明度工具 ● 矩形工具 ● 交互式填充工具

🔍 扫码深度学习

💡 操作思路

本案例首先通过导入背景素材，使用文本工具、钢笔工具以及"段落文字"制作海报背景与文字效果；然后导入人物素材，使用透明度工具、矩形工具以及交互式填充工具制作海报图像和折痕效果。

🖱 案例效果

案例效果如图10-1所示

图10-1

实例163 制作海报背景和文字效果

🎤 操作步骤

01 执行菜单"文件>新建"命令，在弹出的"创建新文档"对话框中设置文档"大小"为A4，单击"纵向"按钮，设置完成后单击"确定"

按钮，如图10-2所示。创建一个空白新文档，如图10-3所示。

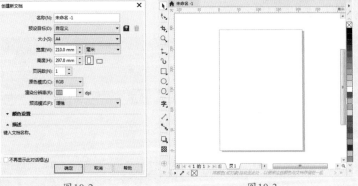

图10-2　　　　　　　　图10-3

02 执行菜单"文件>导入"命令，在弹出的"导入"对话框中单击选择要导入的背景素材"1.png"，然后单击"导入"按钮。在工作区中按住鼠标左键拖动，控制导入对象的大小，释放鼠标完成导入操作，如图10-4所示。选择工具箱中的文本工具，在画面上单击鼠标左键，建立文字输入的起始点，在属性栏中设置合适的字体、字体大小，然后输入相应的文字，文字输入完成后在空白区域单击结束操作，如图10-5所示。

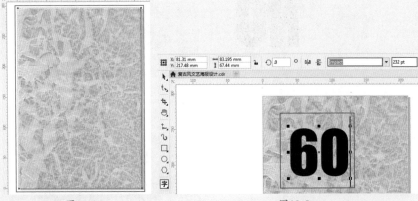

图10-4　　　　　　　　图10-5

03 在右侧的调色板中左键单击酱橙色按钮，为文字更改颜色，如图10-6所示。选择该文字，在属性栏中设置其合并模式为"乘"，如图10-7所示。

04 选中文字，使用快捷键Ctrl+Q转换为曲线，然后使用快捷键Ctrl+K进行拆分，选择数字0，选择工具箱中的形状工具，使用鼠标左键单击数字右下角的控制点将其选中，单击属性栏中的"转换为线条"按钮，通过拖动控制点将数字改变形状，如图10-8所示。

图10-6　　　　　　图10-7　　　　　　图10-8

05 选择工具箱中的钢笔工具，在数字右下方绘制一条斜线。选中斜线，在属性栏中设置"轮廓宽度"为2.0mm，如图10-9所示。在右侧的调色板中左键单击酱橙色按钮，为斜线更改颜色，效果如图10-10所示。

06 使用同样的方法，继续在画面下方制作其他文字与直线效果，如图10-11所示。

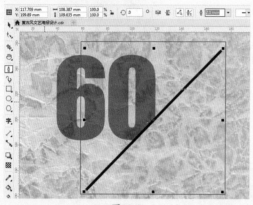
图10-9

图10-10

图10-11

07 选择工具箱中的文本工具，在画面右上方单击鼠标左键，建立文字输入的起始点，在属性栏中设置合适的字体、字体大小，然后输入相应的文字，如图10-12所示。使用同样的方法，继续在其下方制作其他文字，效果如图10-13所示。

08 在使用文本工具的状态下，在画面左下方按住鼠标左键并从左上角向右下角拖动创建出文本框，在属性栏中设置合适的字体、字体大小，单击"文本对齐"按钮，在下拉列表中选择"右"，如图10-14所示。然后在文本框中输入文字，效果如图10-15所示。

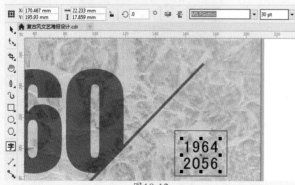
图10-12

图10-13

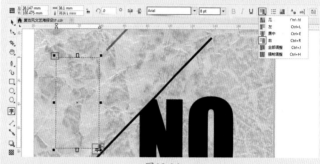
图10-14

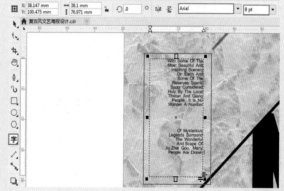
图10-15

实例164　制作海报图像和折痕效果

🔘操作步骤

01 执行菜单"文件>导入"命令，在弹出的"导入"对话框中单击选择要导入的人物素材"2.jpg"，然后单击"导入"按钮。在工作区中按住鼠标左键拖动，控制导入对象的大小，释放鼠标完成导入操作，如图10-16所示。

02 选中该素材，选择工具箱中的透明度工具，在属性栏中设置"合并模式"为"底纹化"，如图10-17所示。

03 制作折痕效果。选择工具箱中的"矩形工具"，在画面左上方绘制一个矩形，如图10-18所示。选中该矩形，选择工具箱中的交互式填充工具，在属性栏中单击"渐变填充"按钮，设置"渐变类型"为"线性渐变填充"，然后编辑一个白色到黑色系的渐变颜色，如图10-19所示。

图10-16

图10-17

图10-18

图10-19

04 接着选择工具箱中的透明度工具，在属性栏中设置"透明度的类型"为"均匀透明度"、"合并模式"为"减少"，设置"透明度"为80，单击"全部"按钮，如图10-20所示。

05 继续使用矩形工具在画面右上方绘制一个矩形。选中该矩形，选择工具箱中的交互式填充工具，在属性栏中单击"渐变填充"按钮，设置"渐变类型"为"线性渐变填充"，然后编辑一个白色到黑色系渐变颜色，如图10-21所示。接着选择工具箱中的透明度工具，在属性栏中设置"透明度的类型"为"均匀透明度"、"合并模式"为"减少"，设置"透明度"为80，单击"全部"按钮，如图10-22所示。

图10-20

图10-21

图10-22

06 使用同样的方法，在画面的下方制作其他折痕效果。最终完成效果如图10-23所示。

图10-23

10.2 动物主题招贴设计

文件路径	第10章\动物主题招贴设计
难易指数	★★★★★
技术掌握	● 矩形工具 ● 交互式填充工具 ● 文本工具 ● 段落文字 ● 钢笔工具 ● 阴影工具

🔍扫码深度学习

操作思路

　　本案例首先通过使用矩形工具和交互式填充工具制作海报背景，使用文本工具制作主图部分；然后使用文本工具、"段落文字"、钢笔工具以及阴影工具制作海报文字与图像效果。

案例效果

　　案例效果如图10-24所示。

图10-24

实例165 背景与主体图形

操作步骤

01 执行菜单"文件>新建"命令，在弹出的"创建新文档"对话框中设置文档"大小"为A4，单击"纵向"按钮，设置完成后单击"确定"按钮，如图10-25所示。创建一个空白新文档，如图10-26所示。

图10-25

图10-26

02 制作海报背景。选择工具箱中的矩形工具，在工作区中绘制一个矩形，如图10-27所示。选中该矩形，选择工具箱中的交互式填充工具，在属性栏中单击"渐变填充"按钮，设置"渐变类型"为"椭圆形渐变填充"，然后编辑一个灰色系的渐变颜色，如图10-28所示。

图10-27

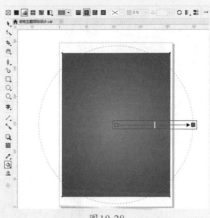

图10-28

03 在右侧的调色板中右键单击⊠按钮，去掉轮廓色，如图10-29所示。

图10-29

04 选择工具箱中的文本工具，在画面上单击鼠标左键，建立文字输入的起始点，在属性栏中设置合适的字体、字体大小，然后输入相应的文字，如图10-30所示。

图10-30

05 选中该文字，按住鼠标左键向右移动的同时按住Shift键，移动到合适位置后按鼠标右键进行复制。选中复制的文字，在右侧的调色板中左键单击灰色按钮，为文字更改颜色，效果如图10-31所示。

图10-31

06 选中灰色的文字，执行菜单"位图>转换为位图"命令，在弹出的"转换为位图"对话框中设置"分辨率"为72dpi，设置完成后单击"确定"按钮，如图10-32所示。接着执行菜单"位图>模糊>高斯式模糊"命令，在弹出的"高斯式模糊"对话框中设置模糊"半径"为8像素，设置完成后单击"确定"按钮，如图10-33所示。

图10-32

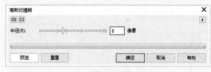

图10-33

07 此时灰色文字效果如图10-34所示。在选中灰色文字的状态下，使用鼠标左键拖动文字右侧的控制点，将文字进行适当的收缩，效果如图10-35所示。

图10-34

图10-35

08 在选中灰色文字的状态下，执行菜单"对象>PowerClip>置于图文框内部"命令，当光标变成黑色粗箭头时，单击黑色的文字。此时画面效果如图10-36所示。

09 创建PowerClip对象后，在图文框下方显示出的"浮动工具栏"中单击"编辑PowerClip"按钮，重新定位内容，如图10-37所示。进入到编辑状态后按住鼠标左键拖动素材调整其位置，调整完成后单击下方的"停止编辑内容"按钮，如图10-38所示。此时画面效果如图10-39所示。

图10-36

图10-37

图10-38

图10-39

实例166　文字与图像

🎤 操作步骤

01 添加主标题文字。选择工具箱中的文本工具，在画面中间位置单击鼠标左键，建立文字输入的起始点，在属性栏中设置合适的字体、字体大小，然后输入相应的文字，如图10-40所示。

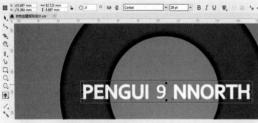

图10-40

02 在使用文本工具的状态下，在中间的数字后方单击插入光标，然后按住鼠标左键向前拖动，使数字被选中，然后在属性栏中更改字体大小，如图10-41所示。

图10-41

03 在使用文本工具的状态下，在主标题左上方单击鼠标左键，建立文字输入的起始点，在属性栏中设置合适的字体、字体大小，单击"文本对齐"按钮，在下拉列表中选择"右"。然后在画面中输入文字，在右侧的调色板中右键单击灰色按钮，为文字更改颜色，如图10-42所示。继续使用同样的方法，在主标题右上方和下方输入其他灰色文字，如图10-43所示。

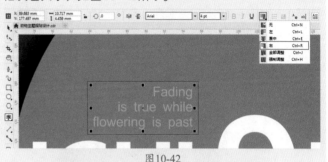

图10-42

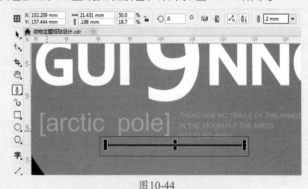

图10-43

04 选择工具箱中的钢笔工具，在文字下方绘制一条横线，在属性栏中设置"轮廓宽度"为0.2mm，如图10-44所示。选中该直线，在右侧的调色板中左键单击灰色按钮，为直线更改颜色，效果如图10-45所示。

图10-44

图10-45

05 选择工具箱中的文本工具，在直线左侧按住鼠标左键并从左上角向右下角拖动创建出文本框，在属性栏中设置合适的字体、字体大小，单击"文本对齐"按钮，在下拉列表中选择"右"，如图10-46所示。然后在文本框中输入文字，在右侧的调色板中左键单击灰色按钮，为文字更改颜色，效果如图10-47所示。

图10-46

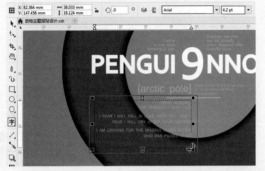

图10-47

06 选择工具箱中的钢笔工具，在段落文字左侧绘制一条竖线，在属性栏中设置"轮廓宽度"为0.1mm，选中该直线，在右侧的调色板中左键单击灰色按钮，为直线更改颜色，如图10-48所示。

图10-48

07 继续使用文本工具在竖线右侧按住鼠标左键并从左上角向右下角拖动创建出文本框，在属性栏中设置合适的字体、字体大小，单击"文本对齐"按钮，在下拉列表中选择"左"。然后在文本框中输入文字，在右侧的调色板中左键单击灰色按钮，为文字更改颜色，效果如图10-49所示。

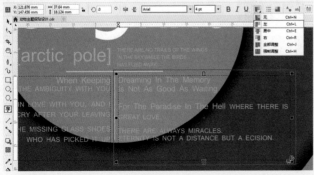

图10-49

08 执行菜单"文件>导入"命令，在弹出的"导入"对话框中单击选择要导入的动物素材"1.png"，然后单击"导入"按钮，如图10-50所示。在工作区中按住鼠标左键拖动，控制导入对象的大小，释放鼠标完成导入操作，如图10-51所示。

图10-50

图10-51

09 选中动物素材，选择工具箱中的阴影工具，使用鼠标左键在动物中间位置向右拖动制作阴影，然后在属性栏中设置"阴影的不透明度"为65、"阴影羽化"为15，单击"羽化方向"按钮，在弹出的下拉列表中选择"高斯式模糊"，设置"阴影颜色"为黑色、"合并模式"为"乘"，如图10-52所示。

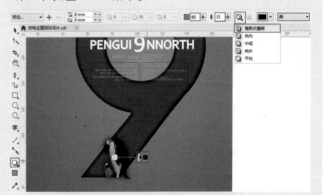

图10-52

10 选择工具箱中的钢笔工具，在动物素材周围沿着主图边缘绘制一个不规则图形，如图10-53所示。选中动物素材，执行菜单"对象>PowerClip>置于图文框内部"命令，当光标变成黑色粗箭头时，单击刚刚绘制的不规则图形，效果如图10-54所示。

图10-53　　　　　　图10-54

11 选中不规则图形，在右侧的调色板中右键单击☒按钮，去掉轮廓色，效果如图10-55所示。

12 此时动物主题招贴设计制作完成，最终效果如图10-56所示。

CorelDRAW

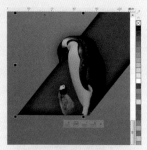

图 10-55

图 10-56

10.3 化妆品促销海报

文件路径	第10章\化妆品促销海报
难易指数	★★★★★
技术掌握	● 矩形工具 ● 椭圆形工具 ● 交互式填充工具 ● 透明度工具 ● 复杂星形工具 ● 文本工具

扫码深度学习

操作思路

　　本案例首先通过使用矩形工具、椭圆形工具、交互式填充工具和透明度工具制作海报背景，使用复杂星形工具以及文本工具制作标志部分；然后继续使用这些工具制作海报主图与文字部分。

案例效果

　　案例效果如图10-57所示。

图 10-57

实例167　制作海报背景与标志

操作步骤

01 执行菜单"文件>新建"命令，在弹出的"创建新文档"对话框中设置文档"大小"为A4，单击"纵向"按钮，设置完成后单击"确定"按钮，如图10-58所示。创建一个空白新文档，如图10-59所示

图 10-58 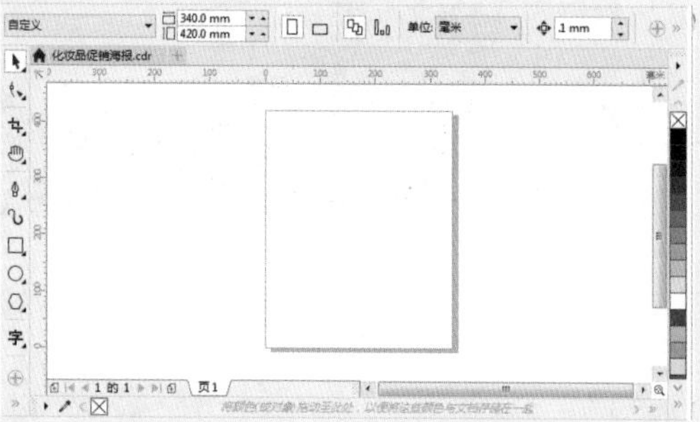　　　　　　　　　图 10-59

02 制作海报背景。选择工具箱中的矩形工具，在工作区中绘制一个与画板等大的矩形，如图10-60所示。选中该矩形，双击位于界面底部的状态栏中的"填充色"按钮，在弹出的"编辑填充"对话框中设置"填充模式"为"均匀填充"，选择一个合适的颜色，单击"确定"按钮，如图10-61所示。在右侧的调色板中右键单击⊠按钮，去掉轮廓色，效果如图10-62所示。

图 10-60 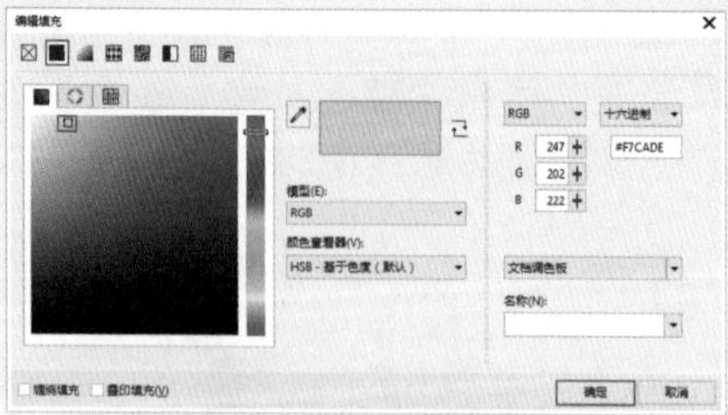　　　　　　图 10-61　　　　　　图 10-62

03 选择工具箱中的椭圆形工具，在画面左下角位置按住Ctrl键并按住鼠标左键拖动绘制一个正圆形，如图10-63所示。选中该正圆形，选择工具箱中的交互式填充工具，在属性栏中单击"渐变填充"按钮，设置"渐变类型"为"线性渐变填充"，然后编辑一个粉色系的渐变颜色，如图10-64所示。

04 接着选择工具箱中的透明度工具，在属性栏中设置"透明度的类型"为"均匀透明度"，设置"透明度"为28，单击"全部"按钮，如图10-65所示。在右侧的调色板中右键单击⊠按钮，去掉轮廓色，效果如图10-66所示。

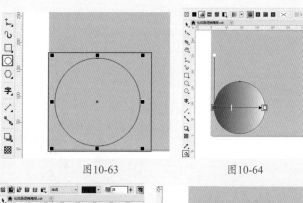

图10-63　　　　　　　　　图10-64

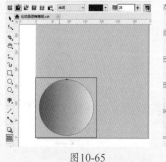
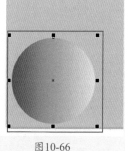

图10-65　　　　　　　　　图10-66

05 选中该正圆形，按住鼠标左键向左上方移动，移动到合适位置后按鼠标右键进行复制，如图10-67所示。选择复制的正圆形，通过拖动控制点将其进行适当的缩小，如图10-68所示。

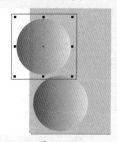

图10-67　　　　　　　　　图10-68

06 选中复制的正圆形，使用快捷键Ctrl+C将其复制，接着使用快捷键Ctrl+V进行粘贴，将新复制出来的正圆形移动到画面中其他位置，如图10-69所示。继续使用快捷键Ctrl+V进行粘贴，将复制的正圆形摆放在画面中合适的位置，效果如图10-70所示。

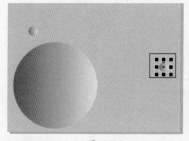

图10-69　　　　　　　　　图10-70

07 制作标志。选择工具箱中的复杂星形工具，在属性栏中设置"边数"为9、"锐度"为2，然后在画面左上角按住鼠标左键拖动绘制一个星形，如图10-71所示。选

中该星形，选择工具箱中的交互式填充工具，在属性栏中单击"渐变填充"按钮，设置"渐变类型"为"线性渐变填充"，然后编辑一个粉色系的渐变颜色，如图10-72所示。在右侧的调色板中右键单击⊠按钮，去掉轮廓色，效果如图10-73所示。

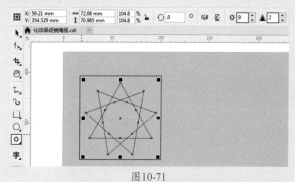

图10-71

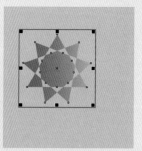

图10-72　　　　　　　　　图10-73

08 选择工具箱中的文本工具，在标志上单击鼠标左键，建立文字输入的起始点，在属性栏中设置合适的字体、字体大小，然后输入相应的文字，如图10-74所示。继续使用文本工具在该文字下方输入其他文字，效果如图10-75所示。

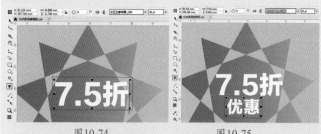

图10-74　　　　　　　　　图10-75

实例168　制作海报主图与文字

🎙操作步骤

01 选择工具箱中的椭圆形工具，在画面上方中间位置按住Ctrl键并按住鼠标左键拖动绘制一个正圆形，如图10-76所示。继续在该正圆形下方绘制两个等大的正圆形，如图10-77所示。

02 按住Shift键加选3个正圆形，在属性栏中单击"合并"按钮，如图10-78所示。此时圆形效果如图10-79所示。

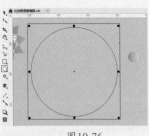

图10-76

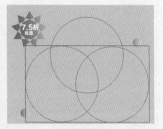

图10-77

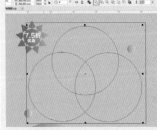

图10-78

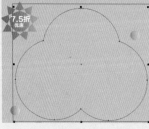

图10-79

03 选中该图形，使用快捷键Ctrl+C将其复制，接着使用快捷键Ctrl+V进行粘贴，将新复制出来的图形移动到画板之外，留待之后使用，如图10-80所示。

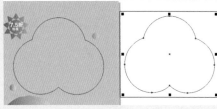

图10-80

04 选择画板上的图形，选择工具箱中的交互式填充工具，在属性栏中单击"渐变填充"按钮，设置"渐变类型"为"线性渐变填充"，然后编辑一个粉色系的渐变颜色，如图10-81所示。在右侧的调色板中右键单击⊠按钮，去掉轮廓色，效果如图10-82所示。

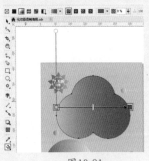

图10-81

图10-82

05 执行菜单"文件>导入"命令，在弹出的"导入"对话框中单击选择要导入的人物素材"1.png"，然后单击"导入"按钮，如图10-83所示。在工作区中按住鼠标左键拖动，控制导入对象的大小，释放鼠标完成导入操作，如图10-84所示。

06 选择该人物素材，执行菜单"对象>PowerClip>置于图文框内部"命令，当光标变成黑色粗箭头时，单击

之前复制到画板之外的图形，即可实现位图的剪贴效果，如图10-85所示。选择该图形，在右侧的调色板中右键单击⊠按钮，去掉轮廓色，效果如图10-86所示。

图10-83

图10-84

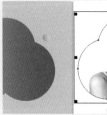

图10-85

图10-86

07 然后将该图移动到画面中间合适位置，效果如图10-87所示。

08 选择工具箱中的椭圆形工具，在人物素材右下方按住鼠标左键拖动绘制一个椭圆形，如图10-88所示。选中该椭圆形，在右侧的调色板中右键单击⊠按钮，去掉轮廓色。左键单击白色按钮，为椭圆形填充颜色，如图10-89所示。接着选择工具箱中的透明度工具，在属性栏中单击"均匀透明度"按钮，设置"透明度"为20，单击"全部"按钮，如图10-90所示。

图10-87

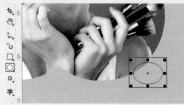

图10-88

图10-89

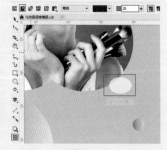

图10-90

09 选择工具箱中的文本工具，在椭圆形上单击鼠标左键，建立文字输入的起始点，在属性栏中设置合适的字体、字体大小，然后输入相应的文字，如图10-91所示。选中该文字，双击位于界面底部的状态栏中的"填充

艺境 中文版CorelDRAW图形创意设计与制作全视频

实战228例

CorelDRAW

色"按钮，在弹出的"编辑填充"对话框中设置"填充模式"为"均匀填充"，选择一个合适的颜色，单击"确定"按钮，如图10-92所示。此时该文字效果如图10-93所示。

图10-91

图10-92

图10-93

10 使用文本工具在文字后面单击插入光标，然后按住鼠标左键向前拖动，使数字被选中，然后在属性栏中更改字体大小，如图10-94所示。

图10-94

11 继续使用文本工具在画面下方输入不同字体大小的紫红色文字，效果如图10-95所示。

图10-95

12 选择工具箱中的矩形工具，在文字下方绘制一个矩形。选中该矩形，在属性栏中单击"圆角"按钮，设置"转角半径"为10.0mm，单击"全部"按钮，如图10-96所示。双击位于界面底部的状态栏中的"填充色"按钮，在弹出的"编辑填充"对话框中设置"填充模式"为"均

匀填充"，选择一个合适的颜色，单击"确定"按钮，此时圆角矩形效果如图10-97所示。

13 选中该圆角矩形，在右侧的调色板中右键单击⊠按钮，去掉轮廓色，效果如图10-98所示。

图10-96

图10-97

图10-98

14 选择工具箱中的文本工具，在圆角矩形上单击鼠标左键，建立文字输入的起始点，在属性栏中设置合适的字体、字体大小，然后输入相应的文字，如图10-99所示。

15 此时化妆品促销海报制作完成，最终效果如图10-100所示。

图10-99

图10-100

10.4 立体质感文字海报

文件路径	第10章 \ 立体质感文字海报
难易指数	★★★★★
技术掌握	● 钢笔工具 ● 交互式填充工具 ● 文本工具 ● 立体化工具

扫码深度学习

CorelDRAW

操作思路

本案例首先通过使用椭圆形工具、钢笔工具和交互式填充工具制作海报的主图部分；然后使用文本工具和立体化工具制作海报的文字部分。

案例效果

案例效果如图10-101所示。

图10-101

实例169 制作海报的主图部分

操作步骤

01 执行菜单"文件>新建"命令，在弹出的"创建新文档"对话框中设置文档"大小"为A4，单击"横向"按钮，设置完成后单击"确定"按钮，如图10-102所示。创建一个空白新文档，如图10-103所示。

图10-102

图10-103

02 执行菜单"文件>导入"命令，在弹出的"导入"对话框中单击选择要导入的背景素材"1.jpg"，然后单击"导入"按钮，如图10-104所示。在画板中按住鼠标左键拖动，控制导入对象的大小，释放鼠标完成导入操作，如图10-105所示。

图10-104

图10-105

03 选择工具箱中的椭圆形工具，在画面上按住Ctrl键并按住鼠标左键拖动绘制一个正圆形，如图10-106所示。选中该正圆形，双击位于界面底部的状态栏中的"填充色"按钮，在弹出的"编辑填充"对话框中设置"填充模式"为"均匀填充"，选择一个合适的颜色，单击"确定"按钮，如图10-107所示。在右侧的调色板中右键单击⊠按钮，去掉轮廓色，效果如图10-108所示。

04 选择工具箱中的钢笔工具，在正圆形上绘制一个不规则图形，如图10-109所示。选中该图形，双击位于界面底部的状态栏中的"填充色"按钮，在弹出的"编辑填充"对话框中设置"填充模式"为"均匀填充"，选择一个合适的颜色，单击"确定"按钮，如图10-110所示。在右侧的调色板中右键单击⊠按钮，去掉轮廓色，效果如图10-111所示。

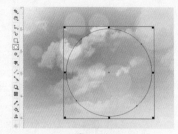

图10-106

图10-107

图10-108

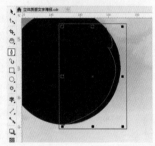

图10-109

图10-110

图10-111

05 按住Shift键加选正圆形和不规则图形，使用快捷键Ctrl+G组合对象，接着按住鼠标左键向左上方移动，移动到合适位置后按鼠标右键进行复制，如图10-112所示。然后在属性栏中单击"水平镜像"按钮，如图10-113所示。再次单击该图形，此时控制点变为双箭头控制点，通过拖动右下角的双箭头控制点将其进行逆时针旋转，效果如图10-114所示。

图10-112

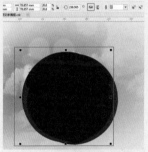

图10-113

图10-114

06 选择工具箱中的椭圆形工具，在该图形上方位置按住Ctrl键并按住鼠标左键拖动绘制一个正圆形，如图10-115所示。接着选择工具箱中的钢笔工具，在正圆形右下方绘制一个不规则图形，如图10-116所示。

07 按住Shift键加选正圆形和不规则图形，在属性栏中单击"修剪"按钮，如图10-117所示。此时画面效果如图10-118所示。

图10-115

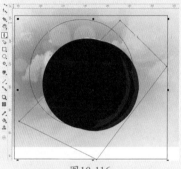

图10-116

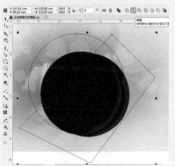

图10-117

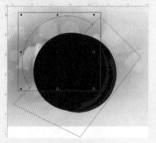

图10-118

08 使用鼠标左键单击下方的不规则图形，按Delete键将其删除，得到半圆形状，如图10-119所示。选中该半圆形，选择工具箱中的交互式填充工具，在属性栏中单击"渐变填充"按钮，设置"渐变类型"为"线性渐变填充"，然后编辑一个黄色系的渐变颜色，如图10-120所示。在右侧的调色板中右键单击⊠按钮，去掉轮廓色，效果如图10-121所示。

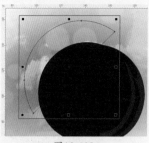

图10-119

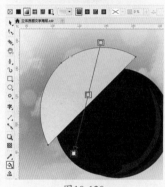

图10-120

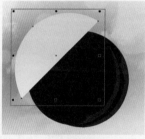

图10-121

09 接着选择工具箱中的钢笔工具，在半圆上绘制一个不规则图形，如图10-122所示。选中该图形，选择工具箱中的交互式填充工具，在属性栏中单击"渐变填充"按钮，设置"渐变类型"为"线性渐变填充"，然后编辑一个粉色系的渐变颜色，如图10-123所示。在右侧的调色板中右键单击⊠按钮，去掉轮廓色，效果如图10-124所示。

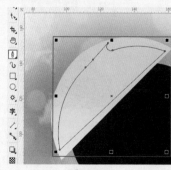

图10-122

图10-123

图10-124

10 选择该图形，使用快捷键Ctrl+C将其复制，接着使用快捷键Ctrl+V进行粘贴，选择上方的不规则图形，使用鼠标左键拖动图形的控制点将其进行适当的缩小，在右侧的调色板中左键单击淡粉色按钮，更改图形填充色，效果如图10-125所示。

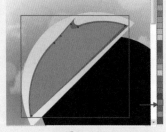

图10-125

11 继续使用钢笔工具在不规则图形上绘制一个洋红色图形，效果如图10-126所示。

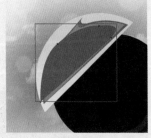

图10-126

12 继续使用钢笔工具在不规则图形上再次绘制一个不规则图形，如图10-127所示。选中该图形，选择工

具箱中的交互式填充工具，在属性栏中单击"渐变填充"按钮，设置"渐变类型"为"线性渐变填充"，然后编辑一个紫色系的渐变颜色，如图10-128所示。在右侧的调色板中右键单击⊠按钮，去掉轮廓色，效果如图10-129所示。

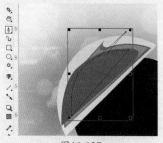

图10-127

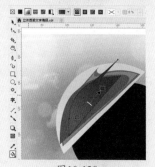

图10-128

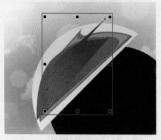

图10-129

13 继续使用钢笔工具在不规则图形右侧绘制一个锥形，如图10-130所示。选中该图形，双击位于界面底部的状态栏中的"填充色"按钮，在弹出的"编辑填充"对话框中设置"填充模式"为"均匀填充"，选择一个合适的颜色，单击"确定"按钮，如图10-131所示。在右侧的调色板中右键单击⊠按钮，去掉轮廓色，效果如图10-132所示。

14 使用同样的方法，继续在其上面绘制其他3个不同大小的锥形，并将其填充不同的颜色，效果如图10-133所示。

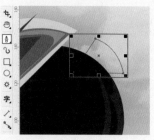

图10-130

图10-131

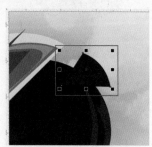

图10-132

图10-133

实例170　制作海报的文字部分

操作步骤

01 选择工具箱中的文本工具，在画面上单击鼠标左键，建立文字输入的起始点，在属性栏中设置合适的字体、字体大小，然后输入相应的文字，如图10-134所示。选中该文字，在右侧的调色板中左键单击深褐色按钮，为文字更改颜色，效果如图10-135所示。

02 再次单击该文字，此时控制点变为双箭头控制点，通过拖动右下角的双箭头控制点将其进行逆时针旋转，效果如图10-136所示。然后按住鼠标左键向右移动的同时按住Shift键，移动到合适位置后按鼠标右键进行复制，将复制的文字更改为黄色，效果如图10-137所示。

图10-134

图10-135

图10-136

图10-137

03 选择深褐色文字，选择工具箱中的立体化工具，在文字中间位置按住鼠标左键向右下角拖动，然后在属性栏中设置"深度"为20，如图10-138所示。接着选择黄色文字将其移动到深褐色文字上方，使其呈现出立体效果，如图10-139所示。

04 使用同样的方法，继续在该文字下方输制作其他立体文字，如图10-140所示。

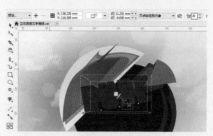
图10-138

图10-139

图10-140

05 再次使用文本工具在文字下方单击鼠标左键，建立文字输入的起始点，在属性栏中设置合适的字体、字体大小，然后输入相应的文字。选中该文字，在右侧的调色板中左键单击黄色按钮，为文字更改颜色，如图10-141所示。再次单击该文字，此时控制点变为双箭头控制点，通过拖动右下角的双箭头控制点将其进行逆时针旋转，效果如图10-142所示。

图10-141

图10-142

06 在使用文本工具的状态下，在文字后方单击插入光标，然后按住鼠标左键向前拖动，使后面的两个单词及符号被选中，然后在右侧的调色板中更改字体颜色为深洋红色，如图10-143所示。使用同样的方法，在该文字下方输入其他适当的文字，效果如图10-144所示。

图10-143

图10-144

07 执行菜单"文件>导入"命令，在弹出的"导入"对话框中单击选择要导入的素材"2.png"，然后单击"导入"按钮，如图10-145所示。在工作区中按住鼠标左键拖动，控制导入对象的大小，释放鼠标完成导入操作。最终完成效果如图10-146所示。

图10-145

图10-146

文件路径	第10章\儿童食品信息图海报
难易指数	★★★★★
技术掌握	● 矩形工具 ● 文本工具 ● 箭头形状工具 ● 钢笔工具 ● 星形工具

扫码深度学习

操作思路

本案例主要通过使用矩形工具、文本工具、箭头形状工具、钢笔工具和星形工具制作儿童食品信息图海报效果。画面中的内容虽然比较多，但却包含很多同类或相似的对象，可以只制作其中一个，通过复制并对具体内容进行更改的方式快速制作出来。

案例效果

案例效果如图10-147所示。

图10-147

实例171 制作海报左上方部分

操作步骤

01 执行菜单"文件>新建"命令，在弹出的"创建新文档"对话框中设置文档"大小"为A4，单击"纵向"按钮，设置完成后单击"确定"按钮，如图10-148所示。创建一个空白新文档，如图10-149所示。

图10-148　　　　　　　　　图10-149

02 制作海报背景。选择工具箱中的矩形工具，在工作区中绘制一个矩形，如图10-150所示。选中该矩形，双击位于界面底部的状态栏中的"填充色"按钮，在弹出的"编辑填充"对话框中设置"填充模式"为"均匀填充"，选择一个合适的颜色，单击"确定"按钮，如图10-151所示。在右侧的调色板中右键单击⊠按钮，去掉轮廓色，效果如图10-152所示。

图10-150

03 选择工具箱中的文本工具，在画面左上角单击鼠标左键，建立文字输入的起始点，在属性栏中设置合适的字体、字体大小，然后输入相应的白色文字，如图10-153所示。继续使用文本工具在该文字下方输入其他白色文字，效果如图10-154所示。

图10-151　　　　　　　　　图10-152

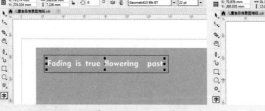

图10-153　　　　　　　　　图10-154

04 选择工具箱中的矩形工具，在文字下方按住鼠标左键拖动绘制一个矩形，如图10-155所示。选中该矩形，双击位于界面底部的状态栏中的"填充色"按钮，在弹出的"编辑填充"对话框中设置"填充模式"为"均匀填充"，选择一个合适的颜色，单击"确定"按钮，如图10-156所示。在右侧的调色板中右键单击⊠按钮，去掉轮廓色，效果如图10-157所示。

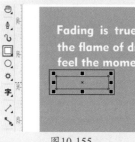

图10-155

05 使用同样的方法，在该矩形右侧绘制其他颜色的矩形，效果如图10-158所示。

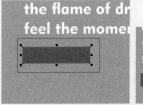

图10-156

图10-157　　　　　　图10-158

06 选择工具箱中的钢笔工具，在黄色矩形左下方绘制一条竖线。选择该竖线，在属性栏中设置"轮廓宽度"为0.3mm，如图10-159所示。接着在右侧的调色板中左键单击蓝灰色按钮，为竖线设置填充色，效果如图10-160所示。

07 选中该竖线，按住鼠标左键向右移动的同时按住Shift键，移动到合适位置后按鼠标右键进行复制，如图10-161所示。

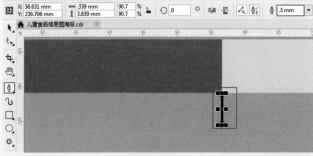

图10-159

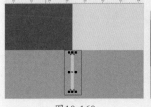　　　

图10-160　　　　　　图10-161

08 选择工具箱中的文本工具，在第一个竖线下方单击鼠标左键，建立文字输入的起始点，在属性栏中设置合适的字体、字体大小，然后输入相应的文字；接着在右侧的调色板中左键单击黄色按钮，为文字设置填充色，如

图10-162所示。继续使用文本工具在该文字的下方和右侧输入其他适当的文字，效果如图10-163所示。

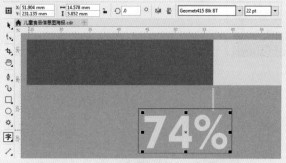

图10-162

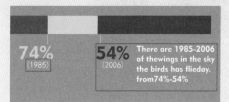

图10-163

09 选择工具箱中的箭头形状工具，在属性栏中单击"完美形状"按钮，在弹出的下拉面板中选择一个"右指向"的箭头，然后在刚刚输入的文字中间按住鼠标左键拖动绘制箭头，如图10-164所示。接着在右侧的调色板中右键单击⊠按钮，去掉轮廓色。左键单击橙色按钮，为箭头填充颜色，如图10-165所示。

10 选择工具箱中的钢笔工具，在文字下方绘制一个不规则图形，如图10-166所示。选择该图形，双击位于界面底部的状态栏中的"填充色"按钮，在弹出的"编辑填充"对话框中设置"填充模式"为"均匀填充"，选择一个合适的颜色，单击"确定"按钮，如图10-167所示。在右侧的调色板中右键单击⊠按钮，去掉轮廓色，效果如图10-168所示。

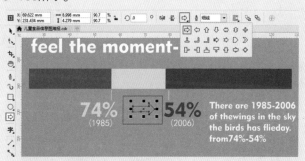

图10-164

　　　　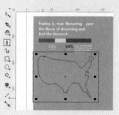

图10-165　　　　　　图10-166

图10-167

图10-168

执行菜单"文件>打开"命令，在弹出的"打开绘图"对话框中单击素材"1.cdr"，然后单击"打开"按钮，如图10-169所示。在打开的素材中，选中兔子素材，使用快捷键Ctrl+C将其复制，返回到刚刚操作的文档中使用快捷键Ctrl+V将其进行粘贴，并将其移动到刚刚绘制的图形下方位置，如图10-170所示。继续在打开的素材中将其他动物素材复制粘贴到操作的文档中并摆放在合适位置，效果如图10-171所示。

图10-169

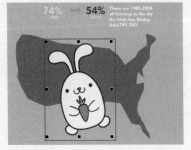

图10-170

图10-171

实例172　制作海报右上方部分

操作步骤

01 选择工具箱中的星形工具，在属性栏中设置"边数"为5、"锐度"为35，然后在画面的右上方按住鼠标左键拖动绘制一个星形，如图10-172所示。选中该星形，在右侧的调色板中右键单击⊠按钮，去掉轮廓色。左键单击洋红色按钮，为星形填充颜色，如图10-173所示。在选中星形的状态下，再次单击该图形，此时图形的控制点变为双箭头控制点，通过拖动右下角的双箭头控制点将其向左拖动进行旋转，效果如图10-174所示。

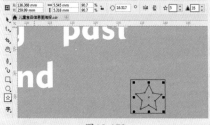

图10-172

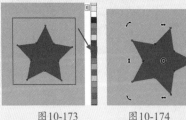

图10-173　　　　图10-174

02 选中该星形，按住鼠标左键向右移动的同时按住Shift键，移动到合适位置后按鼠标右键进行复制，如图10-175所示。多次使用快捷键Ctrl+R复制多个星形，效果如图10-176所示。

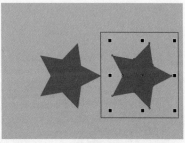

图10-175

图10-176

03 按住Shift键加选复制的所有星形，在右侧的调色板中左键单击白色按钮，为星形更改填充颜色，如图10-177所示。

图10-177

04 选择工具箱中的文本工具，在星形下方单击鼠标左键，建立文字输入的起始点，在属性栏中设置合适的字体、字体大小，然后输入相应的文字，在右侧的调色板中左键单击洋红色按钮，为文字更改填充颜色，如图10-178所示。

图10-178

05 继续使用文本工具在刚刚输入的洋红色文字右侧输入其他白色文字，效果如图10-179所示。

06 选择工具箱中的钢笔工具，在刚刚输入的洋红色文字下方绘制一条竖线。选择该竖线，在属性栏中设置"轮廓宽度"为0.3mm，如图10-180所示。接着在右侧的调色板中左键单击蓝灰色按钮，为竖线设置填充色，效果如图10-181所示。

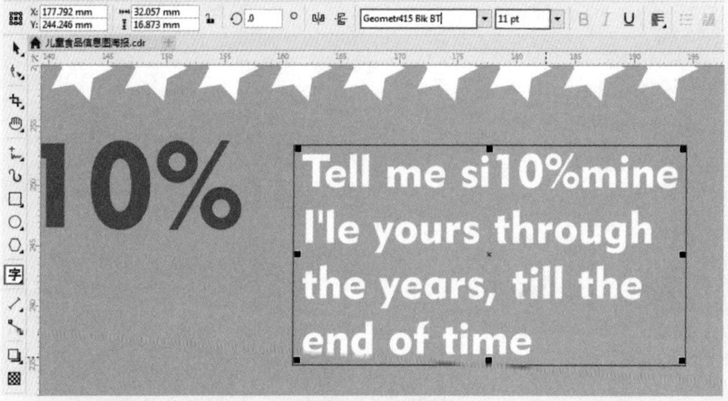

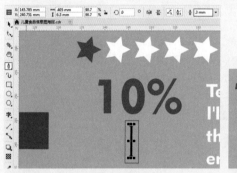
图10-179

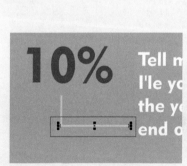
图10-180

图10-181

07 继续使用钢笔工具在该竖线下方绘制一个蓝灰色横线，效果如图10-182所示。

08 继续使用同样的方法，在其下方制作其他文字信息，效果如图10-183所示。

图10-182
图10-183

实例173 制作海报下半部分

🎙操作步骤

01 使用文本工具在动物素材正下方输入适当的文字，效果如图10-184所示。

02 选择工具箱中的矩形工具，在该文字左下方绘制一个矩形。选中该矩形，在属性栏中单击"圆角"按钮，设置"转角半径"为1.5mm、"轮廓宽度"为0.2mm，如图10-185所示。在右侧的调色板中右键单击黄色按钮，设

置圆角矩形轮廓色。左键单击深黄色按钮，为圆角矩形填充颜色，如图10-186所示。

图10-184

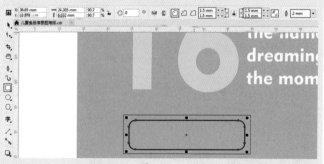
图10-185

03 继续使用矩形工具，在刚刚绘制的圆角矩形上方再次绘制一个小矩形。选中该小矩形，在属性栏中单击"圆角"按钮，单击"同时编辑所有角"按钮，设置"左上角转角半径"为1.5mm、"右上角转角半径"为1.5mm，如图10-187所示。在右侧的调色板中右键单击⊠按钮，去掉轮廓色。左键单击黄色按钮，为圆角矩形填充颜色，效果如图10-188所示。

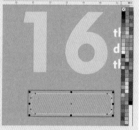

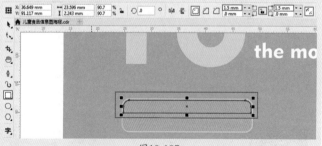
图10-187

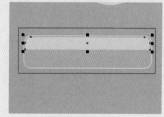
图10-188

04 按住Shift键加选刚刚绘制的两个圆角矩形，使用快捷键Ctrl+G组合对象，接着按住鼠标左键向下移动的同时按住Shift键，移动到合适位置后按鼠标右键进行垂直移动复制，如图10-189所示。多次使用快捷键Ctrl+R复制多个圆角矩形，效果如图10-190所示。

05 按住Shift键加选刚刚制作的所有圆角矩形，接着按住鼠标左键向右移动的同时按住Shift键，移动到合适位置后按鼠标右键进行移动复制，效果如图10-191所示。

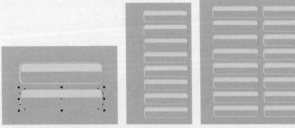

图10-189　　　图10-190　　　图10-191

06 选择工具箱中的文本工具，在第一个圆角矩形上单击鼠标左键，建立文字输入的起始点，在属性栏中设置合适的字体、字体大小，然后输入相应的文字，如图10-192所示。选中该文字，双击位于界面底部的状态栏中的"填充色"按钮，在弹出的"编辑填充"对话框中设置"填充模式"为"均匀填充"，选择一个合适的颜色，单击"确定"按钮，如图10-193所示。文字效果如图10-194所示。

图10-192

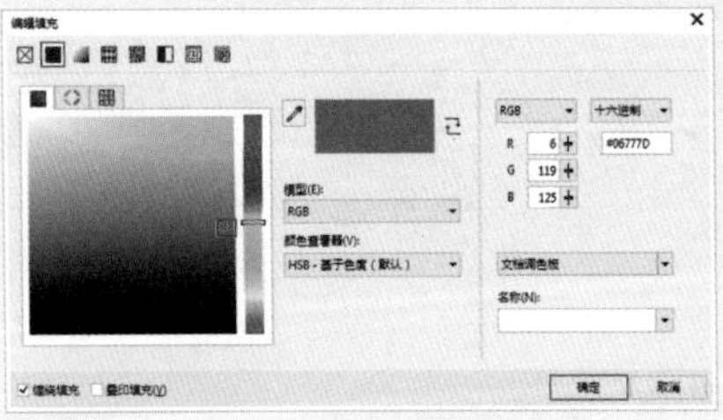

图10-193 　　　　图10-194

07 继续使用文本工具在其他圆角矩形上方输入合适的墨绿色文字，效果如图10-195所示。

08 使用同样的方法，在黄色的圆角矩形右侧绘制洋红色的圆角矩形，并在其上面输入适当的白色文字，效果如图10-196所示。

图10-195 　　　　　　图10-196

09 选择工具箱中的钢笔工具，在刚刚制作的四组圆角矩形中间位置绘制一条竖线。选中该竖线，在属性栏中设置"轮廓宽度"为0.5mm，如图10-197所示。接着在右侧的调色板中左键单击蓝灰色按钮，为竖线设置填充色，效果如图10-198所示。

10 继续在之前打开的素材中操作，将地球素材复制粘贴到操作的文档中，并摆放在画面右下角，如图10-199所示。在右侧的调色板中右键单击白色按钮，为地球更改描边颜色，效果如图10-200所示。

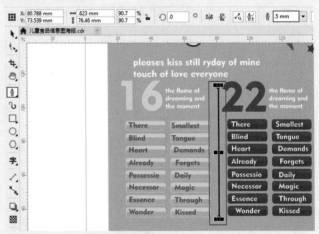

图10-197

图10-198　　　　图10-199

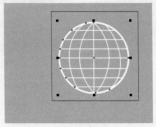

图10-200

11 选择工具箱中的箭头形状工具，在属性栏中单击"完美形状"按钮，在下拉面板中单击"向右箭头"，然后在地球素材左侧按住鼠标左键拖动绘制一个箭头，如图10-201所示。双击位于界面底部的状态栏中的"填充色"按钮，在弹出的"编辑填充"对话框中设置"填充模式"为"均匀填充"，选择一个合适的颜色，单击"确定"按钮，如图10-202所示。在右侧的调色板中右键单击⊠按钮，去掉轮廓色，效果如图10-203所示。

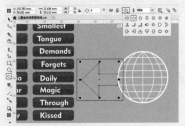

图10-201

图10-202

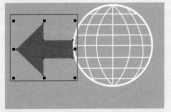

图10-203

12 此时儿童食品信息图海报制作完成，效果如图10-204所示。

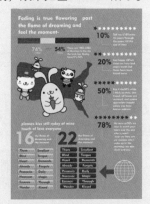

图10-204

10.6 卡通风格文字招贴

文件路径	第10章\卡通风格文字招贴
难易指数	★★★★★
技术掌握	● 矩形工具 ● 交互式填充工具 ● 钢笔工具 ● 椭圆形工具 ● 阴影工具 ● 文本工具 ● 轮廓图工具

扫码深度学习

操作思路

本案例主要通过使用矩形工具、交互式填充工具、钢笔工具、椭圆形工具和阴影工具制作海报背景效果；然后使用文本工具和轮廓图工具制作海报的文字效果；最后打开素材文档，将素材复制粘贴到操作的文档中合适位置，制作出卡通风格的前景部分。

案例效果

案例最终效果如图10-205所示。

图10-205

实例174 制作放射状背景

操作步骤

01 执行菜单"文件>新建"命令，在弹出的"创建新文档"对话框中设置文档"大小"为A4，单击"纵向"按钮，设置完成后单击"确定"按钮，如图10-206所示。创建一个空白新文档，如图10-207所示。

图10-206

图10-207

02 制作海报背景。选择工具箱中的矩形工具，在工作区中绘制一个与画板等大的矩形，如图10-208所示。选中该矩形，选择工具箱中的交互式填充工具，在属性栏中单击"渐变填充"按钮，设置"渐变类型"为"椭圆形渐变填充"，然后编辑一个橙色系的渐变颜色，如图10-209所示。

图10-208

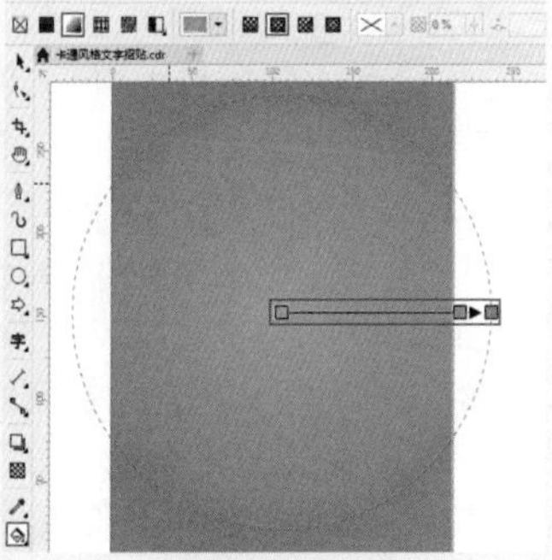

图10-209

03 选中该矩形,在右侧的调色板中右键单击⊠按钮,去掉轮廓色,效果如图10-210所示。

04 选择工具箱中的钢笔工具,在画面左下角绘制一个三角形,如图10-211所示。选中该三角形,在右侧的调色板中右键单击⊠按钮,去掉轮廓色。左键单击淡橙色按钮,为三角形填充颜色,如图10-212所示。

图10-210

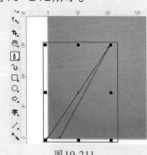

图10-211　　　　图10-212

05 在选中该三角形的状态下,再次单击该图形,此时图形的控制点变为双箭头控制点,使用鼠标左键按住中心点,将中心点移动到右上角的控制点下方合适位置,然后通过拖动左下角的双箭头控制点将三角形向左上方拖动进行旋转,旋转至合适角度后单击鼠标右键,将其进行复制,如图10-213所示。多次使用快捷键Ctrl+R复制多个三角形,效果如图10-214所示。

 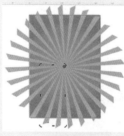

图10-213　　　　图10-214

实例175　制作彩虹图形

🎤 操作步骤

01 选择工具箱中的椭圆形工具,在画面中间偏右位置按住Ctrl键并按住鼠标左键拖动绘制一个正圆形。选中该正圆形,在属性栏中设置"轮廓宽度"为7.0mm,如图10-215所示。在右侧的调色板中右键单击红色按钮,设置正圆形轮廓色,效果如图10-216所示。

02 选择该正圆形,按住Shift键并使用鼠标左键拖动控制点将其等比例放大,在右侧的调色板中右键单击浅红色按钮,更改正圆形轮廓色,如图10-217所示。使用同样的方法,继续复制其他正圆形并更改轮廓色,效果如图10-218所示。

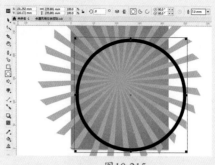 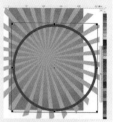

图10-215　　　　　　　图10-216

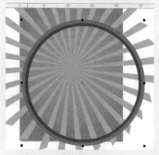 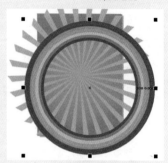

图10-217　　　　　　图10-218

03 按住Shift键加选所有正圆形,使用快捷键Ctrl+G组合对象。然后选择工具箱中的阴影工具,使用鼠标左键在正圆形上按住鼠标左键由右侧至左侧拖动制作阴影,然后在属性栏中设置"阴影角度"为180、"阴影延展"为50、"阴影淡出"为0、"阴影的不透明度"为73、"阴影羽化"为15,单击"羽化方向"按钮,在下拉列表中选择"高斯式模糊",设置"阴影颜色"为黑色、"合并模式"为"乘",如图10-219所示。

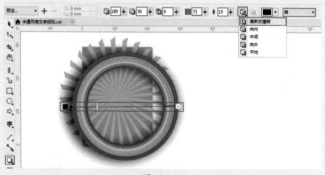

图10-219

实例176　制作海报文字

🎤 操作步骤

01 选择工具箱中的文本工具,在画面上单击鼠标左键,建立文字输入的起始点,在属性栏中设置合适的字体、字体大小,单击"粗体"按钮,然后输入相应的文字,如图10-220所示。双击该文字,此时文字的控制点变为双箭头控制点,通过拖动右下角的双箭头控制点将其向上方拖动进行旋转,效果如图10-221所示。

图 10-220

图 10-221

02 选中文字。选择工具箱中的轮廓图工具，在文字边缘按住鼠标左键由内向外拖动，释放鼠标即可创建由文字中心向边缘放射的轮廓效果，如图10-222所示。

图 10-222

03 在属性栏中设置"轮廓偏移方向"为"外部轮廓"、"轮廓图步长"为1、"轮廓图偏移"为6.0mm、"轮廓图角"为"圆角"、"轮廓色"为黄色、"填充色"为黄色，如图10-223所示。

图 10-223

04 使用鼠标右键单击该文字，在弹出的快捷菜单中执行"组合对象"命令，然后选择工具箱中的阴影工具，使用鼠标左键在文字中间位置向右拖动制作阴影，然后在属性栏中设置"阴影的不透明度"为16、"阴影羽化"为15，单击"羽化方向"按钮，在下拉列表中选择"向外"；单击"羽化边缘"按钮，在下拉列表中选择"线性"，设置"阴影颜色"为黑色、"合并模式"为"乘"，如图10-224所示。

图 10-224

05 继续使用同样的方法，在该文字下方制作其他文字，效果如图10-225所示。

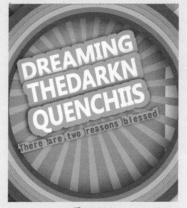

图 10-225

实例177 制作前景装饰元素

🎤 **操作步骤**

01 执行菜单"文件>导入"命令，在弹出的"导入"对话框中单击选择要导入的草地素材"1.png"，然后单击"导入"按钮，如图10-226所示。在工作区中按住鼠标左键拖动，控制导入对象的大小，释放鼠标完成导入操作，如图10-227所示。

02 使用鼠标右键单击该素材，在弹出的快捷菜单中执行"顺序＞置于此对象后"命令，此时光标变成黑色粗箭头，使用鼠标左键单击画面最下方文字轮廓图，然后将草地素材移动到该文字下方，效果如图10-228所示。

图10-226

图10-227

图10-228

03 执行菜单"文件>打开"命令，在弹出的"打开绘图"对话框中单击素材"2.cdr"，然后单击"打开"按钮，如图10-229所示。在打开的素材中，选中房子素材，使用快捷键Ctrl+C将其复制，返回到刚刚操作的文档中使用快捷键Ctrl+V将其进行粘贴，并将其移动到草地素材左上方位置，如图10-230所示。

图10-229

图10-230

04 继续在打开的素材中将人形柱子素材复制粘贴到操作的文档中，并摆放在草地素材右上方位置。使用鼠标右键单击该素材，在弹出的快捷菜单中执行"顺序 > 置于此对象后"命令，当光标变成粗黑色箭头时，使用鼠标左键单击画面最下方文字轮廓图，效果如图10-231所示。

图10-231

05 继续在打开的素材中将其他素材复制粘贴到操作的文档中并摆放在画面中合适的位置，效果如图10-232所示。

图10-232

06 使用快捷键Ctrl+A将画面中所有图形全选，使用快捷键Ctrl+G组合对象。然后将图形移出画板之外，选择工具箱中的矩形工具，在工作区中绘制一个与画板等大的矩形，如图10-233所示。选中图形，执行菜单"对象>PowerClip>置于图文框内部"命令，当光标变成黑色粗箭头时，单击刚刚绘制的矩形，效果如图10-234所示。

07 创建PowerClip对象后，在图文框下方显示出的"浮动工具栏"中单击"编辑PowerClip"按钮，重新定位内容，如图10-235所示。进入到编辑状态后按住鼠标左键拖动素材调整其位置，调整完成后单击下方的"停止编辑内容"按钮，如图10-236所示。此时画面效果如图10-237所示。

08 选中刚刚绘制的矩形，在右侧的调色板中右键单击区按钮，去掉轮廓色。此时卡通风格文字招贴制作完成，效果如图10-238所示。

图10-233

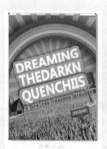

图10-234   图10-235

图10-236

图10-237   图10-238

10.7 制作多彩拼接海报

文件路径	第10章\制作多彩拼接海报
难易指数	⭐⭐⭐⭐⭐
技术掌握	● 矩形工具 ● 钢笔工具 ● 多边形工具 ● 文本工具 ● 区域文字

🔍扫码深度学习

💡操作思路

本案例主要通过使用矩形工具、钢笔工具、多边形工具和文本工具制作海报背景和主体图案；然后使用文本工具和多边形工具为海报制作区域文字及图案效果。

🖱案例效果

案例效果如图10-239所示。

图10-239

实例178　制作海报背景和主体图案

🎙操作步骤

01 执行菜单"文件>新建"命令，在弹出的"创建新文档"对话框中设置文档"大小"为A4，单击"纵向"按钮，设置完成后单击"确定"按钮，如图10-240所示。创建一个空白新文档，如图10-241所示。

图10-240　　　　　　图10-241

02 制作海报背景。选择工具箱中的矩形工具，在工作区中绘制一个与画板等大的矩形，如图10-242所示。选中该矩形，双击位于界面底部的状态栏中的"填充色"按钮，在弹出的"编辑填充"对话框中设置"填充模式"为"均匀填充"，选择一个合适的颜色，单击"确定"按钮，如图10-243所示。在右侧的调色板中右键单击⊠按钮，去掉轮廓色，效果如图10-244所示。

图10-242　　　　　图10-243　　　　　图10-244

03 选择工具箱中的钢笔工具，在画面右下角绘制一个直角三角形，如图10-245所示。选中该三角形，在右侧的调色板中右键单击⊠按钮，去掉轮廓色。左键单击黄色按钮，为三角形填充颜色，如图10-246所示。

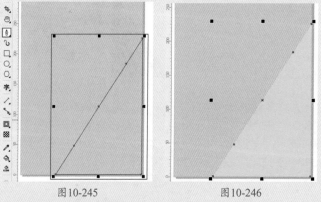

图10-245　　　　　　　图10-246

04 继续使用钢笔工具在三角形上再次绘制一个小三角形。选中该小三角形，双击位于界面底部的状态栏中的"填充色"按钮，在弹出的"编辑填充"对话框中设置"填充模式"为"均匀填充"，选择一个合适的颜色，单击"确定"按钮，如图10-247所示。在右侧的调色板中右键单击⊠按钮，去掉轮廓色，效果如图10-248所示。

05 使用同样的方法，在画面左上方绘制其他不同颜色的小三角形，效果如图10-249所示。

CorelDRAW

图10-247

图10-248

图10-249

06 选择工具箱中的多边形工具，在属性栏中设置"边数"为6，然后在画面中间位置按住Ctrl键并按住鼠标左键拖动绘制一个正六边形，如图10-250所示。选中该正六边形，在属性栏中设置"旋转角度"为90，如图10-251所示。

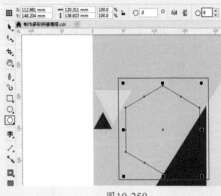
图10-250

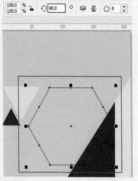
图10-251

07 执行菜单"文件>导入"命令，在弹出的"导入"对话框中单击选择要导入的人群素材"1.jpg"，然后单击"导入"按钮，如图10-252所示。在画面中按住鼠标左键拖动，控制导入对象的大小，释放鼠标完成导入操作，如图10-253所示。

图10-252

图10-253

08 在选择人群素材的状态下，执行菜单"对象>PowerClip>置于图文框内部"命令，当光标变成黑色粗箭头时，单击刚刚绘制的正六边形，即可实现位图的剪贴效果，如图10-254所示。选中该正六边形，在右侧的调色板中右键单击☒按钮，去掉轮廓色，效果如图10-255所示。

图10-254

图10-255

09 使用同样的方法，继续绘制其他图形，并导入不同的素材将其置于图文框内部，效果如图10-256所示。

图10-256

实例179　制作文字与辅助图形

🎙 操作步骤

01 选择工具箱中的文本工具，在画面中主图左下方合适位置单击鼠标左键，建立文字输入的起始点，在属性栏中设置合适的字体、字体大小，然后输入相应的文字，如图10-257所示。继续使用文本工具在画面右下方输入其他适当的文字，效果如图10-258所示。

图10-257

图10-258

02 继续使用文本工具在画面右上方输入其他适当的文字，如图10-259所示。在使用文本工具的状态下，在文字之后单击插入光标，然后按住鼠标左键向前拖动，使最后一个单词被选中，然后在右侧的调色板中左

花境　中文版CoreIDRAW图形创意设计与制作全视频

键单击深红色按钮，为文字更改颜色，效果如图10-260所示。

图10-259

图10-260

03 选择工具箱中的多边形工具，在属性栏中设置"边数"为3，然后在刚刚输入的文字上方按住Ctrl键并按住鼠标左键拖动向下绘制一个正三角形，如图10-261所示。

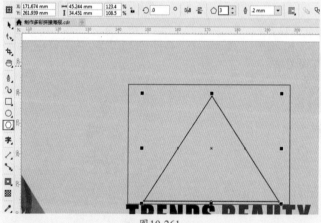

图10-261

04 选择该正三角形，然后选择工具箱中的文本工具，将光标移动至三角形内部，当光标变成形状时，单击鼠标左键，建立文字输入的起始点，在属性栏中设置合适的字体、字体大小，然后输入相应的文字，如图10-262所示。

05 选中该正三角形，在右侧的调色板中右键单击⊠按钮，去掉轮廓色，效果如图10-263所示。

06 选择工具箱中的多边形工具，在属性栏中设置"边数"为3，然后在刚刚输入的文字下方按住Ctrl键并按住鼠标左键向上拖动绘制一个正倒三角形，如图10-264所示。在右侧的调色板中右键单击⊠按钮，去掉轮廓色。左键单击深红色按钮，为三角形填充颜色，如图10-265所示。

07 选中该正倒三角形，按住鼠标左键向右移动的同时按住Shift键，移动到合适位置后按鼠标右键进行复制，如图10-266所示。选中复制的正倒三角形，在属性栏中单击"垂直镜像"按钮，此时两个三角形呈现出菱形效果，如图10-267所示。

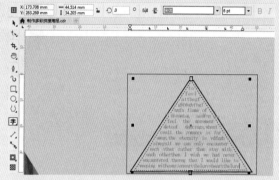

图10-262

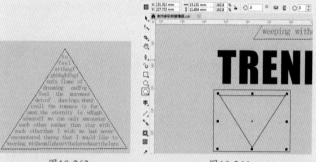

图10-263　　　　图10-264

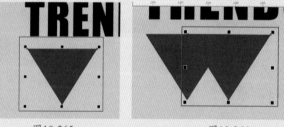

图10-265　　　　图10-266

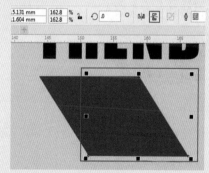

图10-267

08 按住Shift键加选这两个正倒三角形，按住鼠标左键向右移动的同时按住Shift键，移动到合适位置后按鼠标右键进行复制，如图10-268所示。多次使用快捷键Ctrl+R复制多个三角形，效果如图10-269所示。

图10-268

图10-269

09 按住Shift键加选中间三组"菱形"，将其移动到下方合适位置，如图10-270所示。使用鼠标左键单击上下两组图形最后的正三角形，按Delete键将其删除，效果如图10-271所示。

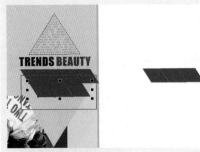

图10-270

图10-271

10 继续使用同样的方法，将画板之外剩余的三角形移动到合适位置，并删除多余部分，从而拼成一个倒三角形，效果如图10-272所示。

11 按住Shift键加选其中的5个三角形，在右侧的调色板中左键单击紫

色按钮，为三角形更改填充颜色，如图10-273所示。使用同样的方法，继续将其他三角形更改为黄色填充色，效果如图10-274所示。

图10-272

图10-273

图10-274

12 此时多彩拼接海报制作完成，效果如图10-275所示。

图10-275

10.8 幸运转盘活动招贴

文件路径	第10章\幸运转盘活动招贴
难易指数	★★★★★
技术掌握	● 矩形工具 ● 椭圆形工具 ● 橡皮擦工具 ● 钢笔工具 ● 文本工具 ● 多边形工具

扫码深度学习

操作思路

本案例主要通过使用矩形工具、椭圆形工具、橡皮擦工具、钢笔工具、文本工具和多边形工具制作海报主体转盘部分。主体制作完成后可以在周边添加其他的装饰元素以及文字部分。

案例效果

案例效果如图10-276所示。

图10-276

实例180 制作转盘主体

操作步骤

01 执行菜单"文件>新建"命令，在弹出的"创建新文档"对话框中设置文档"大小"为A4，单击"纵向"按钮，设置完成后单击"确定"按钮，如图10-277所示。创建一个空白新文档，如图10-278所示。

图10-277　　　　　　　　图10-278

02 制作海报背景。选择工具箱中的矩形工具，在工作区中绘制一个矩形，如图10-279所示。选中该矩形，双击位于界面底部的状态栏中的"填充色"按钮，在弹出的"编辑填充"对话框中设置"填充模式"为"均匀填充"，选择一个合适的颜色，单击"确定"按钮，如图10-280所示。在右侧的调色板中右键单击⊠按钮，去掉轮廓色，效果如图10-281所示。

图10-279

图10-280　　　　　　　　图10-281

03 选择工具箱中的椭圆形工具，在画面中心位置按住Ctrl键并按住鼠标左键拖动绘制正圆形，如图10-282所示。选中该正圆形，在右侧的调色板中右键单击⊠按钮，去掉轮廓色。左键单击黄色按钮，为正圆形填充颜色，如图10-283所示。

图10-282　　　　　　　　图10-283

04 继续使用椭圆形工具在黄色正圆上绘制一个稍小的灰色正圆形，如图10-284所示。

05 选择工具箱中的橡皮擦工具，在属性栏中设置笔尖"形状"为"圆形笔尖"，"橡皮擦厚度"为

1.0mm，然后在灰色正圆形边缘按住鼠标左键由左向右拖动，制作正圆形缺口，如图10-285所示。继续在灰色正圆形边缘制作其他缺口，效果如图10-286所示。

06 执行菜单"视图 > 标尺"命令，显示标尺。然后将光标定位在标尺上，按住鼠标左键并向画面中拖动，释放鼠标之后就会出现辅助线。通过拖动辅助线使正圆形产生等比例分割的效果，如图10-287所示。选择工具箱中的钢笔工具，在画面中沿辅助线绘制一个锥形，如图10-288所示。选中该锥形，在属性栏中设置"轮廓宽度"为0.75mm，在右侧的调色板中右键单击灰色按钮，设置轮廓色。左键单击白色按钮，为锥形填充颜色，如图10-289所示。

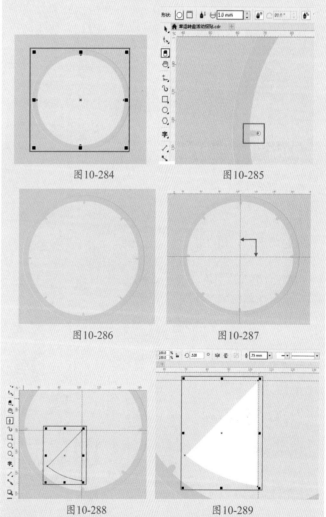

图10-284　　　　　　　　图10-285

图10-286　　　　　　　　图10-287

图10-288　　　　　　　　图10-289

07 在选中该锥形的状态下，再次单击该图形，此时图形的控制点变为双箭头控制点，使用鼠标左键按住中心点，将锥形的中心点移动到辅助线中心点位置，然后通过拖动锥形左下角的双箭头控制点将锥形向左上方拖动进行旋转，旋转至合适位置后单击鼠标右键，将其进行复制，如图10-290所示。多次使用快捷键Ctrl+R复制多个锥形，然后使用鼠标左键双击两条辅助线，按Delete键将其删除，效果如图10-291所示。

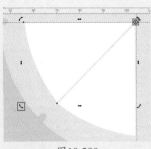

图10-290

图10-291

实例181 制作转盘文字与图形

🎤操作步骤

01 选择工具箱中的文本工具，在画面上单击鼠标左键，建立文字输入的起始点，在属性栏中设置合适的字体、字体大小，然后输入相应的文字，如图10-292所示。选中文字，在属性栏中设置"旋转角度"为70°，如图10-293所示。

图10-292

图10-293

02 继续使用同样的方法，在画面其他位置输入不同的文字，效果如图10-294所示。

图10-294

03 执行菜单"文件>导入"命令，在弹出的"导入"对话框中单击选择要导入的糖果素材"1.png"，然后单击"导入"按钮，如图10-295所示。在工作区中按住鼠标左键拖动，控制导入对象的大小，释放鼠标完成导入操作，效果如图10-296所示。

图10-295

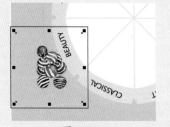

图10-296

04 选中素材，执行菜单"对象>PowerClip>置于图文框内部"命令，当光标变成黑色粗箭头时，单击画面中的一个锥形，即可实现位图的剪贴效果，如图10-297所示。

图10-297

05 创建PowerClip对象后，在图文框下方显示出的"浮动工具栏"中单击"编辑PowerClip"按钮，重新定位内容，如图10-298所示。进入到编辑状态后，按住鼠标左键拖动素材调整其位置，调整完成后单击下方的"停止编辑内容"按钮，如图10-299所示。此时效果如图10-300所示。

图10-298

图10-299

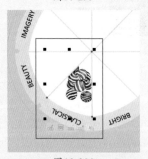

图10-300

06 使用同样的方法，继续导入其他食物素材并置于其他锥形内部，效果如图10-301所示。

图10-301

07 选择工具箱中的椭圆形工具，在画面中心位置按住Ctrl键并按住鼠标左键拖动绘制一个正圆形。选中该正圆形，在右侧的调色板中右键单击⊠按钮，去掉轮廓色。左键单击黄色按钮，为正圆形填充颜色，如图10-302所示。继续使用椭圆形工具在黄色正圆形上绘制一个稍小的白色空心正圆形，如图10-303所示。

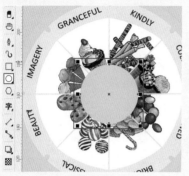

图10-302

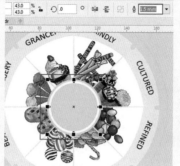

图10-303

08 选择工具箱中的文本工具，在刚刚绘制的正圆形上单击鼠标左键，建立文字输入的起始点，在属性栏中设置合适的字体、字体大小，然后输入相应的文字，如图10-304所示。继续使用文本工具在该文字上方输入其他文字，效果如图10-305所示。

图10-304

图10-305

09 制作箭头。选择工具箱中的钢笔工具，在刚刚输入的文字下方绘制一个弧形箭身，在属性栏中设置"轮廓宽度"为1.0mm，如图10-306所示。继续使用钢笔工具在弧线右侧绘制箭头形状，效果如图10-307所示。

图10-306

图10-307

10 继续使用同样的方法，在转盘左下方绘制一个深灰色箭头，如图10-308所示。选中该箭头，按住鼠标左键向右上方移动，移动到合适位置后按鼠标右键进行复制，如图10-309所示。选中复制的箭头，在属性栏中设置"旋转角度"为180°，效果如图10-310所示。

11 继续使用钢笔工具在转盘上绘制一个指针形状，如图10-311所示。选中该形状，在右侧的调色板中左键单击黑色按钮，为形状填充颜色，如图10-312所示。

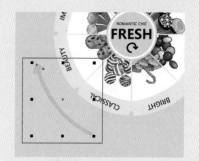

图10-308

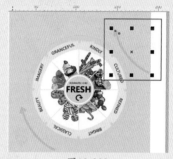

图10-309

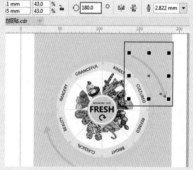

图10-310

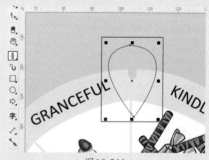

图10-311

图10-312

12 选择工具箱中的文本工具，在刚刚绘制的指针形状上单击鼠标左键，建立文字输入的起始点，在属性栏中设置合适的字体、字体大小，单击"文本对齐"按钮，在下拉列表中选择"左对齐"，然后输入相应的文字，如图10-313所示。

图10-313

13 此时海报主体转盘部分制作完成，效果如图10-314所示。

图10-314

实例182 制作海报其他部分

🎙操作步骤

01 继续使用文本工具在转盘上输入适当文字，效果如图10-315所示。

02 选择工具箱中的椭圆形工具，在转盘左上方位置按住Ctrl键并按住鼠标左键拖动绘制一个正圆形。选中该正圆形，在右侧的调色板中右键单击⊠按钮，去掉轮廓色。左键单击洋红色按钮，为正圆形填充颜色，如图10-316所示。

图10-315

图10-316

03 选择工具箱中的矩形工具，在正圆形底部按住鼠标左键拖动绘制一个矩形。选中该矩形，在属性栏中单击"圆角"按钮，设置"转角半径"为4.0mm，如图10-317所示。在右侧的调色板中左键单击黑色按钮，为圆角矩形

填充颜色，如图10-318所示。

04 选择工具箱中的文本工具，在洋红色正圆形上单击鼠标左键，建立文字输入的起始点，在属性栏中设置合适的字体、字体大小，然后输入相应的文字，如图10-319所示。

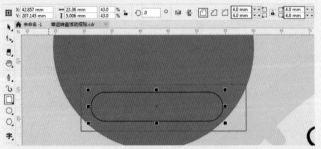

图10-317

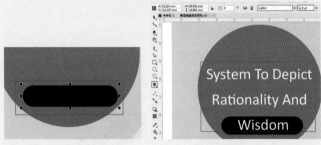

图10-318   图10-319

05 选择工具箱中的矩形工具，在画面底部按住鼠标左键拖动绘制一个矩形。选中该矩形，在属性栏中单击"圆角"按钮，设置"转角半径"为4.0mm，如图10-320所示。在右侧的调色板中右键单击⊠按钮，去掉轮廓色。左键单击白色按钮，为圆角矩形填充颜色，如图10-321所示。

图10-320

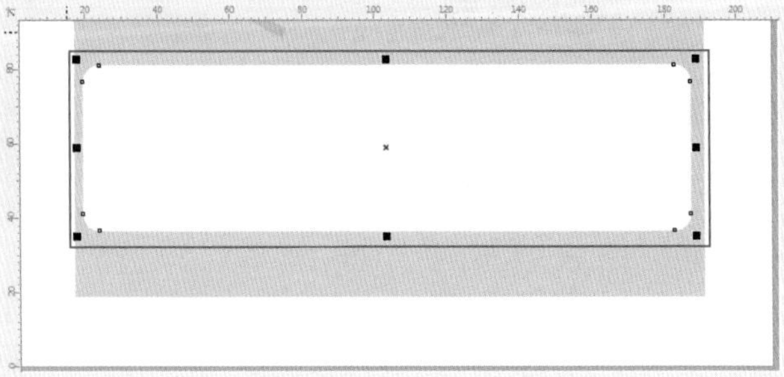

图10-321

艺境 中文版CorelDRAW图形创意设计与制作全视频

实战228例

CorelDRAW

06 使用同样的方法，继续在白色圆角矩形右上方绘制一个"轮廓宽度"为1.0mm的淡蓝色圆角矩形框，如图10-322所示。

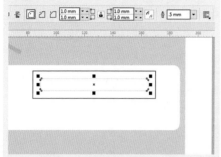

图10-322

07 继续使用矩形工具在白色圆角矩形左上方绘制一个矩形。选中该矩形，在属性栏中设置"轮廓宽度"为1.8mm，在右侧的调色板中右键单击灰色按钮，为矩形设置轮廓色，如图10-323所示。选中该矩形，按住鼠标左键向下移动的同时按住Shift键，移动到合适位置后按鼠标右键进行复制，效果如图10-324所示。

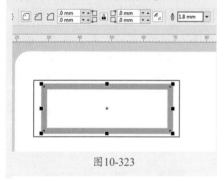

图10-323

图10-324

08 继续使用矩形工具在刚刚复制的灰色矩形上再次绘制一个矩形，如图10-325所示。选择该矩形，选择工具箱中的交互式填充工具，在属性栏中单击"渐变填充"按钮，设置"渐变类型"为"线性渐变填充"，然后编辑一个黑色到白色的渐变颜色，如图10-326所示。

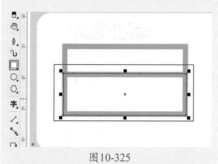

图10-325

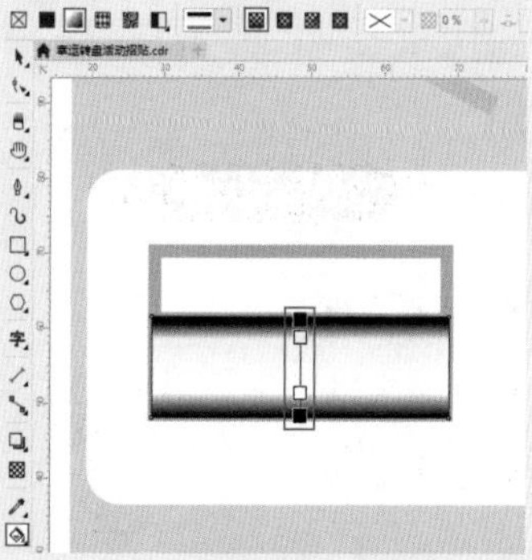

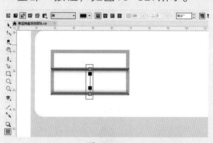

图10-326

09 选择工具箱中的透明度工具，在属性栏中设置"透明度的类型"为"渐变透明度"、"合并模式"为"乘"、"渐变模式"为"线性渐变透明度"、"旋转"为90°，单击"全部"按钮，如图10-327所示。

图10-327

10 选择工具箱中的文本工具，在刚刚绘制的矩形上单击鼠标左键，建立文字输入的起始点，在属性栏中设置合适的字体、字体大小，然后输入相应的文字，在右侧的调色板中左键单击褐色按钮，为文字更改颜色，如图10-328所示。继续使用文本工具在该文字下方输入其他褐色文字，效果如图10-329所示。

11 选择工具箱中的钢笔工具，在文字右上方绘制一个梯形，如图10-330所示。选中该梯形，在右侧的调色板中右键单击⊠按钮，去掉轮廓色。左键单击褐色按钮，为梯形填充颜色，

如图10-331所示。

图10-328

图10-329

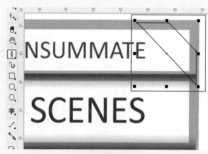

图10-330

图10-331

12 执行菜单"文件>导入"命令，在弹出的"导入"对话框中单击选择要导入的篮球素材"9.png"，然后单击"导入"按钮。在画面下方按住鼠标左键拖动，控制导入对象的大小，释放鼠标完成导入操作，如图10-332所示。

13 选择工具箱中的文本工具，在淡蓝色圆角矩形上单击鼠标左键，建立文字输入的起始点，在属性栏中设置合适的字体、字体大小，然后输入相应的文字。在右侧的调色板中左

键单击深灰色按钮，为文字更改颜色，如图10-333所示。继续使用文本工具在该文字下方输入其他深灰色文字，效果如图10-334所示。

图10-332

图10-333

Fresh and comfortable

healthy and progressive recreation is felt.
w300/w500/w550/w400

图10-334

14 选择工具箱中的多边形工具，在属性栏中设置"边数"为3，然后在画面左上方位置按住Ctrl键并按住鼠标左键拖动绘制一个正三角形，选中该正三角形，在右侧的调色板中右键单击浅蓝色按钮，设置轮廓色，如图10-335所示。

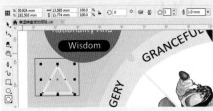

图10-335

15 选中该正三角形，按住鼠标左键向右移动的同时按住Shift键，移动到合适位置后按鼠标右键进行复制，如图10-336所示。选择复制的正三角形，在属性栏中单击"垂直镜像"按钮，然后将其移动到正三角形上方，制作一个星形，如图10-337所示。

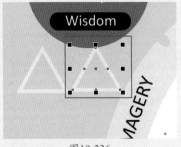

图10-336

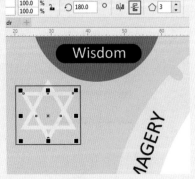

图10-337

16 按住Shift键加选两个正三角形，使用快捷键Ctrl+G组合对象。接着按住鼠标左键向下移动，移动到合适位置后按鼠标右键进行复制，如图10-338所示。继续使用同样的方法，复制多个星形并摆放在画面中合适的位置，效果如图10-339所示。

图10-338

图10-339

17 选择工具箱中的椭圆形工具，在白色圆角矩形上按住Ctrl键并按住鼠标左键拖动绘制一个正圆形。选中该正圆形，在右侧的调色板中右键单击⊠按钮，去掉轮廓色。左键单击淡蓝色按钮，为正圆形填充颜色，

如图10-340所示。使用同样的方法，继续在该正圆形附近制作其他不同大小的淡蓝色正圆形，效果如图10-341所示。

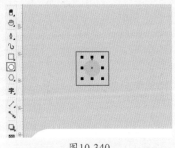

图10-340

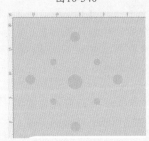

图10-341

18 按住Shift键加选刚刚绘制的所有淡蓝色正圆形，使用快捷键Ctrl+G组合对象，得到正圆形组。接着按住鼠标左键将其向下移动，移动到合适位置后按鼠标右键进行复制，如图10-342所示。使用同样的方法，继续在画面中合适位置复制多个正圆形组。最终效果如图10-343所示。

图10-342

图10-343

拓境 中文版CorelDRAW图形创意设计与制作全视频 实战228例 CorelDRAW

10.9 电影海报设计

文件路径	第10章\电影海报设计
难易指数	⭐⭐⭐⭐⭐
技术掌握	● 钢笔工具 ● 交互式填充工具 ● 文本工具 ● 透明度工具

🔍 扫码深度学习

💡 操作思路

本案例首先导入素材；然后使用钢笔工具和交互式填充工具丰富画面效果；最后使用文本工具和透明度工具制作电影海报的主体文字部分。

🖱 案例效果

案例效果如图10-344所示。

图10-344

实例183　制作海报背景和主体图形效果

🎤 操作步骤

01 执行菜单"文件>新建"命令，在弹出的"创建新文档"对话框中设置文档"大小"为A4，单击"纵向"按钮，设置完成后单击"确定"按钮，如图10-345所示。创建一个空白新文档，如图10-346所示。

图10-345

图10-346

02 执行菜单"文件>导入"命令，在弹出的"导入"对话框中单击选择要导入的背景素材"1.jpg"，然后单击"导入"按钮，如图10-347所示。在工作区中按住鼠标左键拖动，控制导入对象的大小，释放鼠标完成导入操作，如图10-348所示。

图10-347

图10-348

03 继续使用同样的方法，将人物素材导入到画面中，并将其摆放在合适位置，效果如图10-349所示。

图10-349

04 选择工具箱中的钢笔工具，在人物素材下方绘制一个四边形，如图10-350所示。选中该四边形，选择工具箱中的交互式填充工具，在属性栏中单击"渐变填充"按钮，设置"渐变类型"为"线性渐变填充"，然后编辑一个紫色到蓝色的渐变颜色，如图10-351所示。

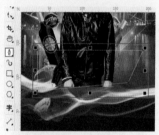

图10-350

图10-351

05 接着在右侧的调色板中右键单击⊠按钮，去掉轮廓色，效果如图10-352所示。

图10-352

06 继续使用同样的方法，在该四边形上绘制一个稍小的四边形，如图10-353所示。选中稍小的四边形，为其填充一个蓝色系的渐变颜色，如图10-354所示。接着在右侧的调色板中右键单击⊠按钮，去掉轮廓色，效果如图10-355所示。

图10-353

图10-354

图10-355

07 继续使用钢笔工具在该图形下方再次绘制一个四边形，选中该四边形，在右侧的调色板中右键单击⊠按钮，去掉轮廓色。左键单击黑色按钮，为四边形填充颜色，如图10-356所示。

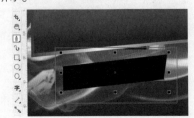

图10-356

08 继续使用钢笔工具在该图形上方再次绘制一个梯形，如图10-357所示。选中该梯形，选择工具箱中的交互式填充工具，在属性栏中单击"渐变填充"按钮，设置"渐变类型"为"线性渐变填充"，然后编辑一个紫色系的渐变颜色，如图10-358所示。

图10-357

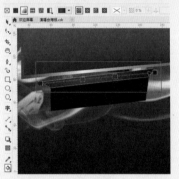

图10-358

09 接着在右侧的调色板中右键单击⊠按钮，去掉轮廓色，效果如图10-359所示。使用同样的方法，继续在黑色四边形四周制作其他紫色系渐变的四边形，效果如图10-360所示。

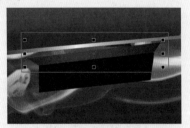

图10-359

图10-360

10 此时海报背景和主体图形制作完成，效果如图10-361所示。

图10-361

实例184　制作电影海报的文字部分

操作步骤

01 制作主标题文字。选择工具箱中的文本工具，在画面上单击鼠标左键，建立文字输入的起始点，在属性栏中设置合适的字体、字体大小，然后输入相应的文字，如图10-362所示。

图10-362

02 在使用文本工具的状态下，在第二个字母后方单击插入光标，然后按住鼠标左键向前拖动，使第二个字母被选中，然后在属性栏中更改字体大小，如图10-363所示。使用同样的方法，为其他字母更改字体大小，如图10-364所示。

图10-363

图10-364

03 选中该文字,选择工具箱中的形状工具,使用鼠标左键按住文字右下角的控制点将其向左拖动,缩小文字间距,如图10-365所示。

图10-365

04 在选择文字的状态下,使用快捷键Ctrl+K将文字进行拆分,选中第一个字母,选择工具箱中的交互式填充工具,在属性栏中单击"渐变填充"按钮,设置"渐变类型"为"椭圆形渐变填充",然后编辑一个蓝色系的渐变颜色,如图10-366所示。使用同样的方法,继续为其他字母添加蓝色系渐变颜色,效果如图10-367所示。

图10-366

图10-367

05 按住Shift键加选这4个字母,按住鼠标左键向下移动,移动到合适位置后按鼠标右键进行复制,如图10-368所示。单击选中复制的第一个字母,使用交互式填充工具将渐变颜色更改为橙色系渐变颜色,如图10-369所示。

图10-368

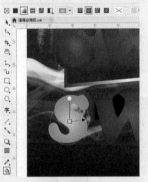

图10-369

06 继续使用同样的方法,为其他字母更改为橙色系渐变颜色,效果如图10-370所示。按住Shift键加选这4个字母,使用快捷键Ctrl+G组合对象。接着执行菜单"对象 > 转换为曲线"命令,并将其移动到蓝色文字上,制作层次效果,如图10-371所示。

07 执行菜单"文件>导入"命令,在弹出的"导入"对话框中单击选择要导入的纹路素材"3.jpg",然后单击"导入"按钮,如图10-372所示。在画面中间部分按住鼠标左键拖动,控制导入对象的大小,释放鼠标完成导入操作,如图10-373所示。

图10-370

图10-371

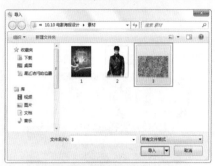

图10-372

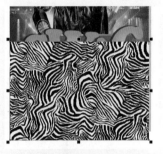

图10-373

08 选中该素材,选择工具箱中的透明度工具,在属性栏中设置"透明度的类型"为"均匀透明度"、"合并模式"为"屏幕",设置"透明度"为50,单击"全部"按钮,如图10-374所示。

图10-374

09 选中该素材,执行菜单"对象>PowerClip>置于图文框内部"命令,当光标变成黑色粗箭头时,单击上方的橙色系文字,即可实现位图的剪贴效果,如图10-375所示。

图10-375

10 继续使用同样的方法，在该文字下方输入其他文字，并为其添加层次效果，如图10-376所示。

图10-376

11 继续使用文本工具在画面下方输入其他文字，如图10-377所示。选中该文字，选择工具箱中的交互式填充工具，在属性栏中单击"渐变填充"按钮，设置"渐变类型"为"线性渐变填充"，然后编辑一个橙色系的渐变颜色，如图10-378所示。

图10-377

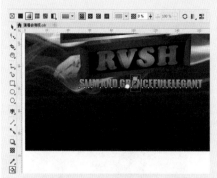

图10-378

12 继续使用同样的方法，在画面下方和上方输入其他不同字体、字体大小的文字，如图10-379和图10-380所示。

图10-379

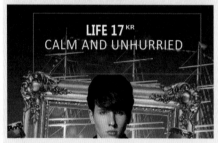

图10-380

13 选择画面上方的第二行文字，选择工具箱中的交互式填充工具，在属性栏中单击"渐变填充"按钮，

设置"渐变类型"为"线性渐变填充"，然后编辑一个橙色系的渐变颜色，如图10-381所示。

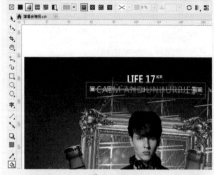

图10-381

14 此时电影海报设计制作完成，最终效果如图10-382所示。

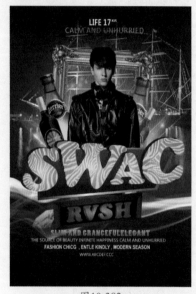

图10-382

/ 佳 / 作 / 欣 / 赏 /

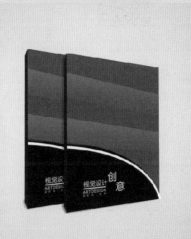

文件路径	第11章 \ 旅行杂志内页版式设计
难易指数	★★★★★
技术掌握	● 矩形工具 ● 文本工具 ● 钢笔工具 ● 椭圆形工具 ● 透明度工具 ● 阴影工具

扫码深度学习

操作思路

本案例通过使用矩形工具、文本工具、椭圆形工具以及透明度工具制作购物杂志内页左侧部分；然后使用阴影工具、钢笔工具、透明度工具以及文本工具制作购物杂志内页右侧部分效果。

案例效果

案例效果如图11-1所示。

图11-1

实例185　制作杂志左页

操作步骤

01 执行菜单"文件>新建"命令，在弹出的"创建新文档"对话框中设置文档"大小"为A4，单击"横向"按钮，设置完成后单击"确定"按钮，如图11-2所示。创建一个空白新文档，如图11-3所示。

图11-2　　　　　　　　图11-3

02 制作页面背景。选择工具箱中的矩形工具，在工作区中绘制一个矩形，如图11-4所示。选中该矩形，在右侧的调色板中右键单击☒按钮，去掉轮廓色。左键单击浅灰色按钮，为矩形填充颜色，如图11-5所示。

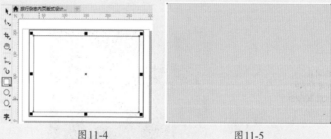

图11-4　　　　　　　　图11-5

03 继续使用同样的方法，在该矩形上制作一个稍小的白色矩形，如图11-6所示。

04 选择工具箱中的文本工具，在画面上单击鼠标左键，建立文字输入的起始点，在属性栏中设置合适的字体、字体大小，然后输入相应的文字，如图11-7所示。选择工具箱中的钢笔工具，在文字下方绘制一条直线，选中该直线，在属性栏中设置"轮廓宽度"为0.75mm，如图11-8所示。

图11-6　　　　　　　　图11-7

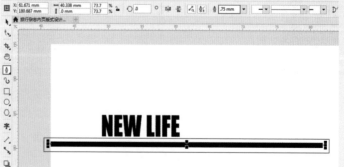

图11-8

05 执行菜单"文件 > 导入"命令，在弹出的"导入"对话框中单击选择要导入的风景素材"1.jpg"，然后单击"导入"按钮。在画面左侧上方按住鼠标左键拖动，控制导入对象的大小，释放鼠标完成导入操作，如图11-9所示。

图11-9

06 选择工具箱中的椭圆形工具，在风景素材右上方位置按住Ctrl键并按住鼠标左键拖动绘制一个正圆形，如图11-10所示。选中该正圆形，在右侧的调色板中右键单击⊠按钮，去掉轮廓色。左键单击水青色，为正圆形填充颜色，如图11-11所示。

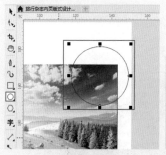

图11-10

图11-11

07 选中该正圆形，选择工具箱中的透明度工具，在属性栏中设置"透明度的类型"为"均匀透明度"，设置"透明度"为36，单击"全部"按钮，如图11-12所示。

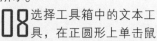

图11-12

08 选择工具箱中的文本工具，在正圆形上单击鼠标左键，建立文字输入的起始点，在属性栏中设置合适的字体、字体大小，然后输入相应的文字，如图11-13所示。

图11-13

09 在使用文本工具的状态下，在正圆形下方按住鼠标左键从左上角向右下角拖动创建出文本框，如图11-14所示。然后在文本框中输入文字，如图11-15所示。

图11-14

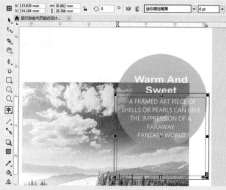

图11-15

10 继续使用文本工具在画面左侧上方输入相应的文字，如图11-16所示。

11 使用同样的方法，在其下方输入蓝色的文字，效果如图11-17所示。

12 继续在使用文本工具的状态下，在蓝色文字下方按住鼠标左键从左上角向右下角拖动创建出文本框，然后在文本框中输入相应的文字，如图11-18所示。使用同样的方法，继续在该文字右侧输入其他文字，效果如图11-19所示。

图11-16

图11-17

图11-18

图11-19

13 执行菜单"文件>导入"命令，在弹出的"导入"对话框中单击选择要导入的物品素材"2.jpg"，然后单击"导入"按钮。在画面左下角按住鼠标左键拖动，控制导入对象的大小，释放鼠标完成导入操作，如图11-20所示。继续导入另外一个物品素材到画面右侧下方位置，如图11-21所示。

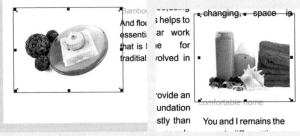

图11-20　　　　　　　　图11-21

14 使用文本工具在画面左下方单击鼠标左键，建立文字输入的起始点，在属性栏中设置合适的字体、字体大小，然后输入相应的文字，如图11-22所示。继续在其右侧输入其他文字，如图11-23所示。

图11-22

196 SPECIAL / JULY 2014

图11-23

15 此时杂志内页左侧部分制作完成。最终效果如图11-24所示。

图11-24

实例186　制作杂志右页

操作步骤

01 执行菜单"文件>导入"命令，在弹出的"导入"对话框中单击选择要导入的风景素材"4.jpg"，然后单击"导入"按钮，如图11-25所示。在画面右侧按住鼠标左键拖动，控制导入对象的大小，释放鼠标完成导入操作，如图11-26所示。

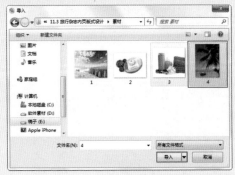

图11-25

图11-26

02 选中风景素材，选择工具箱中的阴影工具，使用鼠标左键在风景上方由中间位置向右拖动制作阴影，然后在属性栏中设置"阴影的不透明度"为57、"阴影羽化"为15、"阴影颜色"为黑色、"合并模式"为"乘"，如图11-27所示。

图11-27

03 选择工具箱中的文本工具，在风景上单击鼠标左键，建立文字输入的起始点，在属性栏中设置合适的字体、字体大小，然后输入相应的文字，如图11-28所示。

图11-28

04 选择工具箱中的钢笔工具，在风景素材下方绘制一个不规则图形，如图11-29所示。选中该图形，在右侧的调色板中右键单击☒按钮，去掉轮廓色。左键单击青色按钮，为图形填充颜色，如图11-30所示。

图11-29

图11-30

05 选中该图形，选择工具箱中的透明度工具，在属性栏中设置"透明度的类型"为"均匀透明度"、"透明度"为36，单击"全部"按钮，如图11-31所示。

图11-31

06 继续使用钢笔工具在刚刚绘制的图形上继续绘制一个稍小的不规则图形，如图11-32所示。选中该图

形，在右侧的调色板中右键单击☒按钮，去掉轮廓色。左键单击淡青色按钮，为图形填充颜色，如图11-33所示。

图11-32

图11-33

07 选中该图形，选择工具箱中的透明度工具，在属性栏中设置"透明度的类型"为"均匀透明度"、"透明度"为50，单击"全部"按钮，如图11-34所示。

图11-34

08 选择工具箱中的文本工具，在不规则图形上单击鼠标左键，建立文字输入的起始点，在属性栏中设置合适的字体、字体大小，然后输入相应的文字，如图11-35所示。

图11-35

09 此时旅行杂志内页版式设计完成。最终效果如图11-36所示。

图11-36

11.2 企业宣传画册设计

文件路径	第11章 \ 企业宣传画册设计
难易指数	★★★★★
技术掌握	● 矩形工具 ● 钢笔工具 ● 透明度工具 ● 文本工具 ● "三维旋转"效果 ● 阴影工具

扫码深度学习

操作思路

本案例通过使用矩形工具、钢笔工具、透明度工具以及文本工具制作画册正面效果；然后使用"三维旋转"效果和阴影工具以及透明度工具制作画册立体效果。

案例效果

案例效果如图11-37所示。

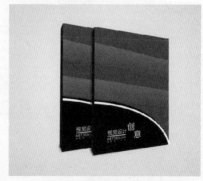

图11-37

实例187 制作画册封面

操作步骤

01 执行菜单"文件>新建"命令，在弹出的"创建新文档"对话框中设置文档"大小"为A4，单击"横向"按钮，设置完成后单击"确定"按钮，如图11-38所示。创建一个空白新文档，如图11-39所示。

图11-38

图11-39

02 选择工具箱中的矩形工具，在画面中绘制一个与画布等大的矩形，如图11-40所示。选中该矩形，在右侧的调色板中右键单击⊠按钮，去掉轮廓色。左键单击蓝色按钮，为矩形填充颜色，如图11-41所示。

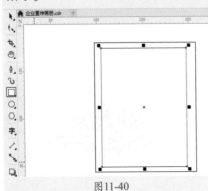

图11-40

图11-41

03 选择工具箱中的钢笔工具，在矩形下方绘制一个不规则图形，如图11-42所示。选中该图形，在右侧的调色板中右键单击⊠按钮，去掉轮廓色。左键单击黑色按钮，为图形填充颜色，如图11-43所示。

图11-42

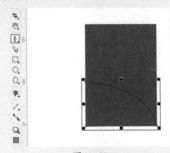

图11-43

04 继续使用钢笔工具在刚刚绘制的图形上绘制一条曲线。选中该曲线，在属性栏中设置"轮廓宽度"为2.0mm，在右侧的调色板中右键单击白色按钮，更改曲线轮廓颜色，如图11-44所示。

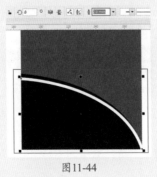

图11-44

05 继续使用钢笔工具在画面上绘制一个四边形，如图11-45所示。选中该四边形，选择工具箱中的交互式填充工具，在属性栏中单击"渐变填充"按钮，设置"渐变类型"为"线性渐变填充"，然后编辑一个蓝色系的渐变颜色，如图11-46所示。

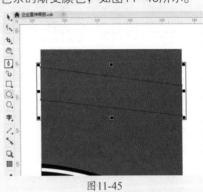

图11-45

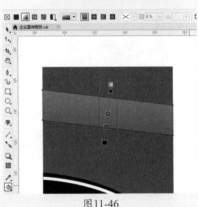

图11-46

06 选中该四边形，选择工具箱中的透明度工具，在四边形上按住鼠标左键拖动，制作透明效果，然后在属性栏中设置"透明度的类型"为"渐变透明度"、"渐变模式"为"线性渐变透明度"、"旋转"为97°，单击"全部"按钮，如图11-47所示。选中该四边形，在右侧的调色板中右键单击⊠按钮，去掉轮廓色，效果如图11-48所示。

图11-47

艺藏 中文版CorelDRAW图形创意设计与制作全视频 实战228例

图11-48

07 选中该四边形，使用快捷键Ctrl+C将其复制，接着使用快捷键Ctrl+V进行粘贴，此时复制的四边形将会与原来的四边形重叠，效果如图11-49所示。选择工具箱中的选择工具，按住鼠标左键拖动将刚刚制作的两个四边形框选，然后按住鼠标左键向下移动的同时按住Shift键，移动到合适位置后按鼠标右键进行复制，如图11-50所示。

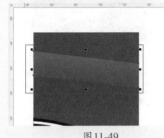

图11-49   图11-50

08 选择工具箱中的文本工具，在画面下方单击鼠标左键，建立文字输入的起始点，在属性栏中设置合适的字体、字体大小，然后输入相应的文字，如图11-51所示。

图11-51

09 选中文字，选择工具箱中的形状工具，使用鼠标左键在文字左下方的白色控制点上单击向下拖动至合适位置，效果如图11-52所示。

10 继续使用文本工具在刚刚输入的文字左侧单击鼠标左键，建立文字输入的起始点，在属性栏

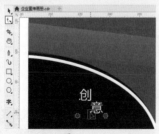

图11-52

中设置合适的字体、字体大小，然后输入相应的文字，如图11-53所示。选择工具箱中的钢笔工具，在刚刚输入的文字下方绘制一条直线，在属性栏中设置"轮廓宽度"为0.75mm，并在右侧的调色板中右键单击白色按钮，设置直线轮廓色，效果如图11-54所示。

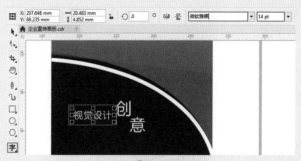

图11-53

图11-54

11 继续使用文本工具在刚刚制作的直线下方单击鼠标左键，建立文字输入的起始点，在属性栏中设置合适的字体、字体大小，然后输入相应的文字，如图11-55所示。使用同样的方法，在该文字下方输入其他文字，效果如图11-56所示。

图11-55

图11-56

12 此时企业宣传画册的正面制作完成，效果如图11-57所示。

图11-57

实例188 制作画册立体效果

🎙 **操作步骤**

01 使用快捷键Ctrl+A选中画面中所有图形，使用快捷键Ctrl+G进行组合对象。然后按住鼠标左键向右移动的同时按住Shift键，移动到合适位置后按鼠标右键进行复制，如图11-58所示。

02 选中复制的正面效果图，执行菜单"位图 > 转换为位图"命令，在弹出的"转换为位图"对话框中设置"分辨率"为72dpi，设置完成后单击"确定"按钮，如图11-59所示。然后执行菜单"位图 > 三维效果 > 三维旋转"命令，在弹出的"三维旋转"对话框中设置"垂直"为1、"水平"为18，设置完成后单击"确定"按钮，如图11-60所示。此时正面效果如图11-61所示。

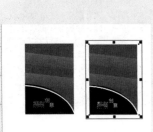

图11-58

图11-59

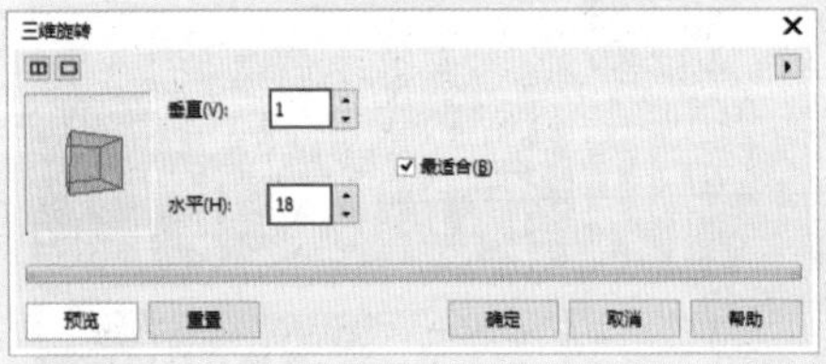

图11-60

图11-61

03 制作画册侧面。选择工具箱中的钢笔工具，在该图形左侧边缘绘制一个四边形，如图11-62所示。选中该四边形，在右侧的调色板中右键单击⊠按钮，去

掉轮廓色。左键单击深蓝色按钮，为四边形填充颜色按钮，如图11-63所示。按住Shift键加选侧面和正面效果，使用快捷键Ctrl+G进行组合对象。

图11-62   图11-63

04 制作底面阴影效果。继续使用钢笔工具在画册下方绘制一个四边形。选中该四边形，在右侧的调色板中右键单击⊠按钮，去掉轮廓色。左键单击黑色按钮，为四边形填充颜色按钮，如图11-64所示。

图11-64

05 选择工具箱中的阴影工具，按住鼠标左键在四边形中间位置向右拖动制作投影，然后在属性栏中设置"阴影的不透明度"为50、"阴影羽化"为20，单击"羽化方向"按钮，在弹出的下拉列表中选择"向外"；单击"羽化边缘"按钮，在弹出的下拉列表中选择"线性"、设置"阴影颜色"为黑色，如图11-65所示。选择该四边形，执行菜单"对象 > 顺序 > 向后一层"命令，然后将其移动至画册后面合适位置，效果如图11-66所示。

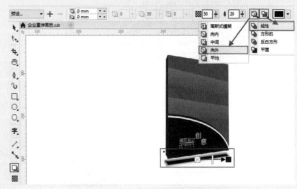

图11-65

图11-66

06 按住Shift键加选该四边形和画侧立体图形，使用快捷键Ctrl+G进行组合对象。然后按住鼠标左键向右移动的同时按住Shift键，移动到合适位置后按鼠标右键进行复制，如图11-67所示。

07 制作两个画册之间的阴影效果。选择工具箱中的钢笔工具，在两个画册之间通过立体包装轮廓绘制一个不规则图形。选中该图形，在右侧的调色板中左键单击黑色按钮，为图形填充颜色，如图11-68所示。

图11-67　　　　　　　　图11-68

08 选中该图形，选择工具箱中的透明度工具，在属性栏中设置"透明度的类型"为"均匀透明度"、"合并模式"为"乘"，设置"透明度"为80，单击"全部"按钮，如图11-69所示。右键单击该图形，在弹出的快捷菜单中执行"顺序 > 置于此对象前"命令，当光标变为黑粗箭头时单击第一个画册，此时图形会移动到两个画册中间位置，效果如图11-70所示。

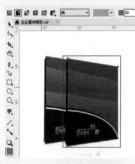 

图11-69　　　　　　　　图11-70

09 制作背景。选择工具箱中的矩形工具，在画面中绘制一个矩形。选中该矩形，选择工具箱中的交互式填充工具，在属性栏中单击"渐变填充"按钮，设置"渐变类型"为"椭圆形渐变填充"，然后编辑一个灰色系的渐变颜色，如图11-71所示。

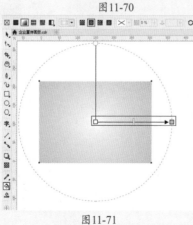

图11-71

10 按住Shift键加选刚刚制作的两个立体画册和阴影效果，使用快捷键Ctrl+G组合对象，右键单击刚刚制作的背景图形，在弹出的快捷菜单中执行"顺序 > 置于此对象后"命令，当光标变为黑粗箭头时单击画册，然后将画册移动到背景图形上，最终效果如图11-72所示。

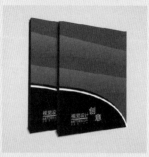

图11-72

11.3 婚礼三折页画册内页设计

文件路径	第11章 \ 婚礼三折页画册内页设计	
难易指数	★★★★★	
技术掌握	● 矩形工具 ● 椭圆形工具 ● 文本工具 ● 钢笔工具 ● 段落文字	扫码深度学习

操作思路

本案例通过使用矩形工具、椭圆形工具制作三折页上的基本图形，并利用文本工具在页面中创建大量的"点文字"和"段落文字"。

案例效果

案例效果如图11-73所示。

图11-73

实例189　制作画册背景效果

操作步骤

01 执行菜单"文件>新建"命令，在弹出的"创建新文档"对话框中设置文档"大小"为A4，单击"横向"按钮，设置完成后单击"确定"按钮，如图11-74所示。创建一个空白新文档，如图11-75所示。

图11-74

图11-75

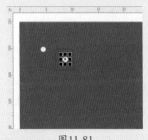

图11-81

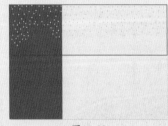

图11-82

02 制作页面背景。选择工具箱中的矩形工具，在工作区中绘制一个与画布等大的矩形，如图11-76所示。选中该矩形，在右侧的调色板中右键单击⊠按钮，去掉轮廓色。左键单击灰色按钮，为矩形填充颜色，如图11-77所示。

实例190 制作第一页内容

操作步骤

01 制作第一页效果。选择工具箱中的椭圆形工具，在画面上方位置按住Ctrl键并按住鼠标左键拖动绘制一个正圆形，如图11-83所示。选中该正圆形，在右侧的调色板中右键单击⊠按钮，去掉轮廓色。左键单击白色按钮，为正圆形填充颜色，如图11-84所示。

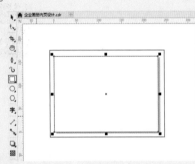

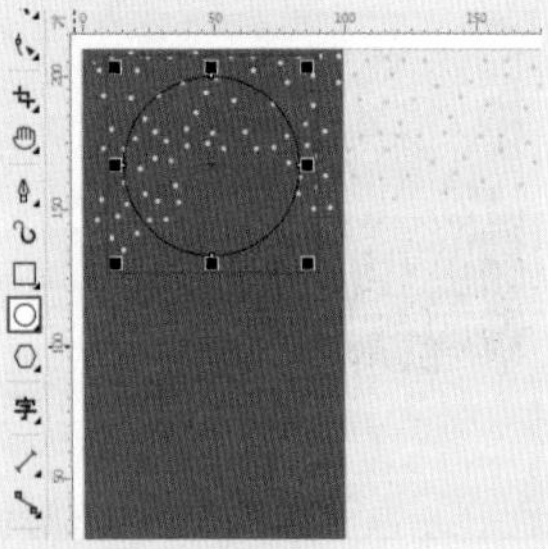

图11-76

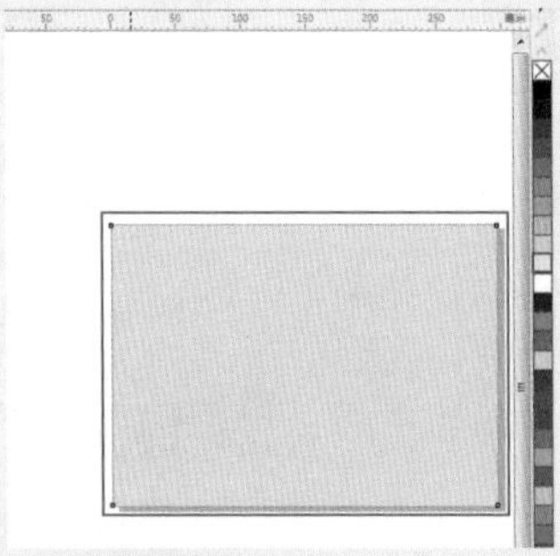

图11-77

03 继续使用同样的方法，在该矩形上制作一个稍小的霓虹粉色矩形，如图11-78所示。

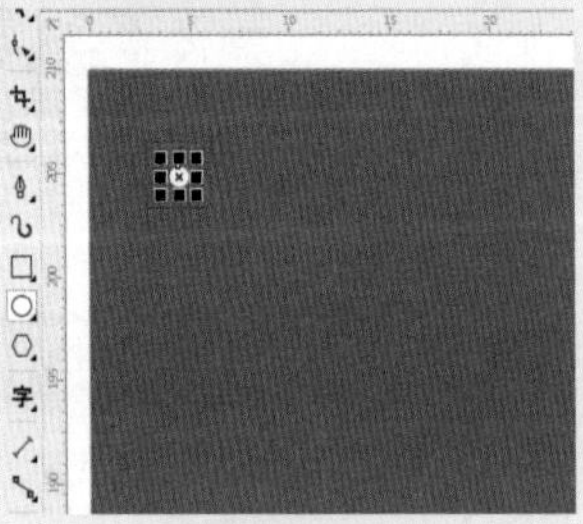

04 选择工具箱中的椭圆形工具，在画面上方位置按住Ctrl键并按住鼠标左键拖动绘制一个正圆形，如图11-79所示。选中该正圆形，在右侧的调色板中右键单击⊠按钮，去掉轮廓色。左键单击白色按钮，为正圆形填充颜色，如图11-80所示。

图11-78

图11-83

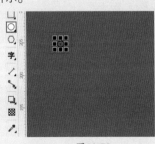

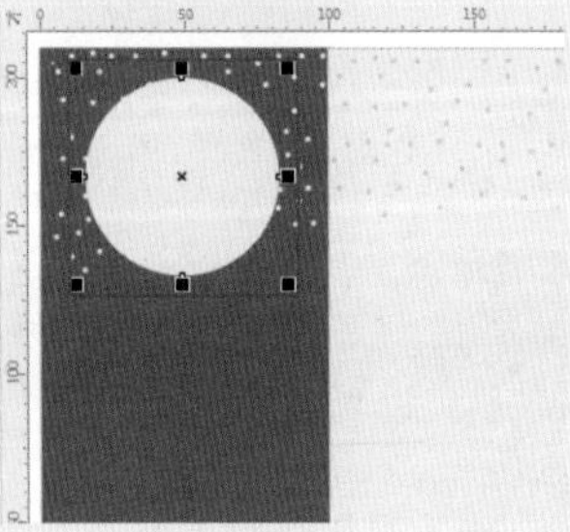

图11-79

图11-80

图11-84

05 选中该正圆形，按住鼠标左键向右移动，移动到合适位置后按鼠标右键进行复制，如图11-81所示。使用同样的方法，继续制作其他的正圆形，效果如图11-82所示。

02 选择工具箱中的文本工具，在白色正圆形上按住鼠标左键从左上角向右下角拖动创建出文本框，如图11-85所示。在属性栏中设置合适的字体、字体大小，然后在文本框中输入文字，如图11-86所示。

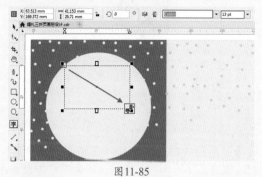

图11-85

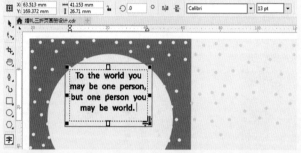

图11-86

03 继续使用同样的方法，在刚刚输入的文字下方制作其他段落文字，效果如图11-87所示。

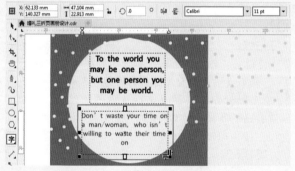

图11-87

04 执行菜单"文件>导入"命令，在弹出的"导入"对话框中单击选择要导入的人物素材"1.jpg"，然后单击"导入"按钮，如图11-88所示。在工作区中按住鼠标左键拖动，控制导入对象的大小，释放鼠标完成导入操作，如图11-89所示。

图11-88

图11-89

05 选择工具箱中的椭圆形工具，在画面上方位置按住Ctrl键并按住鼠标左键拖动绘制一个正圆形，如图11-90所示。选中人物素材，执行菜单"对象>PowerClip>置于图文框内部"命令，当光标变成黑色粗箭头时，单击刚刚绘制的正圆，即可实现位图的剪贴效果，如图11-91所示。

图11-90

图11-91

06 选中刚刚绘制的正圆框，在右侧的调色板中右键单击☒按钮，去掉轮廓色，效果如图11-92所示。

07 选择工具箱中的文本工具，在人物素材左下方按住鼠标左键从左上角向右下角拖动创建出文本框，在属性栏中设置合适的字体、字体大小，然后在文本框中输入文字，如图11-93所示。

图11-92

图11-93

08 继续使用文本工具在刚刚输入的文字下方制作其他段落文字，效果如图11-94所示。

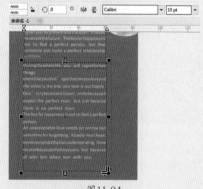

图11-94

09 在使用文本工具的状态下，在第一段文字后方单击插入光标，然后按住鼠标左键向前拖动，使第一段文字被选中，在调色板中更改字体颜色，如图11-95所示。使用同样的方法，为其他文字更改字体颜色，效果如图11-96所示。

图11-95　　　　　　　　图11-96

实例191　制作第二页内容

🎙操作步骤

01 执行菜单"文件>导入"命令，在弹出的"导入"对话框中单击选择要导入的人物素材"2.jpg"，然后单击"导入"按钮，如图11-97所示。在工作区中按住鼠标左键拖动，控制导入对象的大小，释放鼠标完成导入操作，如图11-98所示。

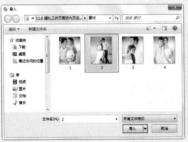

图11-97　　　　　　　　图11-98

02 选择工具箱中的椭圆形工具，在画面上方位置按住Ctrl键并按住鼠标左键拖动绘制一个正圆形，如图11-99所示。选中人物素材，执行菜单"对象>PowerClip>置于图文框内部"命令，当光标变成黑色粗箭头时，单击刚刚绘制的正圆形，即可实现位图的剪贴效果，如图11-100所示。

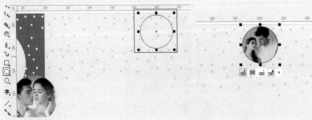

图11-99　　　　　　　　图11-100

03 选中刚刚绘制的正圆框，在右侧的调色板中右键单击⊠按钮，去掉轮廓色，效果如图11-101所示。

图11-101

04 选择工具箱中的文本工具，在画面上方单击鼠标左键，建立文字输入的起始点，在属性栏中设置合适的字体、字体大小，然后输入相应的文字。在属性栏中使用鼠标左键单击洋红色，为文字更改颜色，如图11-102所示。

图11-102

05 选择工具箱中的椭圆形工具，在刚刚输入的文字右侧位置按住Ctrl键并按住鼠标左键拖动绘制一个正圆形，在右侧的调色板中右键单击⊠按钮，去掉轮廓色。左键单击洋红色，为正圆形填充颜色，如图11-103所示。

06 选择工具箱中的文本工具，在刚刚制作的正圆形下方单击鼠标左键，建立文字输入的起始点，在属性栏中设置合适的字体、字体大小，然后输入相应的文字。在属性栏中使用鼠标左键单击洋红色，为文字更改颜色，如图11-104所示。

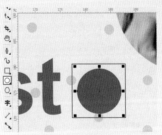

图11-103　　　　　　　　图11-104

07 继续使用文本工具在刚刚输入的文字下方按住鼠标左键并从左上角向右下角拖动创建出文本框，如图11-105所示。在属性栏中设置合适的字体、字体大小，然后在文本框中输入文字，效果如图11-106所示。

08 在使用文本工具的状态下，在第一行文字后方单击插入光标，然后按住鼠标左键向前拖动，使第一段文字被选中，然后在调色板中更改字体颜色，如图11-107所示。使用同样的方法，为其他文字更改字体颜色，效果如图11–108所示。

And Follow
Lifetime

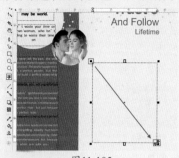

图11-105

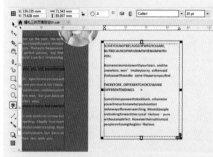

图11-106

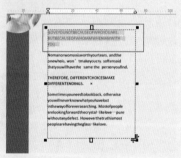

图11-107

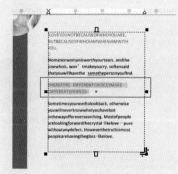

图11-108

09 继续使用文本工具在段落文字下方输入洋红色文字，效果如图11–109所示。

10 选择工具箱中的钢笔工具，在刚刚输入的文字下方绘制一条直线，在属性栏中设置“轮廓宽度”为1.0mm，如图11–110所示。选中该直线，在右侧的调色板中右键单击洋红色按钮，为直线更改轮廓色，效果如图11–111所示。

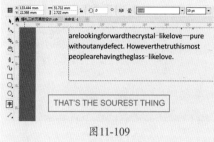

arelookingforwardthecrystal-likelove—pure
withoutanydefect. Howeverthetruthismost
peoplearehavingtheglass-likelove.
THAT'S THE SOUREST THING

图11-109

THAT'S THE SOURE

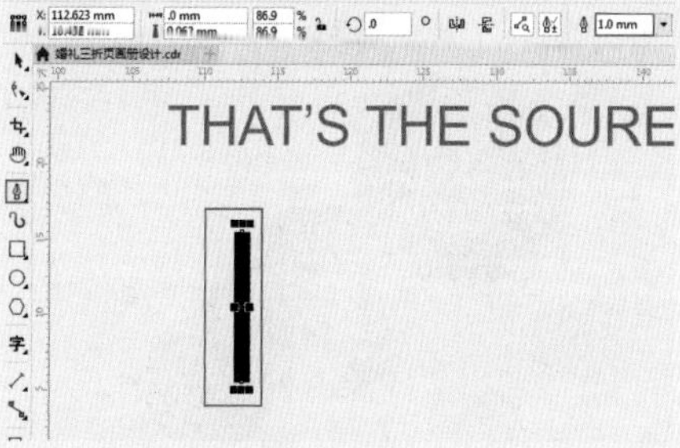

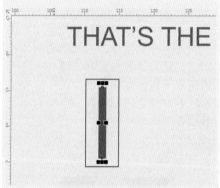

图11-110

THAT'S THE

图11-111

11 继续使用文本工具在刚刚制作的直线右侧按住鼠标左键并从左上角向右下角拖动创建出文本框。在属性栏中设置合适的字体、字体大小，然后在文本框中输入文字，如图11–112所示。按住Shift键加选直线和段落文字，按住鼠标左键向右移动的同时按住Shift键，移动到合适位置后按鼠标右键进行复制，效果如图11–113所示。

THAT'S THE SOURES
I know that love shall not be
compared, but I still used to
complainingwhatheislackof

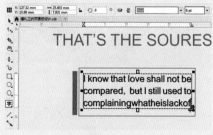

图11-112

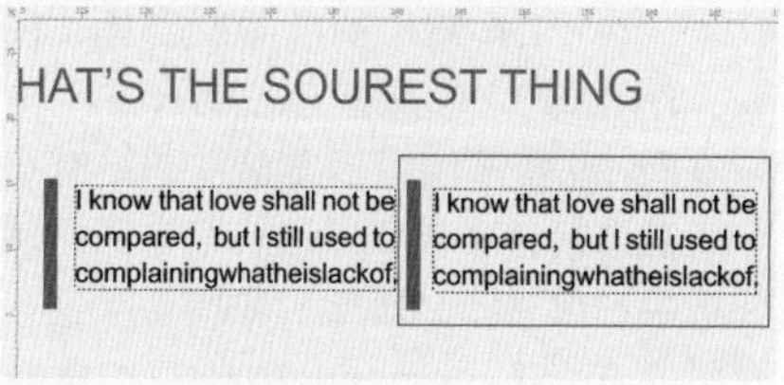

HAT'S THE SOUREST THING
I know that love shall not be
compared, but I still used to
complainingwhatheislackof.
I know that love shall not be
compared, but I still used to
complainingwhatheislackof.

图11-113

实例192 制作第三页内容

操作步骤

01 制作第三页效果。选择工具箱中的椭圆形工具，在画面上方位置按住Ctrl键并按住鼠标左键拖动绘制一个正圆形，如图11–114所示。选中该正圆形，在右侧的调色板中右键单击☒按钮，去掉轮廓色。左键单击深蓝色按钮，为正圆形填充颜色，如图11–115所示。

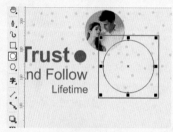

Trust
nd Follow
Lifetime

图11-114

ust
Follow
Lifetime

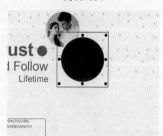

图11-115

02 选择工具箱中的文本工具，在刚刚制作的正圆形上单击鼠标左键，建立文字输入的起始点，在属性栏中设置合适的字体、字体大小，然后输入相应的文字，如图11–116所示。

Trust
nd Follow
Lifetime
TRUST
AND
FOLLOW

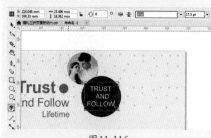

图11-116

03 选择工具箱中的椭圆形工具，在刚刚制作的深蓝色正圆形左下方按住Ctrl键并按住鼠标左键拖动绘制一个正圆形。选中该正圆形，在右侧的调色板中右键单击⊠按钮，去掉轮廓色。左键单击洋红色按钮，为正圆形填充颜色，如图11-117所示。

图11-117

04 执行菜单"文件>导入"命令，在弹出的"导入"对话框中单击选择要导入的人物素材"3.jpg"，然后单击"导入"按钮。在工作区中按住鼠标左键拖动，控制导入对象的大小，释放鼠标完成导入操作，如图11-118所示。

图11-118

05 选择工具箱中的椭圆形工具，在刚刚制作的深蓝色正圆形右下方按住Ctrl键并按住鼠标左键拖动绘制一个正圆形，如图11-119所示。选中人物素材，执行菜单"对象>PowerClip>置于图文框内部"命令，当光标变成黑色粗箭头时，单击刚刚绘制的正圆形，即可实现位图的剪贴效果。选中刚刚绘制的正圆框，在右侧的调色板中右键单击⊠按钮，去掉轮廓色，效果如图11-120所示。

图11-119

图11-120

06 继续使用椭圆形工具在刚刚导入的人物素材下方绘制一个深蓝色正圆形，效果如图11-121所示。

图11-121

07 继续使用文本工具在刚刚制作的正圆形上按住鼠标左键并从左上角向右下角拖动创建出文本框。在属性栏中设置合适的字体、字体大小，然后在文本框中输入文字，如图11-122所示。

图11-122

08 继续使用同样的方法，在刚刚输入的段落文字下方制作其他颜色的正圆形并在正圆形上输入合适的段落文字，效果如图11-123所示。

图11-123

09 执行菜单"文件>导入"命令，在弹出的"导入"对话框中单击选择要导入的人物素材"4.jpg"，然后单击"导入"按钮。在工作区中按住鼠标左键拖动，控制导入对象的大小，释放鼠标完成导入操作，如图11-124所示。

图11-124

10 选择工具箱中的椭圆形工具，在刚刚制作的鲑红色正圆形左侧按住Ctrl键并按住鼠标左键拖动绘制一个正圆形，如图11-125所示。选中人物素材，执行菜单"对象>PowerClip>置于图文框内部"命令，当光标变成黑色粗箭头时，单击刚刚绘制的正圆形，即可实现位图的剪贴效果。选中刚刚绘制的正圆框，在右侧的调色板中右键单击⊠按钮，去掉轮廓色，效果如图11-126所示。

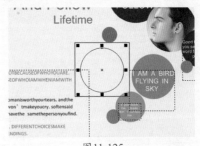

图11-125

图11-126

11 选择工具箱中的文本工具，在画面右下方位置单击鼠标左键，建立文字输入的起始点，在属性栏中设置合适的字体、字体大小，然后输入相应的文字。在属性栏中使用鼠标左键单击洋红色，为文字更改颜色，如图11-127所示。继续使用文本工具在刚刚输入的文字下方按住鼠标左键并从左上角向右下角拖动创建出文本框。在属性栏中设置合适的字体、字体大小，然后在文本框中输入文字，效果如图11-128所示。

12 选中之前制作的洋红色直线，按住鼠标左键向右移动，移动到刚刚制作的段落文字下方位置按鼠标右键进行复制，如图11-129所示。

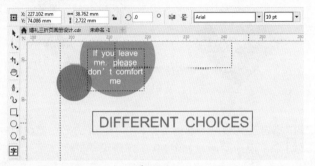

图11-127

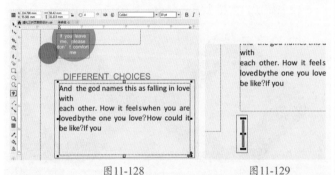

图11-128　　　　　　图11-129

13 继续使用文本工具在刚刚复制的直线右侧单击鼠标左键，建立文字输入的起始点，在属性栏中设置合适的字体、字体大小，然后输入相应的文字，

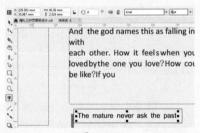

图11-130

如图11-130所示。继续使用文本工具在刚刚输入的文字下方按住鼠标左键并从左上角向右下角拖动创建出文本框。在属性栏中设置合适的字体、字体大小，然后在文本框中输入文字，效果如图11-131所示。

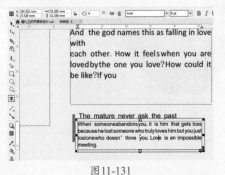

图11-131

14 此时婚礼三折页画册设计制作完成。最终效果如图11-132所示。

图11-132

11.4 教材封面平面设计

文件路径	第11章 \ 教材封面平面设计	
难易指数	★★★★★	
技术掌握	● 矩形工具 ● 钢笔工具 ● 文本工具 ● 交互式填充工具 ● 阴影工具 ● 椭圆形工具 ● 路径文字 ● 星形工具	扫码深度学习

操作思路

本案例主要通过使用矩形工具、钢笔工具、椭圆形工具制作书籍封面的基本结构，并使用文本工具在封面上添加书名以及其他文字信息。

案例效果

案例效果如图11-133所示。

图11-133

实例193 制作教材封面

操作步骤

01 执行菜单"文件>新建"命令，在弹出的"创建新文档"对话框中设置文档"大小"为A4，单击"横向"

按钮，设置完成后单击"确定"按钮，如图11-134所示。创建一个空白新文档，如图11-135所示。

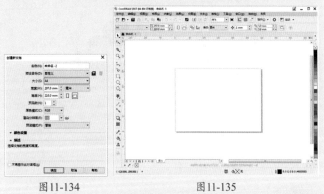

图11-134　　　　　　　　图11-135

02 制作封面背景。选择工具箱中的矩形工具，在工作区中绘制一个矩形，如图11-136所示。选中该矩形，在右侧的调色板中右键单击⊠按钮，去掉轮廓色。左键单击白色按钮，为矩形填充颜色，效果如图11-137所示。

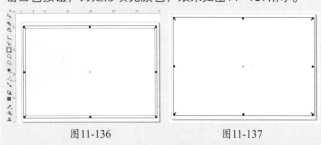

图11-136　　　　　　　　图11-137

03 继续使用矩形工具在白色矩形上方边缘绘制一个矩形。选中该矩形，在右侧的调色板中右键单击⊠按钮，去掉轮廓色。左键单击阳橙色按钮，为矩形填充颜色，如图11-138所示。

图11-138

04 制作正面主图部分。继续使用矩形工具在白色矩形右侧中间位置按住Ctrl键并按住鼠标左键拖动绘制正方形，如图11-139所示。选中该正方形，在右侧的调色板中右键单击⊠按钮，去掉轮廓色。左键单击橙红色按钮，为正方形填充颜色，如图11-140所示。

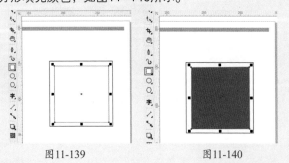

图11-139　　　　　　　　图11-140

05 双击该正方形使其控制点变为双箭头形状，拖动双箭头的控制点并向左旋转至合适位置，如图11-141所示。使用同样的方法，继续在其上面制作一个稍小的白色正方形，效果如图11-142所示。

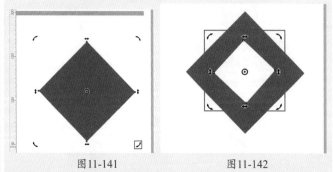

图11-141　　　　　　　　图11-142

06 选择工具箱中的钢笔工具，在白色正方形左侧绘制一个不规则图形，如图11-143所示。选中该图形，在打开的右侧调色板中右键单击⊠按钮，去掉轮廓色。左键单击橙色按钮，为图形填充颜色，如图11-144所示。

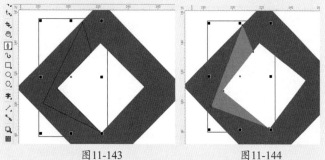

图11-143　　　　　　　　图11-144

07 继续在刚刚绘制的白色正方形右侧制作其他颜色的不规则图形，效果如图11-145所示。

08 制作封面边缘图形。选择工具箱中的钢笔工具，在画面右下方绘制一个三角形，如图11-146所示。选中该三角形，在右侧的调色板中右键单击⊠按钮，去掉轮廓色。左键单击紫色按钮，为三角形填充颜色，如图11-147所示。继续使用钢笔工具在紫色三角形上制作一个稍小的三角形，并将其填充阳橙色，效果如图11-148所示。

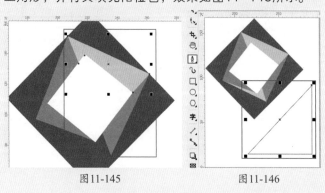

图11-145　　　　　　　　图11-146

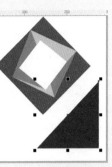

图11-147　　　　　　图11-148

09 使用同样的方法，在这两个三角形左侧制作其他两个三角形，效果如图11-149所示。

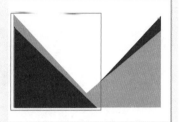

图11-149

10 添加主标题文字效果。选择工具箱中的文本工具，在画面上方单击鼠标左键，建立文字输入的起始点，在属性栏中设置合适的字体、字体大小，然后输入相应的文字，如图11-150所示。

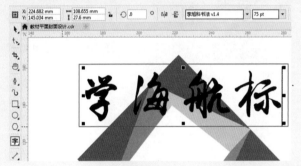

图11-150

11 在使用文本工具的状态下，在第三个文字后面单击插入光标，然后按住鼠标左键向前拖动，使第三个文字被选中，然后在属性栏中更改字体大小，如图11-151所示。

图11-151

12 选中文字，执行菜单"对象>拆分美术字"命令。选中第一个文字，选择工具箱中的交互式填充工具，在属性栏中单击"渐变填充"按钮，设置"渐变类型"为"线性渐变填充"，然后编辑一个紫色到蓝色的渐变颜色，如图11-152所示。使用同样的方法，为其他文字填充渐变颜色，效果如图11-153所示。

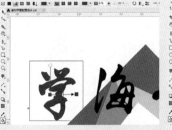

图11-152　　　　　　图11-153

13 按住Shift键加选4个文字，使用快捷键Ctrl+G组合对象，然后按住鼠标左键向下移动，移动到合适位置后按鼠标右键进行复制。选中新复制出来的文字，在右侧的调色板中右键单击黑色按钮，设置轮廓色。左键单击区按钮，去掉填充色，效果如图11-154所示。

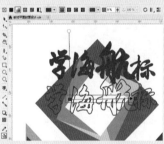

图11-154

14 选中新复制出来的文字，执行菜单"对象>将轮廓转换为对象"命令，然后选择工具箱中的交互式填充工具，在属性栏中单击"渐变填充"按钮，设置"渐变类型"为"线性渐变填充"，然后编辑一个紫色到蓝色的渐变颜色，效果如图11-155所示。

15 将复制出来的文字按住鼠标左键拖动将其移动到原来的文字之下，并将其稍微放大一些，如图11-156所示。

图11-155　　　　　　图11-156

16 选择工具箱中的选择工具，将刚刚制作的两个文字效果框选，使用快捷键Ctrl+G组合对象，然后按住鼠标左键向下移动，移动到合适位置后按鼠标右键进行复制，如图11-157所示。选中新复制出来的文字，在右侧的调色板中使用鼠标左键单击白色按钮，设置填充色，效果如图11-158所示。

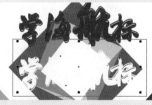

图11-157　　　　　　图11-158

17 使用鼠标右键单击新复制出来的文字，在弹出的快捷菜单中执行"顺序>置于此对象后"命令，当鼠标变为粗黑箭头时单击上方的紫蓝色文字，然后将其移动到紫蓝文字之后，效果如图11-159所示。

图11-159

18 选择工具箱中的文本工具，在主标题文字下方单击鼠标左键，建立文字输入的起始点，在属性栏中设置合适的字体、字体大小，然后输入相应的文字，如图11-160所示。选中该文字，在右侧的调色板中左键单击紫色按钮，为文字填充颜色，如图11-161所示。

图11-160

图11-161

19 选中该文字，双击位于界面底部的状态栏中的"轮廓笔"按钮，在弹出的"轮廓笔"对话框中设置"轮廓宽度"为0.2mm、"轮廓颜色"为白色，设置完成后单击"确定"按钮，如图11-162所示。此时文字效果如图11-163所示。

图11-162

图11-163

20 选中该文字，选择工具箱中的阴影工具，使用鼠标左键在文字上方由上至下拖动制作阴影，然后在属性栏中设置"阴影的不透明度"为50、"阴影羽化"为15，单击"羽化方向"按钮，在下拉列表中选择"高斯式模糊"、"阴影颜色"为黑色、"合并模式"为"乘"，如图11-164所示。

图11-164

21 选择工具箱中的椭圆形工具，在刚刚输入的文字下方按住Ctrl键并按住鼠标左键拖动绘制一个正圆形。选中该正圆形，在右侧的调色板中右键单击区按钮，去掉轮廓色。左键单击紫色按钮，为正圆形填充颜色，如图11-165所示。选中该正圆形，按住鼠标左键向下移动的同时按住Shift键，移动到合适位置后按鼠标右键进行复制。多次使用快捷键Ctrl+R复制多个正圆形，效果如图11-166所示。

图11-165

图11-166

22 选择工具箱中的文本工具，在刚刚制作的正圆形右侧单击鼠标左键，建立文字输入的起始点，在属性栏中设置合适的字体、字体大小，然后输入相应的文字，在调色板中更改文字颜色为橙色，效果如图11-167所示。

图11-167

23 选择工具箱中的钢笔工具，沿着之前制作的正方形左侧边缘绘制一条斜线，如图11-168所示。选择工具箱中的文本工具，当光标移动到斜线上方，当光标变成 形状时，单击鼠标左键建立文字输入的起始点，在属性栏中设置合适的字体、字体大小，然后输入相应的文字，在右侧的调色板中右键单击区按钮，去掉轮廓色。左键单击橙色按钮，设置文字颜色，效果如图11-169所示。使用同样的方法，在正方形右侧边缘制作路径文字，效果如图11-170所示。

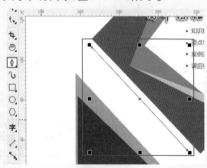

图11-168

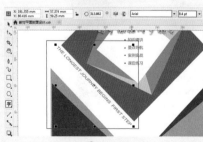

图11-169

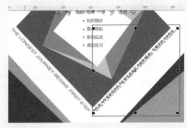

图11-170

24 继续使用文本工具在画面左侧三角形上方位置单击鼠标左键，建立文字输入的起始点，在属性栏中设置合适的字体、字体大小，然后输入相应的文字，在调色板中更改文字颜色为白色，效果如图11-171所示。

图11-171

25 制作右下方标志部分。选择工具箱中的星形工具，在属性栏中设置"边数"为32、"锐度"为20，然后在画面右侧三角形上面位置按住鼠标左键拖动绘制一个多边星形，如图11-172所示。选中该星形，在右侧的调色板中右键单击区按钮，去掉轮廓色。左键单击灰色按钮，为星形填充颜色，如图11-173所示。

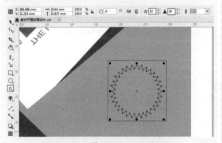

图11-172

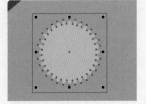

图11-173

26 选择工具箱中的椭圆形工具，在星形上按住Ctrl键并按住鼠标左键拖动绘制一个正圆形。选中该正圆形，在属性栏中设置"轮廓宽度"为0.7mm，如图11-174所示。在右侧的调色板中右键单击白色按钮，设置轮廓色。左键单击紫色按钮，为正圆形填充颜色，效果如图11-175所示。

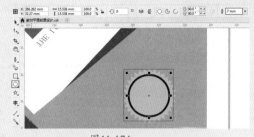

图11-174　　　　　　　　　图11-175

27 继续使用文本工具，在正圆形上面位置单击鼠标左键，建立文字输入的起始点，在属性栏中设置合适的字体、字体大小，然后输入相应的文字，在调色板中更改文字颜色为白色，效果如图11-176所示。

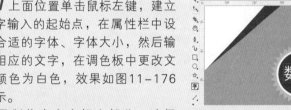

图11-176

28 制作右上方标志部分。选择工具箱中的矩形工具，在画面右上方绘制一个矩形。选中该矩形，在属性栏中单击"圆角"按钮，设置"转角半径"为1.5mm，单击"相对角缩放"按钮，如图11-177所示。

图11-177

29 选中该圆角矩形，选择工具箱中的交互式填充工具，在属性栏中单击"渐变填充"按钮，设置"渐变类型"为"线性渐变填充"，然后编辑一个橙色系的渐变颜色，如图11-178所示。在右侧的调色板中右键单击区按钮，去掉轮廓色，效果如图11-179所示。

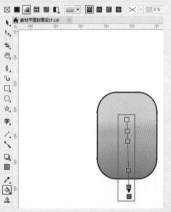

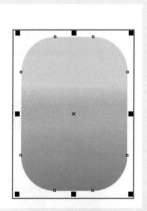

图11-178　　　　　　　　　图11-179

30 选中该圆角矩形，按住鼠标左键向右移动的同时按住Shift键，移动到合适位置后按鼠标右键进行复制，如图11-180所示。多次使用快捷键Ctrl+R复制多个圆角矩形，效果如图11-181所示。

图11-180

图11-181

31 选择工具箱中的文本工具，在圆角矩形上单击鼠标左键，建立文字输入的起始点，在属性栏中设置合适的字体、字体大小，然后输入相应的文字，如图11-182所示。

图11-182

32 继续使用文本工具在圆角矩形下方输入其他文字，效果如图11-183所示。

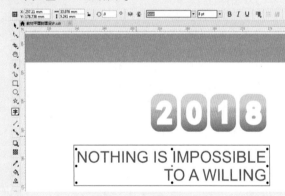

图11-183

33 此时教材封面正面效果制作完成，如图11-184所示。

图11-184

👄操作步骤

01 制作侧面背景。选择工具箱中的矩形工具，在教材正面左侧位置绘制一个矩形，如图11-185所示。选中该矩形，在右侧的调色板中右键单击☒按钮，去掉轮廓色。左键单击紫色按钮，为矩形填充颜色，如图11-186所示。

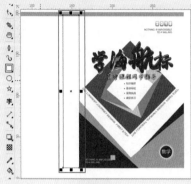

图11-185　　　　　　图11-186

02 继续使用矩形工具在紫色矩形下方边缘绘制一个小矩形。选中该矩形，在右侧的调色板中右键单击☒按钮，去掉轮廓色。左键单击阳橙色按钮，为矩形填充颜色，如图11-187所示。

图11-187

03 选择工具箱中的文本工具，在紫色矩形上单击鼠标左键，建立文字输入的起始点，在属性栏中设置合适的字体、字体大小，单击"将文本更改为垂直方向"按钮，然后输入相应的白色文字，如图11-188所示。

图11-188

04 选择工具箱中的选择工具，在之前制作的右下方标志处框选，将标志组成部分全部选中，按住鼠标左键向左上方移动，移动到刚刚输入的文字下方位置后按鼠标右键进行复制，如图11-189所示。通过拖动其控制点将其适当的缩小，得到新标志如图11-190所示。

图11-189

图11-190

05 选中新标志中的正圆形，在右侧的调色板中左键单击橙色按钮，为正圆形更改填充颜色，如图11-191所示。

06 选择工具箱中的文本工具，在新标志下方单击鼠标左键，建立文字输入的起始点，在属性栏中设置合适的字体、字体大小，然后输入相应的文字，如图11-192所示。

图11-191

图11-192

实例195　制作教材封底

📖 操作步骤

01 选择工具箱中的选择工具，将之前制作的教材正面框选，接着按住鼠标左键向左侧移动并按住Shift键，移动到合适位置后按鼠标右键进行复制，得到新的正面效果，如图11-193所示。

图11-193

02 在新的正面效果中，将主图上、下方的文字以及左右两边的文字删除，只保留主标题文字，如图11-194所示。

03 框选左侧的主图部分，按住鼠标左键拖动其控制点将其进行适当的缩小，如图11-195所示。使用同样的方法，选择该主图上方的文字，拖动控制点将其适当缩小，并移动到刚刚缩小的主图中间位置，效果如图11-196所示。

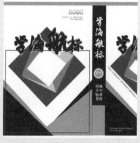

图11-194

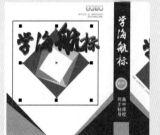

图11-195　　　　图11-196

04 框选右上方的标志部分，将其移动到主图下方位置，如图11-197所示。选择工具箱中的文本工具，在刚刚移动过来的标志下方的文字中单击插入光标，在属性栏中单击"文本对齐"按钮，在弹出的下拉列表中选择"居中"，效果如图11-198所示。

图11-197

图11-198

05 选择工具箱中的椭圆形工具，在画面左上方按住Ctrl键并按住鼠标左键拖动绘制一个正圆形。选中该正圆形，在右侧的调色板中右键单击区按钮，去掉轮廓色。左键单击橙色按钮，为正圆形填充颜色，如图11-199所示。选中该正圆形，按住鼠标左键向下移动的同时按住Shift键，移动到合适位置后按鼠标右键进行复制。多次使用快捷键Ctrl+R复制多个正圆形，效果如图11-200所示。

06 选择工具箱中的文本工具，在刚刚制作的正圆右侧单击鼠标左键，建立文字输入的起始点，在属性栏中设置合适的字体、字体大小，然后输入相应的文字，在调色板中更改文字颜色为橙色，效果如图11-201所示。

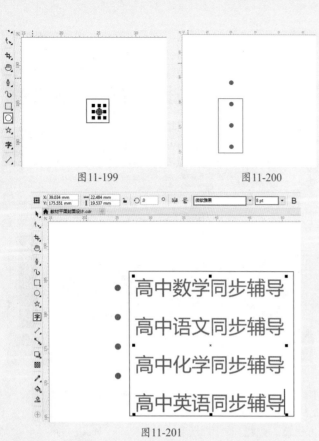

图 11-199　　　　　　　　　　图 11-200

图 11-201

07 选择工具箱中的矩形工具，在背面右下方绘制一个矩形。选中该矩形，在右侧的调色板中右键单击区按

钮，去掉轮廓色。左键单击白色按钮，为矩形填充颜色，如图 11-202 所示。

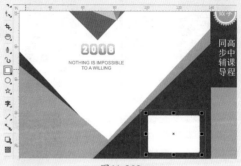

图 11-202

08 此时教材封面平面设计制作完成，最终效果如图 11-203 所示。

图 11-203

实战 228 例

CorelDRAW

艺境 中文版 CorelDRAW 图形创意设计与制作全视频

包装设计

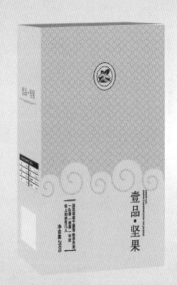

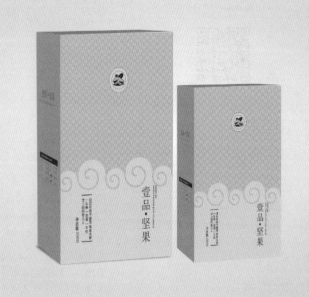

文件路径	第 12 章 \ 干果包装盒设计
难易指数	★★★★★
技术掌握	● 矩形工具 ● 钢笔工具 ● 交互式填充工具 ● 文本工具 ● 螺纹工具 ● 表格工具 ● 投影工具

扫码深度学习

操作思路

本案例首先使用矩形工具、钢笔工具以及交互式填充工具制作包装盒各个面的基本形态并绘制图形图案；然后使用螺纹工具和文本工具制作产品包装上的多组文字及图案；最后利用"透视"效果和其他工具制作包装盒的立体效果。

案例效果

案例效果如图12-1所示。

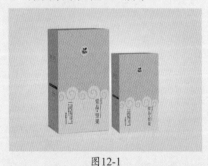

图12-1

实例196 制作包装正面

操作步骤

01 执行菜单"文件>新建"命令，在弹出的"创建新文档"对话框中设置文档"大小"为A4，单击"横向"按钮，设置完成后单击"确定"按钮，如图12-2所示。创建一个空白新文档，如图12-3所示。

图12-2

图12-3

02 选择工具箱中的矩形工具，在画面左侧绘制一个矩形，如图12-4所示。选中该矩形，双击位于界面底部的状态栏中的"填充色"按钮，在弹出的"编辑填充"对话框中设置"填充模式"为"均匀填充"，选择深土黄色，单击"确定"按钮，如图12-5所示。在右侧的调色板中右键单击⊠按钮，去掉轮廓，如图12-6所示。

图12-4

图12-5

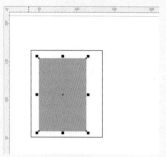

图12-6

03 选择工具箱中的钢笔工具，在矩形左侧绘制一个四边形，如图12-7所示。选中该图形，在右侧的调色板中右键单击⊠按钮，去掉轮廓色。使用交互式填充工具为该图形填充深土黄色，如图12-8所示。

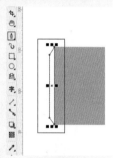

图12-7

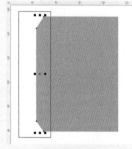

图12-8

04 使用矩形工具在画面上方绘制一个矩形。选中该矩形，在右侧的调色板中右键单击⊠按钮，去掉轮廓色。使用交互式填充工具为该图形填充深土黄色，如图12-9所示。

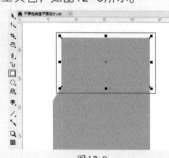

图12-9

05 继续使用矩形工具在该矩形上方绘制一个稍小的矩形。选中该矩形，在属性栏中单击"圆角"按钮，单击"同时编辑所有角"按钮，并设置"左上角半径"为5.0mm、"右上角半径"为5.0mm，单击"相对角缩放"按钮，如图12-10所示。在右侧的调色板中右键单击区按钮，去掉轮廓色。使用交互式填充工具为该图形填充深土黄色，如图12-11所示。

06 选中前面绘制的大矩形，继续选择交互式填充工具，在属性栏中单击"双色图样填充"按钮，单击"第一种填充色"按钮，在下拉面板中选择合适的图样，设置"前景颜色"为深土黄色、"背景颜色"为土黄色，在画面中由外向内拖动控制点将其缩小，如图12-12所示。

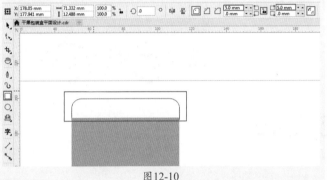

图12-10

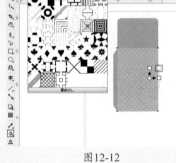

图12-11 图12-12

07 选择工具箱中的椭圆形工具，在画面右上方按住Ctrl键并按住鼠标左键拖动绘制一个正圆形，如图12-13所示。选中该正圆形，在右侧的调色板中右键单击巧克力色按钮，为正圆形设置轮廓色。左键单击米色按钮，为正圆形填充颜色，如图12-14所示。

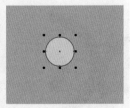

图12-13 图12-14

08 继续使用椭圆形工具在该正圆形上按住Ctrl键并按住鼠标左键拖动绘制一个稍小的正圆形。选中该正圆

形，在右侧的调色板中右键单击巧克力色按钮，为正圆形设置轮廓色。左键单击米色按钮，为正圆形填充颜色，如图12-15所示。

09 执行菜单"文件>打开"命令，在弹出的"打开绘图"对话框中单击标志素材"1.cdr"，然后单击"打开"按钮，如图12-16所示。在打开的素材中选中"标志"素材，使用快捷键Ctrl+C将其复制，返回到刚刚操作的文档中使用快捷键Ctrl+V将其进行粘贴，并将其移动到画面上方合适的位置，如图12-17所示。

10 选中刚刚绘制的两个正圆形和标志素材，使用快捷键Ctrl+G进行组合对象，然后使用快捷键Ctrl+C将其复制，接着使用快捷键Ctrl+V进行粘贴，将新复制出来的图形移动到正面合适位置，如图12-18所示。

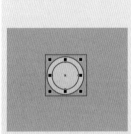

图12-15

图12-16

图12-17

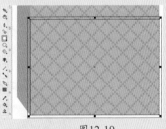

图12-18

11 使用矩形工具在前面大矩形下方绘制一个矩形，如图12-19所示。选中该矩形，在右侧的调色板中右键单击区按钮，去掉轮廓色。左键单击米色按钮，为矩形填充颜色，如图12-20所示。

图12-19 图12-20

12 选择工具箱中的螺纹工具，在属性栏中设置"螺纹回圈"为2，单击"对称式螺纹"按钮，在刚刚绘制的矩形左上方按住鼠标左键拖动绘制螺纹。选中螺纹，在属性栏中设置"轮廓宽度"为1.0mm，如图12-21所示。选择

工具箱中的选择工具，选中该螺纹，在属性栏中单击"垂直镜像"按钮，在选择该形状的状态下，再次单击该形状，使其控制点变为弧形双箭头形状，拖动右下角的双箭头并向左旋转至合适位置，如图12-22所示。然后使用快捷键Ctrl+Shift+Q将轮廓转换为对象。

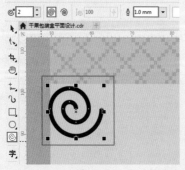

图12-21

图12-22

13 选中该螺纹，按住鼠标左键向右移动的同时按住Shift键，移动到合适位置后按鼠标右键进行复制，如图12-23所示。多次使用快捷键Ctrl+R在画面右侧复制多个螺纹，效果如图12-24所示。

14 选中第一个螺纹，使用鼠标左键拖动控制点将其缩小，如图12-25所示。使用同样的方法，将其他螺纹缩小，如图12-26所示。

图12-23

图12-24

图12-25

图12-26

15 使用鼠标左键拖动每一个螺纹，将其摆放整齐，效果如图12-27所示。

图12-27

16 将螺纹尾部收起。选中所有螺纹，使用快捷键Ctrl+L进行合并，选择工具箱中的形状工具，单击第一个螺纹尾部的描点，如图12-28所示。按住鼠标左键拖动将其与第二个螺纹边缘重合，效果如图12-29所示。

图12-28

图12-29

17 使用同样的方法，将其他螺纹尾部收起，然后在螺纹首部拖动锚点，将其变得圆滑，效果如图12-30所示。

图12-30

18 按住Shift键加选下面米色矩形和螺纹，在属性栏中单击"移除前面对象"按钮，效果如图12-31所示。

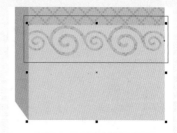

图12-31

19 接着使用快捷键Ctrl+K进行拆分，选择螺纹上方的图形，按Delete键将其删除，效果如图12-32所示。

图12-32

20 使用文本工具在画面下方单击鼠标左键，建立文字输入的起始点，在属性栏中设置合适的字体、字体大小，单击"将文字更改为垂直方向"按钮。然后在画面中输入相应的文字，接着在右侧的调色板中左键单击巧克力色按钮，为文字设置颜色，如图12-33所示。继续在该文字右侧输入其他文字，效果如图12-34所示。

图12-33

图12-34

21 使用同样的方法，在画面左下方输入其他文字，效果如图12-35所示。

图12-35

实例197　制作包装侧面

操作步骤

01 选择工具箱中的矩形工具，在包装正面右侧绘制一个矩形，如图12-36所示。选中该矩形，在右侧的调色板中右键单击⊠按钮，去掉轮廓色。左键单击米色按钮，为矩形填充颜色，效果如图12-37所示。

02 选择工具箱中的钢笔工具，在刚刚绘制的矩形上方绘制一个四边形，如图12-38所示。选中该图形，在右侧的调色板中右键单击⊠按钮，去掉轮廓色。左键单击米色按钮，为四边形填充颜色，效果如图12-39所示。

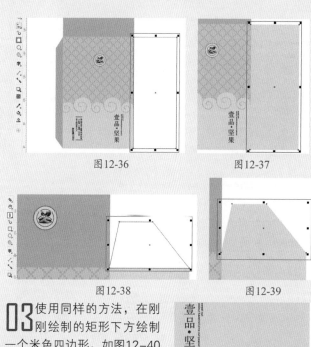

图12-36　　　　　　　　图12-37

图12-38　　　　　　　　图12-39

03 使用同样的方法，在刚刚绘制的矩形下方绘制一个米色四边形，如图12-40所示。

04 使用文本工具在画面下方单击鼠标左键，建立文字输入的起始点，在属性栏中设置合适的字体、字体大小，单击"将文字更改为水平方向"按钮，然后在画面中输入相应的文字。在右侧的调色板中设置文字颜色为巧克力色，如图12-41所示。继续在该文字下方输入其他文字，效果如图12-42所示。

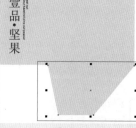

图12-40

图12-41

图12-42

05 继续使用文本工具在刚刚输入的文字下方按住鼠标左键并从左上角向右下角拖动创建出文本框，如图12-43所示。然后在属性栏中设置合适的字体、字体大小，接着在文本框中输入相应的文字，在右侧的调色板中设置文字颜色为巧克力色，如图12-44所示。

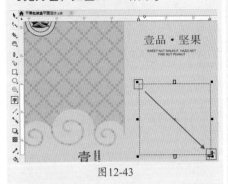

图12-43

图12-44

06 选择工具箱中的矩形工具，在段落文字下方绘制一个矩形。选中该矩形，在右侧的调色板中右键单击☒按钮，去掉轮廓色。左键单击粉白色按钮，为矩形填充颜色，效果如图12-45所示。

图12-45

🎤 操作步骤

01 使用快捷键Ctrl+A选中画面中所有图形，按住鼠标左键向右移动的同时按住Shift键，移动到合适位置后按鼠标右键进行复制，如图12-46所示。

02 选择复制的包装折叠图形，按Delete键将其删除并将复制的其余部分向左移动至合适位置，效果如

图12-47所示。

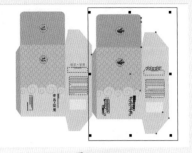

图12-46

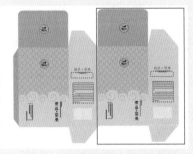

图12-47

03 按住Shift键加选复制的正面包装上方折叠图形和标志，在属性栏中单击"垂直镜像"按钮，如图12-48所示。然后将其移动到画面下方合适位置，如图12-49所示。

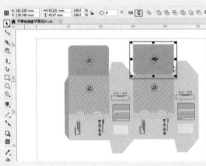

图12-48

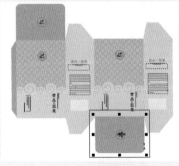

图12-49

04 选择复制的包装侧面中的段落文字，按Delete键将其删除，如图12-50所示。

图12-50

05 制作产品营养成分表。选择工具箱中的矩形工具，在复制的侧面上绘制一个矩形，如图12-51所示。选中该矩形，在右侧的调色板中右键单击☒按钮，去掉轮廓色。左键单击粉白色按钮，为矩形填充颜色，如图12-52所示。继续在该矩形上绘制一个咖啡色矩形，效果如图12-53所示。

图12-51

图12-52

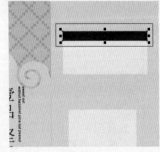

图12-53

06 选择工具箱中的表格工具，在属性栏中设置"行数"为4、"列

数"为2、"边框"为"细线"、"轮廓颜色"为黑色，在刚刚绘制的粉白色矩形上按住鼠标左键拖动绘制表格，如图12-54所示。

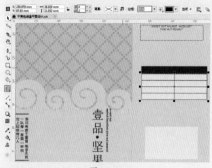

图12-54

07 选择工具箱中的文本工具，在咖啡色矩形上单击鼠标左键，建立文字输入的起始点，在属性栏中设置合适的字体、字体大小，然后在画面中输入相应的文字，如图12-55所示。

图12-55

08 使用同样的方法，在表格中输入适当的参数，效果如图12-56所示。

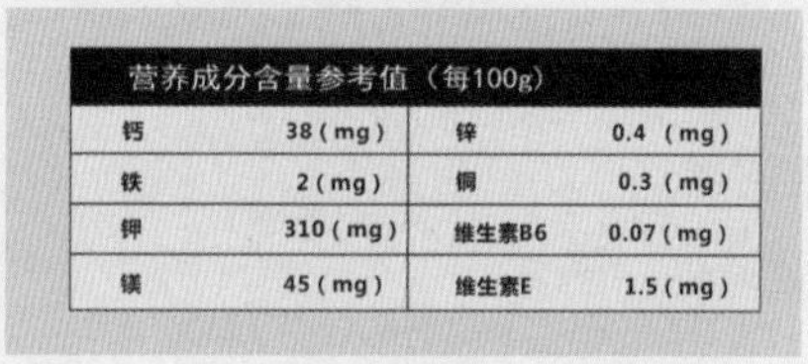

营养成分含量参考值（每100g)			
钙	38（mg）	锌	0.4（mg）
铁	2（mg）	铜	0.3（mg）
钾	310（mg）	维生素B6	0.07（mg）
镁	45（mg）	维生素E	1.5（mg）

图12-56

09 此时干果包装盒平面设计制作完成，最终效果如图12-57所示。

图12-57

实例199 制作包装立体展示效果

操作步骤

01 选择工具箱中的矩形工具，在画板外绘制一个大矩形，如图12-58所示。

图12-58

02 选择工具箱中的交互式填充工具，在属性栏中单击"渐变填充"按钮，设置"渐变类型"为"椭圆形渐变填充"，然后编辑一个灰色系的渐变颜色，在右侧的调色板中右键单击⊠按钮，去掉轮廓色，如图12-59所示。

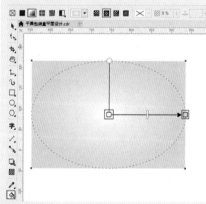

图12-59

03 将包装盒的正面、顶面和侧面复制一份，放置在刚刚绘制的矩形上，如图12-60所示。

图12-60

04 按住Shift键加选所有正面图形，使用快捷键Ctrl+G组合对象，接着执行菜单"效果>添加透视"命令，将光标移到图形的4个角的控制点上，按住鼠标左键拖动，调整其透视角度，如图12-61所示。使用同样的方法，制作包装的侧面及顶面，调整位置，效果如图12-62所示。

图12-61

图12-62

05 降低包装侧面的亮度。选择工具箱中的钢笔工具，在包装的侧面绘制一个与侧面等大的四边形，如图12-63所示。选中该四边形，在右侧的调色板中右键单击⊠按钮，去掉轮廓色。左键单击黄褐色按钮，为四边形填充颜色，如图12-64所示。

06 选择工具箱中的透明度工具，在属性栏中设置"透明度的类型"为"均匀透明度"、"合并模式"为"如果更暗"，设置"透明度"为20，单击"全部"按钮，如图12-65所示。

图12-63

图12-64

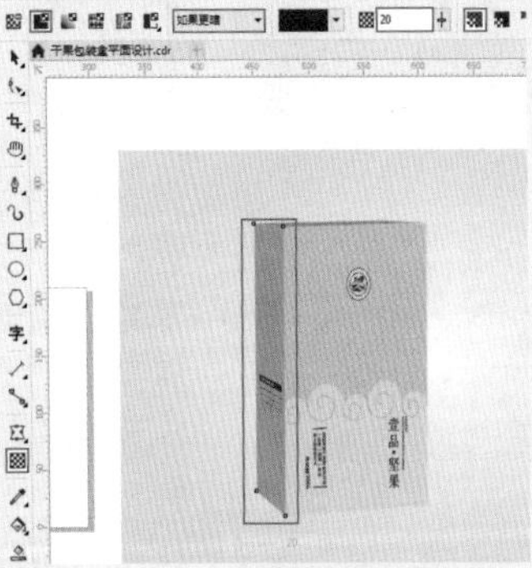

图12-65

07制作底面阴影效果。选择工具箱中的钢笔工具，在包装盒下方绘制一个四边形。选中该四边形，在右侧的调色板中右键单击☒按钮，去掉轮廓色。左键单击黑色按钮，为四边形填充颜色，如图12-66所示。

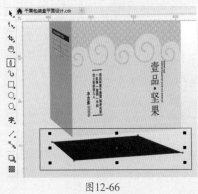

图12-66

08选择工具箱中的投影工具，使用鼠标左键在四边形底部由下至上拖动制作投影，然后在属性栏中设置"阴影角度"为96、"阴影延展"为50、"阴影淡出"为0、"阴影的不透明度"为50、"阴影羽化"为15、"阴影颜色"为黑色、"合并模式"为"乘"，如图12-67所示。选择该四边形，执行菜单"对象 > 顺序 > 向后一层"命令，然后将其移动至包装盒下方合适位置，效果如图12-68所示。

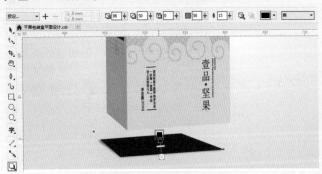

图12-67

图12-68

09选择工具箱中的选择工具，使用鼠标左键拖动将整个包装盒进行框选，使用快捷键Ctrl+C将其复制，接着使用快捷键Ctrl+V进行粘贴，将新复制出来的包装盒移动到画面右侧，如图12-69所示。然后使用鼠标左键拖动控制点将其缩小，此时干果包装盒设计制作完成，最终效果如图12-70所示。

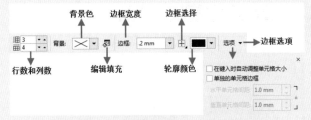

图12-69 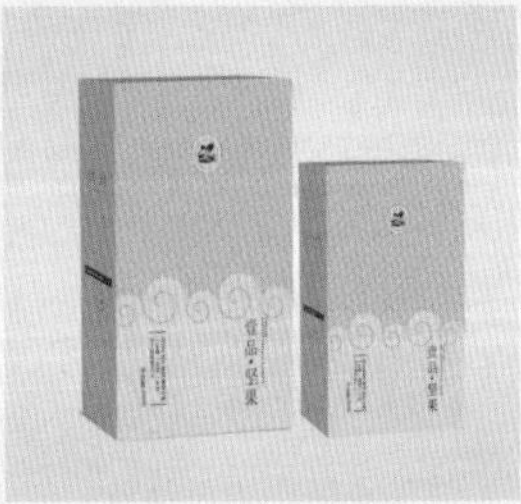   图12-70

技术速查：表格工具

选择工具箱中田(表格工具)，即可看到"表格"属性栏。在属性栏中可以设置表格的行数和列数、背景色、轮廓色等属性，如图12-71所示。设置完成后，在画面中按住鼠标左键拖动，释放鼠标左键后即可得到表格对象，如图12-72所示。

图12-71

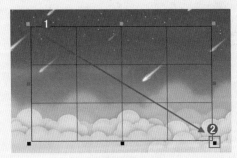

图12-72

- ➤ 行数和列数：可以设置表格的田（行数）与田（列数）。
- ➤ 背景色：为表格添加背景色。单击右侧的倒三角按钮☑，在弹出的下拉面板中有预设的颜色。
- ➤ 田编辑填充：用于自定义背景颜色。
- ➤ 边框：用来设置边框的粗细。
- ➤ 边框选择：在下拉菜单有9种选项，可选择需要编辑的边框。
- ➤ 轮廓色：设置表格的边框颜色。

12.2 果汁饮品包装设计

文件路径	第12章 \ 果汁饮品包装设计
难易指数	★★★★★
技术掌握	● 矩形工具 ● 椭圆形工具 ● 交互式填充工具 ● 文本工具 ● 透视效果 ● 透明度工具

扫码深度学习

操作思路

本案例首先使用矩形工具制作包装刀版图；然后使用椭圆形工具和文本工具以及交互式填充工具制作包装正面部分和包装侧面部分；最后利用"透视"效果和其他工具制作包装盒的立体效果。

案例效果

案例效果如图12-73所示。

图12-73

实例200 制作包装刀版图

操作步骤

01 执行菜单"文件>新建"命令，在弹出的"创建新文档"对话框中设置文档"大小"为A4，单击"横向"按钮，设置完成后单击"确定"按钮，如图12-74所示。创建一个空白新文档，如图12-75所示。

图12-74　　　　　　　　　　图12-75

02 选择工具箱中的矩形工具，在画板上按住鼠标左键拖动绘制矩形，如图12-76所示。选中该矩形，在右侧的调色板中右键单击⊠按钮，去掉轮廓色。左键单击黄色按钮，为矩形填充颜色，如图12-77所示。继续使用矩形工具在该矩形上方绘制一个小矩形，并在右侧的调色板中右键单击⊠按钮，去掉轮廓色。左键单击黄色按钮，为矩形填充颜色，效果如图12-78所示。

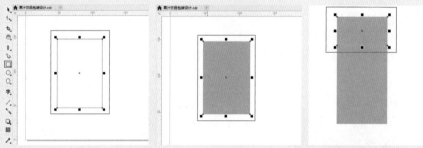

图12-76　　　　　图12-77　　　　　图12-78

03 继续使用矩形工具在上方绘制一个稍小的矩形。选中该矩形，在属性栏中单击"圆角"按钮，单击"同时编辑所有角"按钮，并设置"左上角半径"为8.0mm、"右上角半径"为8.0mm，单击"相对角缩放"按钮，如图12-79所示。在右侧的调色板中右键单击⊠按钮，去掉轮廓色。左键单击黄色按钮，为圆角矩形填充颜色，效果如图12-80所示。

图12-79　　　　　　　　　　图12-80

04 继续使用矩形工具在画面右侧绘制4个不同大小的黄色矩形，效果如图12-81所示。

05 选中刚刚在下方绘制的矩形，使用快捷键Ctrl+Shift+Q将轮廓转换为对象。然后选择工具箱中的形状工具，在矩形上拖动控制点，将其变形，效果如图12-82所示。

06 使用快捷键Ctrl+A将画面中的所有图形全选，按住鼠标左键向右移动的同时按住Shift键，移动到合适位置后按鼠标右键进行复制，如图12-83所示。

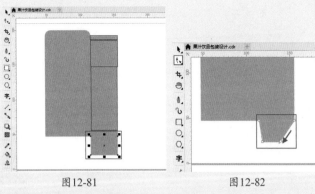

图12-81　　　　　　　　　图12-82

07 使用矩形工具在画面左上方按住Ctrl键并按住鼠标左键拖动绘制一个正方形，如图12-84所示。选中该正方形，在右侧的调色板中右键单击⊠按钮，去掉轮廓色。左键单击黄色按钮，为正方形填充颜色，效果如图12-85所示。

08 继续使用同样的方法，在正方形下方绘制其他矩形，并在调色板中为其去掉轮廓色，填充黄色，效果如图12-86所示。选中刚刚在下方绘制的矩形，使用快捷键Ctrl+Shift+Q将轮廓转换为对象。然后选择工具箱中的形状工具，在矩形上拖动控制点，将其变形，效果如图12-87所示。刀版图效果如图12-88所示。

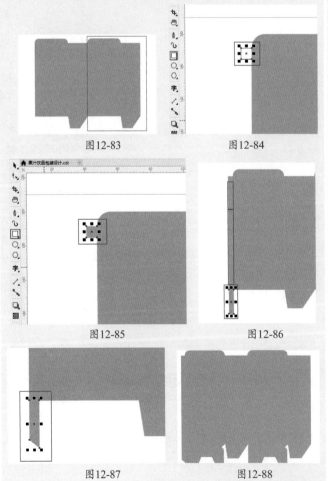

图12-83　　　　　　　　　图12-84

图12-85　　　　　　　　　图12-86

图12-87　　　　　　　　　图12-88

操作步骤

01 选择工具箱中的矩形工具，在正面刀版图上按住鼠标左键拖动绘制矩形。选中该矩形，在右侧的调色板中右键单击⊠按钮，去掉轮廓色。左键单击米色按钮，为矩形填充颜色，如图12-89所示。选中该矩形，然后执行菜单"对象 > 转换为曲线"命令。选择工具箱中的形状工具，在矩形上控制点之间位置单击插入控制点，在属性栏中单击"转换为曲线"按钮，然后使用鼠标左键按住该控制点并向上拖动，效果如图12-90所示。

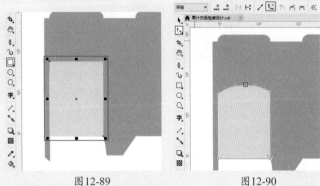

图12-89　　　　　　　　　图12-90

02 继续使用矩形工具在该图形下方绘制一个矩形。选中该矩形，在右侧的调色板中右键单击⊠按钮，去掉轮廓色。左键单击米色按钮，为矩形填充颜色，如图12-91所示。使用同样的方法，将该矩形变形，效果如图12-92所示。

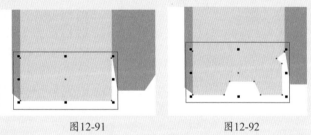

图12-91　　　　　　　　　图12-92

03 选择工具箱中的椭圆形工具，在画面右上方位置按住Ctrl键并按住鼠标左键拖动绘制一个正圆形，如图12-93所示。选中该正圆形，在右侧的调色板中右键单击⊠按钮，去掉轮廓色。左键单击米色按钮，为正圆形填充颜色，如图12-94所示。

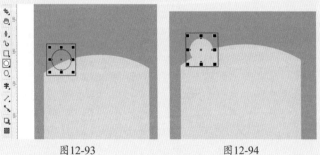

图12-93　　　　　　　　　图12-94

04 继续使用椭圆形工具在该正圆形上按住Ctrl键并按住鼠标左键拖动绘制一个稍小的正圆形。选中该正圆形，在右侧的调色板中右键单击⊠按钮，去掉轮廓色。左键单击黄色按钮，为正圆形填充颜色，如图12-95所示。选中该正圆形，然后执行菜单"对象 > 转换为曲线"命令。选择工具箱中的形状工具，单击正圆形上的控制点，在属性栏中单击"转换为曲线"按钮，然后通过调整控制点将正圆变形，效果如图12-96所示。按住Shift键加选两个正圆形，使用快捷键Ctrl+G组合对象。

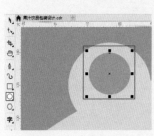 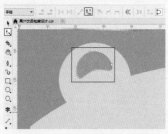

图12-95　　　　　　　　图12-96

05 选中组合对象，按住鼠标左键向右移动的同时按住Shift键，移动到合适位置后按鼠标右键进行复制，在属性栏中单击"水平镜像"按钮，效果如图12-97所示。

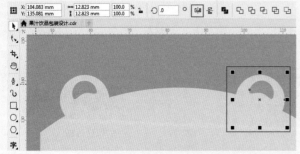

图12-97

06 继续使用椭圆形工具在画面左侧位置按住Ctrl键并按住鼠标左键拖动绘制一个稍小的正圆形，如图12-98所示。选中该正圆形，在右侧的调色板中右键单击⊠按钮，去掉轮廓色。左键单击巧克力色按钮，为正圆形填充颜色，如图12-99所示。使用同样的方法，在该正圆形上绘制一个稍小的白色正圆形，如图12-100所示。按住Shift键加选两个正圆形，使用快捷键Ctrl+G组合对象。

07 选中组合对象，按住鼠标左键向右移动的同时按住Shift键，移动到合适位置后按鼠标右键进行复制，如图12-101所示。

 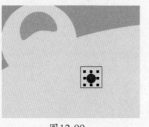

图12-98　　　　　　　　图12-99

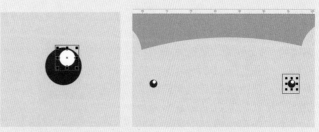

图12-100　　　　　　　　图12-101

08 继续使用椭圆形工具在画面中按住鼠标左键拖动绘制一个椭圆形。选中该椭圆形，在右侧的调色板中右键单击⊠按钮，去掉轮廓色。左键单击黄色按钮，为椭圆填充颜色，如图12-102所示。使用同样的方法，在该椭圆形上绘制一个稍小的米色椭圆形，如图12-103所示。

图12-102　　　　　　　　图12-103

09 继续使用椭圆形工具在画面中按住鼠标左键拖动绘制一个椭圆形，选中该椭圆形。在属性栏中设置"轮廓宽度"为1.0mm，如图12-104所示。在右侧的调色板中右键单击白色按钮，设置椭圆的轮廓色。左键单击肉粉色按钮，为椭圆填充颜色，如图12-105所示。

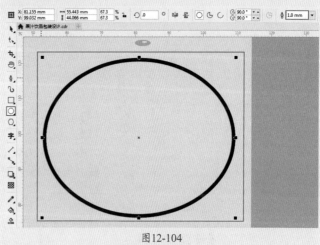

图12-104

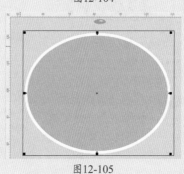

图12-105

10 执行菜单"文件>打开"命令，在弹出的"打开绘图"对话框中单击素材"1.cdr"，然后单击"打开"按钮，如图12-106所示。在打开的素材中，选中水果素材，使用快捷键Ctrl+C将其复制，返回到刚刚操作的文档中，使用快捷键Ctrl+V将其进行粘贴，并将其移动到如图12-107所示的位置。

图12-106

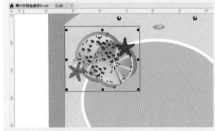

图12-107

11 选择工具箱中的文本工具，在水果素材右下方单击鼠标左键，建立文字输入的起始点，在属性栏中设置合适的字体、字体大小，然后输入相应的文字，如图12-108所示。

图12-108

12 双击位于界面底部的状态栏中的"填充色"按钮，在弹出的"编辑填充"对话框中设置"填充模式"为"均匀填充"，选择一个合适的颜色，单击"确定"按钮，如图12-109所示。然后单击"轮廓笔"按钮，在弹出的"轮廓笔"对话框中设置"轮

廓宽度"为0.2mm、"轮廓颜色"为白色，设置完成后单击"确定"按钮，如图12-110所示。此时文字效果如图12-111所示。

图12-109

图12-110

图12-111

13 选中文字，使用快捷键Ctrl+K将文字拆分，双击第一个字母，此时控制点变为弧形双箭头形状，按住右上角的双箭头进行向下移动，即可将字母进行旋转，如图12-112所示。继续双击其他字母进行适当的旋转变换，效果如图12-113所示。继续使用文本工具在该文字下方输入其他文字，如图12-114所示。

图12-112

图12-113

图12-114

14 继续使用同样的方法，在文字的下方输入其他文字，效果如图12-115所示。

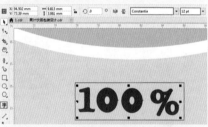

图12-115

15 选择工具箱中的钢笔工具，在文字下方绘制一条直线。选中该直线，在属性栏中设置"轮廓宽度"为0.1mm，在右侧的调色板中右键单击白色按钮，为直线设置轮廓色，如图12-116所示。

图12-116

16 使用文本工具在直线下方单击鼠标左键，建立文字输入的起始点，在属性栏中设置合适的字体、字体大小，然后输入相应的文字，在右侧的调色板中左键单击深橙色按钮，

为文字设置颜色，如图12-117所示。

图12-117

17 选择工具箱中的矩形工具，在刚刚输入的文字下方绘制一个矩形。选中该矩形，在属性栏中单击"圆角"按钮，设置"转角半径"为1.5mm，单击"相对角缩放"按钮，如图12-118所示。在右侧的调色板中右键单击⊠按钮，去掉轮廓色。左键单击黄色按钮，为圆角矩形填充颜色，如图12-119所示。

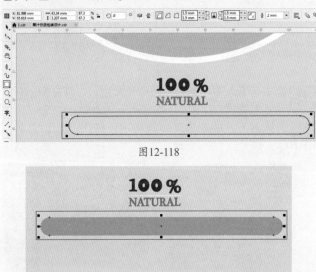

图12-118

图12-119

18 选中该圆角矩形，按住鼠标左键向下移动的同时按住Shift键，移动到合适位置后按鼠标右键进行复制，如图12-120所示。

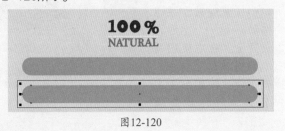

图12-120

19 使用文本工具在第一个圆角矩形上单击鼠标左键，建立文字输入的起始点，在属性栏中设置合适的字体、

字体大小，然后输入相应的文字，如图12-121所示。继续使用同样的方法，在第二个圆角矩形上方输入合适的文字，效果如图12-122所示。

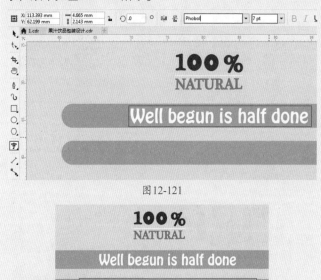

图12-121

图12-122

20 继续使用文本工具在圆角矩形右下方输入合适的红色文字，如图12-123所示。

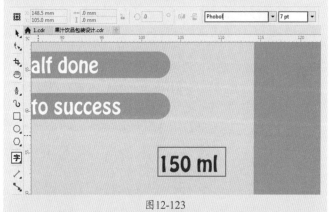

图12-123

实例202 制作包装侧面部分

操作步骤

01 制作侧面图形。按住Shift键加选椭圆形及其上方的所有文字和水果素材，使用快捷键Ctrl+G组合对象。选中该图形，按住鼠标左键向右移动，移动到合适位置后按鼠标右键进行复制，使用鼠标左键拖动其控制点将其缩小，效果如图12-124所示。

02 选择工具箱中的文本工具，在侧面图形下方按住鼠标左键并从左上角向右下角拖动创建出文本框，如图12-125所示。在属性栏中设置合适的字体、字体大小，然后在文本框中输入文字，如图12-126所示。

图12-124　　　　　图12-125

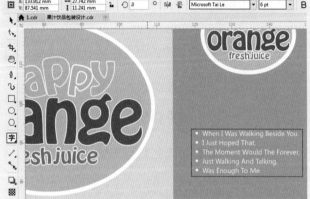

图12-126

03 选择工具箱中的矩形工具，在段落文字下方绘制一个矩形。选中该矩形，在属性栏中单击"圆角"按钮，设置"转角半径"为1.5mm，单击"相对角缩放"按钮，如图12-127所示。在右侧的调色板中右键单击⊠按钮，去掉轮廓色。左键单击白色按钮，为圆角矩形填充颜色，如图12-128所示。

04 选中该圆角矩形，按住鼠标左键向下移动的同时按住Shift键，移动到合适位置后按鼠标右键水平进行复制，如图12-129所示。

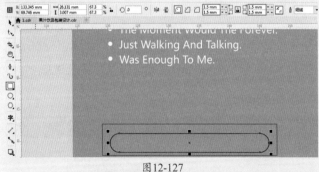

图12-127

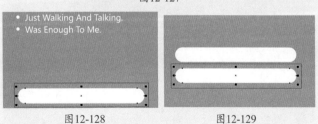

图12-128　　　　　图12-129

05 使用文本工具在第一个圆角矩形上单击鼠标左键，建立文字输入的起始点，在属性栏中设置合适的字体、

字体大小，然后输入相应的黄色文字，如图12-130所示。使用同样的方法，继续在第二个圆角矩形上方输入合适的文字，效果如图12-131所示。

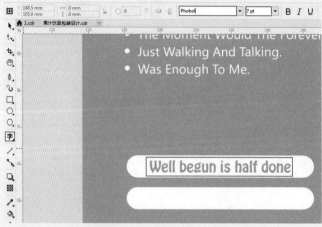

图12-130

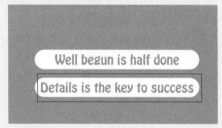

图12-131

06 选中所有正面与侧面的图形和文字，将其复制，并移动到右侧的刀版图上，如图12-132所示。

07 选择右下方的圆角矩形及文字，按Delete键将其删除，如图12-133所示。

图12-132

图12-133

08 选择工具箱中的矩形工具，在刚刚删除的圆角矩形位置处按住鼠标左键拖动绘制一个矩形。选中该矩形，在右侧的调色板中右键单击⊠按钮，去掉轮廓色。左键单击白色按钮，为矩形填充颜色，如图12-134所示。

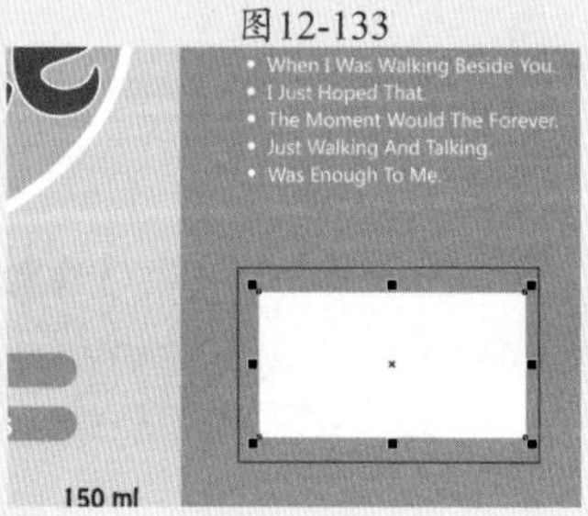

图12-134

09 此时果汁饮品包装的平面图制作完成，效果如图12-135所示。

图12-135

10 为了使包装效果更丰富，为其制作底纹效果。选择工具箱中的矩形工具，在包装上绘制一个大矩形，如图12-136所示。选中该矩形，选择工具箱中的交互式填充工具，在属性栏中单击"双色图样填充"按钮，单击"第一种填充色"按钮，在下拉面板选择合适的图样，设置"前景颜色"为米色、"背景颜色"为黄色，在画面中由外向内拖动控制点将其缩小，然后在右侧的调色板中右键单击⊠按钮，去掉轮廓色，效果如图12-137所示。

图12-136

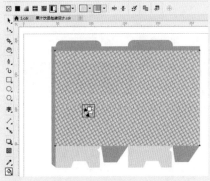

图12-137

11 选中该矩形，选择工具箱中的透明度工具，在属性栏中设置"透明度的类型"为"均匀透明度"，设置"透明度"为62，单击"全部"按钮，如图12-138所示。使用鼠标右键单击该图形，在弹出的快捷菜单中执行"顺序＞置于此对象之前"命令，当光标变成黑色粗箭头时，使用鼠标左键单击最底层的包装底色图形，此时画面效果如图12-139所示。

图12-138

图12-139

操作步骤

01 使用快捷键Ctrl+A选中画面中所有图形，按住鼠标左键向右移动的同时按住Shift键，移动到合适位置后按鼠标右键进行复制，使用快捷键Ctrl+R再复制一份，如图12-140所示。

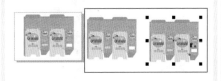

图12-140

02 选中第一个复制的平面图，选择工具箱中的裁剪工具，在平面图上按住鼠标左键拖动将裁剪出一个正面效果图，如图12-141所示。按Enter键，完成裁剪，效果如图12-142所示。使用同样的方法，在第二个复制的平面图中裁剪出侧面，效果如图12-143所示。

图12-141

图12-142　　　图12-143

03 选中裁剪的侧面效果图，将侧面图移动到正面图左侧位置，执行菜单"效果＞添加透视"命令，将光标移到图形的4个角的控制点上，按住鼠标左键拖动，调整其透视角度，如图12-144所示。

图12-144

04 加深侧面效果。选中侧面的底色图形。选择工具箱中的交互式填充工具，在属性栏中更改"前景颜色"为土黄色、"背景颜色"为深橙色，此时画面效果如图12-145所示。

05 根据此时的包装形态制作包装盒顶部的结构。选择工具箱中的矩形工具，在包装上绘制一个矩形，如图12-146所示。选中该矩形，选择

工具箱中的交互式填充工具，在属性栏中单击"双色图样填充"按钮，单击"第一种填充色"按钮，在下拉面板中选择合适的图样，设置"前景颜色"为浅米色、"背景颜色"为淡黄色，在画面中由外向内拖动控制点将其缩小，如图12-147所示。

06 选中该矩形，在右侧的调色板中右键单击⊠按钮，去掉轮廓色，如图12-148所示。选中该矩形，执行菜单"效果>添加透视"命令，将光标移到矩形的4个角的控制点上，按住鼠标左键拖动，调整其透视角度，如图12-149所示。使用同样的方法，制作包装顶部的其他面，效果如图12-150所示。

图12-145　　　　　　　　　图12-146

图12-147　　　　　　　　　图12-148

图12-149　　　　　　　　　图12-150

07 继续使用矩形工具在包装上方绘制一个矩形。选中该矩形，在属性栏中单击"圆角"按钮，单击"同时编辑所有角"按钮，并设置"左上角半径"为

2.5mm、"右上角半径"为2.5mm，单击"相对角缩放"按钮，如图12-151所示。在右侧的调色板中右键单击⊠按钮，去掉轮廓色。左键单击巧克力色按钮，为圆角矩形填充颜色，效果如图12-152所示。

08 将该圆角矩形复制并将复制的圆角矩形更改填充色为橙色，将其向右稍稍移动使后方的圆角矩形显露出边缘，效果如图12-153所示。

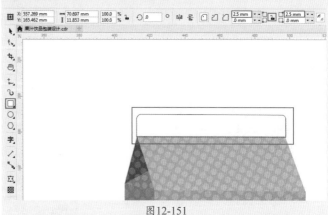

图12-151

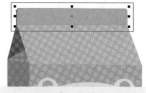

图12-152　　　　　　　　　图12-153

09 制作底面阴影。选择工具箱中的矩形工具，在包装下方绘制一个矩形，如图12-154所示。选中该矩形，在右侧的调色板中右键单击⊠按钮，去掉轮廓色。左键单击灰色按钮，为矩形填充颜色，如图12-155所示。

图12-154　　　　　　　　　图12-155

10 选中该矩形，选择工具箱中的透明度工具，在属性栏中设置"透明度类型"为"均匀透明度"，设置"透明度"为50，单击"全部"按钮，如图12-156所示。

11 选中该矩形，执行"效果>添加透视"命令，将光标移到矩形的4个角的控制点上，按住鼠标左键拖动，调整其透视角度，如图12-157所示。将其移动到正面包装后面，制作阴影效果，如图12-158所示。

图12-156   图12-157

图12-158

12 执行菜单"文件>导入"命令，在弹出的"导入"对话框中单击选择要导入的背景素材"2.jpg"，然后单击"导入"按钮，在工作区中按住鼠标左键拖动，控制导入对象的大小，释放鼠标完成导入操作，如图12-159所示。

13 选中刚刚制作的立体包装盒，使用快捷键Ctrl+G组合对象，将其移动到刚刚导入的背景素材上方，使用鼠标右键单击背景图片，执行菜单"顺序>到页面背面"命令，最终效果如图12-160所示。

图12-159   图12-160

/ 佳 / 作 / 欣 / 赏 /

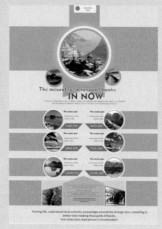

13.1 圣诞节促销网页广告

文件路径	第13章\圣诞节促销网页广告
难易指数	★★★★★
技术掌握	● 矩形工具 ● 文本工具 ● 段落文字 ● 钢笔工具 ● 椭圆形工具

🔍 扫码深度学习

📖 操作思路

　　本案例首先使用矩形工具制作网页广告背景；然后使用文本工具和段落文字以及钢笔工具制作促销广告标语部分；接着使用椭圆形工具以及文本工具制作促销产品展示图和文字部分。

🖱 案例效果

　　案例效果如图13-1所示。

图13-1

实例204 制作促销广告标语部分

🎤 操作步骤

01 执行菜单"文件>新建"命令，创建一个空白新文档，如图13-2所示。

02 选择工具箱中的矩形工具，在工作区中绘制一个与画布等大的矩形，如图13-3所示。在右侧的调色板中右键单击⊠按钮，去掉轮廓色。左键单击红色按钮，为矩形填充颜色，效果如图13-4所示。

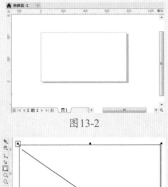

图13-2

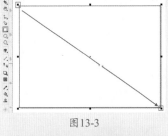

图13-3

图13-4

03 选择工具箱中的文本工具，在画面左侧单击鼠标左键，建立文字输入的起始点，在属性栏中设置合适的字体、字体大小，然后在画面中输入相应的白色文字，如图13-5所示。继续在文字上方输入黄色文字，效果如图13-6所示。

图13-5

图13-6

04 继续使用文本工具在主标题下方单击建立文字输入的起始点，在属性栏中设置合适的字体、字体大小，然后在画面中输入文字，如图13-7所示。

图13-7

05 选择工具箱中的钢笔工具，在画面左上角绘制一个三角形，如图13-8所示。在右侧的调色板中右键单击⊠按钮，去掉轮廓色。左键单击深红色按钮，为三角形填充颜色，效果如图13-9所示。

图13-8

图13-9

06 继续使用钢笔工具，在三角形上绘制一个四边形，如图13-10所示。在右侧的调色板中右键单击⊠按钮，去掉轮廓色。左键单击青蓝色按钮，为四边形填充颜色，效果如图13-11所示。选中该图形，并单击鼠标右键，在弹出的快捷菜单中执行"顺序>置于此对象后"命令，在光标变成黑色粗箭头时单击上方的三角形，此时四边形会移动到三角形后面位置，如图13-12所示。

07 继续使用钢笔工具在该图形下方绘制一个深蓝色四边形，如图13-13所示。然后使用鼠标右键单击该四边形，在弹出的快捷菜单中执行"顺序>置于此对象后"命令，接着将该四边形移动到上方的四边形底部位置，效果如图13-14所示。

08 使用同样的方法，在四边形下方继续绘制一个蓝色不规则图形，效果如图13-15所示。

图13-16

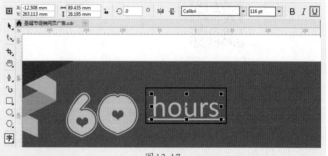
图13-17

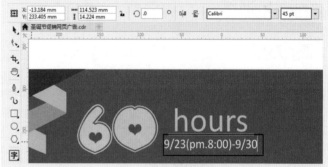
图13-18

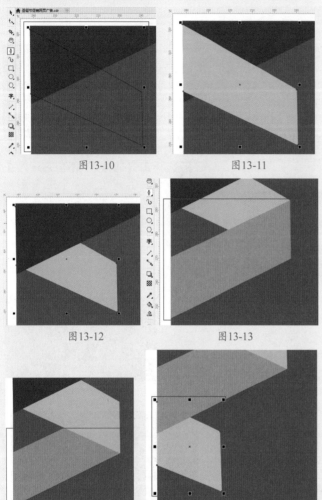

图13-10　　　　　　图13-11

图13-12　　　　　　图13-13

图13-14　　　　　　图13-15

09 选择工具箱中的文本工具，在图形右侧单击鼠标左键，建立文字输入的起始点，在属性栏中设置合适的字体、字体大小，然后在画面中输入相应的文字，如图13-16所示。继续在文字右侧输入其他文字，在属性栏中设置合适的字体、字体大小，单击"下划线"按钮，然后在画面中输入相应的文字，在右侧的调色板中将文字更改为黄色，如图13-17所示。使用同样的方法，在该文字下方继续输入适当的文字，效果如图13-18所示。

10 执行菜单"文件>打开"命令，在弹出的"打开绘图"对话框中单击素材"1.cdr"，然后单击"打开"按钮，如图13-19所示。在打开的素材中选择礼盒素材，使用快捷键Ctrl+C将其复制，返回到刚刚操作的文档中，使用快捷键Ctrl+V将其进行粘贴，并将其移动到画面左下方位置，如图13-20所示。

图13-19 　　　　　　图13-20

11 选择工具箱中的文本工具，在礼盒素材右侧按住鼠标左键并从左上角向右下角拖动，创建出文本框，如图13-21所示。然后在文本框中输入文字，如图13-22所示。

12 使用文本工具在第一段文字中的第四个单词后面单击插入光标，然后按住鼠标左键向前拖动，使该单词被选中，然后在右侧的调色板中更改字体颜色，如图13-23所示。使用同样的方法，为其他文字更改字体颜色，如图13-24所示。

图13-21

图13-22

图13-23

图13-24

实例205　制作促销产品部分

🎤操作步骤

01 制作产品展示图。执行菜单"文件>导入"命令，在弹出的"导入"对话框中单击选择要导入的皮包素材"2.jpg"，然后单击"导入"按钮，如图13-25所示。接着在画面右侧按住鼠标左键拖动，控制导入对象的大小，释放鼠标完成导入操作，如图13-26所示。

图13-25

图13-26

02 选择工具箱中的椭圆形工具，在画面右上方按住Ctrl键并按住鼠标左键拖动绘制一个正圆形，如图13-27所示。

图13-27

03 选中皮包素材，执行菜单"对象>PowerClip>置于图文框内部"命令，当光标变成黑色粗箭头时，然后单击刚刚绘制的正圆形，即可实现位图的剪贴效果，如图13-28所示。选中正圆形，在右侧的调色板中右键单击⊠按钮，去掉轮廓色，效果如图13-29所示。

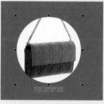
图13-28

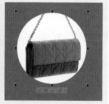
图13-29

04 使用同样的方法，在画面右侧制作其他产品展示图，效果如图13-30所示。也可以在绘制第一个圆形之后，复制多个圆形并规律摆放好，然后依次在其中添加产品图片。

05 选择工具箱中的文本工具，在第一个产品展示图下方单击鼠标左键，建立文字输入的起始点，在属性栏中设置合适的字体、字体大小，然后在画面中输入相应的文字，如图13-31所示。继续使用文本工具在该文字下方输入大小合适的黄色文字，效果如图13-32所示。

图13-30

图13-31

图13-32

06 使用同样的方法，在其他产品展示图下方输入合适的文字，效果如图13-33所示。

图13-33

07 此时关于圣诞节促销网页广告制作完成，效果如图13-34所示。

图13-34

13.2 数码产品购物网站

文件路径	第13章\数码产品购物网站
难易指数	★★★★★
技术掌握	● 矩形工具 ● 透明度工具 ● 文本工具 ● 钢笔工具 ● 椭圆形工具

扫码深度学习

操作思路

本案例首先使用矩形工具和透明度工具以及文本工具制作产品轮播图和首页导航；接着使用文本工具和矩形工具以及钢笔工具制作产品推荐模块和网站底栏。

案例效果

案例效果如图13-35所示。

图13-35

实例206　导航与产品轮播图

操作步骤

01 执行菜单"文件>新建"命令，创建一个空白新文档，如图13-36所示。

图13-36

02 执行菜单"文件>导入"命令，在弹出的"导入"对话框中单击选择背景素材"1.jpg"，然后单击"导入"按钮，如图13-37所示。接着在工作区中按住鼠标左键拖动，控制导入对象的大小，释放鼠标完成导入操作，如图13-38所示。

图13-37

图13-38

03 选择工具箱中的矩形工具，在画面上方绘制一个矩形，如图13-39所示。选中该矩形，在右侧的调色板中右键单击☒按钮，去掉轮廓色。然后双击位于界面底部状态栏中的"填充色"按钮，在弹出的"编辑填充"对话框中

设置一个巧克力色，然后单击"确定"按钮，如图13-40所示。此时矩形效果如图13-41所示。

图13-39

图13-40

图13-41

04 选中该矩形，选择工具箱中的透明度工具，在属性栏中设置"透明度的类型"为"均匀透明度"，设置"透明度"为40°，单击"全部"按钮，如图13-42所示。

图13-42

05 选择工具箱中的文本工具，在矩形左侧单击鼠标左键，建立文字输入的起始点，在属性栏中设置合适的字体、字体大小，然后在画面中输入相应的文字，如图13-43所示。继续使用文本工具在该文字上方输入较小的文字，如图13-44所示。

图13-43

图13-44

06 使用同样的方法，在矩形右侧输入适当的文字，效果如图13-45所示。

图13-45

07 选择工具箱中的钢笔工具，在右侧第一个单词之后按住鼠标左键拖动绘制竖条，在属性栏中设置"轮廓宽度"为2.0pt，然后在右侧的调色板中右键单击白色按钮，为竖条更改轮廓色，如图13-46所示。使用同样的方法，在其他单词之后绘制竖条，如图13-47所示。

图13-46

图13-47

08 继续使用钢笔工具在蓝色文字之后绘制一个不规则图形，如

图13-48所示。选中该图形，在右侧的调色板中右键单击⊠按钮，去掉轮廓色。左键单击蓝色按钮，为图形填充颜色，效果如图13-49所示。

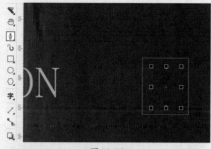

图13-48

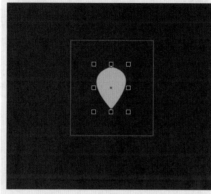

图13-49

09 选择工具箱中的椭圆形工具，在不规则图形上按住Ctrl键并按住鼠标左键拖动绘制正圆形，如图13-50所示。选中该正圆形，在调色板中右键单击⊠按钮，去掉轮廓色。左键单击白色按钮，为图形填充颜色，效果如图13-51所示。

10 制作轮播页面显示效果。使用椭圆形工具在背景素材正下方位置按住Ctrl键并按住鼠标左键拖动绘制正圆形。选中该正圆形，在右侧的调色板中右键单击⊠按钮，去掉轮廓色。左键单击红色按钮，设置其填充颜色，效果如图13-52所示。选中红色正圆形，按住鼠标左键向右移动，移动到合适位置后按下鼠标右键，复制出该图形。设置填充为白色，如图13-53所示。选中该正圆形，按住鼠标左键向右移动的同时按住Shift键，移动到合适位置后按鼠标右键进行复制。多次使用快捷键Ctrl+R复制多个正圆形，效果如图13-54所示。

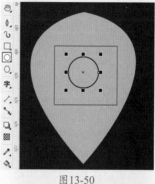

图13-50

图13-51

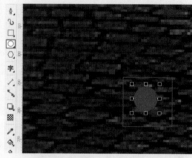

图13-52

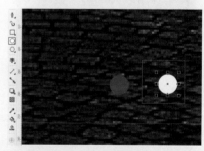

图13-53

图13-54

实例207　产品推荐模块与网站底栏

操作步骤

01 选择工具箱中的矩形工具，在背景素材下方绘制一个矩形，如图13-55所示。选中该矩形，在右侧的调色板中右键单击⊠按钮，去掉轮廓色。然后双击位于界面底部状态栏中的"填充色"按钮，在弹出的"编辑填充"对话框中设置一个合适的颜色，然后单击"确定"按钮，如图13-56所示。此时矩形效果如图13-57所示。

图13-55

图13-56

图13-57

02 继续使用矩形工具在矩形上绘制一个小矩形。选中该矩形，在右侧的调色板中右键单击⊠按钮，去掉轮廓色。然后双击位于界面底部状态栏中的"填充色"按钮，在弹出的"编辑填充"对话框中设置一个巧克力色，然后单击"确定"按钮，如图13-58所示。

图13-58

03 选择工具箱中的文本工具，在矩形右侧单击鼠标左键，建立文字输入的起始点，在属性栏中设置合适的字体、字体大小，然后在画面中输入相应的文字，然后将文字颜色更改为巧克力色，如图13-59所示。

图13-59

04 执行菜单"文件>导入"命令，在弹出的"导入"对话框中单击选择要导入的相机素材"2.jpg"，然后单击"导入"按钮，如图13-60所示。接着在画面下方按住鼠标左键拖动，控制导入对象的大小，释放鼠标完成导入操作，如图13-61所示。

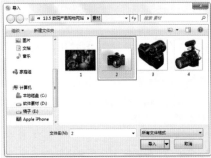

图13-60

图13-61

05 使用矩形工具在相机素材下方绘制一个小矩形。选中该矩形，在右侧的调色板中右键单击⊠按钮，去掉轮廓色。左键单击白色按钮，为矩形填充颜色，如图13-62所示。

图13-62

06 选择工具箱中的文本工具，在白色矩形上单击鼠标左键，建立文字输入的起始点，在属性栏中设置合适的字体、字体大小，然后在画面中输入相应的文字，然后将文字颜色更改为巧克力色，如图13-63所示。

图13-63

07 继续使用文本工具在该文字下方按住鼠标左键并从左上角向右下角拖动，创建出文本框，如图13-64所示。在属性栏中设置合适的字体、字体大小，在文本框中输入适当的文字，接着将文字颜色设置为巧克力色，效果如图13-65所示。

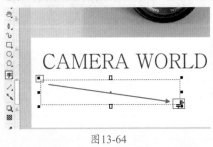

图13-64

图13-65

08 继续使用文本工具在白色矩形下方输入适当的文字，如图13-66所示。

图13-66

09 使用矩形工具在画面右侧绘制一个小矩形。选中该矩形，在右侧的调色板中右键单击⊠按钮，去掉轮廓色。然后双击位于界面底部状态栏中的"填充色"按钮，在弹出的"编辑填充"对话框中设置一个巧克力色，然后单击"确定"按钮，如图13-67所示。

图13-67

10 选择工具箱中的文本工具，在该矩形右侧单击鼠标左键，建立文字输入的起始点，在属性栏中设置合适的字体、字体大小，然后在画面中输入相应的文字，然后将文字颜色更改为巧克力色，如图13-68所示。

11 执行菜单"文件>导入"命令，在弹出的"导入"对话框中单击选择要导入的相机素材"3.jpg"，然后单击"导入"按钮，接着在画面下方按住鼠标左键拖动，控制导入对象的大

小，释放鼠标左键完成导入操作，如图13-69所示。

图13-68

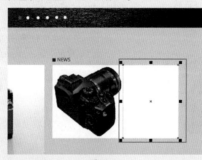

图13-69

12 使用矩形工具在画面右侧绘制一个小矩形。选中该矩形，在右侧的调色板中右键单击⊠按钮，去掉轮廓色。左键单击白色按钮，为矩形填充颜色，如图13-70所示。

图13-70

13 制作分割线。选择工具箱中的钢笔工具，在相机素材"3.jpg"和白色矩形中间位置绘制一条竖线。选中该竖线，在属性栏中设置"轮廓宽度"为11pt，如图13-71所示。在右侧的调色板中右键单击红色按钮，为竖线更改轮廓色，效果如图13-72所示。

14 继续使用钢笔工具，在分割线右侧绘制一条横线。选中该横线，在属性栏中设置"轮廓宽度"为1.0pt，在右侧的调色板中右键单击红色按钮，为横线更改轮廓色，如图13-73所示。继续使用钢笔工具

在横线下方绘制其他横线，效果如图13-74所示。

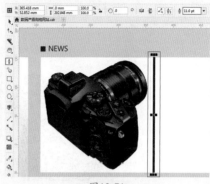

图13-71

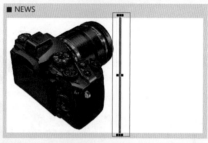

图13-72

图13-73

图13-74

15 选择工具箱中的文本工具，在第一条横线上方单击鼠标左键，建立文字输入的起始点，在属性栏中设置合适的字体、字体大小，然后在画面中输入相应的蓝色文字，如图13-75所示。使用同样的方法，继续在其他横线上方输入适当的文字，效果如图13-76所示。

16 使用同样的方法，在画面下方制作另外一款相机展示及详情参数，效果如图13-77所示。

图13-75

图13-76　　　　　图13-77

17 继续使用文本工具在相机下方输入相应的巧克力色文字，如图13-78所示。

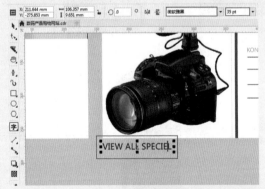

图13-78

18 使用右侧的矩形工具在画面底部绘制一个矩形。选中该矩形，在右侧的调色板中右键单击☒按钮，去掉轮廓色。左键单击巧克力色按钮，为矩形填充颜色，如图13-79所示。

图13-79

19 使用文本工具在该矩形上单击鼠标左键，建立文字输入的起始点，在属性栏中设置合适的字体、字体大小，然后在画面中输入相应的文字，将文字颜色更改为米色，如图13-80所示。

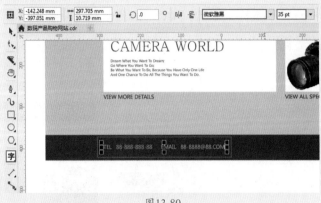

图13-80

20 继续使用文本工具在该文字右侧输入其他文字，如图13-81所示。使用文本工具在最后一个单词后方单击插入光标，然后按住鼠标左键向前拖动，使后面两个单词被选中，然后在调色板中更改字体颜色，如图13-82所示。

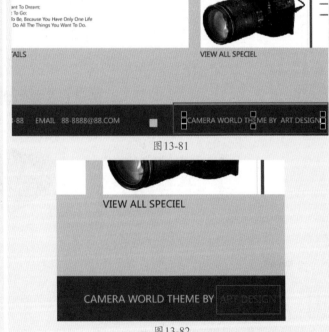

图13-81

图13-82

21 选择工具箱中的钢笔工具，在红色文字右侧绘制一条竖线。选中该竖线，在属性栏中设置"轮廓宽度"为2.0pt，在右侧的调色板中右键单击米色按钮，为竖线更改轮廓色，效果如图13-83所示。

22 继续使用文本工具在竖线右侧输入其他文字，如图13-84所示。

23 此时数码产品购物网站制作完成，最终效果如图13-85所示。

图13-83

图13-84

图13-85

13.3 科技主题网页

文件路径	第13章\科技主题网页
难易指数	★★★★★
技术掌握	● 交互式填充工具 ● 透明度工具 ● 椭圆形工具 ● 钢笔工具 ● 基本形状工具

扫码深度学习

操作思路

本案例为科技主题网页设计，主要使用矩形工具、文本工具、交互式填充工具以及椭圆形工具制作而成。采用了水平式的构图方式，充分地展示出商品的特点，能够让浏览者迅速得到网页所传达的信息，画面被整齐划分，简洁而有序。在整个案例设计中每个区块的内容虽有不同，但网页的颜色分布却具有一致性，紫色与蓝色的搭配，兼具科技感与青春感。

案例效果

案例效果如图13-86所示。

图13-86

实例208　制作产品大图广告

操作步骤

01 执行菜单"文件>新建"命令，创建一个空白新文档，如图13-87所示。

02 执行菜单"文件>导入"命令，在弹出的"导入"对话框中单击选择要导入的室内素材"1.jpg"，然后单击"导入"按钮，如图13-88所示。在工作区中按住鼠标左键拖动，控制导入对象的大小，释放鼠标完成导入操作，如图13-89所示。

图13-87

图13-88

图13-89

03 选择工具箱中的矩形工具，在画板上方按住鼠标左键拖动绘制一个矩形，如图13-90所示。

04 选中室内素材，执行菜单"对象>PowerClip>置于图文框内部"命令，当光标变成黑色粗箭头时，单击刚绘制的矩形，即可实现位图的剪贴效果，如图13-91所示。

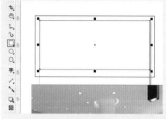

图13-90

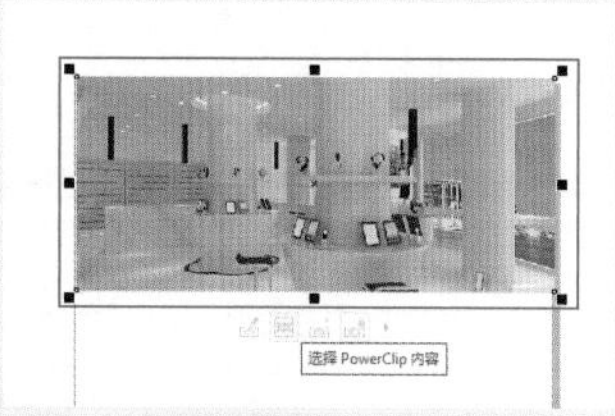

图13-91

05 选择工具箱中的矩形工具，在室内素材上按住鼠标左键拖动绘制一个矩形，如图13-92所示。选择工具箱中的交互式填充工具，在属性栏中单击"渐变填充"按钮，设置"渐变类型"为"线性渐变填充"，然后编辑一个紫色到蓝色的渐变颜色，如图13-93所示。

06 选择工具箱中的透明度工具，在属性栏中设置"合并模式"为"强光"，效果如图13-94所示。

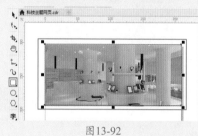

图13-92

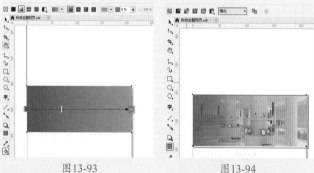

图13-93

图13-94

07 继续使用矩形工具在该矩形上绘制一个等大的矩形，选择工具箱中的交互式填充工具，在属性栏中单击"渐变填充"按钮，设置"渐变类型"为"线性渐变填充"，然后编辑一个紫色到蓝色的渐变颜色，如图13-95所示。选择透明度工具，在属性栏中设置"合并模式"为"如果更亮"，效果如图13-96所示。

08 执行菜单"文件>导入"命令，在弹出的"导入"对话框中单击选择要导入的手机素材"2.png"，然后单击"导入"按钮。在工作区中按住鼠标左键拖动，控制导入对象的大小，释放鼠标完成导入操作，如图13-97所示。

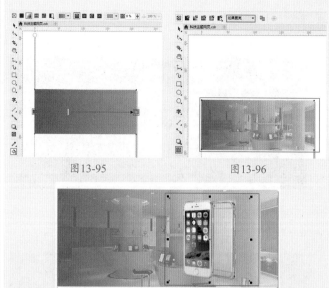

图13-95

图13-96

图13-97

09 选择工具箱中的文本工具，在画面左上方单击鼠标左键，建立文字输入的起始点，在属性栏中设置合适的字体、字体大小，然后输入相应的文字，如图13-98所示。继续使用文本工具在该文字下方输入其他文字，效果如图13-99所示。

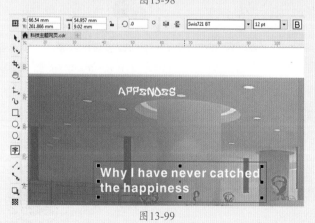

图13-98

图13-99

10 使用文本工具在刚刚输入的文字下方按住鼠标左键并从左上角向右下角拖动，创建出文本框，如图13-100所示。然后在文本框中输入适当的白色文字，效果如图13-101所示。

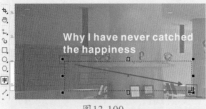

图13-100

图13-101

11 选择工具箱中的矩形工具，在段落文字下方绘制一个矩形，如图13-102所示。选中该矩形，在右侧的调色板中右键单击⊠按钮，去掉轮廓色。左键单击白色按钮，为矩形填充颜色，如图13-103所示。

图13-102

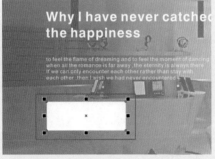

图13-103

12 使用文本工具在该矩形上单击鼠标左键，建立文字输入的起始点，在属性栏中设置合适的字体、字体大小，然后输入相应的文字，如图13-104所示。

13 使用矩形工具在该白色矩形右侧绘制一个矩形。选中该矩形，在属性栏中设置"轮廓宽度"为

0.25mm，在右侧的调色板中右键单击白色按钮，为其设置轮廓色，如图13-105所示。

图13-104

图13-105

14 使用文本工具在该矩形上单击鼠标左键，建立文字输入的起始点，在属性栏中设置合适的字体、字体大小，然后输入相应的文字，如图13-106所示。

图13-106

实例209　制作产品栏目模块

🎤 操作步骤

01 使用矩形工具在手机素材下方绘制一个矩形，如图13-107所示。选中该矩形，在右侧的调色板中右键单击⊠按钮，去掉轮廓色。左键单击淡蓝色按钮，为矩形填充颜色，如图13-108所示。

图13-107

图13-108

02 使用文本工具在该矩形上单击鼠标左键，建立文字输入的起始点，在属性栏中设置合适的字体、字体大小，然后输入相应的文字，如图13-109所示。

图13-109

03 在使用文本工具的状态下，在第二段文字前面单击插入光标，然后按住鼠标左键向后拖动，使第二段文字被选中，然后在属性栏中更改字体、字体大小，此时文字效果如图13-110所示。

图13-110

04 选择工具箱中的椭圆形工具，在文字下方按住Ctrl键并按住鼠标左键拖动绘制一个正圆形。选中正圆形，在属性栏中设置"轮廓宽度"为1.0mm，如图13-111所示。使用快捷键Ctrl+Shift+Q将轮廓转换为对象，选择工具箱中的交互式填充工具，在属性栏中单击"渐变填充"按钮，设置"填充色"为"淡蓝色"，然后编辑一个紫色到蓝色的渐变颜色，如图13-112所示。

05 选中该正圆形，按住Shift键并按住鼠标左键向右移动，移动到合适位置后按鼠标右键进行复制，如图13-113所示。使用快捷键Ctrl+R再次复制一个正圆形，效果如图13-114所示。

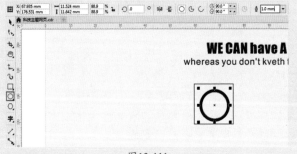

图13-111

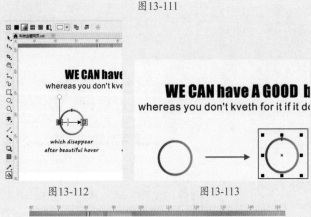

图13-112　　　　　图13-113

图13-114

06 选择工具箱中的基本形状工具，在属性栏中单击"完美形状"按钮，在下拉面板中选择笑脸形状，然后设置"轮廓宽度"为0.2mm，在第一个小正圆形上按住鼠标左键拖动绘制笑脸，如图13-115所示。继续在属性栏中设置其他形状，然后在其他正圆上方绘制形状，如图13-116所示。

图13-115

图13-116

07 使用文本工具在第一个小正圆形下方单击鼠标左键，建立文字输入的起始点，在属性栏中设置合适的字体、字体大小，然后输入相应的文字，如图13-117所示。继续使用文本工具在其他正圆形下方输入适当的文字，效果如图13-118所示。

图13-117

图13-118

实例210　制作产品参数模块

🎙️**操作步骤**

01 使用矩形工具在产品栏目模块下方绘制一个矩形，如图13-119所示。选中该矩形，在右侧的调色板中右键单击⊠按钮，去掉轮廓色。左键单击稍深一些的淡蓝色为矩形填充颜色，如图13-120所示。

图13-119

图13-120

02 使用文本工具在该矩形上单击鼠标左键，建立文字输入的起始点，在属性栏中设置合适的字体、字体大小，然后输入相应的文字，如图13-121所示。

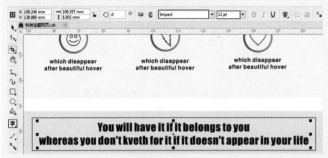

图13-121

03 在使用文本工具的状态下，在第二段文字前面单击插入光标，然后按住鼠标左键向后拖动，使第二段文字被选中，然后在属性栏中更改字体、字体大小，此时文字效果如图13-122所示。

图13-122

04 执行菜单"文件>导入"命令，在弹出的"导入"对话框中选择要导入的手机素材"3.png"，然后单击"导入"按钮。在工作区中按住鼠标左键拖动，控制导入对象的大小，释放鼠标完成导入操作，如图13-123所示。

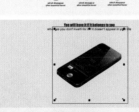

图13-123

05 选择之前制作的产品栏目模块中渐变颜色的正圆形，使用快捷键Ctrl+C将其复制，接着使用快捷键Ctrl+V进行粘贴，将新复制出来的正圆形移动到刚刚导入的手机素材左侧，如图13-124所示。多次使用快捷键Ctrl+V将小正圆多复制几个，并将其摆放在右侧合适位置，效果如图13-125所示。

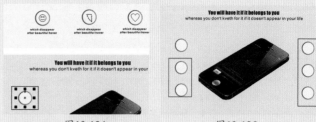

图13-124　　　　　　图13-125

06 选择工具箱中的椭圆形工具，在第一个复制的小正圆形上按住Ctrl键并按住鼠标左键拖动绘制一个正圆形。选中绘制的正圆形，在属性栏中设置"轮廓宽度"为0.2mm，如图13-126所示。

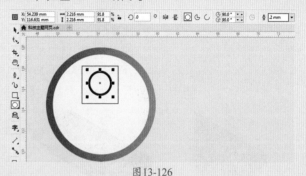

图13-126

07 选择工具箱中的钢笔工具，在刚刚绘制的正圆形下方绘制一个半圆形。选择该半圆形，在属性栏中设置"轮廓宽度"为0.2mm，如图13-127所示

图13-127

08 选中刚刚绘制的正圆形和半圆形，使用快捷键Ctrl+L进行合并，然后使用快捷键Ctrl+C将其复制，接着使用快捷键Ctrl+V进行粘贴，将新复制出来的图形移动到合适位置，如图13-128所示。多次使用快捷键Ctrl+V将该图形多复制几个，并将其摆放在其他小正圆形上，效果如图13-129所示。

图13-128　　　　　　图13-129

09 选择工具箱中的钢笔工具，在画面中的两个小正圆形中间位置绘制一条竖线。选中该竖线，在属性栏中设

置"轮廓宽度"为0.2mm，如图13-130所示。在右侧的调色板中右键单击紫色按钮，为竖线设置颜色，如图13-131所示。

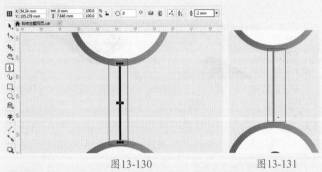

图13-130　　　　　　　图13-131

10 选中该竖线，使用快捷键Ctrl+C将其复制，接着使用快捷键Ctrl+V进行粘贴，将新复制出来的竖线移动到其他两个正圆形中间位置，如图13-132所示。多次使用快捷键Ctrl+V将该竖线再复制几个，并将其摆放在其他两个正圆形中间位置，效果如图13-133所示。

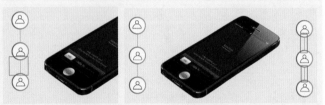

图13-132　　　　　　　图13-133

11 选择工具箱中的文本工具，在第一个小正圆形左侧单击鼠标左键，建立文字输入的起始点，在属性栏中设置合适的字体、字体大小，然后输入相应的文字，如图13-134所示。在使用文本工具的状态下，在第一行文字前面单击插入光标，然后按住鼠标左键向后拖动，使第一行和第二行文字被选中，然后在调色板中更改字体颜色，此时文字效果如图13-135所示。

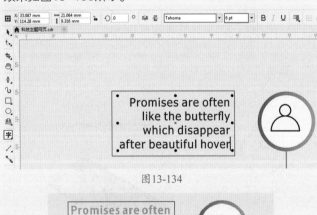

图13-134

图13-135

12 使用同样的方法，在其他小正圆形附近输入适当的文字，并将其中的文字更改颜色，效果如图13-136所示。

图13-136

实例211　制作网页底栏部分

🎤 操作步骤

01 执行菜单"文件>导入"命令，在弹出的"导入"对话框中选择要导入的底栏素材"4.jpg"，然后单击"导入"按钮，如图13-137所示。在画板下方按住鼠标左键拖动，控制导入对象的大小，释放鼠标完成导入操作，如图13-138所示。

图13-137　　　　　　　图13-138

02 选择工具箱中的矩形工具，在面板底部按住鼠标左键拖动绘制一个矩形，如图13-139所示。

图13-139

03 选中底栏素材，执行菜单"对象>PowerClip>置于图文框内部"命令，当光标变成黑色粗箭头时，单击刚刚绘制的矩形，即可实现位图的剪贴效果，如图13-140所示。

图13-140

04 选择工具箱中的矩形工具，在底栏素材上按住鼠标左键拖动绘制一个矩形，如图13-141所示。选择工具箱中的交互式填充工具，在属性栏中单击"渐变填充"按钮，设置"渐变类型"为"线性渐变填充"，然后编辑一个紫色到蓝色的渐变颜色，如图13-142所示。

图13-141

图13-142

05 选择工具箱中的透明度工具，在属性栏中设置"合并模式"为"强光"，此时画面效果如图13-143所示。

图13-143

06 继续使用矩形工具在该矩形上绘制一个等大的矩形，选择工具箱中的交互式填充工具，在属性栏中单击"渐变填充"按钮，设置"渐变类型"为"线性渐变填充"，然后编辑一个紫色到蓝色的渐变颜色，如图13-144所示。选择透明度工具，在属性栏中设置"合并模式"为"颜色加深"，此时画面效果如图13-145所示。

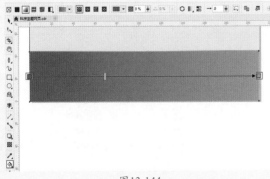

图13-144

图13-145

07 选择工具箱中的文本工具，在该矩形上单击鼠标左键，建立文字输入的起始点，在属性栏中设置合适的字体、字体大小，然后输入相应的文字，如图13-146所示。继续使用文本工具在该文字下方输入其他文字，效果如图13-147所示。

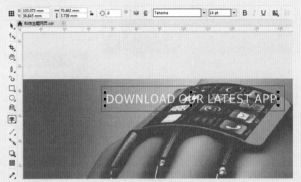

图13-146

图13-147

08 使用矩形工具在刚刚输入的文字下方绘制一个矩形。选中该矩形，在属性栏中设置"轮廓宽度"为0.2mm，在右侧的调色板中右键单击白色按钮，为矩形设置轮廓色，如图13-148所示。

图13-148

09 继续使用矩形工具在刚刚绘制的矩形上按住Ctrl键并按住鼠标左键拖动绘制一个正方形，如图13-149

CorelDRAW

所示。选中该正方形，在右侧的调色板中右键单击区按钮，去掉轮廓色。左键单击白色按钮，为正方形填充颜色，如图13-150所示。

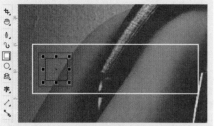

图13-149

图13-150

10 选择工具箱中的文本工具，在正方形右侧单击鼠标左键，建立文字输入的起始点，在属性栏中设置合适的字体、字体大小，然后输入相应的文字，如图13-151所示。

图13-151

11 使用矩形工具在刚刚输入的文字右侧绘制一个矩形。选中该矩形，在右侧的调色板中右键单击区按钮，去掉轮廓色。左键单击白色按钮，为矩形填充颜色，如图13-152所示。

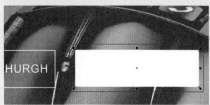

图13-152

12 选择工具箱中的钢笔工具，在刚刚绘制的矩形上绘制一个三角形，如图13-153所示。选中该三角形，在右侧的调色板中右键单击区按钮，去掉轮廓色。左键单击青色按钮，为三角

形填充颜色，如图13-154所示。

13 继续使用同样的方法，在三角形左侧绘制其他图形，并为其填充青色，效果如图13-155所示。

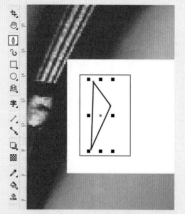

图13-153

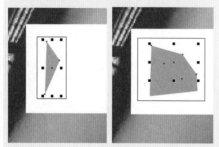

图13-154　　　图13-155

14 选择工具箱中的文本工具，在图形右侧单击鼠标左键，建立文字输入的起始点，在属性栏中设置合适的字体、字体大小，然后输入相应的文字，如图13-156所示。

图13-156

15 使用矩形工具在画面右侧绘制一个矩形。选中该矩形，在属性栏中设置"轮廓宽度"为0.2mm，在右侧的调色板中右键单击白色按钮，为矩形设置轮廓色，如图13-157所示。

16 选择工具箱中的钢笔工具，在刚刚绘制的矩形上绘制一个四边形。选中该四边形，在调色板中右键单击区按钮，去掉轮廓色。左键单击白色按钮，为四边形填充颜色，如图13-158所示。

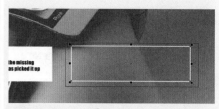

图13-157

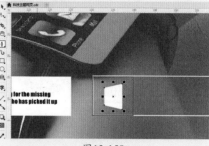

图13-158

17 选择工具箱中的文本工具，在四边形右侧单击鼠标左键，建立文字输入的起始点，在属性栏中设置合适的字体、字体大小，然后输入相应的文字，如图13-159所示。

图13-159

18 此时科技主题网页制作完成，最终效果如图13-160所示。

图13-160

13.4 促销网站首页设计

文件路径	第13章\促销网站首页设计
难易指数	★★★★★
技术掌握	● 矩形工具 ● 椭圆形工具 ● 钢笔工具 ● 文本工具 ● 阴影工具 ● 透明度工具

🔍扫码深度学习

操作思路

本案例首先使用椭圆形工具和文本工具等制作网站标志；然后使用阴影工具和透明度工具等制作网站首页主图部分；接着使用矩形工具和钢笔工具以及文本工具制作网站底栏部分。

案例效果

案例效果如图13-161所示。

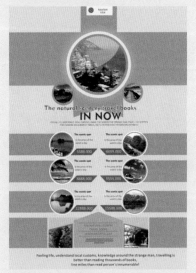

图13-161

实例212　制作网站标志

操作步骤

01 执行菜单"文件>新建"命令，创建一个空白新文档，如图13-162所示。

图13-162

02 选择工具箱中的矩形工具，在工作区中绘制一个与画布等大的矩形，如图13-163所示。在右侧的调色板中右键单击⊠按钮，去掉轮廓色。左键单击一个10%亮灰色按钮，为矩形填充颜色，效果如图13-164所示。

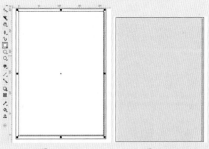

图13-163　　　　图13-164

03 继续使用矩形工具在画面上方绘制一个矩形，在右侧的调色板中右键单击⊠按钮，去掉轮廓色。左键单击白色按钮，为矩形填充颜色，效果如图13-165所示。

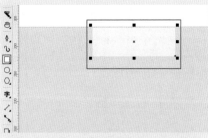

图13-165

04 选择工具箱中的椭圆形工具，在白色矩形上按住Ctrl键并按住鼠标左键拖动绘制一个正圆形，如图13-166所示。选中该正圆形，在右侧的调色板中右键单击⊠按钮，去掉轮廓色。左键单击青蓝色按钮，为正圆形填充颜色，效果如图13-167所示。

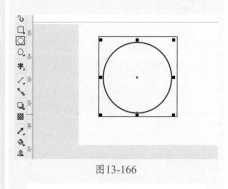

图13-166

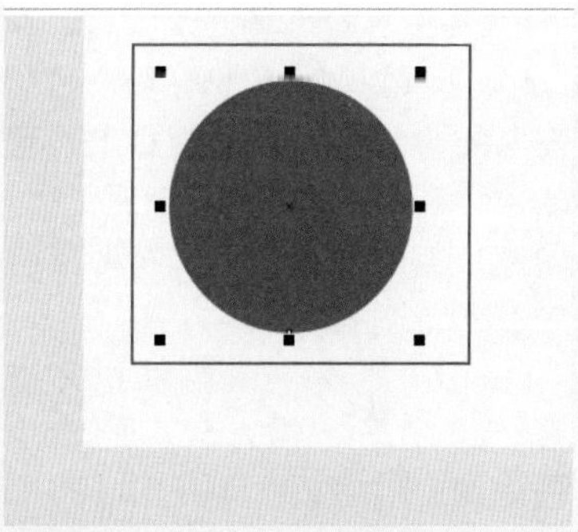

图13-167

05 选择工具箱中的钢笔工具，在正圆形上绘制一条斜线。选中该斜线，在属性栏中设置"轮廓宽度"为2.5pt，如图13-168所示。在右侧的调色板中右键单击草绿色按钮，如图13-169所示。继续在斜线下方绘制其他斜线，效果如图13-170所示。

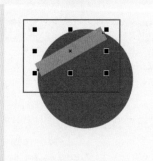

图13-168

图13-169

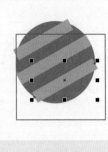

图13-170

06 选择工具箱中的文本工具，在正圆形右侧单击鼠标左键，建立文字输入的起始点，在属性栏中设置合适的字体、字体大小，然后在画面中输入相应的文字，在右侧的调色板中更改文字轮廓色为青蓝色，如图13-171所示。继续使用文本工具在该文字下方输入较小的文字，效果如图13-172所示。

图13-171

图13-172

实例213 制作网站首页主图

操作步骤

01 选择工具箱中的矩形工具，在标志上绘制一个矩形，如图13-173所示。在右侧的调色板中右键单击⊠按钮，去掉轮廓色。左键单击蓝色按钮，为矩形填充颜色，如图13-174所示。选中该矩形，单击鼠标右键，在弹出的快捷菜单中执行"顺序>置

于此对象前"命令，当光标变成黑色粗箭头时，使用鼠标左键单击亮灰色矩形，此时蓝色矩形会出现在标志后面，效果如图13-175所示。

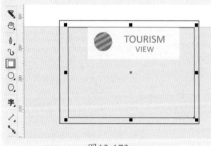

图13-173

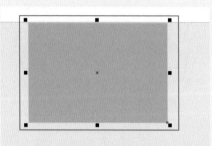

图13-174

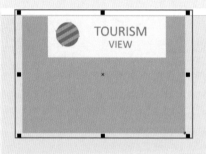

图13-175

02 继续使用矩形工具在蓝色矩形下方绘制一个大的蓝色矩形，如图13-176所示。

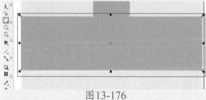

图13-176

03 选择工具箱中的钢笔工具，在矩形下方绘制一个不规则图形，如图13-177所示。选中该图形，在右侧的调色板中右键单击⊠按钮，去掉轮廓色。左键单击蓝色按钮，为图形填充颜色，效果如图13-178所示。

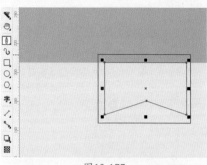

图13-177

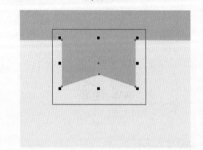

图13-178

04 选择工具箱中的椭圆形工具，在蓝色矩形交汇的中心位置按住Ctrl键并按住鼠标左键拖动绘制一个正圆形，如图13-179所示。选中该正圆形，在右侧的调色板中右键单击⊠按钮，去掉轮廓色。左键单击白色按钮，为正圆形填充颜色，效果如图13-180所示。

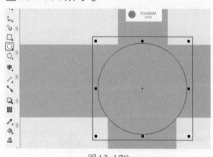

图13-179

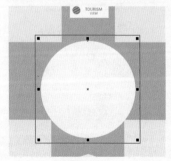

图13-180

05 选择工具箱中的阴影工具，使用鼠标左键在正圆形上的中间位置由向右拖动制作阴影，然后在属性

栏中设置"阴影不透明度"为100、"阴影羽化"为20、"阴影颜色"为浅蓝色，如图13-181所示。

左键单击白色按钮，为正圆形填充颜色，效果如图13-190所示。

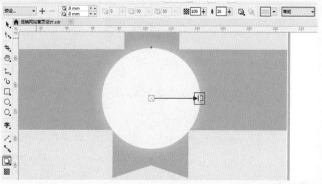

图13-181

06 继续使用椭圆形工具在白色正圆形上按住Ctrl键并按住鼠标左键拖动绘制一个正圆形，如图13-182所示。选中该正圆形，在右侧的调色板中右键单击⊠按钮，去掉轮廓色。左键单击一个颜色稍深的蓝色按钮，为正圆形填充颜色，效果如图13-183所示。

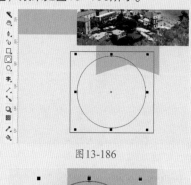

图13-186

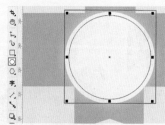

图13-182　　　　　　　図13-183

07 执行菜单"文件>导入"命令，在弹出的"导入"对话框中选择风景素材"1.jpg"，然后单击"导入"按钮，如图13-184所示。接着在工作区中按住鼠标左键拖动，控制导入对象的大小，释放鼠标完成导入操作，如图13-185所示。

图13-187

图13-188

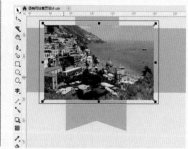

图13-184　　　　　　図13-185

08 使用椭圆形工具在风景素材下方按住Ctrl键并按住鼠标左键拖动绘制一个正圆形，如图13-186所示。选中风景素材，执行菜单"对象>PowerClip>置于图文框内部"命令，当光标变成黑色粗箭头时，单击刚刚绘制的正圆形，即可实现位图的剪贴效果，如图13-187所示。

图13-189

09 选中正圆形，在右侧的调色板中右键单击⊠按钮，去掉轮廓色，如图13-188所示。将该图片移动到蓝色矩形交汇的中心位置，效果如图13-189所示。

10 继续使用椭圆形工具在风景素材上按住Ctrl键并按住鼠标左键拖动绘制一个正圆形，选中该正圆形，在右侧调色板中右键单击⊠按钮，去掉轮廓色。

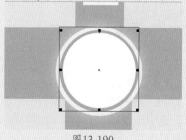

图13-190

11 选择工具箱中的透明度工具，在属性栏中设置"透明度的类型"为"均匀透明度"，设置"透明度"为50°，单击"全部"按钮，如图13-191所示。

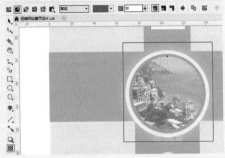

图13-191

12 继续使用椭圆形工具在画面下方按住鼠标左键拖动绘制一个椭圆形，如图13-192所示。选中半透明的正圆形，执行菜单"对象>PowerClip>置于图文框内部"命令，当光标变成黑色粗箭头时，单击刚刚绘制的椭圆形，即可实现位图的剪贴效果。创建PowerClip对象后，在图文框下方显示出的"浮动工具栏"中选择"编辑PowerClip"，重新定位内容，如图13-193所示。

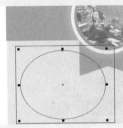

图13-192   图13-193

13 通过移动光标进行调整正圆位置，调整完成后，单击下方的"停止编辑内容"按钮，如图13-194所示。将其移动至风景素材上方位置，如图13-195所示。在右侧的调色板中右键单击⊠按钮，去掉轮廓色，效果如图13-196所示。

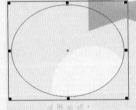

图13-194

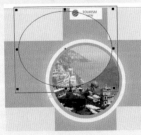

图13-195   图13-196

14 继续使用椭圆形工具在白色正圆形左下方按住Ctrl键并按住鼠标左键拖动绘制一个正圆形，如图13-197所示。选中该正圆形，在右侧的调色板中右键单击⊠按钮，去掉轮廓色。左键单击稍深些的蓝色按钮，为正圆形填充

颜色，效果如图13-198所示。

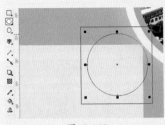
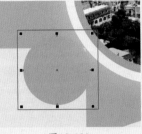

图13-197   图13-198

15 继续在该正圆形上绘制一个稍小的正圆形，如图13-199所示。然后执行菜单"文件>导入"命令，将风景素材"2.jpg"导入到画面中，如图13-200所示。接着执行菜单"对象>PowerClip>置于图文框内部"命令，当光标变为黑色粗箭头时，单击刚刚绘制的小正圆形，即可实现位图的剪贴效果，接着在右侧的调色板中右键单击⊠按钮，去掉轮廓色，如图13-201所示。

16 使用同样的方法，在画面右侧制作其他风景，效果如图13-202所示。

图13-199   图13-200

图13-201   图13-202

17 选择工具箱中的文本工具，在风景素材下方位置单击鼠标左键，建立文字输入的起始点，在属性栏中设置合适的字体、字体大小，然后在画面中输入相应的文字，如图13-203所示。

图13-203

18 将所有文字选中，在右侧的调色板中右键单击白色按钮，为文字添加轮廓色。左键单击深蓝色按钮，为文字更改填充色。双击位于界面底部的状态栏中的"轮廓笔"按钮，在弹出的"轮廓笔"对话框中设置"轮廓宽度"为1.0pt，设置完成后，单击"确定"按钮，如图13-204所示。此时文字效果如图13-205所示。

图13-204

图13-205

19 使用同样的方法，继续在该文字下方输入较大文字，如图13-206所示。

图13-206

20 继续使用文本工具在该文字下方按住鼠标左键并从左上角向右下角拖动，创建出文本框，如图13-207所示。然后在属性栏中设置合适的字体、字体大小，接着在文本框中输入适当的文字，如图13-208所示。

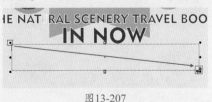

图13-207

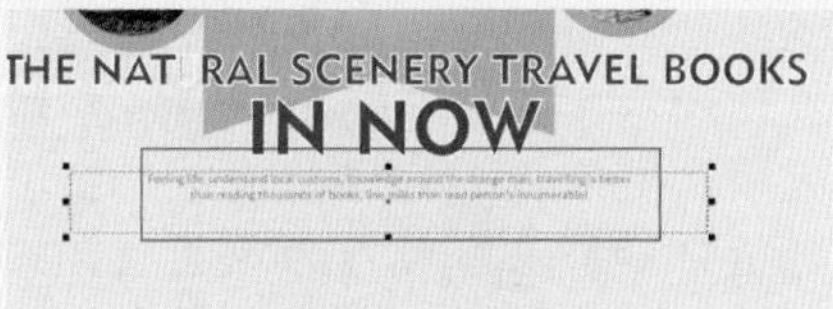

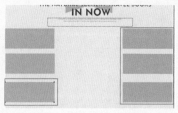

图13-208

实例214 制作旅游产品模块

🎙 操作步骤

01 选择工具箱中的矩形工具，在文字左下方绘制一个矩形，如图13-209所示。在右侧的调色板中右键单击⊠按钮，去掉轮廓色。左键单击蓝色按钮，为矩形填充颜色，效果如图13-210所示。

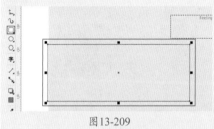

图13-209

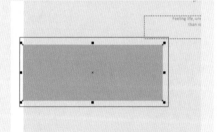

图13-210

02 选择该矩形，使用快捷键Ctrl+C将其复制，接着使用快捷键Ctrl+V进行粘贴，将新复制出来的矩形移动到矩形下方，如图13-211所示。继续使用快捷键Ctrl+V进行粘贴，将复制出来的矩形放置在合适位置，效果如图13-212所示。

图13-211

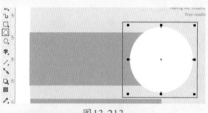

图13-212

03 使用椭圆形工具在刚刚绘制的第一个蓝色矩形右侧按住Ctrl键并按住鼠标左键拖动绘制一个正圆形。选中该正圆形，在右侧的调色板中右键单击⊠按钮，去掉轮廓色。左键单击稍深些的白色按钮，为正圆形填充颜色，效果如图13-213所示。继续使用椭圆形工具在白色正圆形上绘制一个稍小的蓝色正圆形，如图13-214所示。

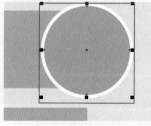

图13-213

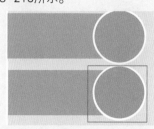

图13-214

04 选中两个正圆形，使用快捷键Ctrl+G进行组合对象，然后使用快捷键Ctrl+C将其复制，接着使用快捷键Ctrl+V进行粘贴，将新复制出来的正圆形移动到下方的矩形右侧，如图13-215所示。继续使用快捷键Ctrl+V进行粘贴，将复制出来的正圆形放置在其他矩形右侧位置，效果如图13-216所示。

图13-215

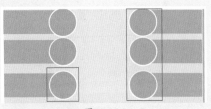

图13-216

05 继续使用同样的方法，在每一个正圆形上再次绘制一个稍小的正圆形，如图13-217所示。执行菜单"文件>导入"命令，将风景素材"4.jpg"导入到画面中。然后执行菜单"对象>PowerClip>置于图文框内部"命令，当光标变成黑色粗箭头时，单击刚刚绘制的第一个小正圆形，即可实现位图的剪贴效果。在右侧的调色板中右键单击⊠按钮，去掉轮廓色，如图13-218所示。使用同样的方法，制作其他风景效果，如图13-219所示。

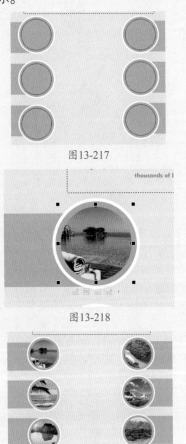

图13-217

图13-218

图13-219

06 选择工具箱中的文本工具，在第一个小正圆形右上方位置单击鼠

标左键，建立文字输入的起始点，在属性栏中设置合适的字体、字体大小，然后输入相应的文字，在调色板中设置文字颜色为深蓝色，如图13-220所示。继续使用文本工具，在该文字下方按住鼠标左键并从左上角向右下角拖动，创建出文本框，然后在属性栏中设置合适的字体、字体大小，接着在文本框中输入适当的文字，如图13-221所示。使用同样的方法，在其他正圆形右侧输入相应的深蓝色文字，效果如图13-222所示。

图13-220

图13-221

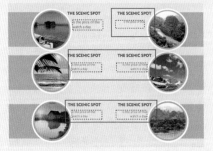

图13-222

07 选择工具箱中的钢笔工具，在第一个小正圆形右下方绘制一个四边形，如图13-223所示。选中该四边形，在右侧的调色板中右键单击⊠按钮，去掉轮廓色。左键单击绿色按钮，为四边形填充颜色，如图13-224所示。继续使用同样的方法，在其他小正圆形右下方绘制四边形，效果如图13-225所示。

图13-223

图13-224

图13-225

08 使用文本工具在第一个四边形上输入相应的白色文字，如图13-226所示。使用同样的方法，在其他四边形上输入适当的白色文字，效果如图13-227所示。

图13-226

图13-227

实例215 制作网站底栏

操作步骤

01 选择工具箱中的矩形工具，在画面左下方绘制一个矩形。选中该矩形，在右侧的调色板中右键单击⊠按钮，去掉轮廓色。左键单击蓝色按钮，为矩形填充颜色，效果如图13-228所示。继续使用同样的方法，在画面右下方绘制一个蓝色矩形，如图13-229所示。

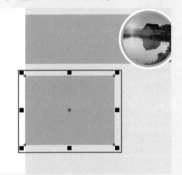

图13-228

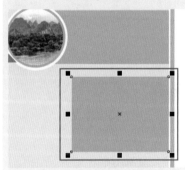

图13-229

02 继续使用矩形工具在两个蓝色小矩形中间位置绘制一个灰色矩形，效果如图13-230所示。

图13-230

03 选择工具箱中的钢笔工具，在灰色矩形上绘制一个不规则图形，如图13-231所示。选中该图形，在右侧的调色板中右键单击⊠按钮，去掉轮廓色。左键单击深灰色按钮，为图形填充颜色，效果如图13-232所示。

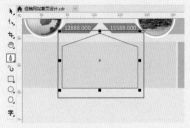

图13-231

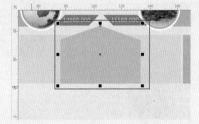

图13-232

04 继续使用钢笔工具在大矩形左侧绘制一个梯形，如图13-233所示。选中梯形，在右侧的调色板中右键单击⊠按钮，去掉轮廓色。左键单击蓝色按钮，为图形填充颜色，效果如图13-234所示。继续使用同样的方法，在大矩形右侧绘制一个蓝色梯形，如图13-235所示。

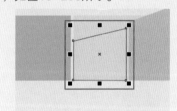

图13-233

图13-234

05 继续使用同样的方法，在左侧蓝色梯形上绘制一个稍小的梯形，

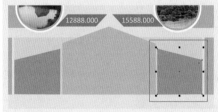

图13-235

如图13-236所示。接着执行菜单"文件>导入"命令，将风景素材"10.jpg"导入到画面中，如图13-237所示。

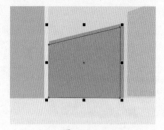

图13-236

图13-237

06 选中风景素材"10.jpg"，执行菜单"对象>PowerClip>置于图文框内部"命令，当光标变成黑色粗箭头时，单击刚刚在右侧绘制的梯形，即可实现位图的剪贴效果，在右侧的调色板中右键单击⊠按钮，去掉轮廓色，如图13-238所示。使用同样的方法，导入其他风景素材并执行"置于图文框内部"命令，将其进行调整并摆放在另一个梯形上，效果如图13-239所示。

图13-238

图13-239

07 选择工具箱中的钢笔工具，在画面下方绘制一条横线。选中该横线，在属性栏中设置"轮廓宽度"为0.5pt，单击"线条样式"，在下拉列表框中选中一个合适的虚线，如图13-240所示。在右侧的调色板中右键单击蓝色按钮，为虚线设置轮廓色，如图13-241所示。使用同样的方法，在其下方绘制其他虚线，效果如图13-242所示。

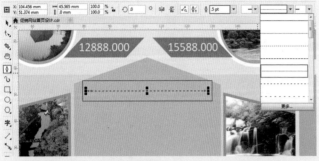

图13-240

图13-241　　　　　　　图13-242

08 使用文本工具在第一条虚线下方按住鼠标左键并从左上角向右下角拖动，创建出文本框，然后在文本框中输入相应的文字，如图13-243所示。继续使用文本工具在第二条虚线下方输入适当的文字，效果如图13-244所示。

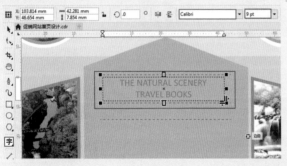

图13-243

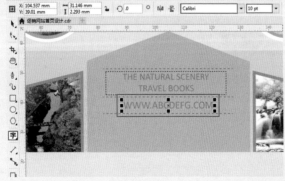

图13-244

09 继续使用文本工具，在第三条虚线下方制作蓝色的段落文字，如图13-245所示。使用同样的方法，在画面下方输入蓝色的段落文字，效果如图13-246所示。

图13-245

图13-246

10 此时促销网站首页设计制作完成，最终效果如图13-247所示。

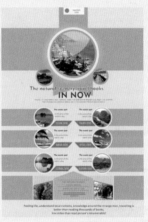

图13-247

13.5 柔和色调网页设计

文件路径	第13章\柔和色调网页设计	
难易指数	★★★★★	
技术掌握	● 矩形工具 ● 交互式填充工具 ● 文本工具 ● 钢笔工具 ● 椭圆形工具	扫码深度学习

操作思路

本案例首先使用矩形工具和文本工具等制作网页导航栏；然后使用钢笔工具以及椭圆形工具制作网页顶部模块；接着使用椭圆形工具以及文本工具制作网页数据展示模块；最后通过使用文本工具和矩形工具制作网页底栏。

案例效果

案例效果如图13-248所示。

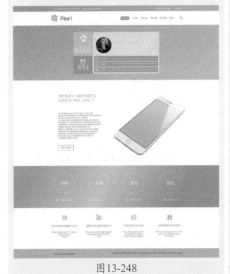

图13-248

实例216 制作网页导航栏

操作步骤

01 执行菜单"文件>新建"命令，创建一个空白新文档，如图13-249所示。

图13-249

02 选择工具箱中的矩形工具，在工作区中绘制一个与画板等大的矩形，如图13-250所示。选中该矩形，在右侧的调色板中右键单击⊠按钮，去掉轮廓色。左键单击白色按钮，为矩形

填充颜色，效果如图13-251所示。

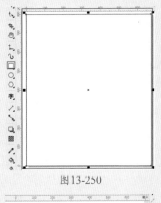

图13-250

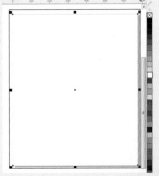

图13-251

03 继续使用矩形工具在白色矩形上绘制一个小矩形，如图13-252所示。选择该矩形，选择工具箱中的交互式填充工具，在属性栏中单击"渐变填充"按钮，设置"渐变类型"为"线性渐变填充"，然后编辑一个蓝色到粉色的渐变颜色，如图13-253所示。在右侧的调色板中右键单击⊠按钮，去掉轮廓色，效果如图13-254所示。

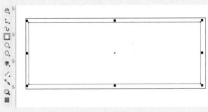

图13-252

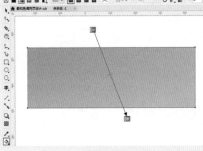

图13-253

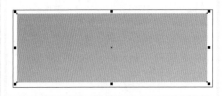

图13-254

04 执行菜单"文件>打开"命令，在弹出的"打开绘图"对话框中单击素材"1.cdr"，然后单击"打开"按钮，如图13-255所示。在打开的素材中选中"手机"素材，使用快捷键Ctrl+C将其复制，返回到刚刚操作的文档中，使用快捷键Ctrl+V将其进行粘贴，并将其移动到画面上方位置，如图13-256所示。在右侧的调色板中右键单击白色按钮，为其更改颜色，效果如图13-257所示。

图13-255

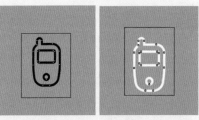

图13-256　　　　图13-257

05 选择工具箱中的文本工具，在"手机"素材右侧单击鼠标左键，建立文字输入的起始点，在属性栏中设置合适的字体、字体大小，然后输入相应的文字，在调色板中设置文字颜色为白色，如图13-258所示。

图13-258

06 继续在打开的素材中复制"信封"素材，将其粘贴到操作的文档中，并移动到刚刚输入的文字右侧，然后将其更改颜色为白色，如图13-259所示。在"信封"素材右侧继续输入适当的文字，效果如图13-260所示。

图13-259

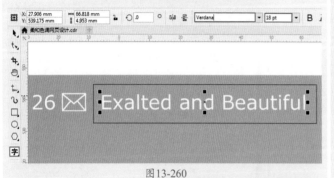

图13-260

07 使用同样的方法，复制其他素材到该文档内，将其摆放在画面右上方位置并为其更改颜色，然后在素材右侧继续输入适当的文字，效果如图13-261所示。

图13-261

08 选择工具箱中的矩形工具，在刚刚输入的文字下方绘制一个矩形。选中该矩形，在右侧的调色板中右键单击⊠按钮，去掉轮廓色。左键单击白色按钮，为矩形填充颜色，效果如图13-262所示。

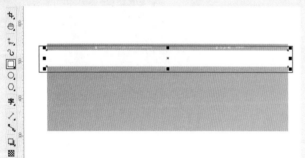

图13-262

09 继续在打开的素材中复制"播放器"素材，将其粘贴到操作的文档中，并移动到刚刚绘制的矩形左上方，然后将其更改颜色为蓝灰色，如图13-263所示。在"播放器"素材右侧继续输入适当的文字，效果如图13-264所示。

图13-263

图13-264

10 选择工具箱中的矩形工具，在白色矩形右侧绘制一个矩形。选中该矩形，在属性栏中单击"圆角"按钮，设置"转角半径"为2.5mm，单击"相对角缩放"按钮，如图13-265所示。在右侧的调色板中右键单击⊠按钮，去掉轮廓色。左键单击蓝灰色按钮，为圆角矩形填充颜色，效果如图13-266所示。

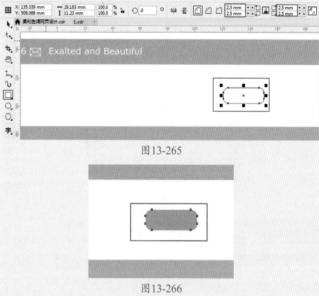

图13-265

图13-266

11 选择工具箱中的文本工具，在圆角矩形上单击鼠标左键，建立文字输入的起始点，在属性栏中设置合适的字体、字体大小，然后输入相应的文字，在调色板中设置文字颜色为白色，如图13-267所示。继续使用文本工具在圆角矩形右侧输入其他文字，效果如图13-268所示。

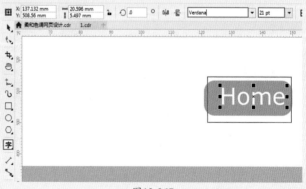

图13-267

图13-268

12 继续在打开的素材中复制"搜索"素材，将其粘贴到操作的文档中，并移动到刚刚输入的文字右侧，然后将其更改颜色为蓝灰色，如图13-269所示。

图13-269

实例217 制作网页顶部模块

 操作步骤

01 选择工具箱中的矩形工具，在画面左上方绘制一个小矩形。选中该矩形，在属性栏中单击"圆角"按钮，设置"转角半径"为2.5mm，单击"相对角缩放"按钮，双击位于界面底部的状态栏中的"填充色"按钮，在弹出的"编辑填充"对话框中设置"填充模式"为"均匀填充"，选择一个合适的颜色，单击"确定"按钮，如图13-270所示。在右侧的调色板中右键单击⊠按钮，去掉轮廓色，效果如图13-271所示。

图13-270

02 继续在打开的素材中复制"主页"图标素材，将其粘贴到操作的文档中，并移动到刚刚绘制的圆角矩形上，然后将其更改颜色为白色，

如图13-272所示。

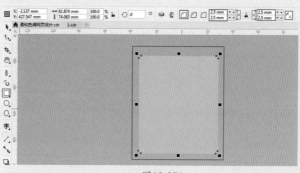

图13 271　　　　　图13-272

03 选择工具箱中的钢笔工具，在"主页"素材下方绘制一条直线。选中该直线，在属性栏中设置"轮廓宽度"为2.0pt，在调色板中设置直线颜色为白色，如图13-273所示。继续在该直线右侧绘制一个较小的白色直线，如图13-274所示。使用同样的方法，在直线右侧绘制其他不同长度的白色直线，效果如图13-275所示。

04 选择工具箱中的矩形工具，在刚刚绘制的圆角矩形下方再次绘制一个小矩形。选中该矩形，在属性栏中单击"圆角"按钮，设置"转角半径"为2.5mm，单击"相对角缩放"按钮，在右侧的调色板中右键单击⊠按钮，去掉轮廓色。左键单击蓝灰色按钮，为圆角矩形填充颜色，效果如图13-276所示。

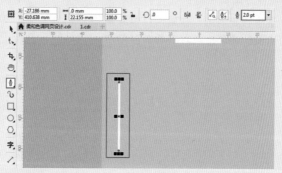

图13-273　　　　　图13-274

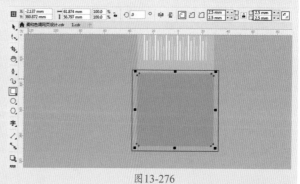

图13-275　　　　　图13-276

05 继续在打开的素材中复制"闹钟"素材，将其粘贴到操作的文档中，并移动到刚刚绘制的圆角矩形上，然后将其更改颜色为白色，如图13-277所示。

06 选择工具箱中的文本工具，在圆角矩形上单击鼠标左键，建立文字输入的起始点，在属性栏中设置合适的字体、字体大小，然后输入相应的文字，在调色板中设置文字颜色为白色，如图13-278所示。

图13-277

图13-278

07 选择工具箱中的矩形工具，在刚刚绘制的圆角矩形右侧再次绘制一个大矩形。选中该矩形，在属性栏中单击"圆角"按钮，设置"转角半径"为2.5mm，单击"相对角缩放"按钮，在右侧的调色板中右键单击⊠按钮，去掉轮廓色。左键单击淡粉色按钮，为圆角矩形填充颜色，效果如图13-279所示。

08 选择工具箱中的椭圆形工具，在淡粉色圆角矩形左上方位置按住Ctrl键并按住鼠标左键拖动绘制一个正圆形，如图13-280所示。选中该正圆形，在属性栏中设置"轮廓宽度"为1.5pt，在右侧的调色板中右键单击白色按钮，为正圆更改轮廓色，如图13-281所示。

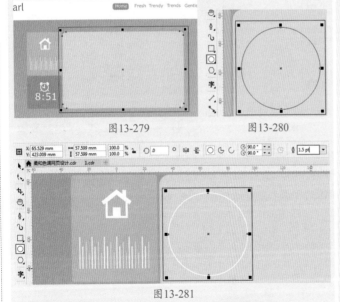

图13-279　　　　图13-280

图13-281

09 执行菜单"文件>导入"命令，在弹出的"导入"对话框中选择要导入的人物素材"2.jpg"，然后单击"导入"按钮，如图13-282所示。在工作区中按住鼠标左键拖动，控制导入对象的大小，释放鼠标完成导入操作，如图13-283所示。

10 选择工具箱中的椭圆形工具，在刚刚绘制的正圆形上按住Ctrl键并按住鼠标左键拖动绘制一个稍小的

正圆形，如图13-284所示。选中人物素材，执行菜单"对象>PowerClip>置于图文框内部"命令，当光标变成黑色粗箭头时，单击刚刚绘制的正圆形，即可实现位图的剪贴效果。在右侧的调色板右键单击⊠按钮，去掉轮廓色，效果如图13-285所示。

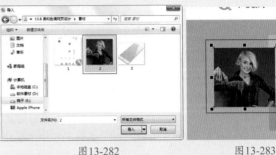

图13-282　　　　图13-283

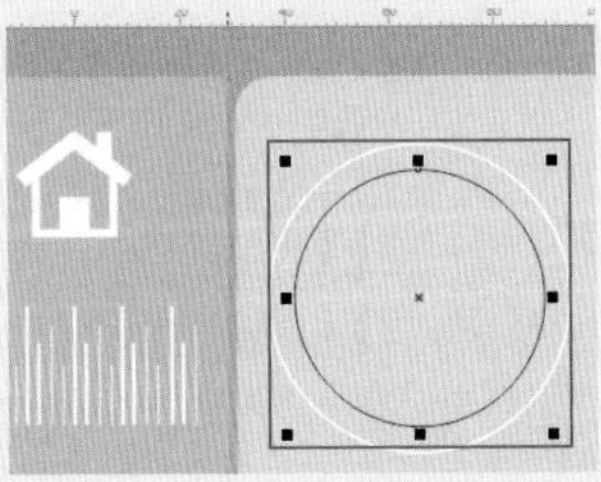

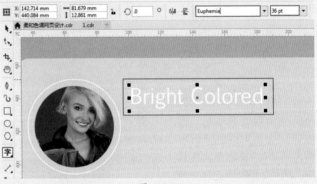

图13-284 　　　　图13-285

11 选择工具箱中的文本工具，在人物素材右上方单击鼠标左键，建立文字输入的起始点，在属性栏中设置合适的字体、字体大小，然后输入相应的文字，在调色板中设置文字颜色为白色，如图13-286所示。

图13-286

12 使用文本工具在刚刚输入的文字下方按住鼠标左键并从左上角向右下角拖动，创建出文本框，如图13-287所示。然后在文本框中输入适当的白色文字，效果如图13-288所示。

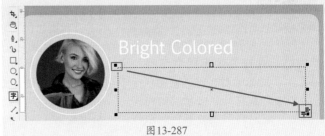

图13-287

图13-288

13 选择工具箱中的矩形工具，在段落文字下方再次绘制一个矩形。选中该矩形，在属性栏中单击"圆角"按钮，设置"转角半径"为2.5mm，单击"相对角缩放"按钮，在右侧的调色板中右键单击⊠按钮，去掉轮廓色。左键单击蓝灰色按钮，为圆角矩形填充颜色，效果如图13-289所示。使用同样的方法，在其下方绘制不同颜色的圆角矩形，效果如图13-290所示。

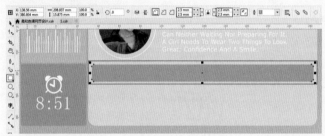

图13-289

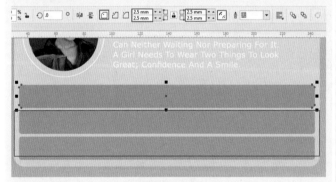

图13-290

14 继续在打开的素材中复制"消息"素材，将其粘贴到操作的文档中，并移动到刚刚绘制的蓝灰色圆角矩形上，然后将其更改颜色为白色，如图13-291所示。使用文本工具在"消息"素材右侧单击鼠标左键，建立文字输入的起始点，在属性栏中设置合适的字体、字体大小，然后输入相应的文字，在调色板中设置文字颜色为白色，如图13-292所示。

15 选择工具箱中的钢笔工具，在刚刚输入的文字右侧绘制一条直线。选中该直线，在属性栏中设置"轮廓宽度"为2.0pt，在右侧的调色板中设置直线颜色为白色，如图13-293所示。

图13-291

图13-292

图13-293

16 使用同样的方法，在画面下方的两个圆角矩形上粘贴相应素材，并为其更改颜色，然后输入合适大小的白色文字，最后绘制白色直线，效果如图13-294所示。

图13-294

实例218 制作网页产品展示模块

🎤 操作步骤

01 执行菜单"文件>导入"命令，在弹出的"导入"对话框中选择要导入的手机素材"3.png"，然后单击"导入"按钮，如图13-295所示。在工作区中按住鼠标左键拖动，控制导入对象的大小，释放鼠标完成导入操作，如图13-296所示。

图13-295

图13-296

02 选择工具箱中的文本工具，在刚刚导入的"手机"素材左上方位置单击鼠标左键，建立文字输入的起始点，在属性栏中设置合适的字体、字体大小，然后输入相应的文字，在调色板中设置文字颜色为蓝灰色，如图13-297所示。继续在该文字下方输入其他文字，如图13-298所示。

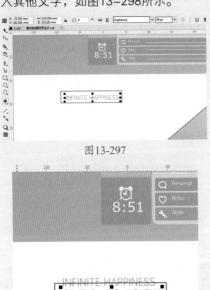

图13-297

图13-298

03 使用文本工具在刚刚输入的文字下方按住鼠标左键并从左上角向右下角拖动，创建出文本框，然后在文本框中输入适当的白色文字，效果

如图13-299所示。

图13-299

04 选择工具箱中的矩形工具，在段落文字下方绘制小矩形。选中该矩形，在属性栏中单击"圆角"按钮，设置"转角半径"为2.5mm，"轮廓宽度"为0.6pt，单击"相对角缩放"按钮，在右侧的调色板中右键单击灰色按钮，为圆角矩形更改轮廓色，效果如图13-300所示。

图13-300

05 选择工具箱中的文本工具，在刚刚绘制的圆角矩形上单击鼠标左键，建立文字输入的起始点，在属性栏中设置合适的字体、字体大小，然后输入相应的文字，在调色板中设置文字颜色为灰色，如图13-301所示。

图13-301

实例219　制作网页数据展示模块

🎤 操作步骤

01 继续使用矩形工具在导入的"手机"素材下方绘制一个矩形，如图13-302所示。选中该矩形，选择工

具箱中的交互式填充工具，在属性栏中单击"渐变填充"按钮，设置"渐变类型"为"线性渐变填充"，然后编辑一个蓝色到粉色的渐变颜色，如图13-303所示。

图13-302

图13-303

02 在右侧的调色板中右键单击⊠按钮，去掉轮廓色，效果如图13-304所示。

图13-304

03 选择工具箱中的椭圆形工具，在刚刚绘制的矩形左上方位置按住Ctrl键并按住鼠标左键拖动绘制一个正圆形。选中该正圆形，在属性栏中设置"轮廓宽度"为1.0pt，在右侧的调色板"中右键单击白色按钮，为正圆更改轮廓色，如图13-305所示。

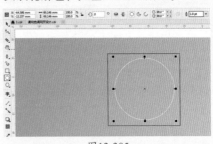

图13-305

04 选择工具箱中的文本工具，在刚刚绘制的正圆形上单击鼠标左键，建立文字输入的起始点，在属性栏中设置合适的字体、字体大小，然后输入相应的文字，在调色板中设置文字颜色为白色，如图13-306所示。

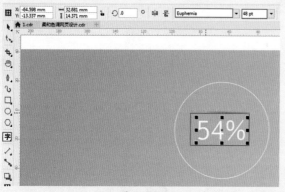

图13-306

05 继续在打开的素材中复制"握手"素材，将其粘贴到操作的文档中，并移动到刚刚绘制的正圆形下方，然后将其更改颜色为白色，如图13-307所示。

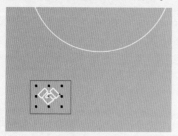

图13-307

06 使用文本工具在"握手"素材右侧单击鼠标左键，建立文字输入的起始点，在属性栏中设置合适的字体、字体大小，然后输入相应的文字，在调色板中设置文字颜色为白色，如图13-308所示。

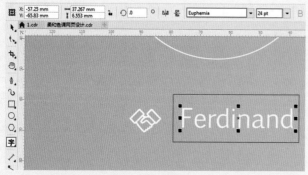

图13-308

07 使用同样的方法，在刚刚绘制的正圆形右侧制作其他数据展示效果，如图13-309所示。

图13-309

操作步骤

01 继续在打开的素材中复制"底栏标志"素材，将其粘贴到操作的文档中，并移动到画面下方合适位置，然后将其更改颜色为紫色，如图13-310所示。使用文本工具在"底栏标志"素材下方

图13-310

单击鼠标左键，建立文字输入的起始点，在属性栏中设置合适的字体、字体大小，然后输入相应的文字，在调色板中设置文字颜色为灰色，如图13-311所示。继续使用文本工具在该文字下方输入其他文字，如图13-312所示。

图13-311

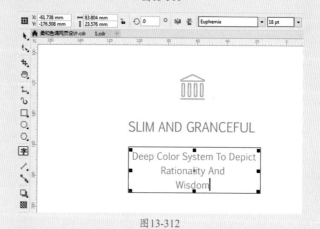

图13-312

02 使用同样的方法，制作其他底栏标志效果，如图13-313所示。

图13-313

03 选择工具箱中的矩形工具，在底栏标志下方绘制一个矩形，如图13-314所示。选择该矩形，在右侧的调色板中右键单击⊠按钮，去掉轮廓色。左键单击灰色按钮，为矩形填充颜色，效果如图13-315所示。

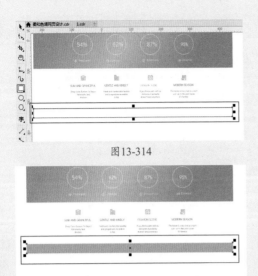

图13-314

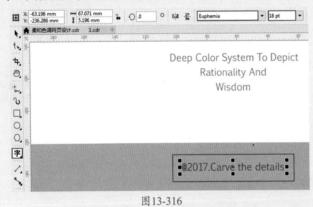

图13-315

04 选择工具箱中的文本工具，在刚刚绘制的灰色矩形上单击鼠标左键，建立文字输入的起始点，在属性栏中设置合适的字体、字体大小，然后输入相应的文字，在调色板中设置文字颜色为深灰色，如图13-316所示。继续使用文本工具在该文字右侧输入其他文字，如图13-317所示。

Deep Color System To Depict
Rationality And
Wisdom

@2017.Carve the details

图13-316

图13-317

05 此时柔和色调网页设计制作完成，最终效果如图13-318所示。

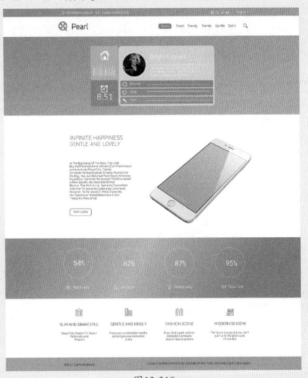

图13-318

/ 佳 / 作 / 欣 / 赏 /

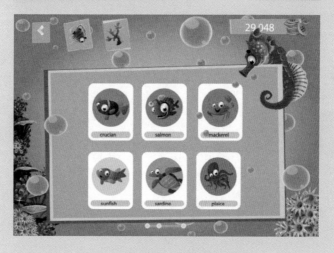

艺境 中文版CorelDRAW图形创意设计与制作全视频

实战228例

14.1 移动客户端产品页面设计

文件路径	第14章\移动客户端产品页面设计
难易指数	★★★★★
技术掌握	● 矩形工具 ● 椭圆形工具 ● 刻刀工具 ● 文本工具 ● 钢笔工具

扫码深度学习

操作思路

本案例首先使用矩形工具和椭圆形工具以及刻刀工具制作版面中的图形元素；然后使用文本工具、钢笔工具以及矩形工具制作产品功能导航模块。

案例效果

案例效果如图14-1所示。

图14-1

实例221 制作产品展示效果

操作步骤

01 执行菜单"文件>新建"命令，创建一个空白新文档，如图14-2所示。

02 首先制作页面背景。选择工具箱中的矩形工具，在工作区中绘制一个与画布等大的矩形，如图14-3所示。选中该矩形，双击位于界面底部的状态栏中的"填充色"按钮，在弹出的"编辑填充"对话框中设置"填充模式"为"均匀填充"，选择一个

合适的颜色，单击"确定"按钮，如图14-4所示。在右侧的调色板中右键单击⊠按钮，去掉轮廓色，如图14-5所示。

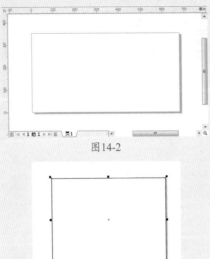

图14-2

图14-3

图14-4

图14-5

03 执行菜单"文件>导入"命令，在弹出的"导入"对话框中单击选择要导入的皮包素材"1.png"，然后单击"导入"按钮，如图14-6所示。接着在工作区中按住鼠标左键拖动，控制导入对象的大小，释放鼠标完成导入操作，如图14-7所示。

04 为皮包制作阴影。选择工具箱中的椭圆形工具按钮，在画面中绘制一个椭圆形，如图14-8所示。选中该图形，右键单击调色板顶部的⊠按钮，去掉轮廓色。然后单击工具箱中

的交互式填充工具，单击属性栏中的"渐变填充"按钮，设置"渐变类型"为"椭圆形渐变填充"，然后将中心节点设置为黑色，外部节点设置为灰白色，如图14-9所示。

图14-6

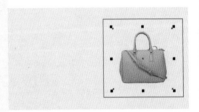

图14-7

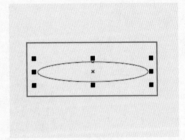

图14-8

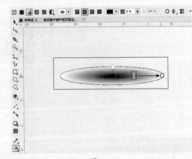

图14-9

05 使用鼠标右键单击该椭圆，在弹出的快捷菜单中执行"顺序>向后一层"命令，然后将其移到皮包下方，效果如图14-10所示。

图14-10

06 继续使用椭圆形工具在皮包上按住Ctrl键并按住鼠标左键拖动绘制一个正圆形，如图14-11所示。选中该正圆形，在属性栏中设置"轮廓宽度"为80pt，效果如图14-12所示。

图14-11

图14-12

07 选择工具箱中的刻刀工具，将光标移到正圆形上方按住鼠标左键拖动进行切割，如图14-13所示。继续在其他位置进行切割，如图14-14所示。

图14-13

图14-14

08 选中整个正圆形，使用快捷键Ctrl+K进行拆分，此时切割的部分会成为独立的一部分存在。选中其中一个部分，在调色板中将其颜色设置轮廓色为灰色，如图14-15所示。继续为其他部分更改颜色，效果如图14-16所示。

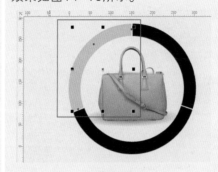

图14-15

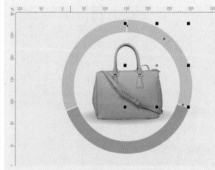

图14-16

实例222 制作产品功能导航模块

🎙️操作步骤

01 选择工具箱中的矩形工具，在画面左侧绘制一个矩形。选中该矩形，在右侧的调色板中右键单击⊠按钮，去掉轮廓色。左键单击白色按钮，为矩形填充颜色，如图14-17所示。使用同样的方法，在该矩形上绘制一个绿色矩形，此颜色可以选取与皮包相同的颜色，如图14-18所示。

图14-17

图14-18

02 选择工具箱中的文本工具，在白色矩形上单击鼠标左键，建立文字输入的起始点，然后在属性栏中设置合适的字体、字休大小，并输入相应的文字，如图14-19所示。

图14-19

03 在使用文本工具的状态下，在第一个单词后单击插入光标，然后按住鼠标左键向前拖动，使第一个单词被选中，然后使用快捷键Ctrl+T调出"文本属性"泊坞窗，设置"轮廓宽度"为2.0pt，此时文字效果如图14-20所示。

图14-20

04 继续使用文本工具在绿色矩形上单击鼠标左键，建立文字输入的起始点，然后在属性栏中设置合适的字体、字体大小，并输入相应的白色文字，如图14-21所示。

05 选择工具箱中的钢笔工具，在矩形上按住鼠标左键拖动绘制直线。选中该直线，在属性栏中设置"轮廓宽度"为3.0pt，在右侧的调色板中右键单击灰色按钮，设置直线的轮廓色，如图14-22所示。选中该直线，按住鼠标左键向下移动的同时按

CorelDRAW

住Shift键，移动到合适位置后按鼠标右键进行垂直方向的移动复制。然后使用两次快捷键Ctrl+R在该直线下方复制出两条直线，效果如图14-23所示。

图14-21

图14-22　　　　　　　　　图14-23

06 执行菜单"文件>导入"命令，在弹出的"导入"对话框中选择素材"2.cdr"，然后单击"导入"按钮，如图14-24所示。在打开的素材中选中标志形状，使用快捷键Ctrl+C将其复制，返回到刚刚操作的文档中，使用快捷键Ctrl+V将其进行粘贴，并将其移动到直线上方位置，如图14-25所示。

图14-24　　　　　　　　　图14-25

07 选择工具箱中的文本工具，在标志右侧单击鼠标左键，建立文字输入的起始点，在属性栏中设置合适的字体、字体大小，然后输入相应的文字，如图14-26所示。继续在该文字下方输入其他文字，效果如图14-27所示。

08 选择工具箱中的矩形工具，在文字下方绘制一个矩形，如图14-28所示。选中该矩形，在属性栏中设置"轮廓宽度"为3.0pt，在右侧的调色板中右键单击绿色按钮，为矩形设置轮廓色，效果如图14-29所示。

图14-26　　　　　　　　　图14-27

图14-28　　　　　　　　　图14-29

09 选择工具箱中的文本工具，在矩形框上单击鼠标左键，建立文字输入的起始点，在属性栏中设置合适的字体、字体大小，然后输入相应的文字，在调色板中设置文字颜色为绿色，如图14-30所示。

图14-30

10 此时移动客户端产品页面设计完成，最终效果如图14-31所示。

图14-31

艺境 中文版CorelDRAW图形创意设计与制作全视频　实战228例

14.2 邮箱登录界面

文件路径	第14章\邮箱登录界面
难易指数	⭐⭐⭐⭐⭐
技术掌握	● 矩形工具 ● 文本工具 ● 椭圆形工具 ● 交互式填充工具

🔍扫码深度学习

操作思路

本案例首先使用矩形工具制作登录界面背景；然后使用文本工具、椭圆形工具以及交互式填充工具制作登录界面中的各个部分细节。

案例效果

案例效果如图14-32所示。

图14-32

实例223　制作登录界面背景

操作步骤

01 执行菜单"文件>新建"命令，创建一个空白新文档，如图14-33所示。

图14-33

02 执行菜单"文件>导入"命令，在弹出的"导入"对话框中选择要导入的背景素材"1.jpg"，然后单击"导入"按钮，如图14-34所示。接着在工作区中按住鼠标左键拖动，控制导入对象的大小，释放鼠标完成导入操作，如图14-35所示。

图14-34

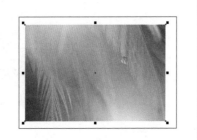

图14-35

03 选择工具箱中的矩形工具，在标志上方绘制一个矩形。选中该矩形，在属性栏中单击"圆角"按钮，设置"转角半径"为5.5mm、"轮廓宽度"为0.75pt，如图14-36所示。

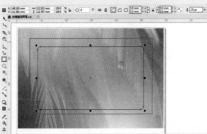

图14-36

04 选择工具箱中的交互式填充工具，在属性栏中单击"渐变填充"按钮，设置渐变类型为"线性渐变填充"，然后编辑一个浅蓝色系的渐变颜色，如图14-37所示。在右侧的调色板中右键单击蓝色按钮，为矩形添加轮廓色，效果如图14-38所示。

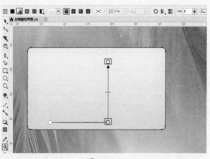

图14-37

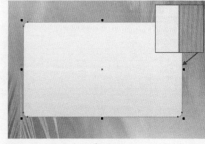

图14-38

05 执行菜单"文件>导入"命令，在弹出的"导入"对话框中单击选择要导入的卡通素材"2.jpg"，然后单击"导入"按钮，如图14-39所示。接着在矩形上方按住鼠标左键拖动，控制导入对象的大小，释放鼠标完成导入操作，如图14-40所示。

图14-39

图14-40

06 选中卡通素材，执行菜单"对象>PowerClip>置于图文框内部"命令，当光标变成黑色粗箭头时，然后单击圆角矩形，即可实现位图的剪贴效果，如图14-41所示。

07 执行菜单"文件>导入"命令，在弹出的"导入"对话框中单击选择要导入的卡通素材"3.png"，然后单击"导入"按钮，接着在画面右上方中按住鼠标左键拖动，控制导入对象的大小，释放鼠标完成导入操作，如图14-42所示。

图14-41   图14-42

08 选择工具箱中的文本工具，在卡通小鸟左侧单击鼠标左键，建立文字输入的起始点，在属性栏中设置合适的字体、字体大小，然后在画面中输入相应的文字，在右侧的调色板中左键单击橙色按钮，为文字设置颜色，如图14-43所示。继续在文字下方输入不同大小的橙色文字，如图14-44所示。

图14-43

图14-44

实例224 制作控件部分

🎤 操作步骤

01 制作登录文字输入栏。使用文本工具在卡通素材左侧单击鼠标左键，建立文字输入的起始点，在属性栏中设置合适的字体、字体大小，然后在画面中输入相应的文字，在右侧的调色板中左键单击蓝色按钮，为文字设置颜色，如图14-45所示。

02 选择工具箱中的矩形工具，在文字下方绘制一个矩形。选中该矩形，在属性栏中单击"圆角"按钮，设

置"转角半径"为1.0mm、"轮廓宽度"为0.6pt，然后在右侧的调色板中右键单击蓝色按钮，为圆角矩形填充轮廓色。左键单击白色按钮，为圆角矩形填充白色，效果如图14-46所示。

图14-45

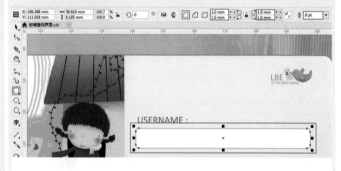

图14-46

03 使用文本工具在圆角矩形上单击鼠标左键，建立文字输入的起始点，在属性栏中设置合适的字体、字体大小，然后在画面中输入相应的文字，并将文字颜色设置为灰色，如图14-47所示。继续使用文本工具在圆角矩形右上方输入其他颜色的文字，如图14-48所示。

图14-47

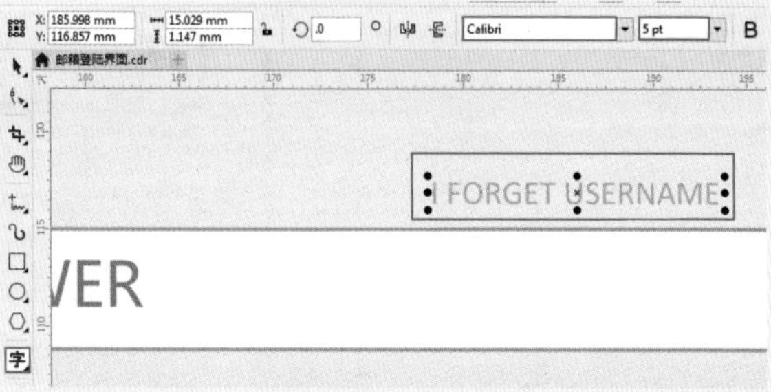

图14-48

04 使用同样的方法，在下方制作其他登录文字输入栏，效果如图14-49所示。

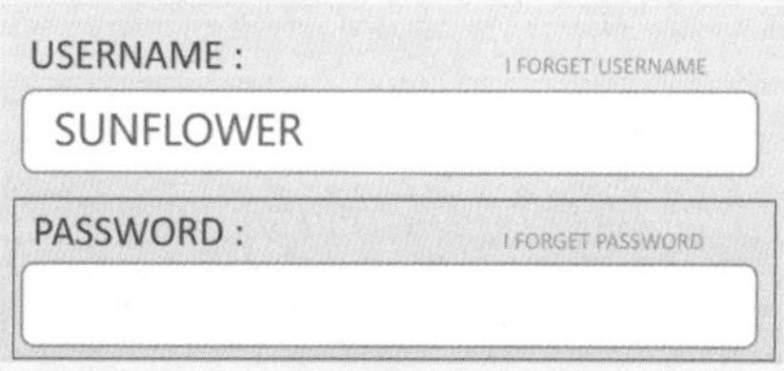

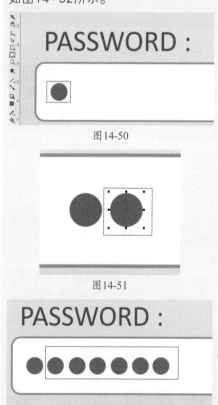

图14-49

05 选择工具箱中的椭圆形工具，在第二个登录栏上按住Ctrl键并按住鼠标左键拖动绘制一个正圆形，在右侧的调色板中右键单击区按钮，去掉轮廓色。左键单击灰色按钮，为圆角填充该灰色，如图14-50所示。选中该正圆形，按住鼠标左键向右移动的同时按住Shift键，移动到合适位置后按鼠标右键进行复制，如图14-51所示。多次使用快捷键Ctrl+R复制多个正圆形，效果如图14-52所示。

图14-50

图14-51

图14-52

06 选择工具箱中的矩形工具，在登录栏下方按住Ctrl键并按住鼠标左键拖动绘制一个正方形。选中该正方形，在属性栏中设置"轮廓宽度"为1.0pt，在右侧的调色板中右键单击蓝色按钮，为正方形设置轮廓色，效果如图14-53所示。

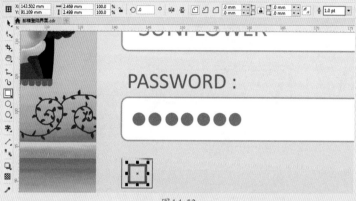

图14-53

07 使用文本工具在正方形右侧单击鼠标左键，建立文字输入的起始点，在属性栏中设置合适的字体、字体大小，然后在画面中输入相应的蓝色文字，如图14-54所示。

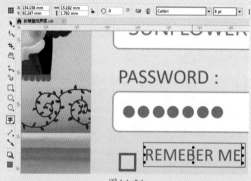

图14-54

08 制作按钮。选择工具箱中的矩形工具，在画面下方绘制一个矩形。选中该矩形，在属性栏中单击"圆角"按钮，设置"转角半径"为1.6mm、"轮廓宽度"为0.75pt，如图14-55所示。在右侧的调色板中右键单击蓝色按钮，为矩形设置轮廓色，效果如图14-56所示。

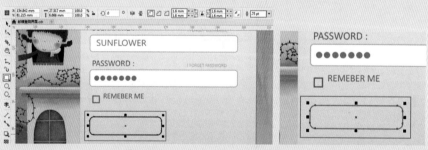

图14-55

图14-56

09 选中该圆角矩形，选择工具箱中的交互式填充工具，在属性栏中单击"渐变填充"按钮，设置"渐变类型"为"线性渐变填充"，然后编辑一个蓝色系的渐变颜色，如图14-57所示。

10 制作按钮高光。继续使用矩形工具在圆角矩形上绘制一个稍小的矩形。选中该矩形，在属性栏中单击"圆角"按钮，单击"同时编辑所有角"按钮，并设置"左上角半径"为1.0mm、"右上角半径"为1.0mm，如图14-58所示。在右侧的调色板中右键单击区按钮，去掉轮廓色。左键单击白色按钮，为圆角矩形填

图14-57

充白色，效果如图14-59所示。

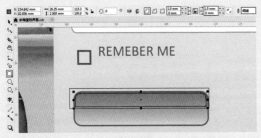

图14-58

图14-59

11 选中该圆角矩形，选择工具箱中的透明度工具，在属性栏中设置"透明度的类型"为"渐变透明度"、"渐变模式"为"线性渐变透明度"、"旋转"为-90°，调整透明度控制器的位置，如图14-60所示。

图14-60

12 加选该按钮中的所有图形，使用快捷键Ctrl+G进行组合对象，然后使用快捷键Ctrl+C将其复制，接着使用快捷键Ctrl+V进行粘贴，将新复制出来的按钮移动到按钮右侧，效果如图14-61所示。

图14-61

13 使用文本工具在第一个按钮上单击鼠标左键，建立文字输入的起始点，在属性栏中设置合适的字体、字体大小，然后在画面中输入相应的蓝色文字，如图14-62所示。继续使用文本工具在另一个按钮上输入适当的文字，效果如图14-63所示。

14 此时邮箱登录界面制作完成，最终效果如图14-64所示。

图14-62

图14-63

图14-64

14.3 卡通游戏选关界面

文件路径	第14章\卡通游戏选关界面
难易指数	★★★★★
技术掌握	● 钢笔工具 ● 交互式填充工具 ● 透明度工具 ● 文本工具 ● 矩形工具 ● 椭圆形工具

扫码深度学习

操作思路

本案例首先使用钢笔工具和交互式填充工具以及透明度工具和文本工具制作游戏界面顶栏和选关模块背景；然后使用矩形工具、椭圆形工具和文本工具制作游戏选关模块和游戏前景界面。

案例效果

案例效果如图14-65所示。

图14-65

艺境 中文版CorelDRAW图形创意设计与制作全视频

实战228例

CorelDRAW

326

实例225 制作游戏界面顶栏

操作步骤

01 执行菜单"文件>新建"命令，创建一个空白新文档，如图14-66所示。

图14-66

02 执行菜单"文件>导入"命令，在弹出的"导入"对话框中单击选择背景素材"1.png"，然后单击"导入"按钮，如图14-67所示。接着在工作区中按住鼠标左键拖动，控制导入对象的大小，释放鼠标完成导入操作，如图14-68所示。

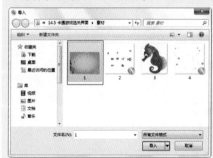
图14-67

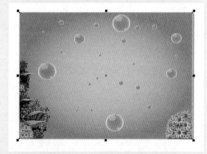
图14-68

03 选择工具箱中的钢笔工具，在画面左上角绘制一个四边形，如图14-69所示。在右侧的调色板中右键单击⊠按钮，去掉轮廓色。左键单击淡蓝色按钮，为四边形填充颜色，如图14-70所示。

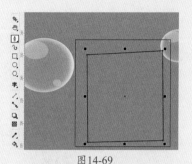
图14-69

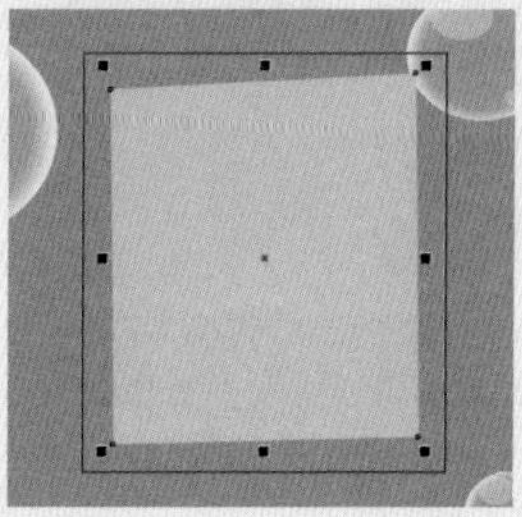

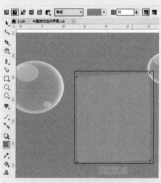
图14-70

04 选中该四边形，选择工具箱中的透明度工具，在属性栏中设置"透明度的类型"为"均匀透明度"，设置"透明度"为70，如图14-71所示。继续使用钢笔工具在四边形上绘制一个稍小的四边形并为其填充淡蓝色，如图14-72所示。继续使用钢笔工具在其上再次绘制一个稍小的浅蓝色四边形。从而制作出三层叠加的效果，如图14-73所示。

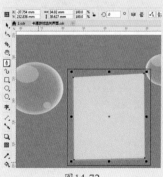
图14-71

图14-72

05 使用同样的方法，继续在其右侧绘制其他重叠的四边形，如图14-74所示。

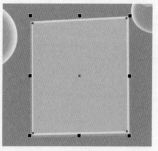
图14-73

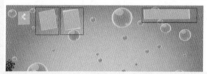
图14-74

06 制作返回按钮。继续使用钢笔工具在第一个四边形上绘制一个不规则图形，如图14-75所示。然后选择工具箱中的交互式填充工具，单击属性栏中的"渐变填充"按钮，设置渐变类型为"椭圆形渐变填充"，然后编辑一个黄色系的渐变颜色，如图14-76所示。然后在右侧的调色板中右键单击⊠按钮，去掉轮廓色，如图14-77所示。

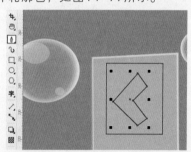
图14-75

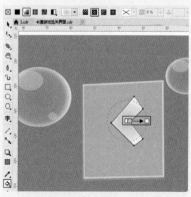
图14-76

CorelDRAW

图14-77

07 执行菜单"文件>打开"命令，在弹出的"打开绘图"对话框中单击素材"2.cdr"，然后单击"打开"按钮，如图14-78所示。在打开的素材中选中黄色的金鱼，使用快捷键Ctrl+C将其复制，返回到刚刚操作的文档中，使用快捷键Ctrl+V将其进行粘贴，并将其移动到四边形上，如图14-79所示。

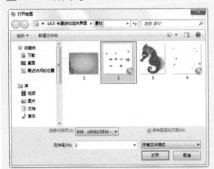

图14-78

图14-79

08 继续在打开的素材中复制"珊瑚"素材和"金币"素材，将其粘贴到操作的文档中，并移动到不同的四边形上，效果如图14-80所示。

图14-80

09 选择工具箱中的文本工具，在"金币"素材左侧单击鼠标左

键，建立文字输入的起始点，在属性栏中设置合适的字体、字体大小，然后在画面中输入相应的文字，如图14-81所示。

图14-81

实例226 制作选关模块背景

🎙 操作步骤

01 选择工具箱中的钢笔工具，在画面中心绘制一个四边形，如图14-82所示。选中该四边形，在右侧的调色板中右键单击⊠按钮，去掉轮廓色。左键单击海绿色按钮，为四边形填充颜色，如图14-83所示。

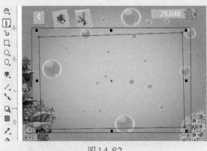

图14-82

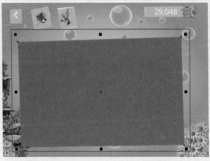

图14-83

02 继续使用钢笔工具在四边形上绘制一个稍小的青色四边形，如图14-84所示。继续在其上绘制一个稍小的淡蓝色四边形，如图14-85所示。接着在其上绘制一个稍小的冰蓝色四边形，效果如图14-86所示。

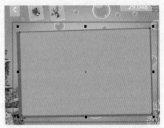

图14-84

图14-85

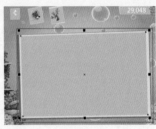

图14-86

03 执行菜单"文件>导入"命令，在弹出的"导入"对话框中选择要导入的"海马"素材，然后单击"导入"按钮，如图14-87所示。接着在画面右上方按住鼠标左键拖动，控制导入对象的大小，释放鼠标完成导入操作，如图14-88所示。

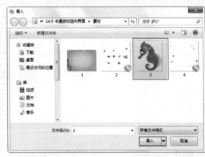

图14-87

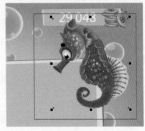

图14-88

04 选择工具箱中的橡皮擦工具，在属性栏中设置"笔尖形状"为"方形笔尖"、"橡皮擦厚度"为10.0mm，然后在海马肚子位置按住鼠标左键拖动，显现出四边形形状，如图14-89所示。继续擦除，使得四边形尖角部分全部显现出来，如图14-90所示。

图14-89　　　　　　　　图14-90

实例227　制作游戏选关模块

🎤 操作步骤

01 选择工具箱中的矩形工具，在四边形左上方绘制一个矩形。选中该矩形，在属性栏中单击"圆角"按钮，设置"转角半径"为10.0mm、"轮廓宽度"为0.2mm，如图14-91所示。在右侧的调色板中左键单击白色按钮，为圆角矩形填充颜色，效果如图14-92所示。

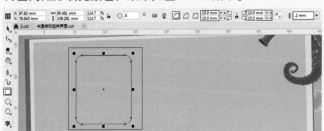

图14-91

02 选择该矩形，使用快捷键Ctrl+C将其复制，接着使用快捷键Ctrl+V进行粘贴，将新复制出来的圆角矩形移动到画面中间，如图14-93所示。继续使用快捷键Ctrl+V进行粘贴，将复制出来的圆角矩形移动到画面中合适位置，效果如图14-94所示。

图14-92

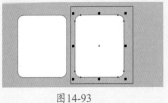
图14-93

图14-94

03 选择工具箱中的椭圆形工具，在第一个圆角矩形上按住Ctrl键并按住鼠标左键拖动绘制一个正圆形，如图14-95所示。在右侧的调色板中右键单击⊠按钮，去掉轮廓色。左键单击蓝色按钮，为正圆形填充颜色，效果如图14-96所示。

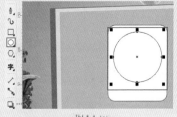　　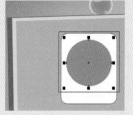

图14-95　　　　　　　　图14-96

04 选择该正圆形，使用快捷键Ctrl+C将其复制，接着使用快捷键Ctrl+V进行粘贴，将新复制出来的正圆形移动到第二个圆角矩形上，然后在右侧的调色板中左键单击浅橙色按钮，效果如图14-97所示。继续使用快捷键Ctrl+V进行粘贴，将复制出来的正圆形移动到画面中合适位置，并更改其合适的填充颜色，效果如图14-98所示。

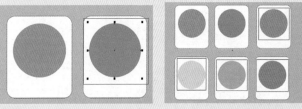

图14-97　　　　　　　　图14-98

05 再次打开素材"2.cdr"，然后将合适的卡通素材粘贴到正圆形上，并适当调整其位置，效果如图14-99所示。

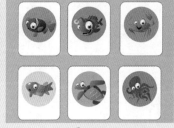

图14-99

06 选择工具箱中的矩形工具，在圆角矩形下方绘制一个矩形。选中该矩形，在属性栏中单击"圆角"按钮，设置"转角半径"为8.0mm，如图14-100所示。在右侧的调色板中右键单击⊠按钮，去掉轮廓色。左键单击淡紫色按钮，为其填充颜色，如图14-101所示。

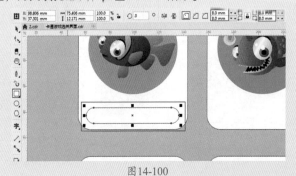

图14-100

CorelDRAW

图14-101

07 选择该圆角矩形，使用快捷键Ctrl+C将其复制，接着使用快捷键Ctrl+V进行粘贴，将新复制出来的圆角矩形移动到右侧，如图14-102所示。继续使用快捷键Ctrl+V进行粘贴，将复制出来的圆角矩形移动到画面中合适位置，效果如图14-103所示。

图14-102

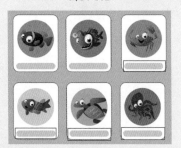

图14-103

08 选择工具箱中的文本工具，在第一个淡紫色圆角矩形上单击鼠标左键，建立文字输入的起始点，在属性栏中设置合适的字体、字体大小，在画面中输入相应的文字，然后在调色板中设置文字颜色为深紫色，如图14-104所示。使用同样的方法，在其他圆角矩形上合适位置输入文字，效果如图14-105所示。

图14-104

图14-105

实例228 制作游戏前景界面

操作步骤

01 执行菜单"文件>打开"命令，在弹出的"打开绘图"对话框中单击素材"4.cdr"，然后单击"打开"按钮，如图14-106所示。在打开的素材中选中一个气泡，使用快捷键Ctrl+C将其复制，返回到刚刚操作的文档中，使用快捷键Ctrl+V将其进行粘贴，如图14-107所示。

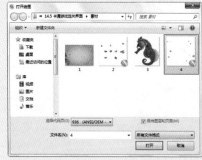

图14-106

图14-107

02 继续使用快捷键Ctrl+V将气泡进行粘贴，拖动气泡一角处的控制点将其进行缩小，如图14-108所示。使用同样的方法，继续复制多个气泡将其进行适当的缩放并摆放在合适位

置，使画面呈现出空间层次感，效果如图14-109所示。

图14-108

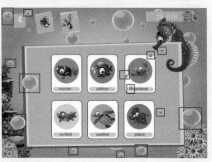

图14-109

03 制作轮播模块。选择工具箱中的钢笔工具，在画面下方绘制一个四边形，如图14-110所示。在右侧的调色板中右键单击⊠按钮，去掉轮廓色。左键单击淡蓝色按钮，为四边形填充颜色，如图14-111所示。

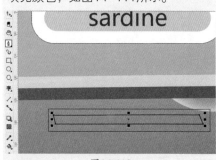

图14-110

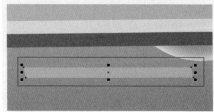

图14-111

04 选择工具箱中的椭圆形工具，在四边形左侧按住Ctrl键并按住鼠标左键拖动绘制一个正圆形，如图14-112所示。然后选择工具箱中的

交互式填充工具，在属性栏中单击"渐变填充"按钮，设置渐变类型为"椭圆形渐变填充"，然后编辑一个黄色系的渐变颜色，然后在右侧的调色板中右键单击⊠按钮，去掉轮廓色，如图14-113所示。将该正圆形复制并粘贴到四边形右侧，效果如图14-114所示。

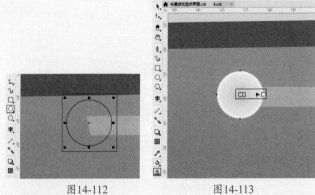

图14-112　　　　　图14-113

05 此时卡通游戏选关界面制作完成，最终效果如图14-115所示。

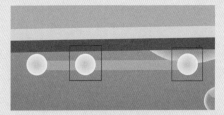

图14-114

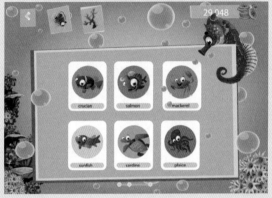

图14-115